수학을 만든 사람들

아르키메데스부터 괴델까지,
수학자 50인에게서 배우는 수학의 역사와 원리

수학을 만든 사람들

컴퓨터와 AI로 이어진 수학 혁명의 계보

Math Makers

동아엠앤비

차례

수학을 정말 좋아하는 사람이 얼마나 될까? 어떤 사람들은 학창 시절 수학 성적이 좋지 않았다고 대놓고 말하기도 한다. 수학에 약하다고 밝히는 게 멋져 보이기라도 하는 걸까? 이런 '단점 드러내기'는 다른 과목에서는 보기 드문 현상이다. 이렇게 '부당한' 대우에도 불구하고, 수학은 세상의 작동 원리에 대한 지식을 퍼뜨리고 기술 진보를 이루는 데 어마어마한 기여를 했다. 수학적 지식은 인류가 과거에는 닿지 못했던 것들을 손에 넣게 했다. 갈릴레오 갈릴레이는 자연의 책은 수학의 언어로 쓰여 있다고 했다. 실제로 우리는 물리학과 자연과학을 통해 자연을 이해할 때, 대부분 수학이라는 언어에 의존한다.[1]

하지만 여전히 많은 사람들이 수학의 형식 체계와 그 연구 결과에 대해 말할 때, 세상과는 동떨어진 것처럼 취급한다. 이론적인 면에서 수학 지식은 대부분 자연과의 상호작용 없이 발전한 것은 맞다. 예를 들어 수학은 생물학과 달리 경험적인 학문이 아니다. 오히려 수학을 진정 매력적인 학문으로 만드는 것은, 어떤 공식은 자연 관찰 없이 논리적으로 도출해냈다는 점이다. 이러한 흥미롭고도 모순적인 수학의 특성으로 인해, 수학을 미심쩍어하는 사람들은 더욱 혼란을 느낄지 모른다. 하지만 아무리 시큰둥한 사람들도 수학을 발전 과정이 담긴 역사로 접근한다면, 그 본질을 꿰뚫는 통찰력을 얻게 될 것이 분명하다. 우리는 이 책을 쓸 때, 그런 역사 이야기로서 수학을 전하려 했다. 수학의 세계를 만든 50인의 수학자들을 선별해, 그들의 흥미진진한 전기를 짤막하게 살펴본 다음, 업적과 관련 연구를 이해하기 쉽게 설명하고자 했다.

수학의 역사를 살피다 보면, 우리는 이런 질문과 맞닥뜨리게 된다.

- 현재 우리가 사용하고 있는 수 체계는 어디에서 유래했을까?

- 대수학과 기하학 연구의 원조는 누구인가?

- 누가 처음으로 지구의 크기를 측정했을까? 원시적인 도구를 이용해 어떻게 지구를 측정했을까?

- 누가 미적분학을 발명했을까?

- 계산기와 컴퓨터 프로그래밍의 시초는 무엇일까?

혁신적인 수학자들의 전기를 통해 여러분은 위의 질문들에 대한 답을 만나게 될 것이다. 더 나아가 수학을 발명하고 발전시킨 인물들의 인생 이야기는 여러분에게 이처럼 중요한 학문의 가치를 깨달을 수 있도록 동기를 부여하고 영감을 불어넣을 것이다.

사실 이 책에 소개할 수학자들을 선정하는 일은 만만치 않았다. 우리는 특히 현재와 같은 첨단기술의 시대로 발전하는 길을 마련한 대표적인 인물들을 찾는 데 주력했다. 이 과정에서 많은 기여를 하고도 간과되었던 여성들도 포함할 수 있었다. 그녀들을 비롯해 50인의 수학자들은 저마다 살아온 경험은 각기 다르지만, 한 가지 공통점을 갖고 있었다. 바로 당대에 자신들이 살아가던 사회 속에서 잘 어우러지지 못했다는 점이다. 그들의 총명함과 범상치 않음은 삶의 방식에서도 드러날 수밖에 없었다.

갈루아 이론을 발전시킨 프랑스의 에바리스트 갈루아 같은 수학자들의 삶은 정말로 가슴 아프다. 1832년 결투가 벌어지기 전날 밤, 그는 자신이 질 것을 예감했다. 스물두 살의 갈루아가 할 수 있었던 일은, 추상 대수학에 대해 자신이 알고 있는 모든 것을 글로 남기는 것뿐이었다. 슬프게도 갈루아는 그날의 결투로 목숨을 잃었다. 불행 중 다행인지 그날 밤 갈루아가 써놓은 것은 갈루아 이론의 기초가 되었다. 뒤에서 다시 살펴보겠지만 그가 남긴 글은 서로 다른 두 이론을 연결해 더 이해하기 쉽고 단순하게 만들었다. 갈루아가 남긴 유산이 후대에 어떤 새로운 기회를 제공했는지 궁금하지 않은가?

한편 자신의 업적을 누리지 못한 수학자가 갈루아만은 아니었다. 18세기 유럽 사회에서 여성들은 고등 학문 연구에 참여할 수 없었다. 이 책에 소개된 유명한 수학자들 중 소피 제르맹은 어릴 때부터 영재였다. 그리하여 학문의 세계에 들어가기 위해 제르맹은 과거 이 학교에 다니던 남학생의 이름으로 글을 썼다. 조제프 루이 라그랑주와 카를 프리드리히 가우스 같은 당대의 유명한 수학자들은 그 천재성을 알아보았다. 더 깊이 있는 질문과 답이 오간 뒤, 이들은 제르맹이 여성이라는 사실을 알게 되었다. 하지만 우리에게도 천만다행으로, 두 학자들은 제르맹을 동등하게 대했다. 제르맹은 계속해서 수학과 물리학 연구에서 중대한 진전을 이루었다.

또 다른 우울한 삶을 살아갔던 인물은 인도의 수학자 스리니바사 라마누잔이다. 그는 빈민가에서 자랐지만, 결국에는 유명한 영국의 수학자들에게 실력을 인정받았다. 하지만 그는 건강 악화로 인해 짧은 생을 마감했다. 라마누잔의 전기는 한 편의 장편 영화다. 실제로 2014년에 로버트 카니겔이 쓴 라마누잔의 전기 『수학이 나를 불렀다(The Man Who Knew Infinity)』[2]가 영화 '무한대를 본 남자'[3]로 제작되었다.

이 책에 소개된 수학자들 중 가장 틀에 박히지 않은 삶을 살았던 인물을 꼽자면, 말 그대로 여행 가방 하나만 들고 세상을 주유했던 헝가리계 미국인 수학자 폴 에르되시가 빠질 수 없다. 에르되시는 일정한 거처 없이 수학자 500여 명의 집과 대학을 돌아가며 방문했고, 한 곳에서 몇 주 정도 머물렀다. 그는 수학적으로 중요한 의미가 있는 논문을 무려 1,500편 이상 발표했다. 현대 수학자들은 에르되시와 공동 논문을 발표하는 특권을 누렸던 것을 자랑스러워한다. '에르되시 수 프로젝트(The Erdős Number Project)'는 다작의 논문을 발표한 수학자 에르되시와 공동 연구를 한 학자들의 목록이며, 공동 저자들에게는 에르되시 수가 할당된다. 직접적인 공동 저자에게는 '에르되시 수 1'이 부여된다. 이 수학자들의 공동 저자들에게는 '에르되시 수 2'가 할당된다.

수학의 역사에서는 당연히 수학 발전의 탄탄한 기틀을 마련한 고대 수학자들도 빼놓을 수 없다. 예를 들어 시라쿠사의 아르키메데스는 대개 독창적인 역학 장치를 발명한 학자로 기억된다. 사실 그는 고대의 다른 수학자들을 능가하는 수학적 업적을 남겼다. 놀랍게도 그가 분(分)의 크기를 측정하여 기하학 정리를 증명했을 때 현대 미적분학의 탄생은 예견되었다. 참으로 놀라운 업적이지 않은가.

경외심을 불러일으키는 업적들 외에 호기심을 자극하는 것들도 많다. 이런 것들도 수학 역사의 일부이며 우리에게 많은 즐거움을 준다. 예를 들어 1637년 프랑스의 유명한 수학자 피에르 드 페르마는 대수학책의 여백에 n이 2보다 큰 정수일 때 등식 $a^n + b^n = c^n$를 만족시키는 양의 정수 a,

b, c가 없지만, 쓸 공간이 부족한 탓에 증명을 기록하지 못했다고 썼다. 우리는 $n = 2$일 때 이 등식은 피타고라스의 정리이기 때문에 이 명제가 참이라는 사실을 알고 있다. 비록 반례가 발견된 적은 없었을지라도 이후 358년 동안 많은 수학자들이 페르마의 이 명제가 참임을 증명하기 위해 기울였던 노력은 번번이 실패했다. 그렇게 수백 년의 세월이 흐른 뒤, 1995년에 이르러 앤드루 와일스가 드디어 증명에 성공했다. 하지만 와일스는 페르마가 살았던 시절에는 알려지지 않았던 방법으로 증명을 해냈다.

또 한 명의 유명한 독일의 수학자 크리스티안 골드바흐는 1742년에 한 가지 추측을 했다. 이 추측이 모든 경우에 참이라는 것은 여전히 증명되지 않았지만, 참이 아님을 입증하는 반례도 발견되지 않았다. 골드바흐의 추측은 스위스의 유명한 수학자 레온하르트 오일러에게 쓴 편지에 쓰여 있었다. 이 추측은 아주 단순해서 초등학교 학생들도 쉽게 이해할 수 있다. "2보다 큰 짝수인 모든 정수는 두 소수의 합으로 나타낼 수 있다." 이 추측을 증명하려는 시도 덕분에 수론에서 많은 발견들이 이뤄졌다. 하지만 이 추측이 모든 경우에 참이라는 것은 여전히 증명되지 않았다.

우리는 수학의 역사로 떠나는 여행길에서, 수학자들이 자기 이름을 널리 알리게 된 연구가 성공하기까지 그 과정도 살펴볼 것이다. 종종 우리 저자들은 수학자의 업적 중에 어떤 연구를 강조해야 할지 고민에 빠지기도 했다. 특히 역사상 가장 많은 논문을 남긴 레온하르트 오일러와 같은 학자의 전기는 정말 다루기 까다로웠다. 하지만 우리는 일반 교양 독자들이 최대한 편하게 이해할 수 있는 저서와 업적들을 고르려고 노력했다.

수학은 누구나 접근할 수 있고, 재미있고 즐길 수 있는 학문이라는 것을 보여주는 게 우리의 목표 중 하나였다. 또 다른 목표는 독자들이 수학의 힘과 아름다움을 발견하고 수학자들의 가치를 인정하게 하자는 것이었다. 이들 50인의 전기를 읽고 나면, 특히 눈에 들어오고 더 알아보고 싶은 인물이 분명히 생길 것이다. 수학자들의 인생 이야기는 우리가 주위 세계를 꾸준히 연구하도록 자극한다. 그리고 매력적인 학문인 수학이 실제로 어떤 도움을 주고 있는지 깨닫게 해준다. 마지막으로, 능력이 뛰어나지만 일상은 독특한 이들의 삶을 이해한다면, 현 시대의 특이하고 특별한 인재를 알아채는 통찰력도 키워질 게 분명하다.

수학을 만든 사람들
MATH MAKERS

Chapter 01

탈레스

선 하나로 시작된 생각
그리스, 기원전 624~546년

고대 수학자들은 그들이 이룬 거대한 업적과는 달리 생애에 관해서는 상세한 정보가 많이 남아 있지 않다. 손에 넣을 수 있는 자료는 이 인물들이나 그들이 썼던 글에 관한 당대의 코멘트 모음집인 경우가 많다. 우리는 초기의 걸출한 수학자로 손꼽히는 밀레투스의 탈레스부터 살펴보고자 한다. 탈레스는 기원전 624년 고대 그리스의 도시 밀레투스(현재 튀르키예의 밀레토스)에서 태어났다. 그는 초창기의 기하학 연구에 영향을 끼쳤지만, 지금은 우리가 탈레스의 정리(Thales' theorem)라고 부르는 것으로 가장 많이 알려져 있다. 간략히 설명하면 원에 내접한 삼각형의 한 변이 원의 지름일 때 그 삼각형은 직각 삼각형이라는 것이 탈레스의 정리다. 탈레스는 이 정리를 증명한 것 외에도 수학자이자 철학자 또 천문학자로서 일평생 많은 업적을 남겼는데, 당시에는 이런 조합이 흔했다.

탈레스가 교육을 받았던 그리스 사회는 고대 이집트나 바빌로니아 사회보다 뒤처져 있었다. 이집트와 바빌로니아 문화는 당대의 수학과 천문학에서 선두였다. 이러한 여건에도 불구하고 탈레스는 그리스 최초의 진정한 과학자가 되었다. 젊은 시절에 탈레스는 가업을 위해 상인으로 일했다.[1] 아마 비즈니스로 이집트까지 여행을 다니면서, 과학과 수학의 매력에 흠뻑 빠지게 되었을 것이다. 그는 본래 정신이 삶에 끼치는 영향을 연구했으나, 차츰 과학적 증명을 생각하는 시간이 많아졌다. 관심사가 바뀌면서 돈벌이는 줄어들었지만, 과학에 대한 흥미는 멈출 수 없었던 듯하다. 게다가 탈레스는 자신의 과학 지식을 사업에 활용하기도 했다. 실제로 탈레스는 특정한 겨울이 지난 후의 농사철에는 올리브 수확량이 많다는 사실을 깨닫고 그 지역의 올리브 압착기를 모조리 사들여 잠재적인 경쟁자들이 큰 손해를 입었다. 이것은 탈레스가 과학 지식으로 얼마나 많은 돈을 벌었는지 보여주는 일례에 불과하다.

그림 1.1 밀레투스의 탈레스.

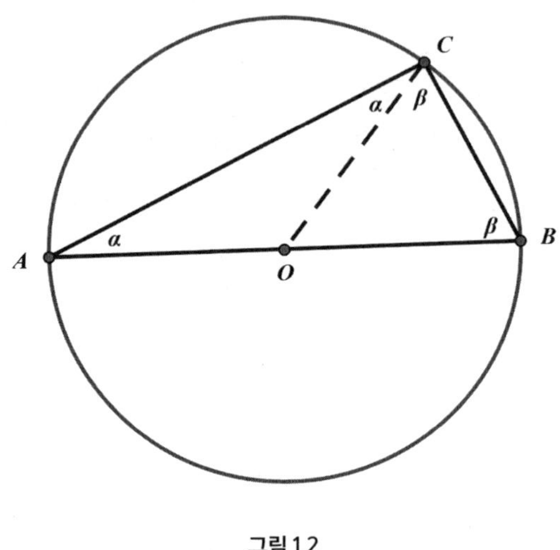

그림 1.2

지금부터는 수학과 관련된 탈레스의 업적에 집중해서 살펴보도록 하자. 앞에서 설명했듯이 현재 탈레스는 기하학에 남긴 업적으로 가장 많이 알려져 있다. 그는 몇 가지 기하학적 진리를 증명하기 위해 최초로 연역적 추론을 사용한 인물로 여겨진다. 다시 말해 그는 실용적인 측면을 형식적인 연역 추론으로 발전시킴으로써 기하학 연구를 형식화했다. 탈레스는 고대 그리스 기하학 연구의 새로운 장을 쓴 인물일 것이다. 실제로 그로부터 약 300년 후에 고대 그리스 기하학은 황금기를 맞이했다. 탈레스는 자신이 창시한 밀레투스학파의 제자들을 가르치며 여생을 보내다가 기원전 546년에 세상을 떠났다.

현대인들은 대부분 '탈레스' 하면, 그의 이름이 들어간 정리를 떠올린다. 탈레스의 정리를 증명하는 방법은 많지만, 이 책에서는 간단한 기초 기하학을 이용한 증명을 소개하려고 한다. [그림 1.2]의 원 O에 내접한 삼각형 ABC가 있고, 변 AB는 원의 지름이다. 이때 각 ACB가 직각이라는 사실을 증명한 사람이 탈레스다.

삼각형 AOC는 이등변 삼각형이므로 α라고 표시된 두 밑각의 크기가 같

수학을 만든 사람들

다. 마찬가지로 삼각형 *COB*도 이등변 삼각형이다. 따라서 β라고 표시된 두 밑각의 크기도 같다. 삼각형의 내각의 합은 $180°$이므로 $\alpha+(\alpha+\beta)+\beta=180°$이다. $2\alpha+2\beta=180°$, 즉 $\alpha+\beta=90°$이다. 이것이 우리가 원했던 증명이다. 물론 이 명제의 역도 참이다. 따라서 직각 삼각형의 외접원의 중심은 직각 삼각형의 빗변 위에 있다.

탈레스의 또 다른 정리는 [그림 1.3]에서 볼 수 있듯이 평행선 *AB*와 *CD*를 두 개의 횡단선 *PCA*와 *PDB*가 지난다. 탈레스는 다음 비율이 일치한다는 사실이 참임을 증명했다.

$$\frac{PC}{PA} = \frac{PD}{PB} = \frac{CD}{AB}$$

위 증명들은 그런 사고방식이 자리잡지 않은 시대에 탈레스가 얼마나 선구적이었는지 보여준다. 말하자면, 그는 최초의 '수학 트렌드 세터'였다.

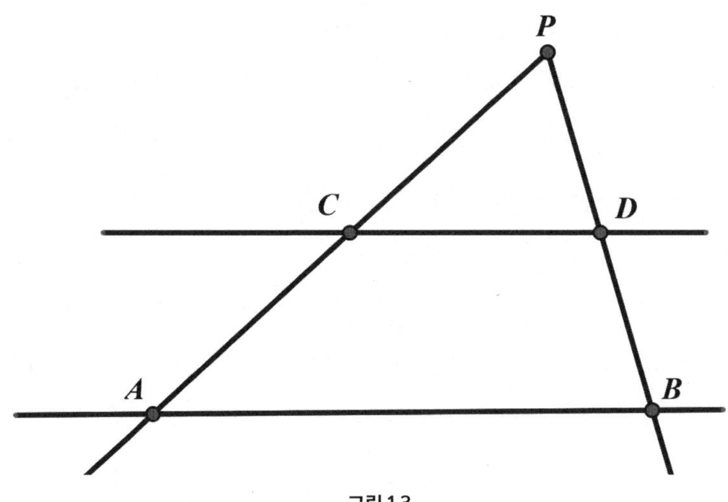

그림 1.3

Chapter 02

피타고라스

수와 우주의 철학을 세우다
그리스, 기원전 575~500년

피타고라스는 이름이 들어간 정리 덕분에 우리에게 익숙한 수학자이다. 하지만 막상 피타고라스의 정리(Pythagorean theorem)를 제대로 알려고 들면 궁금한 게 한두 가지가 아니다. 가장 먼저 떠오르는 질문은, 수학사에 있어 이 정리가 중요한지 여부다. 여기에는 여러 답변이 나올 수 있다. 이만큼 기억하기 쉬운 수학 공식도 없다, 도식화가 수월하다, 수학의 다방면에 적용되고 있다 등등. 거기다가 수천 년간 지속되어 온 수많은 수학 연구의 기초가 되었다는 점 역시 빠뜨리면 섭섭하다. 하지만 진정 답을 찾으려면 그 근원부터 따져보아야 한다. 이 정리를 최초로 증명했다고 하는 피타고라스라는 인물과 그의 생애, 그리고 그가 속했던 집단을 살펴보도록 하자.

'피타고라스'라는 이름을 들으면 가장 먼저 떠오르는 것은 피타고라스의 정리다.[1] 연산보다 조금 어려운 내용 중에 기억나는 것을 꺼내보자면, 대다수가 이 등식 $a^2 + b^2 = c^2$을 가장 많이 떠올리게 된다. 기억력이 좋다면 이 등식이 기하학적으로 설명된다는 사실까지 읊조릴 것이다. 즉, 직각 삼각형에서 빗변이 아닌 나머지 두 변을 각각 한 변으로 하는 두 정사각형의 넓이의 합은, 빗변을 한 변으로 하는 정사각형의 넓이와 같다는 그 내용 말이다. [그림 2.1]에서

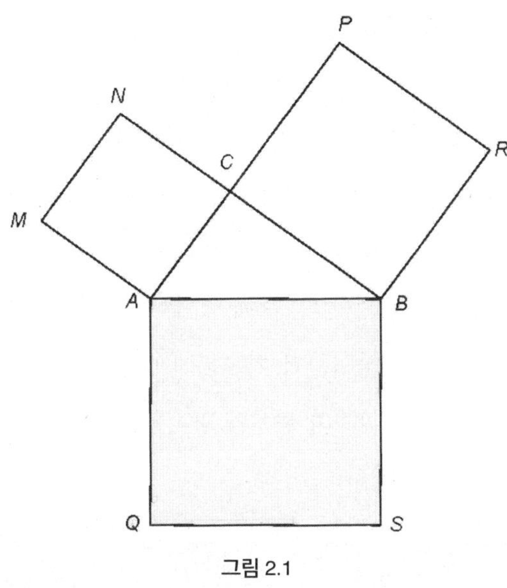

그림 2.1

볼 수 있듯, 어둡게 칠해진 정사각형의 넓이는 색칠되지 않은 나머지 두 정사각형의 넓이의 합과 같다.

안타깝게도 피타고라스의 삶에 대한 정확한 묘사는 남아 있지 않다. 거의 유일한 기록은 피타고라스가 세상을 뜬 뒤 약 800년 뒤에 출간된 전기이다. 이 책은 그를 미화하려 했던 수많은 추종자 중 하나인 이암블리코스가 집필했다. 그 밖에도 플라톤, 아리스토텔레스, 에우독소스, 헤로도토스, 엠페도클레스 등 유명 인물들이 피타고라스에 대해 적잖이 언급했지만 확실하게 신뢰할 수 있는 정보는 남아 있지 않다. 동시대의 추종자 중 일부는 피타고라스가 반신반인 (半神半人) 아폴론의 아들이라고 믿기까지 했다. 그런 별난 사실을 뒷받침하는 증거로 피타고라스의 어머니가 절세미인이었다는 점을 갖다 대기도 했다. 몇몇 추종자들은 심지어 피타고라스가 기적을 행했다고 기록했다.[2]

피타고라스는 고대의 가장 위대한 수학자이자 철학자로 일컫는다. 그러나 당대에는 그도 비판의 화살을 피할 수 없었다. 비평가들은 피타고라스가 단지 피타고라스학파의 창시자이자 한 종파의 교주일 뿐이라고 깎아내렸다. 피타고라스 연구의 대부분이 실은 종파 구성원들이 집필해서 수장인 피타고라스에게 바친 것에 불과하다고 비난했다. 또한 그가 수학 개념에 대한 진정한 이해 없이, 그저 떠도는 지식을 엮었을 뿐이라고 얕잡아 말하기도 했다. 한마디로 피타고라스라는 사람을 수학이라는 세계에 별로 기여한 바가 없는 인물로 몰아간 것이다. 이런 혹평은 플라톤, 아리스토텔레스, 유클리드 같은 저명한 학자들도 겪고 있는 일인데, 이는 역사적 기록물에 다수 쓰여 있다. 이 모든 것을 종합해 보면, 우리는 피타고라스의 생애와 업적을 다룰 때 이런 불확실성을 감안해야 한다는 결론에 다다른다.

그림 2.2 왼쪽에 뭔가 쓰는 사람이 피타고라스(「아테네 학당」).

피타고라스는 기원전 약 570년 전에 소아시아의 해안가 사모스섬(현재 그리스의 동부)에서 태어났다. 피타고라스의 첫 번째 스승이자, 가장 많은 영향을 끼쳤을 것으로 짐작되는 인물은 페레키데스이다. 원래 신학자였던 페레키데스는 피타고라스에게 종교, 신비주의, 수학을 가르쳤다. 청년기에 피타고라스는 페니키아, 이집트, 메소포타미아 등지를 여행하며 수학 지식을 쌓았고 철학, 종교, 신비주의 같은 다양한 분야에 관심을 가졌다. 몇몇 전기 작가들은 피타고라스가 10대 후반에 사모스섬 근처에 있는 소아시아의 도시 밀레투스를 처음 여행했고, 그곳에서 유명한 철학자이자 수학자인 탈레스로부터 가르침을 받으며 수학을 계속 연구했다고 전한다. 바로 이때 피타고라스는 밀레투스학파 철학자 아낙시만드로스의 수업도 들었을 가능성이 매우 크다. 아낙시만드로스는 피타고라스에게 기하학적 영감을 준 인물이다.

피타고라스가 사모스섬으로 돌아왔을 때는 그의 나이 38세였다. 사모스섬은 폴리크라테스가 권력을 장악해 참주가 되어 있었는데, 그는 기원전 538년부터 기원전 522년까지 사모스섬을 통치했다. 이런 정치적 배경 때문에 피타고라스가 사모스섬을 또다시 떠나게 된 것일까? 그 이유는 확실치 않지만, 귀향한 지 얼마 되지 않아 기원전 530년경 피타고라스는 크로톤(현재 이탈리아 남부의 크로토네)으로 이주했다.

피타고라스는 크로톤에 건너가 공동체를 만든다. 이 공동체의 주요 관심사는 종교, 수학, 천문학, 음악(즉 음향학)으로 다양했다. 여기에 소속되었던 이들이 현재 피타고라스학파로 알려진 사람들이다. 피타고라스학파의 목표는 수를 이용해 만물의 본질을 밝히는 것이었다. 특히 이들은 만물과 우주의 모든 양상을 자연수와 자연수의 비(比)로 설명하려 했고, 또 표현할 수 있다고 확신했다. 하지만 이러한 믿음은 오래지 않아 흔들리게 된다. 피타고라스학파의 상징인 오각별(대칭을 이루는 오각형의 별) 자체가 주요한 수의 원칙에 어긋났기 때문이었다.

피타고라스학파는 자연의 세계와 자연수는 서로 연결되어 있다고 믿었다. 특히 두 개의 직선은 하나의 공약수를 갖기 때문에 즉 약분이 가능하다고 생각했다. m이 크기(Magnitude)를 나타내고 α와 β가 정수일 때 $a=\alpha \cdot m$, $b=\beta \cdot m$이라는 등식이 성립한다면, 두 개의 크기 a와 b는 약분이 가능하다. 하지만 오각별을 포함하고 있는 오각형에서는 변과 대각선의 공약수가 없다! 좀 더 쉽게 설명하면, 한 변의 길이를 대각선의 길이로 나눈 결과는 유리수가 아니다. 즉 분수로 나타낼 수 없다. 이 사실을 발견한 이는 피타고라스의 제자였던 메타폰툼의 히파수스였다. 그는 자기가 발견한 사실을 공동체 바깥에 발설했는데, 이로 인해 비밀 서약을 위반했다는 구실이 씌어져 공동체에서 추방당한다. 혹자는 히파수스가 신성 모독 행위를 한 결과, 그 벌로 배가 난파되어 사망했다고 말한다. 다른 구전 기록에 따르면, 그는 피타고라스 집단의 회원들에게 살해당했다. 어쨌거나 피타고라스학파가 그들의 신념을 고집하며 이 사건을 매우 심각하게 받아들였다는 점은 변하지 않는다.

피타고라스학파는 기하학과 직선의 관계에만 머무르지 않고, 우주와 자연 세계의 다양한 측면을 탐구했다. 그중 하나가 음향학이다. 소리와 자연수의 연관성을 찾기 위해 이들은 현의 진동을 연구했다. 피타고라스학파는 두 현의 길이가 1:2, 2:3, 3:4, 4:5 같이 자연수의 비로 표현되는 경우, 조화로운 소리를 낸다는 사실을 발견했다. 피타고라스학파는 수차례의 분석을 통해 자기들 주장의 증거를 수집했다. 급기야는 온 우주가 단순한 자연수의 비로 질서 있게 정리되어야 한다는 당위까지 나아갔다. 그래서 히파수스가 피타고라스학파의 핵심 신조가 참이 아님을 증명하고 이 정보를 외부인들과 공유했을 때, 그를 추방하기까지 하는 가혹한 조치를 취했던 것 같다.

피타고라스학파 철학의 핵심 교리는 종교와 수학의 깊은 연관성에 있었다. 즉 피타고라스학파는 태양, 달, 행성, 별에 신성(神性)이 들어 있다고 믿었다. 이 천체들이 원형 경로를 따라서 움직이는 것은 그 방증이라고 생각했다. 더 나아가 피타고라스의 추종자들은 이러한 천체들의 운동이 다양한 주파수의 소리를 내며, 그 이유는 각 천체들의 직경이 달라서 각기 다른 속도로 운동하기 때문이라고 믿었다. 이들은 이 소리들이 화성 음계(harmonic scale)를 형성한다며, '천체의 하모니(harmony of the spheres)'라 이름 붙였다. 그들에 따르면, 이 하모니는 어디에나 존재했다. 다만 우리는 태어난 뒤로 줄곧 들어왔기 때문에 인식하지 못할 뿐이다.

그로부터 한참 시간이 흐른 뒤, 독일 과학자 요하네스 케플러(Johannes Kepler, 1571~1630)도 후기 피타고라스학파와 비슷한 주장을 내놓았다. 케플러 역시 행성 궤도의 직경을, 그에 내접하고 외접하는 정다면체(플라톤의 다면체, [그림 2.3] 참조)로 설명할 수 있다고 믿었다. 정다면체는 모든 면이 정다각형으로 이루어진 다면체로, 예를 들면 전부 정삼각형으로 이루어진 다면체 같은 것이다. 정다면체는 다섯 가지 유형만 존재한다.[3] 행성의 궤도와 정다면체에 관한 케플러의 아이디어는 1619년 그의 저서 『세계의 조화(De Harmonices Mundi)』를 통해 발표되었다.

피타고라스를 따르는 추종자가 많았던 데는 그가 달변가라는 점을 빼놓을 수 없다. 실제로 피타고라스가 크로톤의 대중들에게 했던 연설문 중 네 편은

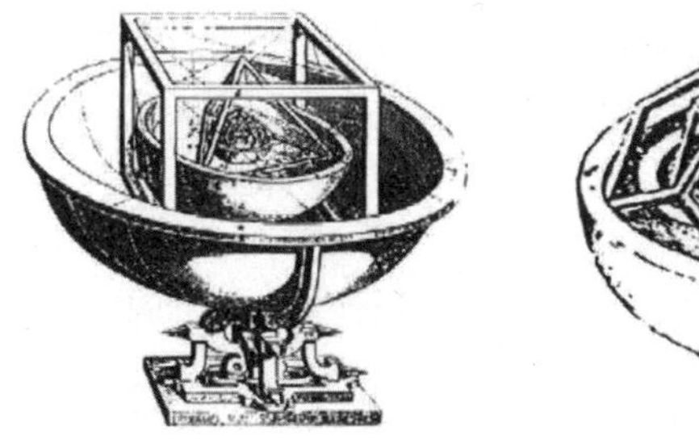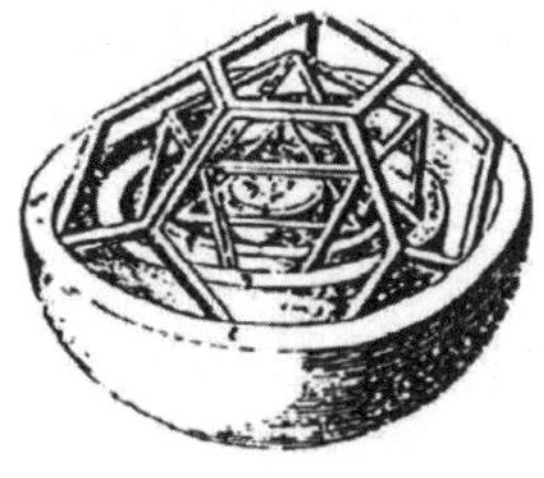

그림 2.3 케플러의 저서 『우주의 신비(Mysterium Cosmographicum)』에 삽입된 정다면체.

오늘날에도 명문으로 유명하다.[4] 피타고라스학파는 마침내 크로톤에서 정치적으로 성장해, 그리스 바깥까지 영향력이 퍼져나가기도 했다. 하지만 정치에서 흔히 벌어지는 일들처럼, 이들은 저항과 적대감에 부딪혔다. 그리고 이후(기원전 510년경)로도 각종 정치 분쟁에 휘말린 결과, 크로톤에서 추방당하고 만다. 피타고라스학파는 로크리, 카울로니아, 타렌트 등의 소도시로 이주를 시도했는데, 그 지역 주민들도 피타고라스학파의 정착을 허락하지 않았다. 그러다 마침내 피타고라스 무리는 메타폰티움(Metapontium)에서 새로운 거처를 찾게 된다. 기원전 500년경 고령의 피타고라스가 생을 마감한 곳도 메타폰티움이었다.

창시자 피타고라스의 사후에는 조직을 끌어갈 리더가 부재했다. 피타고라스학파는 몇 개 소규모 집단으로 뿔뿔이 흩어져 남부 이탈리아에 정착했다. 새 정착지에서 정치적 영향력을 행사하며 자기네 전통도 잇기 위해 안간힘을 쓴다. 보수 성향인 지역 내 유력 가문들과 인맥으로 연결되기도 했는데 이는 경쟁 세력과의 갈등만 키웠다. 결국 반대 세력이 실권을 장악하자마자 피타고라스학파는 피비린내 나는 숙청을 당한다. 이 일로 인해 피타고라스학파 상당수는 그리스로 이민을 떠나게 되고, 사실상 남부 이탈리아에서 피타고라스학파는 종말을 맞게 된다.

오직 극소수의 사람만이 이탈리아에 남아 피타고라스학파의 전통을 지키고 피타고라스의 이상을 발전시키기 위해 애썼다. 피타고라스학파의 명맥을 유지한 두 그룹은 어큐스매틱스파(the Acusmatics)와 매스매틱스파(the Mathematics)였다. 이들은 고대에는 '선생님'을 의미했고 나중에는 주로 '학식 있는 자들'을 지칭했다. 전자는 아큐스마(acusma, 예를 들어 자신들이 들었던 피타고라스의 말)를 믿었고, 거기에 어떤 설명도 덧붙이지 않았다. 자신들의 주장이 정당하다는 증거는 오직 '피타고라스가 말했다'는 것뿐이었다. 이것이 당시 피타고라스가 중요한 인물이 되고 인기를 얻는 데 어느 정도의 영향을 끼쳤다. 어큐스매틱스파와 달리 매스매틱스파는 피타고라스의 아이디어를 더 발전시키고 정확한 증명을 하기 위해 노력했다.

타렌툼의 아르키타스(Archytas of Tarentum, 기원전 428~350년)도 이탈리아에 잔류했던 극소수의 피타고라스학파 중 한 사람이었다. 그는 수학자이자 철학자였을 뿐만 아니라 아주 성공한 기술자, 정치인, 군 지도자로 1인 3역을 자임했다. 아르키타스는 기원전 388년경 플라톤과 친분을 맺었는데, 이를 계기로 플라톤은 자신의 저서에서 피타고라스의 철학을 논하게 된다. 사람들은 플라톤이 피타고라스의 철학을 아르키타스에게 배웠을 거라고 추측한다. 플라톤 학당의 첫 학생이었던 아리스토텔레스는 얼마 지나지 않아 그곳에서 학생들을 가르치게 되었고, 피타고라스학파에 대해 다소 비판적인 글을 썼다.

그에 비해 플라톤은 행성과 별의 신성 등 피타고라스학파의 아이디어를 많이 채택했다. 물론, 다른 경우에는 피타고라스학파의 의견에 동의하지 않기도 했다. 예를 들어, 당대 수학 분야에서 피타고라스는 상당히 인정을 받는 중심 인물로 모든 수학자들과 밀접한 관계를 맺고 있었는데도, 플라톤은 저서에서 수학을 다루는 파트에서 피타고라스를 단 한 번만 언급했다. 그것도 수학자로서 피타고라스를 언급한 것이 아니다.[5] 플라톤이 생각하기에, 엄밀한 의미에서 피타고라스는 수학자가 아니었던 듯하다. 마찬가지로, 아리스토텔레스도 피타고라스학파가 피타고라스라는 인물 자체에 대해서는 거의 다루지 않았다는 점을 언급했다.[6]

기원전 4세기, 그리스인들은 피타고라스 추종자들을 '피타고라스학파(Pythagorean)'와 '피타고라스주의자(Pythagorist)'로 구분했다. 후자는 피타고라스 철학을 극단적으로 수용한 자들로, 특이하고 금욕적인 생활방식 때문에 종종 비꼼의 대상이 되었다. 한편 피타고라스학파 중에서도 여전히 외부인의 존경을 받는 인물들이 있었다.

기원전 4세기 이후 피타고라스의 철학은 자취를 감췄다가, 기원전 1세기에 로마에서 피타고라스의 사상이 다시 유행했다. 이러한 '신피타고라스주의(Neo-Pythagoreanism)'는 이후 몇 세기 동안 명맥을 유지했다. 2세기에는 피타고라스의 수론에 대한 보에티우스(Boethius, 기원전 약 500년)의 라틴어 번역본이 널리 보급되었으며 게라사의 니코마코스(Nichomachus of Gerasa)가 피타고라스의 수론에 관한 책을 쓰기도 했다. 현재 피타고라스의 사상은 각종 분야에서 우리의 사고에 스며들어 있다. 또한 피타고라스의 정리는 아주 다양한 방법으로 응용과 증명이 가능하다.

예를 들어 [그림 2.4]처럼 각 변의 길이를 a와 b로 나눈 정사각형이 있다고 가정하자. 이 정사각형은 직사각형, 삼각형, 두 개의 작은 정사각형으로 나뉜다. [그림 2.5]에서 볼 수 있듯이 [그림 2.4]의 4개의 직각 삼각형의 위치를 이동시키자. 우리가 알고 있듯이 직각 삼각형에서 직각이 아닌 나머지 두 각의 합은 90도이므로 두 각은 예각이다. 따라서 [그림 2.5] 정사각형의 가운데에 있는 도형은 한 변의 길이가 c인 정사각형이다. [그림 2.4]와 [그림 2.5]의 두 개의 큰 정사각형은 합동이다. 각 변의 길이가 $a+b$이고, 이 두 도형에서 4개의 직각 삼각형의 넓이의 합은 같다. [그림 2.4]에서 두 개의(색칠이 되지 않은) 작은 정사각형의 넓이의 합은 $a^2 + b^2$이고, [그림 2.5]의 색칠되지 않은 한 개의 정사각형의 넓이 c^2에 해당한다. 따라서 $a^2 + b^2 = c^2$이다. 이로써 피타고라스의 정리가 참임이 증명되었다!

기초 대수학에 능숙한 사람들을 위해 [그림 2.5]의 피타고라스의 정리를 다양한 방식으로 유도할 수 있다. 전체 도형의 넓이는 두 가지 방식으로 나타낼 수 있다.

1. 한 변의 길이가 $(a + b)$인 정사각형의 넓이를 구하면 $(a + b)^2$이고

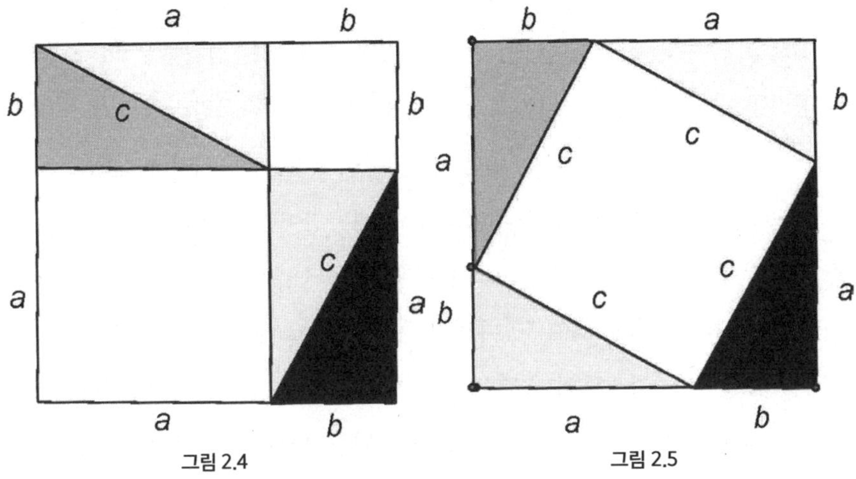

$(a + b)^2$ 전개하면 $a^2 + 2ab + b^2$이다.

2. 큰 정사각형의 넓이는 4개의 합동인 직각 삼각형의 넓이의 합 $4\left(\frac{1}{2}ab\right)$에, 큰 정사각형 안에 있는 정사각형의 넓이 c^2을 더한 값으로 나타낼 수 있다.

즉, $4\left(\frac{1}{2}ab\right) + c^2 = 2ab + c^2$이다.

여러분이 큰 정사각형을 두 가지 방법으로 표현했기 때문에 등식을 쉽게 세울 수 있다. 따라서 $a^2 + 2ab + b^2 = 2ab + c^2$이다. 이 등식의 양변에서 각각 $2ab$를 빼면 $a^2 + b^2 = c^2$라는 답을 얻을 수 있다. 이것은 4개의 합동인 직각 삼각형의 변의 길이를 이용해 피타고라스의 정리를 증명한 것이다.

현재 피타고라스의 정리를 증명하는 방법은 400가지가 넘는다. 1940년에 미국의 수학자 엘리샤 S. 루미스(Elisha S. Loomis, 1852~1940)는 역사상 가장 유명한 수학자들이 했던 피타고라스의 정리에 대한 증명 370개를 모아 책으로 발표했다.[7] 루미스는 삼각법을 이용한 증명을 이 책에 포함시키지 않았다는 점을 강조했다. 수학 전공생이라면 잘 알고 있겠지만 모든 삼각법은 피타고라스의 정리를 바탕으로 한다. 따라서 삼각법을 이용해 피타고라스의 정리를 증명하는 것은 순환 추론(circular reasoning)이다. 루미스의 책에는 미국 전역의 학생들과 교수들이 한 증명뿐만 아니라 미국의 대통령이었던 제임스 A. 가필드가 한 증명도 수록되어 있다. 가필드 대통령은 1876년 《뉴잉글랜드 교육 저널(New England Journal of Education)》에 "당나귀의 다리(Pons Asinorum)"[8]라는 제목으로 이 증명을 발표했다. 가필드의 증명은 일반인에게 가장 많이 알려진 피타고라스의 정리가 얼마나 다양한 방법으로 증명이 가능한지 보여주는 흥미로운 사례다. 그래서 이 책에서 가필드의 증명을 소개하려고 한다.

1876년 제임스 A. 가필드는 아직 미국 하원 의원이었다. 미국의 제20대 대통령이 될 날이 머지않았던 가필드는 다음과 같이 피타고라스의 정리에 대한 증명을 했다. 고전학 교수였던 가필드는 미국 역사상 유일한 하원 출신 대통령이다. 지금부터 가필드가 발견한 증명을 살펴보도록 하자.

[그림 2.6]에서 $\Delta ABC \cong \Delta EAD$는 닮은 도형이다. 그리고 이 도형을 이루고 있는 3개의 삼각형은 전부 직각 삼각형이다.

사다리꼴 $DCBE$의 넓이는 높이 $(a + b)$에 아랫변과 윗변의 합 $(a + b)$을 곱한 다음 2로 나눈 값이다. 즉 $\frac{1}{2}(a+b)^2$이다. 한편 사다리꼴 $DCBE$의 넓이는 세 개의 직각 삼각형의 넓이의 합한 값과 같다.

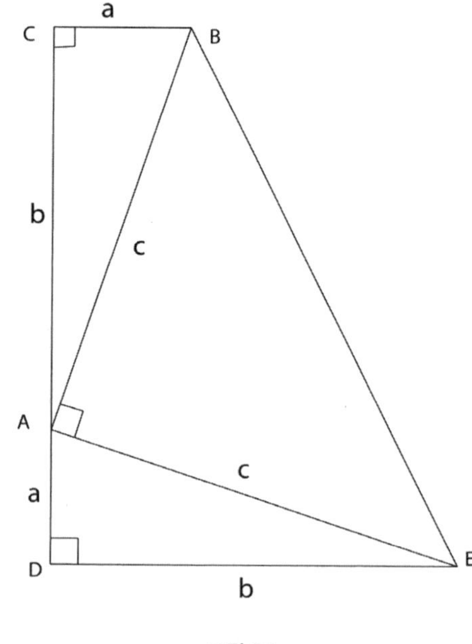

그림 2.6

수학을 만든 사람들

$$\frac{1}{2}ab + \frac{1}{2}ab + \frac{1}{2}c^2 = 2\left(\frac{1}{2}ab\right) + \frac{1}{2}c^2$$

이 두 식은 같은 사다리꼴의 넓이를 나타내므로 등식을 세울 수 있다.

$$2\left(\frac{1}{2}ab\right) + \frac{1}{2}c^2 = \frac{1}{2}(a+b)^2$$

위의 식을 간단하게 정리하면 $2ab + c^2 = (a+b)^2$이다. 이 식의 우변을 전개하면 $2ab + c^2 = a^2 + 2ab + b^2$이다. 이 등식의 양변에서 $2ab$를 빼면 $a^2 + b^2 = c^2$이 된다. 이 경우에도 직각 삼각형 ABC처럼 피타고라스의 정리가 적용된 것이다. 똑똑한 독자들은 가필드의 증명이 피타고라스가 했다고 간주되는 증명([그림 2.5])과 꽤 비슷하다는 사실을 알아챘을 것이다. 한편 [그림 2.6]의 사다리꼴을 정사각형으로 '완성'시키려면 [그림 2.5]처럼 도형을 배열해야 한다. '완성된 정사각형'이 [그림 2.7]이다.

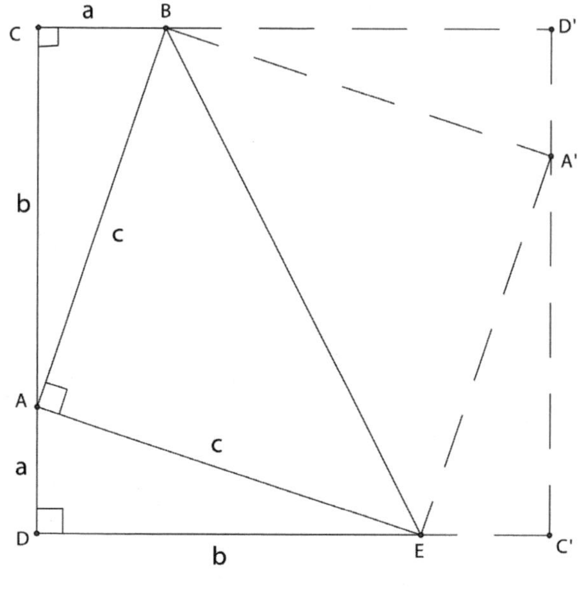

그림 2.7

지금까지 우리는 많은 사람들이 수학에서 가장 유명한 정리라고 생각하는 피타고라스의 정리의 주인공과 관련된 역사를 조금이나마 살펴보았다. 아무튼 우리가 학창 시절의 수학 시간을 떠올릴 때 가장 많이 기억하고 있는 정리가 피타고라스의 정리임은 틀림없다.

에우독소스

미적분학의 씨앗을 뿌리다
그리스, 기원전 390~337년

미적분학의 발명자로는 오랫동안 아이작 뉴턴(Issac Newton, 1642~1726)과 고트 프리트 빌헬름 라이프니츠(Gottfried Wilhelm Leibniz, 1646~1716)가 거론되었다. 뉴턴의 방식은 유율론(fluxion)이라 불렸고, 라이프니츠의 표기법은 현재 미분학과 적분학에서 사용되고 있다. 하지만 현대의 연구 조사 결과, 우리가 미적분학이라고 부르는 것의 실제 '발명자'는 기원전 390년 소아시아의 크니도스에서 출생한 에우독소스(Eudoxus of Cnidus)였다는 사실이 밝혀졌다. 오늘날 미적분학의 전신으로 간주되는 에우독소스의 연구는 '무한 소멸법(Method of Exhaustion)'이라고 불린다. 실제로 에우독소스는 아르키메데스를 제외하면 고대 그리스에서 가장 위대한 수학자로 평가받곤 했던 인물이다. 유감스럽게도 그가 집필했던 저서들은 전부 소실된 것으로 보이지만, 에우독소스의 연구는 유클리드를 포함해 그를 추종했던 많은 수학자들에게 인용되어 왔다.

에우독소스의 생애에 관한 정보의 출처는 3세기의 역사학자 디오게네스 라에르티오스(Diogenes Laertius)의 저서다. 라에르티오스는 가십을 살짝 넣은 짤막한 위인 모음집을 썼는데, 이 책에 소개된 많은 유명 철학자들과 수학자들 중에 에우독소스도 있었다.[1] 에우독소스가 23세에 그리스 아테네의 플라톤 학당에

그림 3.1 크니도스의 에우독소스.

서 강의를 들었다는 것은 라에르티오스의 저서를 통해서 알 수 있다. 얼마 후 에우독소스는 이집트로 떠나 그곳에서 16개월 동안 신관들과 함께 연구 활동을 하고, 기상대에서 천문 관측을 했다. 동시에 이집트에서 생계를 위해 가르치는 일도 하다가 소아시아로 돌아갔고, 이후 아테네로 가서 플라톤 학당에서 학생들을 가르쳤다. 만년에 에우독소스는 고향인 크니도스에서 입법자가 되어서도 계속 연구 활동을 했으며, 기원전 약 337년에 세상을 떠났다.

유클리드의 『원론(Elements)』 5권에서 비례(比例)에 관한 논의 중 많은 부분은 원래 에우독소스가 쓴 것으로 보인다. 하지만 이 책에 에우독소스 이후 시대의

수학을 만든 사람들

수학자들의 연구가 어느 정도 포함되어 있는지에 대해서는 알려지지 않았다. 이 시대의 그리스 수학자들은 비례를 이용해 물체를 측정했는데, 두 개의 유사 항목의 비와 다른 두 개 유사한 항목의 비를 비교하는 방법이었다. 이것은 수나 다양한 방정식을 이용하는 현대의 방식과 다른 점이었다. 두 개의 비 사이에 등식이 성립한다는 것, 즉 비례식의 의미를 파악한 것은 에우독소스의 업적이다. 다음은 유클리드의 『원론』 제5권에서 '정의 5'이며 대부분은 에우독소스가 쓴 것이다.

> 동일한 비를 갖는 값이 있다고 하자. 즉 첫째 항에 대한 둘째 항과 셋째 항에 대한 넷째 항의 비가 같다. 첫째 항과 셋째 항에 같은 수를 곱하고, 둘째 항과 넷째 항에 같은 수를 곱했을 때, 후자의 동일한 수를 곱한 값은 아래의 순서처럼 각각 더 크거나, 같거나, 더 작다.

다음과 같이 기호를 이용하면 이 내용을 좀 더 쉽게 설명할 수 있다. 네 개의 값을 a, b, c, d라고 하자. 그리고 $\frac{a}{b}$와 $\frac{c}{d}$라는 비가 있다고 하자. 이 두 비의 관계가 $\frac{a}{b} = \frac{c}{d}$라고 하자. 한편 임의의 두 수를 p와 q라고 하자. 첫 번째 수와 세 번째 수에 각각 두 수를 곱한 값은 pa와 pc다. 유사한 방법으로 두 번째 수와 네 번째 수에 q를 곱한 값은 qb와 qd다. $pa > qb$이면 $pc > qd$다. 한편 $pa = qb$이면 $pc = qd$다. 뿐만 아니라 $pa < qb$이면 $pc < qd$다. 이 정의가 비슷한 두 개의 양을 언급하고 있음에 유의하길 바란다. 측정하는 수의 단위가 반드시 비슷해야 할 필요는 없다. 에우독소스의 정의에서 핵심은 a, b, c, d가 유리수가 아니어도 된다는 것이다. 게다가 두 개의 비 사이에 등식이 성립한다는 에우독소스의 정의는 무리수에도 적용할 수 있다.

그뿐만 아니라 피타고라스학파는 비로 나타낼 수 없는 수, 즉 p와 q가 정수일 때 $\frac{p}{q}$의 형태로 표현할 수 없는 수가 존재한다는 사실을 발견했다. 피타고라스학파가 두 개의 길이 a와 b를 비교했던 방법으로 길이 u를 구할 수 있으므로, 정수 p와 q에 대해 $a = p \cdot u$, $b = q \cdot u$가 성립한다. 두 길이 a와 b에 대해 충분히 작은 수가 항상 존재하고, 이것은 이러한 두 길이뿐만 아니라 다른 경우에도 대등하게 적용될 수 있다고 간주되었다. 하지만 피타고라스학파는 두 수를 공통으로 나눌 수 있는 수가 항상 존재하는 것이 아니라는 사실을 발견하고 혼란에 빠졌다. 예를 들어 양변의 길이가 각각 1인 직각 이등변 삼각형에서 빗변의 길이와 양변은 약분이 불가능하다. 빗변과 양변을 나타낼 수 있는 수의 단위가 존재하지 않기 때문이다. 피타고라스의 정리에 의하면 이 경우에 직각 이등변 삼각형의 빗변의 길이는 $\sqrt{2}$다. 이 수와 1의 공약수가 존재하지 않는다는 것은 m과 n이 정수일 때 두 식에 같은 수 u를 곱해서 $\sqrt{2} = m \cdot u$와 $1 = n \cdot u$로 나타낼 수 없다는 의미다. 쉽게 말해 $\sqrt{2}$와 1은 약수의 곱으로 나타낼 수 없다. 이것을 다른 말로 표현하면 $\sqrt{2}$는 정수의 비, 즉 $\frac{m}{n}$꼴로 나타낼 수 없다는 뜻이다. 따라서 $\sqrt{2}$는 유리수가 아니라 무리수다.

앞에서 언급했듯이 에우독소스의 비를 비교하는 방법을 이용해 무리수도 비교하거나 크기를 측정할 수 있다. 이런 의미에서 에우독소스는 최초로 무리수를 측정하는 방법을 찾은 사람인 셈이다. 실제로 독일의 수학자 리하르트 데데킨트(Richard Dedekind, 1831~1916)는 에우독소스로부터 영감을 얻어 데데킨트 절단(Dedekind cut)이라고 알려진 개념을 발전시켰다고 했다. 이제 데데킨트 절단은 실수의 표준 정의가 되었다. 데데킨트 절단은 하나의 무리수가 유리수를 두 집합으로 나누며, 한쪽 집합의 모든 수는 다른 쪽 집합의 모든 수보다 더 크다. 예를 들어, $\sqrt{2}$는 제곱했을 때 2보다 작은 수들과 모든 음수를 하나의 집합으로, 제곱했을 때 2보다 큰 수들과 모든 양수를 다른 집합으로 나눈다.

앞에서 언급했듯이 에우독소스는 무리수를 측정 가능하게 한 것 외에도 무한 소멸법을 발전시킨 학자다. 무한 소멸이란, 어떤 도형에 다각형들을 내접시키고 변의 수를 무한대로 늘려가면서 그 도형의 넓이를 찾는 과정을 말한다. 이렇게 구한 넓이는 원래 도형의 넓이에 수렴한다. 직접 작도해 보면 n번째 다각형과 원래 도형의 넓이의 차는 n이 커질수록 점점 작아지는 것을 알 수 있다. 이 차이가 임의로 작아졌을 때 다음 차례의 도형들의 넓이를 계속 구하다 보면, (다각형) 넓이의 하한값에 '무한 소멸'되어 원래 도형의 넓이를 구할 수 있다. 거듭 강조하지만 무한 소멸법은 적분학보다 시대적으로 앞섰다. 무한 소멸법에서는 극한도, 무한소의 양이라는 개념도 이용하지 않는다. 무한 소멸법은 시간이라는 유한한 수를 끊임없이 이등분하다 보면 어떤 양이 다른 양보다 작아질 수 있다는 논리적 프로세스를 바탕으로 한다. 이에 대한 예는 원의 넓이가 반지름의 제곱에 비례한다는 사실을 증명할 수 있다는 것이다.

실질적인 미적분학 연구의 시초는 아이작 뉴턴과 고트프리트 라이프니츠이지만, 무한 소멸법을 증명함으로써 오늘날 미적분학의 기초를 다진 인물은 에우독소스다. 에우독소스가 현재 우리가 알고 있고 활용하고 있는 수학에 어떤 공헌을 했는지 이해했다면, 그의 선견지명과 창의력뿐만 아니라 모든 학문적 지식은 쌓여가며 발전한다는 사실에 감탄할 수밖에 없다. 앞서 연구하고 수학의 기초를 다진 에우독소스가 없었더라면, 오늘날 우리가 당연하게 누리는 인류의 성취는 불가능했을 것이다.

유클리드

공리로 세운 논리의 틀

그리스, 기원전 300년경

위대한 수학자를 모은 시리즈에서 유클리드는 절대로 빠질 수 없는 인물이다. 유클리드는 흔히 알렉산드리아의 유클리드(Euclid of Alexandria)라는 이름으로 알려져 있다. 알렉산드리아는 헬레니즘 왕국인 이집트의 도시 이름이다. 유클리드의 생애와 관련된 흔적은 거의 남아 있지 않지만, 대략 기원전 347년경에 살았던 것으로 추정된다. 하지만 유클리드라는 이름이 대중에게 알려진 것은 수 세기 지나 그리스의 철학자 프로클로스 리카이우스(Proclus Lycaeus, 450년경)에 의해서였다.[1] 당시 대부분의 기하학자들은 아테네에서 공부하는 것을 당연하게 여겼던 듯하다. 따라서 그의 생애에 관해 그나마 아는 것은 유클리드 역시 아테네에서 플라톤의 문하생으로부터 수학 교육을 받았으리라는 추측 정도다. 그가 아테네에 체류했던 시기도 명확하게 알려져 있지 않다.

정확한 기록으로는, 기원전 200년경에 활약했던 그리스의 수학자 아폴로니우스(Apollonius)가 자신의 저서 『원뿔곡선(Conics)』의 도입부에서 유클리드를 언급한 게 남아 있다. 따라서 우리는 유클리드가 이보다 앞선 시대에 살았던 인물임을 추정할 수 있고, 그가 서문에 언급되었다는 점에서 그의 저서 『원론(Elements)』이 얼마나 중요한 책인지 알 수 있다. 기하학을 다룬 『원론』 외에도 유

그림 4.1 유클리드.

클리드는 기하학적 관점에서 접근한 광학을 주제로 책을 쓰기도 했다.

『원론』은 유클리드의 가장 유명한 저서이지만 현재 원본은 전해지지 않는다. 총 13권으로 구성된 『원론』이 사실은 그가 과거에 많은 수학자들이 만든 자료를 모아서 정리한 책이라는 설도 끊임없이 제기되고 있다. 아무튼 『원론』이 중요한 수학책으로 손꼽히는 것은 틀림없는 사실이다. 이 책은 주로 기하학에 관한 연구를 다루고 있지만 수론에 관한 내용도 상당히 많다. 우리가 『원론』에 주목하는 이유는 과거에 많이 알려지지 않았던 내용을 다루었기 때문이 아니라, 내용의 구성이 독특하기 때문이다. 유클리드는 정의와 다섯 가지 공리(논리학이나 수학에서 증명할 필요가 없는 자명한 진리로서 다른 명제를 증명하는 데 전제가 되는 원리—옮긴이)로 시작하고, 정리와 증명이 이어진다. 모든 정리는 초반부에서 언급한 다섯

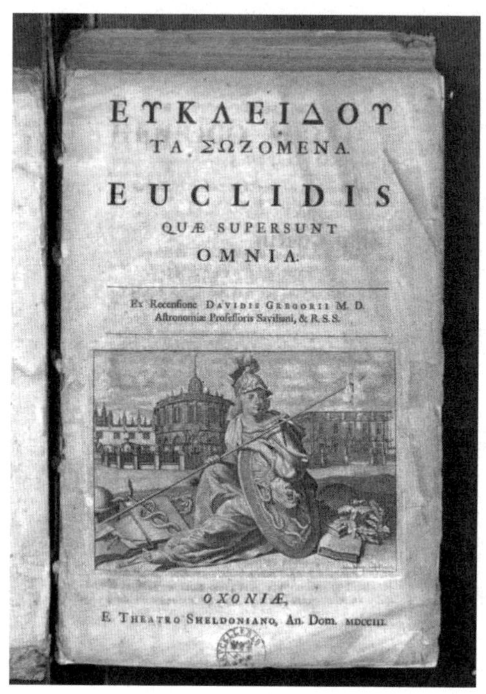

그림 4.2 1704년판 『원론』.

가지 공리에 의해 도출된다. 그래서 이 책은 처음부터 끝까지 높은 수준의 정확성을 일정하게 유지하며, 향후에 집필될 수학 저서의 수준을 극적으로 끌어올렸다. 정리를 설명하고 증명하는 과정에서 전례 없는 명료성을 보여주었기 때문이었다. 사실상 『원론』이 현대의 수학 문헌의 양식을 정의한 셈이다([그림 4.2] 참조).

오늘날 대부분의 미국 고등학교에서 수업하고 있는 고전 기하학은 유클리드의 저서를 바탕으로 한다. 그래서 고전 기하학은 유클리드 기하학이라고 불리며, 평면 기하학을 일컫는다(예를 들어 평면 기하학은 구의 표면을 다루는 기하학과 상반된다는 의미에서). 아마 가장 중요한 원리는 『원론』의 나머지 부분에서 핵심을 이루는 '유클리드의 제5공리'일 것이다. 내용은 다음과 같다.

수학을 만든 사람들

한 개의 선분이 주어진 직선과 동일한 쪽에서 두 개의 내각을 이루며 두 직선과 만날 때 두 각의 합은 두 직각의 합보다 작고, 두 직선을 무한히 연장할 때 이 두 직선은 주어진 한 직선과 동일한 쪽에서 만나게 되며, 이때 두 각의 합은 두 직각의 합보다 작다.

유클리드의 제5공리는 1846년 스코틀랜드의 수학자 존 플레이페어(John Playfair, 1748~1819)에 의해 아주 단순하게 정리되었으며, 그의 이름이 붙여져 현재 '플레어페어의 공리(Playfair's axiom)'라고 알려져 있다. 구체적으로는 다음과 같다.

한 개의 직선과 한 개의 점이 한 평면 위에 있지 않을 때, 적어도 주어진 직선에 평행한 한 개의 직선은 그 점을 통과한다.

이것은 현재 유클리드 기하학의 기본이 되는 공리다.

현재 미국 고등학교의 기하학 과정이 상당히 독특하다는 것은 세계적으로 널리 알려져 있다. 교육 과정이 기하학의 논리적 전개에 편중되어 있기 때문이다. 이러한 전통은 스코틀랜드의 수학자 로버트 심슨(Robert Simson, 1687~1768)이 쓴 기하학의 고전 『유클리드의 기하학 원론(The Elements of Euclid)』에서 시작되었다. 1756년에 발표된 이 책은 유클리드의 저서를 최초로 영어로 번역한 판본이며, 영국에서는 이 책을 바탕으로 기하학을 연구했다. [그림 4.3]은 1787년에 발표된 7쇄 버전이다.

이를 통해 우리는 유클리드의 영향력이 기하학 학습을 넘어설 정도로 대단함을 알 수 있다. 기하학 학습의 길을 열어준 것은 심슨의 영어판이었고, 프랑스의 수학자 아드리앵 마리 르장드르(Adrien-Marie Legendre, 1752~1833)가 이 책을 채택하고 개정했다. 1794년 르장드르는 『기하학 원론(Éléments de Géométrie)』이라는 제목의 교재를 집필했고, 결론적으로 이 책이 현재 우리가 알고 있는 미국 고등학교 기하학 교육의 모델이 되었다. 『원론』은 유클리드에서 시작하여 심슨을 거쳐 르장드르에 이르는 다소 우회적인 경로를 통해 유명해졌다. 그리고 르장드르의 책은 1828년 데이비드 브루스터(David Brewster, 스코틀랜드의 물리학자-옮긴이)에 의해 프랑스어에서 영어로 번역되었고, 제목은 『기하학 및 삼각법 원론(Elements

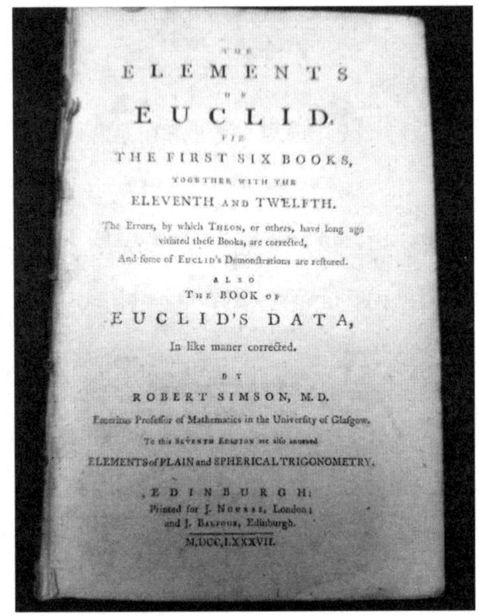

그림 4.3 『유클리드의 기하학 원론』 7쇄, 로버트 심슨, 1787년.

of Geometry and Trigonometry)』이었다. 이 책은 다시 1862년 미국의 수학자 찰스 데이비스(Charles Davis, 1798~1876)에 의해 고등 교육 과정에 채택되었다. 지금은 이것이 고등학교에서 배우는 내용이지만 초창기에는 대학교 수준이었다.

게다가 심슨은 기하학자로 얼마나 많은 인기를 누렸는지 심지어 자신의 이름이 들어간 정리인데도 그가 모르는 것이 있을 정도였다. 예를 들어 그의 이름을 따서 '심슨 직선(Simson line)'이라고 부르는 유명한 기하학의 정리가 있지만, 이것은 1799년 심슨이 세상을 떠난 후 스코틀랜드의 수학자 윌리엄 월리스(Wiliam Wallace, 1768~1843)가 처음 발전시킨 것이다. 심슨 직선은 삼각형의 외접원 위에 있는 한 점에서 삼각형의 세 변에 각각 수선의 발을 내렸을 때 수선의 발이 일직선 위에 있다는 것을 말한다. 그림은 [그림 4.4]를 참고하길 바란다.

『원론』은 수학 분야를 초월하여 미국의 역사에도 오랫동안 지대한 영향을

수학을 만든 사람들

끼쳤다. 예를 들어 1860년 에이브러햄 링컨(Abraham Lincoln) 대통령은 자서전에서 (3인칭 관점으로) 자신에 대해 서술했다. "그는 23세가 되어 아버지와 헤어진 후 영어 문법을 공부했다. 물론 지금처럼 말하고 쓸 정도로 완벽하지는 않았다. 그는 국회의원이 된 후 유클리드의 책 6권을 공부하기 시작해 거의 완벽하게 익혔다."[2] 처음에 공부했던 6권은 기하학이 대부분이었지만 덕

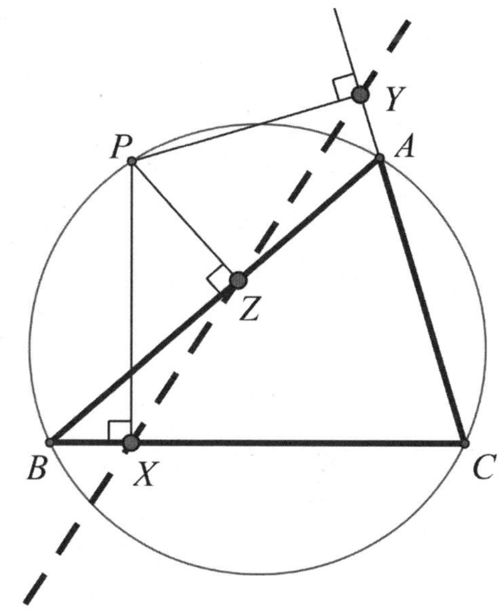

그림 4.4 심슨 직선.

분에 링컨은 지적 능력, 특히 논리력과 언어 능력을 향상할 수 있었다. 1858년 상원 의원 스티븐 A. 더글러스(Stephen A. Douglas, 1813~1861)와 사우스캐롤라이나 찰스턴에서 벌였던 그 유명한 제4차 링컨-더글러스 논쟁에서 링컨은 유클리드를 언급하며 이렇게 말했다.

당신이 기하학을 공부한 적이 있다면 유클리드가 추론 과정을 통해 삼각형의 내각의 합은 두 직각의 합과 같다는 것을 증명했다는 사실을 알 것입니다. 유클리드는 당신이 이 문제를 어떻게 해결해야 하는지 보여주었습니다. 지금 당신이 그 명제가 틀렸다는 것을 증명하려고 한다면, 당신은 유클리드를 거짓말쟁이라고 하면서 거짓임을 입증하려는 것입니까?[3]

링컨이 말을 타고 다닌 것은 당시에도 잘 알려져 있었는데, 그는 항상 유클

리드의 『원론』 사본을 안장 주머니에 넣고 다녔다고 한다. 정식 교육을 받지 못했지만 배움에 대한 그의 열정은 참으로 대단했고, 유클리드에게 특히 많은 영향을 받았다.

비록 유클리드의 삶에 관한 정보는 거의 남아 있지 않지만, 우리는 그가 남긴 유산, 즉 그의 유명한 저서 『원론』을 읽을 수 있다. 『원론』은 지금도 여전히 미국 고등학교 기하학 교육의 기초가 되고 있다. 그뿐만 아니라 링컨이 유클리드의 추론을 응용했듯이, 국민들의 논리적 사고를 다지는 데 큰 역할을 하고 있다. 유클리드를 통해 우리는 초기의 수학자들이 수학뿐만 아니라 과학, 논리, 철학, 교육 전반에 얼마나 큰 영향을 끼쳤는지 미루어 짐작할 수 있다.

ELEMENTS

OF

GEOMETRY

PART I OF THE ELEMENTS OF GEOMETRY AND TRIGONOMETRY FROM
IE WORKS OF A. M. LEGENDRE, ADAPTED TO THE COURSE OF
MATHEMATICAL INSTRUCTION IN THE UNITED STATES

BY

CHARLES DAVIES, LL. D.

AUTHOR OF "A FULL COURSE OF MATHEMATICS"

EDITED BY

J. HOWARD VAN AMRINGE, A. M., PH. D.

PROFESSOR OF MATHEMATICS IN COLUMBIA COLLEGE

NEW YORK ·:· CINCINNATI ·:· CHICAGO

AMERICAN BOOK COMPANY

그림 4.5 미국 최초의 기하학 교재.

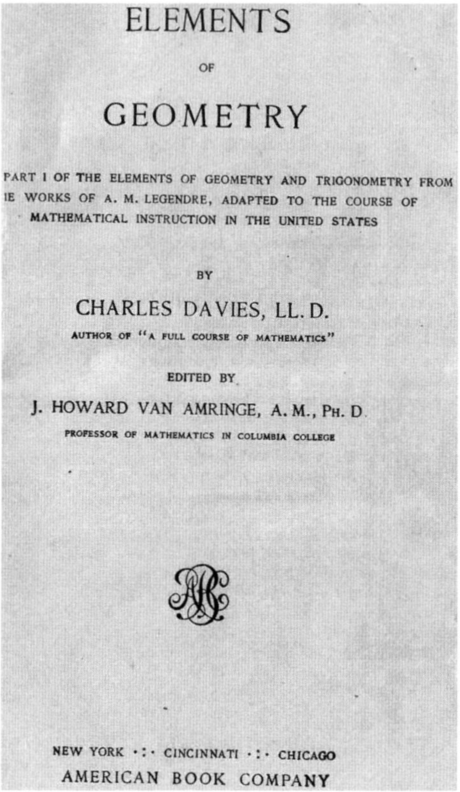

아르키메데스

기하학을 사랑한 발명가
그리스, 기원전 287~212년

노벨 수학상은 없지만 수학계에는 그에 필적하는 명성을 지닌 두 개의 상이 있다. 하나는 2002년 노르웨이 정부에서 제정한 아벨상(Abel Prize)이고, 다른 하나는 1936년 처음 수여된 필즈상(Fields Medal)이다. 매년 시상하는 노벨상이나 아벨상과 달리 필즈상은 4년에 한 번 수상자를 선정하며 40세 미만인 수학자에게만 수여된다. 이렇게 권위 있는 상에 연령 제한을 둔다는 점이 이상하게 여겨질 수 있지만, 장래의 연구를 장려하기 위해 제정되었기 때문에 그러한 제약을 둔 것이다.

필즈상의 공식 명칭은 '수학 분야의 탁월한 발견을 위한 국제 메달(the international medal for outstanding discoveries in mathematics)'이다. 하지만 캐나다의 수학자 존 찰스 필즈(John Charles Fields, 1863~1932)를 기리기 위해 속칭 '필즈 메달(Fields Medal)'이라고 불린다. 필즈는 1920년대 후반부터 이 상을 고안했고 메달의 디자인까지 골라놓았다. 불행히도 그는 첫 메달 시상식이 열리기 2년 전에 뇌졸중으로 세상을 떠났고 유언장에 4만 7천 달러를 필즈상 창설 기금으로 기부하겠다는 말을 남겼다. 필즈 메달은 금으로 제작되며 앞면에는 아르키메데스의[1] 얼굴과 "Transire suum pectus mundoque potiri"라는 문구가 새겨져 있다([그림 5.1] 참조). 아르키메데스의 말을 인용한 이 문구를 번역하면, "자신을 넘어서 세상을 움켜쥐어라."라는 뜻이다.

이 인용구가 아르키메데스의 초상과 함께 필즈 메달에 새겨져 있지만, 아르키메데스는 그보다는 "유레카! 유레카!"를 외쳤다는 일화로 가장 유명할 것이다. 이 특별한 구절을 번역하

그림 5.1 필즈 메달 앞면.

면 "알아냈어! 알아냈어!"라는 뜻이다. 아르키메데스는 욕조에 몸을 담그는 순간 자신의 몸이 잠긴 만큼 물의 높이가 올라간다는 사실을 갑자기 깨닫고 이 말을 외쳤다고 한다. 이 일화와 관련하여 시라쿠스의 참주 히에론 2세(Hierollof Syracuse, 기원전 308~215년경)가 아르키메데스에게 금 왕관의 원형을 훼손시키지 않고 순도를 측정할 수 있는 방법을 찾으라고 했다는 뒷이야기가 전해진다. 히에론 2세는 금 세공사가 왕관을 만드는 데 사용하라고 준 금의 일부를 은으로 바꿔치기했다고 의심했는데, 아르키메데스는 금이 은보다 무겁다는 사실을 알고 있었기 때문에 왕의 고민을 해결해줄 수 있었다. 은이 섞인 왕관은 같은 무게의 순금 왕관보다 부피가 클 수밖에 없으므로 불순물이 들어간 왕관을 물에 넣으면 더 많은 물이 넘칠 것이다. 눈을 뗄 수 없을 정도로 흥미로운 이 이야기의 가장 오래된 출처는 로마 시대의 건축가 비트루비우스(Vitruvius)가 [2] 쓴 건축서이며, 시기는 이 에피소드가 발생한 지 약 200년 뒤로 추정된다.

물론 이 이야기는 완전히 지어낸 것은 아니겠지만 상당히 많이 수정되고 미화된 것으로 보인다. 이 이야기가 사실이라고 믿기 어려운 또 다른 이유는 갈

수학을 만든 사람들

릴레오 갈릴레이(Galileo Galilei, 1564~1642)가 다른 원리를 이용해 아르키메데스가 훨씬 더 정확한 측정을 했을 것이라고 지적했다는 점이다. 이것이 소위 부력의 원리(law of buoyancy), 아르키메데스의 원리(Archimedes' principle)라고도 알려진 방법이다. 한편 아르키메데스는 물을 끌어올리는 데 사용하는 '아르키메데스의 나선 양수기(Archimedes' screw)'와 같은 역학 장치나 고대의 '초강력 무기' 등을 발명한 기발한 인물로도 기억된다([그림 5.2] 참조).

발명가로 더 알려진 아르키메데스는, 사실 고대 최고의 수학자로 평가받는다. 그래서 그의 얼굴이 필즈 메달에 새겨진 것이다. 아르키메데스가 수학사에 남긴 업적은 고대 그리스의 다른 수학자들의 연구를 능가하며, 특히 그는 기하학 이론을 증명하기 위해 에우독소스의 실진법을 응용하고 완성시켰다. 그는 현대 미적분학의 탄생을 예고하는 증명들을 발전시켰다. 유감스럽게도 아르키메데스의 생애에 관해서는 몇 가지 일화나 그가 자신의 저서에서 언급한 전기적 정보 외에는 거의 알려진 바가 없다.

아르키메데스는 시칠리아섬의 시라쿠사라는 도시에서 기원전 약 287년경에 태어났다. 그의 아버지는 천문학자였는데, 피디아스(Phidias)라는 이름 외에는 알려진 것이 없다. 아르키메데스는 고대 지식의 중심지였던 이집트의 알렉산드리아에서 학업을 쌓은 것으로 보인다. 이러한 추측을 뒷받침하는 증거로 아르키메데스가 두 저서의 도입부에서 에라토스테네스(기원전 276~195년경)를 언급했다는 사실을 들 수 있다. 당시 에라토스테네스는 고대의 위대한 학자들에게 만남의 장이었던 전설의 알렉산드리아 도서관장직을 역임

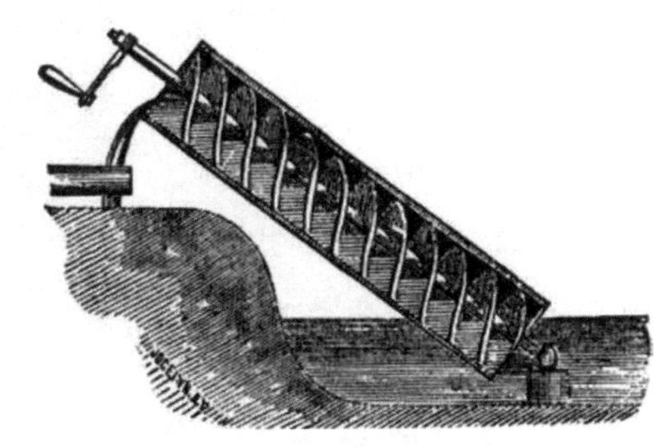

그림 5.2 아르키메데스의 나선 양수기.

하고 있었다. 에라토스테네스는 정오에 알렉산드리아와 그로부터 북남쪽 방향에 위치한 것으로 알려진 도시에서 태양의 양각을 측정하여 지구의 둘레를 계산한 것으로 유명하다. 에라토스테네스가 지극히 원시적인 측정 도구를 자유자재로 사용했다는 점을 고려해도 측정 결과는 상당히 정확하다(6장 참조).

아르키메데스와 동시대인이었던 또 다른 인물로 그리스의 수학자 사모스의 코논(Conon of Samos, 기원전 280~220년)이 있으며, 코논도 아르키메데스의 저서에 언급되었다. 유감스럽게도 아르키메데스의 저서는 필사본의 일부만 남아 있고, 그가 쓴 논문 중 적어도 7편은 완전히 소실되었다(다른 저자들도 언급했기 때문에 이러한 논문들이 존재했다는 사실을 알 수 있다). 하지만 중세가 지날 때까지 남아 있었던 그의 논문 사본들 중 몇 편은 르네상스 시대의 과학자들과 수학자들에게 상당히 많은 영향을 끼쳤다. 대표적인 인물로 갈릴레오 갈릴레이, 요하네스 케플러, 르네 데카르트, 피에르 드 페르마가 있다.

아르키메데스는 논리적인 문제 해결 방식을 이용하는 수학에서 체험적 논증을 이용해 문제의 답을 찾는 반면, 자신이 찾은 결과에 대해 철저한 증명을 제시했다. 그는 자신의 논문 「역학적 정리에 관한 방법(The Method of Mechanical Theorems)」에서 '경험에서 나온 추측(educated guess)'은 종종 답을 얻는 데 매우 유용하지만 경험적 추론이 수학적 증명을 대신할 수 없다는 점을 강조했다. 아르키메데스는 발명가로는 널

그림 5.3 아르키메데스.

수학을 만든 사람들

리 이름을 떨쳤지만, 그의 수학적 저작들은 당시에는 크게 주목받지 못했다. 700년이 넘는 세월이 흐른 후에야 그의 연구를 총망라한 한 권의 책이 편찬되었는데, 현재 『아르키메데스 코덱스(Archimedes Codex)』라는 이름으로 알려진 책이다. 이 필사본은 530년경 비잔틴 제국의 수도 콘스탄티노플(현재의 이스탄불)에 있는 하기야 소피아 그리스 정교회를 건축했던 밀레투스의 이시도르스(Isidore of Miletus)가 집대성했다.

아르키메데스의 논문 「역학적 정리에 관한 방법」을 찾는 과정은 현실판 '인디애나 존스'나 다름없기 때문에 여담으로 짧게 소개하려고 한다. 『아르키메데스 코덱스』의 사본은 950년경 익명의 필경사가 필사한 것인데 13세기에 이 사본의 양피지의 낱장들이 기독교 경전으로 재활용되었다. 당시 양피지는 매우 비싸고 쉽게 구할 수도 없어서, 기존에 쓰인 글을 지우고 세척한 다음 '재활용'되는 일이 종종 있었다. 소수의 학자들만 이해할 수 있는 수학 원문은 말 그대로 '종이'에 기록될 가치가 없는 것이었다. 이러한 재활용 과정을 거친 필사본의 원전은 '깨끗하게 지우고 다시 사용한다'라는 의미의 고대 그리스어의 합성어인 팔림프세스트(palimpsest)라고 불렸다. 아르키메데스 코덱스를 깨끗하게 지워낸 낱장들은 반으로 접혔고, 각 장은 두 페이지의 예배서가 되었다([그림 5.4] 참조).

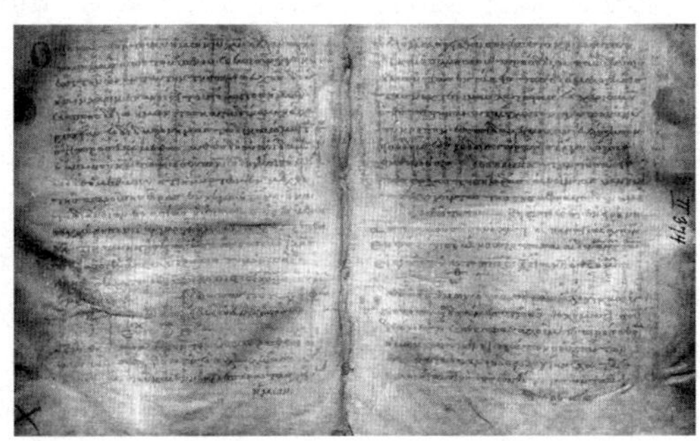

그림 5.4 아르키메데스 팔림프세스트(아르키메데스가 쓴 원문은 후대의 기도문과 직각을 이루며 흐릿하게 남아 있다).

다행히 코덱스를 지운 흔적이 완전히 사라지지는 않은 상태였다. 1846년 콘스탄티노플의 그리스 정교회 도서관에서 고대 성경 사본을 연구하던 독일의 성서학자 콘스탄틴 폰 티셴도르프(Constantin von Tischendorf, 1815~1874)는 오래된 기도서 속에 쓰인 종교 문구 아래에 희미하게 남은 수학 원문을 발견했다. 그는 샘플로 한 장의 낱장을 뜯어 가져갔지만, 기도문에 덮여 잘 보이지 않았던 이 수학 원문의 가치나 의미를 알아보지 못했다. 티셴도르프의 사후에 그가 남긴 원고 모음 일부를 케임브리지대학교(University of Cambridge)가 구입했으며, 그 안에는 그가 뜯어낸 팔림프세스트 낱장도 포함되어 있었다. 케임브리지대학교에서는 이 미확인 문서에 번호를 부여해 자료로 정리했다. 이렇게 이야기는 끝을 맺는 듯했다.

그러나 1899년 한 그리스 학자가 콘스탄티노플 도서관 장서를 목록화 하는 과정에서 기도문 아래 흐릿하게 남아 있던 동일한 수학 원문을 발견했고, 그중 몇 줄을 필사해 남겼다. 이 필사본은 세계적인 아르키메데스 전문가의 주목을 받았고, 그는 해당 문장이 아르키메데스의 논문에서 유래한 것임을 즉시 알아보았다. 1906년 이 학자는 콘스탄티노플 도서관을 방문해 팔림프세스트 전체를 사진 촬영한 뒤, 이를 바탕으로 전체 필사를 진행했다. 이 팔림프세스트는 오랫동안 소실된 것으로 여겨졌던 아르키메데스의 저작을 포함하고 있었으며, 이 발견은 세계 언론의 머리기사를 장식할 만큼 큰 반향을 일으켰다.

하지만 그 후, 그리스-튀르키예 전쟁(Greco-Turkish War, 1919~1922) 중 팔림프세스트 전체가 도난당했고, 이후 어느 사업가의 지하실에 보관된 채 수십 년간 방치되며 습기와 곰팡이로 심하게 훼손되었다. 1971년에는 케임브리지에 보관 중이던 티셴도르프의 낱장이 콘스탄티노플 도서관의 아르키메데스 팔림프세스트의 일부였음이 확인되었다. 1998년 훼손된 팔림프세스트 전체가 크리스티 경매에 등장해 익명의 구매자에게 2백만 달러에 낙찰되었고, 보존 처리를 위해 볼티모어의 월터스 미술관으로 옮겨졌다.[3] 새 주인에게 반환되기 전, 첨단 이미징 기술을 활용해 디지털 사본이 제작되었다.[4] 이 팔림프세스트에는 아르키메데스의 논문 「역학적 정리에 관한 방법」이 포함되어 있었다. 이 중요한 발견은 그가 자신의 수학적 성과를 어떻게 얻었는지를 보여주는 결정적인 단서를 제공했다.

이 연구에서 아르키메데스는 도형을 무한개의 무한히 작은 부분으로 쪼갠 것들(무한소)의 합을 이용해 도형의 넓이나 부피를 구할 수 있다고 했는데, 이는 적분의 현대적 개념을 예고하는 것이었다. 하지만 그는 무한소를 이용하는 것을 철저한 수학적 방법이라고 여기지 않았기 때문에 기존의 방법을 토대로 증명을 했다. 아르키메데스의 논문에 수록되어 있는 증명은 실진법과 귀류법(reductio ad absurdum)에 의존하고 있다. 귀류법은 어떤 명제가 필연적으로 '모순적' 결론에 도달할 수밖에 없다는 사실을 보여줌으로써 참이 아님을 증명하는 추론 방식이다.

예를 들어 1=0이 수학적으로 모순임을 보여주는 것이다. 이러한 유형의 논증은 특히 아리스토텔레스로 유명한 고대 그리스 철학으로 거슬러 올라가며, 유클리드도 수학의 정리를 증명하는 데 이 논증 방식을 이용했다. 귀류법은 수학적 추론뿐만 아니라 철학에도 활용되는 반면, 실진법은 오로지 수학적 특징만 지니고 있다. 현대적 용어로 표현하면 이것은 도형의 넓이(혹은 부피)를 구하는 것으로 이루어진다. 연속적으로 나타나는 다각형들을(혹은 다면체들을) 도형에 내접시켰을 때 변의 수가 늘어날수록, 다각형들 혹은 다면체들의 넓이는(혹은 부피는) 주어진 도형의 넓이에 수렴한다. 이 두 가지 방법을 좀 더 상세히 보여주기 위해 아르키메데스가 「원의 측정(Measurement of a Circle)」이라는 논문에 발표한 연구 결과의 증명에 사용했던 그림을 간략히 살펴보도록 하겠다.

이 논문은 현재 일부만 전해지는데, 원래 세 개의 명제로 구성되어 있다. 첫

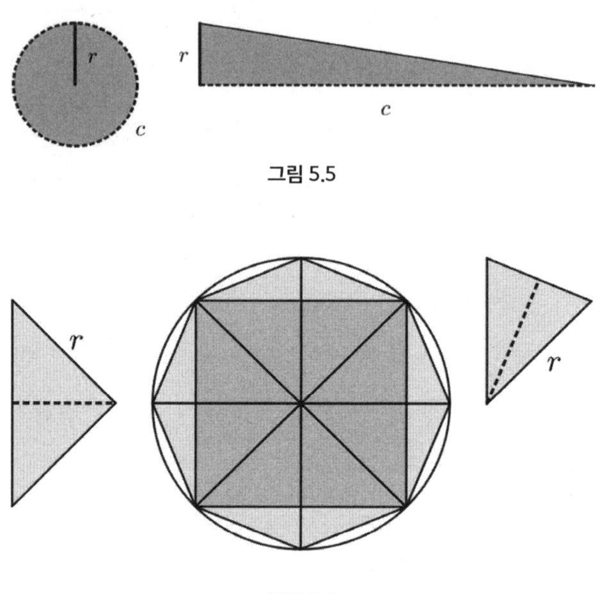

그림 5.5

그림 5.6

번째 명제는 원의 넓이는 직각 삼각형의 넓이와 일치한다는 것이다. 직각 삼각형의 높이(r)와 원의 반지름(r)이 일치하고, 직각 삼각형의 밑변(c)과 원의 둘레(c)가 일치한다([그림 5.5] 참조). 즉, 원의 넓이 $= \frac{1}{2}r(2\pi r) = \pi r^2$이다.

원의 넓이를 구하는 공식을 유도하기 위한 아르키메데스의 증명에서 핵심은 원에 내접시킨 정다각형 넓이를 이용해 원의 넓이의 근삿값을 구했다는 것이다. 예를 들어 [그림 5.6]에서 정사각형과 팔각형은 원에 내접해 있다.

이때 팔각형은 원에 접하는 정사각형의 꼭짓점을 이용해, 정사각형의 한 변을 밑변으로 하는 이등변 삼각형을 수직으로 세워 만들 수 있다. 팔각형에 이 과정을 반복하면 십육각형이 만들어진다. 각 변의 수를 두 배로 늘리면 내접한 다각형의 넓이도 증가하지만, 다각형의 넓이는 외접원의 넓이보다 항상 작다. 하지만 원에 내접한 n각형의 넓이는 n이 충분히 클 경우에만 임의 정밀도 산술(arbitrary precision)에 의해 원의 넓이에 근접한다. 원에 외접한 n각형에도 이와 유

수학을 만든 사람들

사한 방법을 적용할 수 있는데, 이 경우에는 n각형의 변들이 원에 접한다. n각형은 n개의 이등변 삼각형으로 쪼갤 수 있다([그림 5.6] 참조). 따라서 n각형의 넓이 $= n \cdot \dfrac{\text{밑변} \times \text{높이}}{2} = \dfrac{1}{2} C_n \cdot h_n$이다. 이때 C_n은 n각형의 둘레이고, h_n은 변심거리다(n각형의 중심에서 각 변들 중 한 변의 길이와의 중점에 해당하는 부분의 길이). [그림 5.5]에서 볼 수 있듯이 두 도형에서 어둡게 칠해진 부분은 각각 원의 넓이와 직각 삼각형의 넓이다. 여기서 우리는 원의 넓이 = 직각 삼각형의 넓이임을 증명하고자 한다.

먼저 원의 넓이 > 직각 삼각형의 넓이라고 하자. n이 충분히 클 때 원에 내접하는 n각형의 넓이는 원보다 작고 직각 삼각형의 넓이보다 크다. 즉 '원의 넓이 > n각형의 넓이 > 직각 삼각형의 넓이다(최대한 근접한 다각형의 넓이를 이용해 원의 넓이의 근삿값을 구할 수 있다는 점을 떠올리자). 직각 삼각형의 높이는 r(원의 반지름)이고 밑변은 c(원의 둘레)이므로 직각 삼각형의 넓이 $= \dfrac{1}{2} rc$이다. 한편 내접한 n각형의 둘레는 원의 둘레보다 틀림없이 작고, 변심거리는 원의 반지름보다 틀림없이 작다. 즉, n각형의 넓이 $= \dfrac{1}{2} C_n h_n < \dfrac{1}{2} rc =$ 직각 삼각형의 넓이임을 의미한다. 이것은 n각형의 넓이 > 삼각형의 넓이라는 것에 모순된다. 따라서 원의 넓이 > 직각 삼각형의 넓이라는 가정도 거짓임이 확실하다.

이제 원의 넓이 < 직각 삼각형의 넓이라고 가정했을 때 원의 넓이 < n각형의 넓이 < 직각 삼각형의 넓이가 되도록, 원에 외접한 n각형을 만들 수 있다. 원에 외접한 n각형에 대해 $C_n > c$이고 $r_n = r$ 이므로 직각 삼각형의 넓이 $= \dfrac{1}{2} C_n h_n > \dfrac{1}{2} rc$라는 답을 구할 수 있다. 이것은 n각형의 넓이 < 직각 삼각형의 넓이라는 것에 모순된다. 원의 넓이 > 직각 삼각형의 넓이도, 원의 넓이 < 직각 삼각형의 넓이도 참이 될 수 없으므로, 원의 넓이 = 직각 삼각형의 넓이라는 결론을 내릴 수 있다.

정다각형을 원에 내접시키거나 외접시키는 방법을 이용해 아르키메데스는

π의 값을 상당히 정확하게 구할 수 있었다. π는 원의 둘레의 길이와 원의 지름 사이에 항상 일정하게 나타나는 비를 의미한다. 원에 내접 혹은 외접한 n각형에 대해 $\frac{\text{둘레의 길이}}{2 \times \text{변심거리}} = \frac{C_n}{2h_n}$의 비는 n이 점점 커질수록 π에 가까워질 것이다. 아르키메데스는 원에 내접 혹은 외접한 n각형의 둘레와 변심거리를 구하기 위한 수적 절차(numerical procedure)를 발전시켜 $n=12$, 24, 48, 96일 때의 값을 구했다. 계산 결과는 π값보다 작거나 컸다.

고대에는 $3\frac{10}{71} < \pi < 3\frac{1}{7} = \frac{22}{7} = 3.142\ldots$ ($\pi = 3.14159265\ldots$). π의 근삿값을 $\frac{22}{7}$라는 분수로 나타내는 것이 매우 대중화되어 있었고 중세 시대까지 계산에 보편적으로 사용되었다. 지금은 저학년 학생들에게 상당히 일반화되어 있다.

「구와 원기둥에 관하여(On the Sphere and Cylinder)」에서 아르키메데스는 구의 겉넓이가 구의 표면 위에 있는 큰 원의 넓이의 4배라는 사실을 증명했다(중심이 구의 중심에 위치하고 구의 표면 위에 있는 원). 이것을 쉽게 정리하면 구의 반지름이 r이라고 할 때 구의 겉넓이 $= 4\pi r^2$다. 구의 부피는 구에 외접한 원기둥 부피의 3분의 2이고, 이것을 식으로 정리하면 구의 부피 $= \frac{4\pi r^3}{3}$이고, 원기둥의 부피 $= 2\pi r^3$다. 아르키메데스는 이러한 결과를 얻은 것이 너무도 자랑스러워 자신의 묘비명에 원기둥에 내접한 구를 그려달라는 유언을 남겼다.

로마의 철학자 키케로(Marcus Tullius Cicero, 기원전 106~43년)는 아르키메데스가 세상을 떠나고 137년 후인 기원전 75년에 그의 무덤을 방문했다고 한다. 키케로는 여러 차례의 수색 작업 끝에 "사방이 에워싸이고 가시덤불로 뒤덮인" 아르키메데스의 무덤을 발견했다.

나는 덤불 위에 작은 기둥이 솟아오른 것을 발견했다. 그 위에 구와 원기둥이 그려져 있었다. ……

유감스럽게도 그의 무덤이 어디에 있는지는 알려지지 않았다. 아르키메데스가 뛰어난 수학자였음을 기리기 위해 필즈 메달의 뒷면에는 원기둥에 내접한 구가 새겨져 있다([그림 5.7] 참조).

구와 구에 외접한 원기둥의 부피 사이의 관계에 대한 아르키메데스의 증명은 수학의 역작이다. 하지만 수학적으로 엄밀한 버전보다 상세하게 설명된 버전이 직관적으로 이해하기 쉬우므로 쉬운 버전의 아르키메데스의 증명을 소개하도록 하겠다. 먼저 원뿔의 부피를 구하는 공식이 필요하다. 그래서 우리는 먼저 원뿔의 부피를 계산하는 법을 발견적 추론을 통해 알아보려고 한다. 먼저 높이가 밑변의 길이의 반인 사각뿔이 있다고 하자. [그림 5.8] 에서 볼 수 있듯이 우리는 정육면체에 이러한 사각뿔을 여섯 개 만들 수 있다.

그림 5.7 필즈 메달(뒷면).

따라서 사각뿔의 부피는 정육면체의 부피의 6분의 1이 되어야 한다. a 가 정육면체의 모서리 길이라고 하면 사각뿔의 부피$= \frac{1}{6}$정육면체의 부피 $= \frac{1}{6}a^3 = \frac{1}{3}a^2\left(\frac{a}{2}\right) = \frac{1}{3}Bh$다.

여기에서 B는 각뿔의 밑면의 넓이이고 h는 높이이다. 이제 우리는 사각뿔의 부피 $= \frac{1}{3}$(밑면의 넓이)(높이)라는 공식이 임의의 각뿔과 원뿔에도 적용된다는 것을 증명하려고 한다. 이를 위해 우리는 카발리에리의 원리(Cavalieri's principle)라고 알려진 정리를 이용하

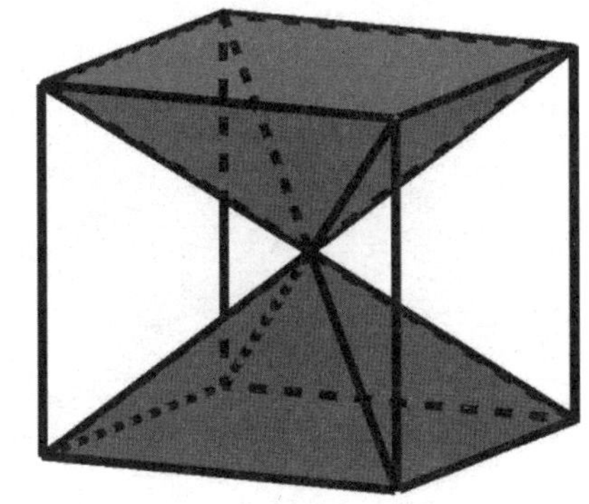

그림 5.8

려고 한다. 카발리에리의 원리는 이탈리아의 수학자 보나벤투라 카발리에리 (Bonaventura Cavalieri, 1598~1647)의 이름을 따서 명명되었는데, 이 원리는 사실상 아르키메데스의 실진법을 현대식으로 응용한 것에 불과하다. 카발리에리의 원리에 의하면 두 개의 평면도형 사이 공간에 두 개의 영역이 있다고 할 때, 이 두 개의 평면도형에 평행한 각각의 평면도형이 동일한 넓이의 횡단면에서 두 개의 영역과 교차하면 이 두 영역의 넓이는 같다. 카발리에리의 원리는 매우 직관적이고 [그림 5.9]처럼 동전을 쌓아서 쉽게 설명할 수 있다. 쌓인 동전의 부피는 동전의 배열이 어긋나지 않는 한 변하지 않는다.

사실 우리가 동전을 녹여서 이것을 삼각형이나 다른 모양의 도형으로 만들 수도 있다. 한 영역에 대한 횡단면의 넓이가 같은 한 부피는 변하지 않는다. 밑면의 넓이 B와 높이 h가 같은 두 개의 각뿔이 있다면, 각뿔의 모양이 비스듬하거나 가지런하지 않다고 해도 두 각뿔의 부피는 같다. 이 원리는 원뿔에도 적용된다(원뿔은 n이 무한대에 가까워질 때 밑변이 정n각형인 각뿔의 극한값을 취한 것이라고 볼 수 있다). 원뿔은 물론이고 각뿔에 대해서도 부피를 구하는 데 필요한 것은 오직 밑면적과 높이 두 가지뿐이다. 즉, 부피 $= \frac{1}{3} \times$ (밑면의 넓이)$\times$(높이)라는 식이 항상 성립한다. 아르키메데스처럼 원기둥에 내접한 구가 있다고 생각해 보자. 아르키메데

그림 5.9

수학을 만든 사람들

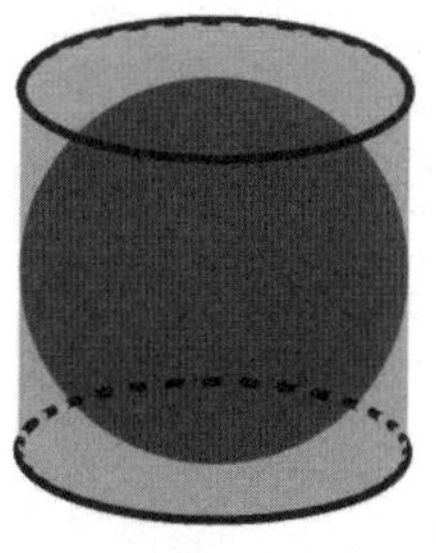

그림 5.10

스는 원기둥의 부피에서 구의 부피를 뺀 값이 정확하게 원뿔의 부피의 두 배라는 사실을 알았다. 이것은 [그림 5.10]에 표현되어 있다.

이것이 참임을 알기 위해서는, 우리는 어떤 높이에서도, 구와 원뿔 두 개를 지나는 횡단면의 넓이의 합은 원기둥의 횡단면의 넓이와 같다는 것을 증명해야 한다. [그림 5.11]은 원기둥에 내접하고 반지름이 r인 구와 두 개의 원뿔을 수직인 평면으로 자른 수직 투영면(vertical projection)이다. 높이가 h인 구의 횡단면은 반지름의 길이 $AD=\sqrt{r^2 - h^2}$인 원이다. 높이가 h인 두 개의 원뿔의 횡단면은 반지름 $BD=h$인 원이다. 반지름의 길이가 R인 원의 넓이는 πR^2이다. 따라서 구와 높이가 h인 두 개의 원뿔의 횡단면 넓이의 합은 $\pi(r^2 - h^2) + \pi h^2 = \pi r^2$이고, 이것은 원기둥의 횡단면 넓이와 정확하게 일치한다. 카발리에리의 원리에 따르면 원기둥의 부피는 구의 부피와 두 개의 원뿔의 부피의 합과 같다. 두 원뿔의 부피는 $\pi(r^2 - h^2) + \pi h^2 = \pi r^2$이고 원기둥의 부피는 (밑면의 넓이)·(높이) $= \pi r^2 \cdot 2r = 2\pi r^3$이므로, 구의 부피는 $2\pi r^3 - \frac{2}{3}\pi r^3 = \frac{4}{3}\pi r^3$이다. 이것은 아르키메데스가 증명했듯이 원기둥 부피의 3분의 2다.

아르키메데스는 평생 수학 분야의 연구보다 역학적 발명으로 훨씬 유명했지만, 순수 수학 연구를 추구할 가치가 있다고 확신했다. 로마의 저술가 플루

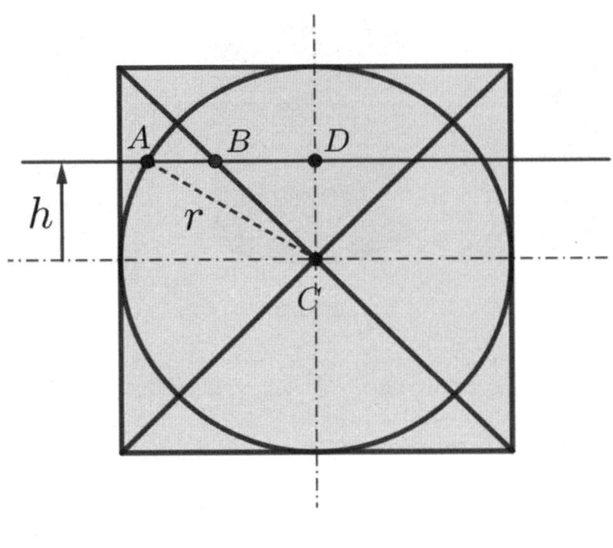

그림 5.11

타르코스(Plutarch, 46~120년)는 아르키메데스가 특히 기하학에 매료되었다는 것을 아름답게 묘사했다.

아르키메데스의 하인들은 그가 원치 않아도 욕조로 데려가 몸을 씻기고 향유를 부었다. 하지만 아르키메데스는 목욕을 하면서도, 심지어 굴뚝에 불이 붙었을 때도 도형을 그렸다. 하인들이 향유를 붓고 달콤한 향을 뿌릴 때에도 그는 정신을 잃고 황홀경과 가수 상태에 빠질 때까지 손가락으로 벌거벗은 자신의 몸에 그림을 그렸다. 그는 이렇게 환희에 넘쳐 기하학을 연구했다.[5]

아르키메데스는 기원전 212년 제2차 포에니 전쟁으로 시라쿠사가 로마군과 마르쿠스 클라우디우스 마르셀루스 장군(Marcus Claudius Marcellus)에게 함락되었을 때 살해당했다.

　　　　　　　　　　　　　　　　　　　　　　　　수학을 만든 사람들

플루타르코스는 아르키메데스의 죽음에 관해 세 가지 버전의 다른 이야기를 소개하고 있다. 가장 널리 알려진 버전은 시라쿠사가 함락되었을 때 아르키메데스가 수학 도표를 보는 데 정신이 팔렸었다는 것이다. 한 로마 군인이 아르키메데스에게 마르셀루스 장군을 만나라고 명령했는데, 아르키메데스가 끝내야 할 연구가 있다며 명령을 거절했다는 것이다. 아르키메데스가 마지막으로 남긴 유명한 말은 "내 원들을 건드리지 마시오."였다. 여기에서 원은 아르키메데스가 연구하고 있던 도표의 원을 일컫는 것이었다.

에라토스테네스

지구를 재고, 수를 걸러낸 지혜
그리스, 기원전 276~194년

그리스 수학자에 대해 알아갈수록 그들의 삶에 대해서는 아는 것이 거의 없다는 사실을 깨닫게 된다. 에라토스테네스는 수학과 지리학에 남긴 업적으로 유명하지만, 그의 삶에 관한 상세한 내용들은 많이 알려지지 않았다. 아무튼 그 시절에 이미 지구의 크기를 측정할 수 있었던 것은 그의 뛰어난 지리학 지식 덕분이었다. 뒤에서 우리는 그의 놀라운 측정 방법에 대해 알아보려고 한다. 그러기 전에 먼저 에라토스테네스가 살아온 흔적을 더듬어보도록 하자.

에라토스테네스는 기원전 276년 현재 리비아에 속해 있는 키레네(Cyrene)[1]에서 태어났다. 아글라오스의 아들이었던 그는 청년 시절에는 지역 학교에 다니며 기초 과목을 익히다가 이후 철학 중심의 교육을 하는 아테네에서 학업을 계속 이어 나갔다. 이곳에서 그는 '헤르메스'라는 제목의 시들을 지으면서 작법을 익혔다. 이러한 시들은 철저하게 신의 삶을 집중적으로 다루었다. 역사에 관한 그의 저술도 당시에 상당한 호평을 받았다. 그리하여 그는 기원전 245년 알렉산드리아 도서관의 사서직을 제의받게 되었고, 30세에 알렉산드리아로 이주하여 그곳에서 여생을 보냈다. 5년 만에 도서관장으로 임명된 그는 왕실 자녀들의 교육을 담당하는 가정교사가 되었다. 도서관장으로 재임한 기간에는 장서

그림 6.1 에라토스테네스.

량을 대폭 늘렸는데 이것은 알렉산드리아 도서관을 그리스권 최고의 도서관으로 만들겠다는 그의 의지였다.

저술을 통해 우리는 에라토스테네스가 모든 인간은 선하다고 믿었다는 사실을 알 수 있다. 이 주제는 근본적으로 그리스인들만 선하다고 믿었던 아리스토텔레스와는 상반된 입장이었다. 그는 당시로서는 상당히 고령인 82세까지 살았지만, 기원전 195년에 심각한 안질환을 앓은 후 시력을 잃었다. 그로 인해 우울증에 시달리다가 굶어 죽으려고 했고, 결국 1년 후인 기원전 194년에 세상을 떠났다.

에라토스테네스는 두 가지 업적을 남겨 오늘날까지도 이름이 널리 알려져 있다. 하나는 아주 기발하게 지구의 둘레를 측정하는 법을 개발한 것이다. 지금은 지구의 크기를 측정하는 것이 그다지 어려운 일이 아니지만, 수천 년 전에는 그렇지 않았다. 그는 초창기에 사용되던 방법들 중 하나로 지구를 측정했다. 실제로 '기하학(geometry)'이라는 단어가 '땅의 측량'이라는 의미에서 유래했다는 사실을 떠올려 보길 바란다. 기원전 230년 에라토스테네스는 지구의 둘레를 측정하는 한 방법을 고안했는데 그 측정법은 오차가 2퍼센트 미만으로 아주 정확했다. 에라토스테네스는 지구의 둘레를 측정하는 데 평행선과 엇각 사이의 관계를 이용했다.

이를 위해 알렉산드리아 도서관 사서였던 에라토스테네스는 절기에 관한 기록을 이용했다. 그 결과 그는 1년 중 특정한 날의(하짓날) 정오에 (지금은 아스완이라고 불리는) 나일강의 소도시 키레네에서 태양이 머리 위에 뜬다는 사실을 알아낼 수 있었다. 이날에는 깊은 우물의 바닥까지 햇빛이 비쳤고 수직 막대기가 태양 광선들과 평행을 이루어 그림자가 생기지 않았다.

반면 같은 시간에 알렉산드리아의 수직 막대기에는 그림자가 드리워졌다. 그날이 다시 돌아오자 에라토스테네스는 태양이 수직 막대기의 꼭대기를 지나 그림자의 끝에 도달했을 때 이 막대기와 태양 광선이 이루는 각의 크기를 쟀다([그림 6.2]의 ∠1). 측정 결과 각의 크기는 약 7°12′, 즉 360°의 50분의 1이었다.

그는 태양 광선들이 서로 평행하다고 가정했을 때 지구 중심에서 각의 크기가 ∠1이라는 사실을 알고 있었고 대략 360°의 50분의 1이라고 측정할 수 있었을 것이다. 키레네와 알렉산드리아는 거의 동일한 경도에 있었기 때문에 키레네는 태양 광선들과 평행한 원의 반경에 위치했을 것이다. 그래서 에라토스테네스는 키레네와 알렉산드리아 사이의 거리가 지구 둘레의 50분의 1이었으

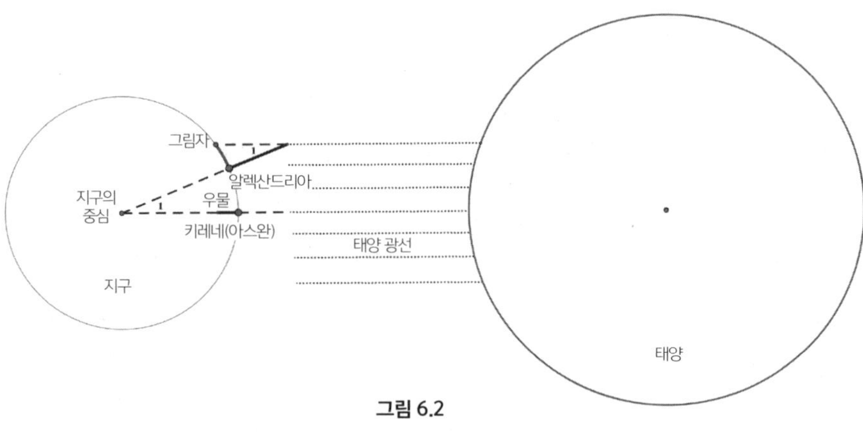

그림 6.2

수학을 만든 사람들

리라고 추론했을 것이다. 키레네에서 알렉산드리아까지의 거리는 약 5,000 그리스 스타디아로 여겨졌다. 1스타디움은 올림피아 혹은 이집트의 스타디움의 길이에 상응하는 측정 단위였다. 이에 따라 에라토스테네스는 지구의 둘레가 250,000 그리스 스타디아, 즉 24,660마일이라고 결론을 내렸다. 이것은 현재의 측정값인 24,901마일에 매우 근접한 수치다. 이런 게 바로 현실의 기하학이다!

에라토스테네스는 우리가 수를 이해하는 데 기여했다. 좀 더 구체적으로 말하면 그는 소수를 찾는 법을 고안했다. 덧붙여 설명하면 소수(素數)는 약수가 1과 자기 자신뿐인 수를 말한다. 오늘날 우리가 에라토스테네스의 체라고 하는 방법을 이용하면 연속수들로 이뤄진 표에서 시작해 여러분이 원하면 얼마든지 계속 소수를 구할 수 있다. 이 특별한 방법을 이용하면 마지막에 소수만 남는다. [그림 6.3]처럼 1에서 100까지의 숫자들로 시작해보자. 에라토스테네스가 제시한 방법에 따라 숫자 2부터 시작해 2의 배수들을 지워나간다. 그리고 아직 지워지지 않은 숫자들로 넘어간다. 이번에는 3을 지우고 3의 배수들을 계속 지워나간다. 이 방법을 계속하다 보면 5가 남고, 다시 5의 배수들을 지워나간다. 다음에 우리가 지워야 할 수는 7이다. 이번에도 같은 방법으로 7의 배수들을(표에서는 49) 계속 지워나간다. 이렇게 하면 100까지의 수에서 소수만 남는다. 정의에 의하면 소수는 정확하게 약수가 두 개인 수이므로 1은 소수로 간주하지 않고 처음부터 이 표에서 제외시킨다. 우리가 알 수 있듯이 1은 약수가 한 개,

1	2	3	4	5	6	7	8	9	10
11	12	13	14	15	16	17	18	19	20
21	22	23	24	25	26	27	28	29	30
31	32	33	34	35	36	37	38	39	40
41	42	43	44	45	46	47	48	49	50
51	52	53	54	55	56	57	58	59	60
61	62	63	64	65	66	67	68	69	70
71	72	73	74	75	76	77	78	79	80
81	82	83	84	85	86	87	88	89	90
91	92	93	94	95	96	97	98	99	100

그림 6.3

즉 자기 자신뿐이므로 소수가 아니다.

　에라토스테네스는 우리가 수학을 이해하는 데 두 가지 측면에서 기여했다. 하나는 기하학에서, 다른 하나는 (정)수론에서다. 이러한 발견을 한 시대가 언제인지 생각해 보면 정말 대단한 일이 아닐 수 없다.

수학을 만든 사람들

Chapter 07

프톨레마이오스

천문학의 오류, 기하학의 진실
그레코-로만, 100~170년

기원전 30년 전에 이집트는 로마의 속주가 되었다. 서기 100년에 이집트의 알렉산드리아에서 클라우디우스 프톨레마이오스(Claudius Ptolemy)가 태어났다. 프톨레마이오스는 당대에 이미 수학자, 천문학자, 지리학자로서 명성을 얻었다. 그의 저서 『알마게스트(Almagest)』는 천문학에 관한 고대의 논문을 책으로 편찬한 것으로 총 13권으로 구성되어 있으며 지금도 유명하다. 고대부터 유명했던 이 뛰어난 수학자에 관한 상세한 정보는 부족하지만, 그의 생애에 관해 몇 가지 정보를 추론할 수 있다. 『알마게스트』는 그리스어로 쓰였기 때문에 프톨레마이오스가 이집트에 살던 그리스 가문의 후손이라고 여겨진다.

또한 현재 우리는 프톨레마이오스의 천문 관측이 전부 127년과 141년 사이에 알렉산드리아에서 진행되었다는 사실을 알고 있다. 이 시기에 프톨레마이오스는 지구가 우주의 중심이라는 천동설(geocentric theory, 지구 중심설이라고도 한다-옮긴이)을 발표했다. 르네상스 시대에 폴란드의 천문학자인 니콜라우스 코페르니쿠스(Nicolaus Copernicus, 1473~1543)가 태양이 우주의 중심이고 지구는 태양의 주변을 돌고 있는 행성들 중 하나라는 지동설(heliocentric theory, 태양 중심설이라고도 한다-옮긴이)을 주장하기 전까지 천동설에 대한 믿음은 굳건히 지켜졌다. 하지만 태양 주변을 돌고 있는 행성들의 공전 궤도를 정의하며, 타원 궤도의 법칙을 포함한 행성의 세 가지 운동법칙을 정립한 인물은 독일의 수학자이자 천문학자였던 요하네스 케플러였다.

프톨레마이오스는 행성의 운동을 수학적으로 계산하기 위해 현의 길이들을 정리한 표를 작성했는데, 이것은 초기 형태의 삼각함수 값으로 대부분이 사인함수 값이었다. 이것은 우리에게 가장 많이 알려진 프톨레마이오스의 저서에 나온 현의 길이에 관한 발견들과 관련이 있을 것이다. 프톨레마이오스는 원의 반지름과 현에 의해 잘리는 각과 관련하여, 원에서 현의 길이의 근삿값을 구해야 했다. 그래서 그는 현의 길이를 구하기 위해 아래와 같은 정리를 도출했다. 앞에서 언급했듯이 프톨레마이오스가 유도한 현의 함수(chord function)는 사인함수와 관련이 있다.

$$chord\,\theta = 120\sin\left(\tfrac{\theta}{2}\right) = 60\left(2\sin\left(\tfrac{\pi\theta}{360}\,radians\right)\right)$$

하지만 프톨레마이오스가 현의 길이를 조사하면서 위의 관계만 발견한 것이 아니었다. 더 나아가 그는 원에 내접한 360개의 변을 갖는 정다각형과 이때 생기는 현을 이용해 원주율의 근삿값 $\pi = 3\dfrac{17}{120} = 3.141\bar{6}$을 구했다. 이때 $60° = \sqrt{3} \approx 1.732$라고 계산했다.[1]

프톨레마이오스는 원에 내접한 정다각형들 사이의 조금 특이한 관계를 포함하여 기하학 정리들을 증명한 것으로도 잘 알려져 있다. 예를 들어 『알마게스트』 1권 10장에서 프톨레마이오스는

그림 7.1 클라우디우스 프톨레마이오스.

수학을 만든 사람들

기하학 정리를 증명했는데, 앞에서 다룬 현의 길이를 계산에 자주 이용했다. 그는 같은 원에 내접하는 정오각형, 정육각형, 정십각형 사이에 뜻밖의 관계가 성립한다고 주장했다. 정오각형의 한 변에 만든 정사각형의 넓이는 정육각형과 정십각형의 한 변에 각각 만든 정사각형의 넓이의 합과 같다는 것이다.

이 외에도 프톨레마이오스라는 이름은 그가 발전시키고 그의 이름이 들어간 정리, 소위 프톨레마이오스의 정리(Ptolemy's theorem) 때문에 우리에게 잘 알려져 있다. 내접 사각형(한 개의 원에 내접한 사각형)에서 두 대각선의 곱은 마주 보는 두 쌍의 변들의 곱의 합과 같다는 것이다. 이 정리의 역도 참이다. 어떤 사각형에서 두 대각선의 곱과 마주 보는 두 쌍의 변들의 곱의 합이 같으면 이 사각형은 원에 내접할 수 있다(사각형의 네 꼭짓점이 원 위에 있다는 의미다).

아래의 [그림 7.2]를 통해 이 내용을 자세히 살펴보려고 한다. 사각형 $ABCD$가 원 O에 내접하고 $AC \cdot BD = AB \cdot CD + AD \cdot BC$이다.

프톨레마이오스의 정리는 단단한 도형, 즉 주어진 정보가 한 도형만을 나타내는 경우에 대해서만 성립한다. 예를 들어 변의 길이가 주어진 사각형은 다양한 형태를 취할 수 있지만, 이 사각형이 한 개의 원에 내접한다면 오직 한 가지 형태를 취할 수 있기 때문에 강체 도형(단단한 도형)이라고 한다. 그렇다면 모든 삼각형이 단단한 도형이라는 사실을 눈치챌 수 있을 것이다. 단단한 도형이 정확하게 정의되면 고정된 위치에 있다. 반면 사각형은 반드시 고정된 위치에 있지 않다. 사각형은 반드시 변의 길이에 의해 정의되는 것은 아니기 때문이다. 하지만 내접 사각형은 단단

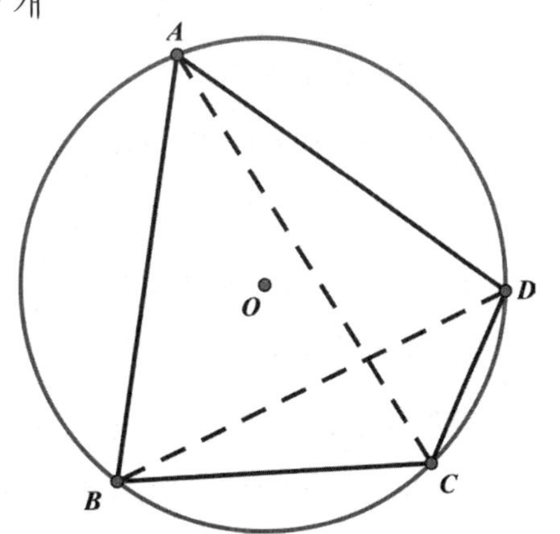

그림 7.2

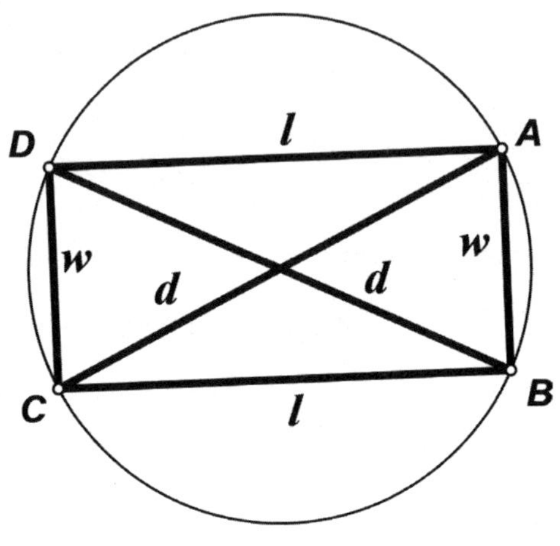

그림 7.3

한 도형이므로 이것은 프톨레마이오스의 정리가 성립한다는 뜻이다(사각형이 내접

하지 않는 경우 다음의 관계, 즉 AC · BD < AB · CD + AD · BC 가 성립한다. 이 관계는 프톨레마이오스 부등

식(Ptolemy inequality)이라고도 불린다).

프톨레마이오스의 정리를 직사각형에 적용할 경우, 이 사각형은 틀림없이 한 개의 원에 내접할 수 있으므로 항상 내접 사각형이다. 따라서 피타고라스의 정리($a^2 + b^2 = c^2$)가 성립한다. 다시 말해, [그림 7.3]의 직사각형 $ABCD$에 프톨레마이오스의 정리를 적용하면 $dd = ll+ww$, 즉 $d^2 = l^2 + w^2$이고, 이것은 삼각형 ABC처럼 피타고라스의 정리가 성립한 것이다.

원에 내접하는 정오각형에 프톨레마이오스의 정리를 적용할 때 또 다른 궁금증이 생길 수 있다. [그림 7.4]와 같은 정오각형 $ABCDE$가 있다고 하자. 이때 정오각형의 모든 변들(s)의 길이가 같고, 대각선들(d)의 길이가 같다는 점에 주목하며, 사각형 $ABCD$에 프톨레마이오스의 정리를 적용하자. 사각형 $ABCD$에 프톨레마이오스의 정리를 적용하면 $dd=sd+ss$, 즉 $d^2 = sd + s^2$이

수학을 만든 사람들

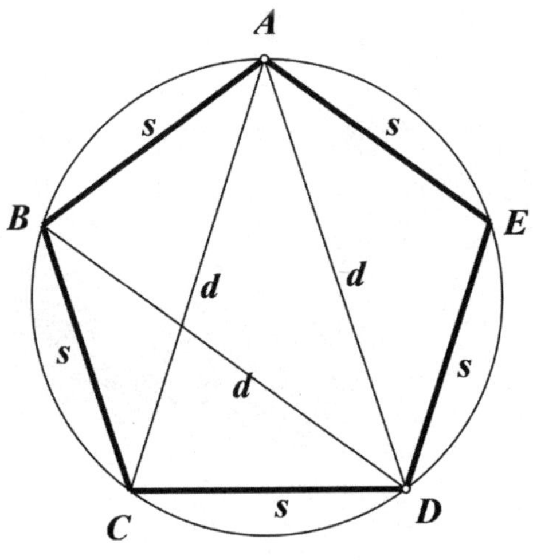

그림 7.4

다. 이 식의 양변을 s^2으로 나누면 $\dfrac{d^2}{s^2} = \dfrac{d}{s} + 1$이다. $\dfrac{d}{s} = g$로 치환하면 $g^2 - g - 1 = 0$이다. 이 이차방정식의 해를 구하면 $g = \dfrac{1+\sqrt{5}}{2} \approx 1.618034$, 즉 황금비가 나온다. 관심이 많은 독자들은 황금비에 숨어 있는 수학적 아름다움을 알고 싶을 것이다. 그런 독자들에게 포사멘티어와 레먼이 공동 집필한 『즐거운 황금비(The Glorious Golden Ratio)』를 추천한다.

그 시기에 프톨레마이오스는 총 8권으로 이루어진 지리학에 관한 책을 집필했다. 로마 제국 저편에 존재하는 세계에 대한 프톨레마이오스의 지식은 제한적이었기 때문에 이 책에는 온갖 추측들이 난무했다. 15세기에 프톨레마이오스가 알고 있던 세계에 대한 지도가 제작되었는데, 이것은 세계 지도에 대한 그의 설명과 『알마게스트』의 연구를 바탕으로 한다. [그림 7.5]에 소개된 지도가 바로 그것이다.

앞서 언급했듯이 유감스럽게도 프톨레마이오스의 생애에 관련된 상세한 정보는 알 수 없다. 프톨레마이오스는 서기 170년 이집트의 알렉산드리아에서

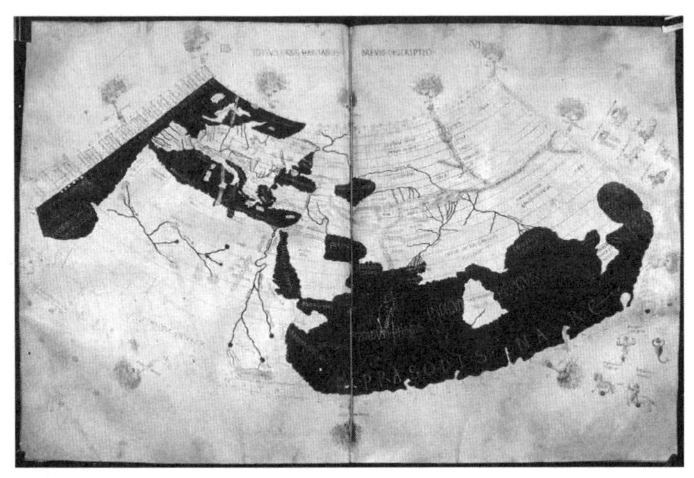

그림 7.5 프톨레마이오스의 세계 지도, 15세기에 제작된 것으로 프톨레마이오스의 저작과 설명을 바탕으로 함. (그림: 프란체스코 디 안토니오 델 키에리코, 1433~1484)

사망한 것으로 추정된다. 그가 기하학 정리에서 보여준 탁월한 능력과는 대조적으로, 특히 천문학과 기하학에서 나타나는 오류와 부정확성은 극명한 차이를 보인다. 하지만 그가 흥미로운 인물이었다는 데는 의심할 여지가 없다. 우리는 프톨레마이오스가 남긴 업적에 상반된 측면이 있음을 인정할 수밖에 없으나, 그가 남긴 유명한 기하학 정리의 가치를 높이 평가하지 않을 수 없다. 이 정리는 지금도 유용성을 입증받고 있다.

Chapter 08

디오판토스

정수해로 대수의 지평을 넓히다
헬레니즘 시대의 그리스, 201~285

기초 대수학을 공부하다 보면 $x + y = 7$과 같은 방정식을 접하게 된다. 사람들이 흔히 보이는 반응은 이 방정식을 풀기 위해 x와 y 또는 x 또는 y로 된 또 하나의 식이 필요하다는 것이다. 그렇지 않으면 이 방정식의 해를 구할 수 없다는 느낌이 든다. 사실 이 방정식의 해를 구하는 방법은 여러 가지다. 우리가 방정식의 해를 정수해로 제한한다면 $2 + 5 = 7$이므로 $x = 2$, $y = 5$가 그중의 한 해가 될 수 있다. 처음 이런 식의 사고를 도입한 사람은 헬레니즘 시대의 그리스 수학자 디오판토스였다.

디오판토스는 3세기 무렵 이집트의 알렉산드리아에서 약 84년간 살았던 것으로 알려져 있다. 유감스럽게도 고대의 다른 권위 있는 학자들처럼 현재 디오판토스에 관해 알려진 것은 거의 없다. 하지만 디오판토스가 많이 알려진 이유는 '대수학의 아버지(father of algebra)'라고 불리기 때문이다. 디오판토스의 저서들 중 일부는 단편으로 발견되었지만, 오늘날의 명성을 얻게 해준 책은 『산학(Arithmetica)』이었다. 우리가 알고 있듯이 최초로 대수학을 다룬 『산학』은 (정)수론 연구에서 선구적인 책이다.

『산학』에서 디오판토스는 몇 가지 수 개념을 소개하며 글을 시작하고, 기호를 변수로 사용하는 새로운 표기법을 설명한다. 수천 년 동안 이것이 도통 무엇인지 이해받지 못했을 수 있지만, 지금은 일상적인 대수학 개념으로 받아들여지고 있다. 디오판토스는 양수와 음수 개념을 도입했고 최초로 분수를 실제 숫자로 간주했다. 자신의 첫 저서 『산학』에서 그는 몇 가지 간단한 문제로 시작하여 정수 해의 경우라도 복

그림 8.1 디오판토스.

수의 해를 찾는 과정으로 넘어간다. 나중에 그는 해의 범위를 점점 확장시켜 나간다.

예를 들어 디오판토스 방정식(Diophantine equation)은 $\frac{1}{x} + \frac{1}{y} = \frac{1}{n}$의 형태이다. 이때 방정식의 해는 여러 개이지만 모두 정수다. $n=4$일 때 이 방정식의 정수해는 아래와 같이 세 가지다.

$$\frac{1}{8} + \frac{1}{8} = \frac{1}{4}$$

$$\frac{1}{6} + \frac{1}{12} = \frac{1}{4}$$

$$\frac{1}{5} + \frac{1}{20} = \frac{1}{4}$$

아무튼 디오판토스의 저서는 당시에도 유명했기 때문에 널리 보급된 것

그림 8.2 디오판토스의 『산학』 1621년 번역본. 클로드 가스파르 바셰 드 메지리아크가 라틴어로 번역.

은 틀림없는 사실이다. 1621년 프랑스의 수학자 클로드 가스파르 바셰 드 메지리아크(Claude-Gaspard Bachet de Méziriac, 1581~1638)가 쓴 『산술 원론(Les éléments arithmétiques)』이라는 책은 디오판토스의 『산학』을 그리스어에서 라틴어로 번역한 것이었다([그림 8.2] 참조).

한편 바셰 번역본의 사본은 프랑스의 수학자 피에르 드 페르마가 소장하고 있었다. 페르마는 1621년 번역판의 한 페이지 여백에, $n \geq 3$일 때 $x^n + y^n = z^n$을 만족시키는 정수해는 없다는 증명을 했지만 기록할 여백이 부족하다고 썼다. 이 메모는 사람들의 흥미를 불러일으키기에 충분했고 [그림 8.3]의 끝에서 두 번째 단락의 'Observatio Domini Petri de Fermat(페르마 경의 관찰문)'이라는 제목

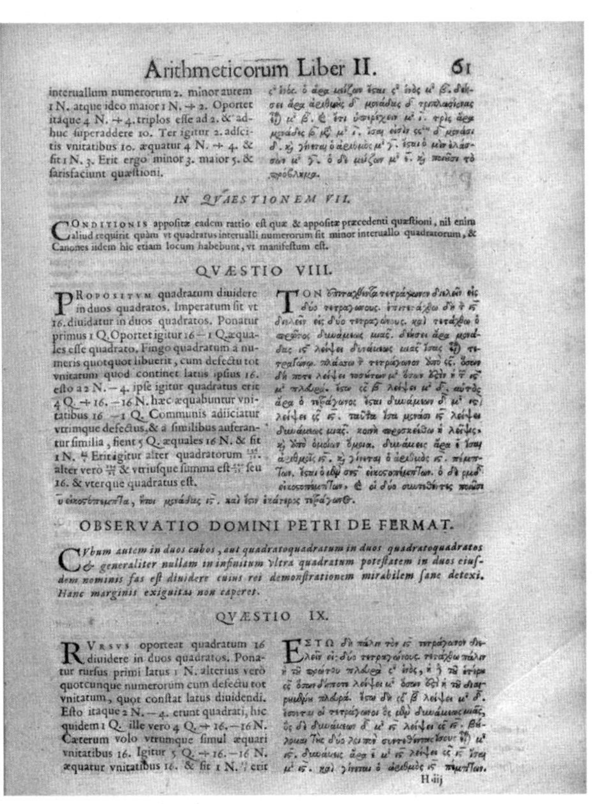

그림 8.3 디오판토스의 『산학』 1670년도 번역판의 한 페이지에 페르마의 마지막 정리에 관한 내용이 있다.

에서 볼 수 있듯이 『산학』의 1670년 번역판에 수록되었다. 이것은 '페르마의 마지막 정리(Fermat's last theorem)'로 알려졌고, 358년 동안 수학자들을 쩔쩔매게 하다가 1995년 영국의 수학자 앤드루 와일스(Andrew Wiles)가 마침내 증명에 성공했다(15장 참조).

디오판토스 방정식은 우리가 일상생활에서 계산이 필요할 때 활용될 수 있다. 예컨대 5달러의 돈으로 6센트짜리 우표와 8센트짜리 우표를 각각 몇 장씩 살 수 있는지 계산하려고 한다. 대부분의 사람들은 x와 y라는 두 개의 변수를 이용해 바로 식을 세우려고 할 것이다. x는 8센트짜리 우표의 개수, y는 6센트짜리 우표의 개수라고 하면 $8x + 6y = 500$이라는 식을 세울 수 있다. 그다음에 이 방정식의 양변을 2로 나누면 $4x + 3y = 250$이다. 바로 이때 우리는 이 방정식의 정수해의 개수가 무한개인 것처럼 보일지라도 무한개일 수도 있고 무한개가 아닐 수 있다는 사실을 깨닫게 된다. 게다가 이 문제의 맥락을 살피면 무한개의 양의 정수인 해를 가질 수도 있고 그렇지 않을 수도 있다(우표의 개수는 양의 정수이기 때문이다).

먼저 우리는 실제로 정수해가 존재하는지 살펴보아야 한다. 여기에 적용할 수 있는 유용한 정리가 있다. 이 정리에 따르면 a, b, k가 정수라고 할 때 a와 b의 최대공약수를 k라는 인수라고 하면, 방정식 $ax + by = k$에 대해 (양수와 음수인) 무한개의 정수해가 존재한다. 정수해를 구하려면 디오판토스 방정식을 이용하면 된다.

3과 4의 최대공약수는 1이고, 250의 약수도 1이므로, 방정식 $4x + 3y = 250$을 만족시키는 정수해는 무한개다. 여기에서 다시 원래의 문제로 돌아가자. (만일 해가 있다면) 얼마나 많은 정수해가 존재하는지 알고 싶다고 하자. 그중 한 가지는 스위스의 수학자 레온하르트 오일러(Leonhard Euler, 1707~1783)가 개발한 방법으로 '오일러 방법(Euler's method)'이라고 불리기도 한다. 이 방법에 따라 최소절대편차(least absolute value)를 계수로 하는 변수를 이용하는 것이다.

이 경우에는 y에 대한 식으로 나타내는 것을 의미한다. 따라서 $y = \dfrac{250 - 4x}{3}$이고, 정수 부분을 $t = \dfrac{1-x}{3}$로 나타낼 수 있다. 이제 우리는 또 다른 변수 t를 이용하려고 한다. 위의 식을 x에 대한 식으로 정리하면 $x = 1 - 3t$이고 $x = 1 - 3t > 0$이다. 이 방정식에서 분수인 계수는 없기 때문에 이 과정을 반복할 필요가 없다. 원래의 방정식을 다시 x에 대한 식으로 나타내면 $y = 83 + \dfrac{1}{3} - x - \dfrac{x}{3} = 83 - x + \dfrac{1-x}{3}$이다. 다양한 정수값 t에 대해, x값과 y값이 나온다. 원래 문제의 조건을 통해 우리는 정수해인 x값과 y값만 필요하다는 사실을 알고 있다. 따라서 $y = \dfrac{250 - 4(1-3t)}{3} = 82 + 4t$, 또는 $t < \dfrac{1}{3}$, 그리고 $y = 82 + 4t > 0$ 이므로 $t > -20\dfrac{1}{2}$ 이다. 이 두 식을 연립하면 $-20\dfrac{1}{2} < t < \dfrac{1}{3}$ 이므로, 5달러로 6센트의 우표와 8센트의 우표를 몇 장씩 살 수 있는지 순서쌍을 구하면 총 21쌍이다.

이것은 오일러 방법을 이용해 디오판토스 방정식의 해를 구하는 쉬운 예다. 이 방정식에서는 정수해만 해로 간주한다. 보다 구체적으로 말하면 '양의 정수해'만을 해로 간주한다(구입할 수 있는 우표의 개수는 양의 정수이기 때문이다). 디오판토스 방정식은 여러 가지 방법으로 풀 수 있다. 하지만 이 방법으로 해를 구할 수 있게 된 것은 이 방정식을 통해 대수학의 기초를 세운 알렉산드리아의 디오판토스 덕분이다. 15세기 후반에 재미로 하는 숫자 게임 중 하나가 디오판토스의 묘비명(Diophantus's epitaph)이었다.

"이곳에 디오판토스가 잠들어 있다." 경의를 표하네.

묘비명에 그의 나이는 대수학적으로 쓰여 있다.

"신은 그의 일생에서 6분의 1을 소년기에 보내게 했네.

수염이 나기 시작했을 때 12년이 더 지났네.

그는 일생의 7분의 1이 지났을 때 결혼 생활을 시작했네.

그리고 5년 후에 아들이 생겼네.

아아, 대가이자 현자의 사랑하는 아들이여!

아버지의 일생에서 2분의 1이 지나자 아들이 세상을 떠났네.

그는 4년 동안 수에 대한 학문을 연구하며 가혹한 운명에 대해 위로받으며 생을 마감했네." [1]

이 문제는 디오판토스의 실제 나이를 계산할 수 있는 유일한 증거로 디오판

수학을 만든 사람들

토스가 84세까지 살았다는 것을 짐작할 수 있다. 디오판토스는 제한적인 방법만으로도 많은 수학 문제를 해결했고, 『산학』이라는 저서를 남겨 아라비아의 수학자 알카라지(Abū Bakr Muḥammad ibn al Ḥasan al-Karajī, 980~1030)와 근대 정수론의 창시자로 알려진 프랑스의 수학자 피에르 드 페르마와 같은 수학자들에게 많은 영감을 주었다.

Chapter 09

브라마굽타

넓이와 대각선에 깃든 정밀한 질서
인도, 598~668

현재 우리가 사용하고 있는 수 체계가 인도에서 유래했다는 것은 잘 알려져 있다. 인도의 수 체계는 13세기 초반 피보나치와 함께 일했던 아라비아인들을 통해 서유럽에 전해졌다(10장 참조). 그래서 우리는 이러한 수 체계를 힌두-아라비아 숫자(Hindu-Arabic numerals)라고 한다. 이러한 인도의 수 체계를 전파하는 데 가장 많은 영향을 끼쳤을 것으로 짐작되는 수학자가 브라마굽타(Brahmagupta)이다. 브라마굽타는 598년 서인도에서 두 번째로 큰 왕국인 구르야데사(Gurjaradesa)의 수도 브힐라말라(Bhillamala, 현재의 브힌말(Bhinmal))에서 태어났다. 브라마굽타는 천문학에 관심이 많았지만 특히 수학에서 창의력을 발휘했다. 이 책에서 우리는 그의 몇 가지 발견을 중점적으로 다루려고 한다.

브라마굽타의 수학적 업적으로 넘어가기 전에 그가 이룩한 몇 가지 천문학적 발견을 언급하려고 한다. 그 예로는, 지구에서 태양까지의 거리보다 지구에서 달까지의 거리가 더 가깝다는 사실을 입증한 것과, 지구의 둘레가 약 22,500마일이라고 계산한 것이 있다(지구의 실제 둘레는 약 24,901마일이다). 또한 그는 1년이 365일 6시간 12분 19초라고 계산했는데, 이것은 365일 5시간 48분 45초라는 현재의 계산 결과에 매우 근접한다.

628년 브라마굽타는 『브라마스푸타싯단타(Brāhmasphuṭasiddhānta)』라는 책을 썼다. 해석하면 "브라마의 올바른 천문학 체계(Brahma's Correct System of Astronomy)"라는 뜻이다. 이 책은 전작들을 바탕으로 했지만 새로운 아이디어들도 많이 소개한다. 그중 몇 가지는 나중에 다시 살펴보겠지만, 이 책에서 눈여겨볼 부분은 0을 자릿수 기호가 아니라 하나의 수라고 언급했다는 점이다. 이후에 『브라마스푸타싯단타』에서 그는 음수의 산술 연산에 대해 설명했다. 심지어 그는 0을 0으로 나눌 수 있는지에 대해서도 깊이 파헤쳤고, 답을 0이라고 정의했다. 하지만 현재 우리가 알고 있듯이 0을 0으로 나눈 값은 수학적으로 정의할 수 없다.

그림 9.1 브라마굽타. 19세기 힌두 천문학자의 그림. (출처: 위키피디아)

『브라마스푸타싯단타』는 총 24장으로 구성되어 있으며, 계산을 다룬 18장에서 수의 제곱과 제곱근뿐만 아니라 세제곱과 세제곱근을 구하는 방법을 알려준다. 브라마굽타는 현재 우리가 사용하는 방식의 분수를 소개했고, $\dfrac{a}{c} + \dfrac{b}{d} \cdot \dfrac{a}{c} = \dfrac{a(d+b)}{cd}$ 와 같이 (분모를 통분하여) 분수의 덧셈과 뺄셈을 하는 방법을 설명했다.

또한 그는 일차방정식의 해를 구하는 공식을 설명했고, 이차방정식의 해를 구하는 식을 유도했다. 이차방정식 $ax^2 + bx + c = 0$을 x에 대한 식으로 변형한 식, 우리가 이차방정식의 해를 구할 때 친숙하게 사용하는 일명 근의 공식 $x = \dfrac{-b \pm \sqrt{b^2 - 4ac}}{2a}$을 소개한 것도 그였다.

이 외에도 브라마굽타는 n이 자연수이고 첫 항이 1일 때 제곱수의 합을 구하는 공식 $\dfrac{n(n+1)(2n+1)}{6}$, n이 자연수이고 첫 항이 1일 때 세제곱수의 합을 구하는 공식 $\left(\dfrac{n(n+1)}{2}\right)^2$도 소개했다. 그는 $d = \dfrac{mx}{x+2}$일 때 $a = mx$, $b = m+d$, $c=m(1+x)-d$라고 두고 피타고라스의 세 쌍(Pythagorean triple, (3, 4, 5)처럼 $a^2+b^2=c^2$을 만족시키는 세 개의 자연수를 일컫는다. 피타고라스의 수, 피타고라스의 삼조라고도 한다–옮긴이)을 만드는 방법도 개발했다. 이렇게 우리는 $a^2 + b^2 = c^2$라는 식을 대수적 방법으로 간단하게 증명할 수 있다.

어쩌면 이 관계는 브라마굽타가 만든 내접 사각형, 즉 같은 원 위에 네 개의 꼭짓점이 있는 사각형의 넓이를 구하는 공식 때문에 가장 유명한지도 모른다. [그림 9.2]처럼 내접 사각형 $ABCD$의 네 변의 길이를 a, b, c, d라고 하자. 브라마굽타는 내접 사각형 $ABCD$의 둘레의 반을 $s = \dfrac{a+b+c+d}{2}$라고 했을 때 넓이를 구하는 공식 $\sqrt{(s-a)(s-b)(s-c)(s-d)}$을 알아냈다.

브라마굽타의 이 공식은 로마의 수학자 알렉산드리아의 헤론(Hero of Alexandria, 10~70년)이 만든 유명한 공식, 즉 s를 삼각형 둘레 길이의 반이라고 하고 삼각형에서 세 변의 길이 a, b,

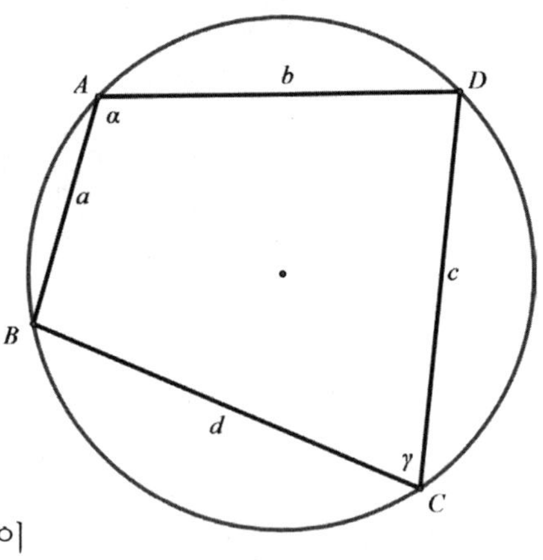

그림 9.2

수학을 만든 사람들

c만 주어졌을 때 삼각형의 넓이를 구하는 공식 $\sqrt{s(s-a)(s-b)(s-c)}$ 을 확장시킨 것이라는 점에서 흥미롭다. 실제로 브라마굽타는 헤론의 공식의 삼각형을 내접 사각형 $ABCD$에서 변의 길이 $d=0$인 경우로 간주했다.

또 한 가지 흥미로운 점은, 브라마굽타가 내접 사각형에 대해 제시했던 넓이 공식을, 약간의 조정을 통해 모든 볼록 사각형 즉 내각이 모두 180도 미만인 사각형에 적용 가능한 형태로 확장할 수 있다는 점이다. 사각형의 변의 길이를 각각 a, b, c, d라고 하고 둘레의 반 $s = \dfrac{a+b+c+d}{2}$이고 마주보는 각을 α와 γ라고 할 때, $\sqrt{(s-a)(s-b)(s-c)(s-d) - abcd \cdot cos^2\left(\frac{\alpha+\gamma}{2}\right)}$라는 공식으로 사각형의 넓이를 구할 수 있다.

이 공식은 네 변의 길이가 주어졌을 때 만들 수 있는 모든 사각형에 대해, 넓이가 최대인 사각형은 내접 사각형이라는 것을 보여준다. $abcd \cdot cos^2\left(\frac{\alpha+\gamma}{2}\right) = 0$일 때, 즉 $\alpha + \gamma = 180°$일 때 생기는 사각형의 넓이는 최댓값을 갖는다. 다만, 이 명제는 내접 사각형일 경우에만 성립한다.

브라마굽타는 또한 연속하는 변의 길이를 a, b, c, d라고 하고, 대각선의 길이를 m과 n이라고 할 때 다음 식의 관계가 참이라는 사실을 증명했다.

$$m^2 = \frac{(ab+cd)(ac+bd)}{ad+bc}$$

$$n^2 = \frac{(ac+bd)(ad+bc)}{ab+cd}$$

내접 사각형과 관련이 있고 브라마굽타 덕분에 알려진 또 한 가지 흥미로운 관계가 있다. 두 대각선이 직교하는 내접 사각형에서 대각선의 교점을 지나고 사각형의 한 변에 수직인 직선은 맞은편의 변을 이등분한다는 것이다.

이 관계에 대한 증명은 단순하지만 내접 사각형에 대한 깊은 통찰력을 준다. [그림 9.3]처럼 내접 사각형 $ABCD$의 대각선 AC와 BD가 점 G에서 수직으로 만나므로 $GE \perp AED$이다. 이제 우리는 점 P에서 GE가 BC를 이등분한다는 것만 증명하면 된다. 직각 삼각형 AEG에서 $\angle 5$는 $\angle 1$의 여각이고, $\angle 2$는 $\angle 1$에 대한 여각이다. 따라서 $\angle 5 = \angle 2$이다. 한편 $\angle 2 = \angle 4$이다. 따라서 $\angle 5 = \angle 4$이다. $\angle 5$와 $\angle 6$은 같고 호 CD의 절반이기 때문에 둘은 합동이다. 따라서 $\angle 4 = \angle 6$이고 $BP = GP$다. 마찬가지로 $\angle 7 = \angle 3$이고, $\angle 7 = \angle 8$이므로 $GP = PC$다. 따라서 $CP = PB$이다.

667년에 「칸다카아야카(Khaṇḍakhādyaka)」라는 제목으로 발표한 천문학 논문이 입증하듯 브라마굽타는 수학적 재능을 발휘하여 천문학 발전에도 기여했다. 이처럼 브라마굽타는 수학뿐만 아니라 천문학으로도 유명한 인물이었다. 그리고 그는 668년 인도의 도시 우자인(Ujjain)에서 세상을 떠났다. 그의 유산은 삼각형에서 내접 사각형으로 확장시킨 헤론의 공식에 지금도 살아 있다.

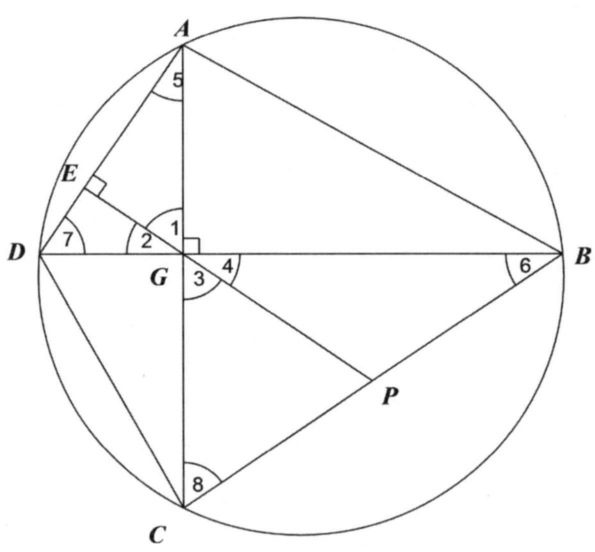

그림 9.3

Chapter 10

피보나치

수열과 산법으로 연 유럽의 계산 혁명
이탈리아, 1170~1250

13세기에 접어들면서 수학 분야와 유럽 세계는 근대적 모습을 띠기 시작했다. 이렇게 발전하기까지는 피보나치라는 이름으로 더 유명한 이탈리아의 수학자 레오나르도 피사노 비골로(Leonardo Pisano Bigollo)의 공이 컸다. 피보나치가 서양의 산법을 완전히 바꿔 놓은 덕분에 환전과 교역이 용이해졌기 때문이다. 또한 그는 수학자들에게 오늘날까지 풀리지 않는 난제들을 남기고 갔다. 이 문제들은 수많은 책에 실렸고 1963년 이후부터는 피보나치 협회(Fibonacci Association)에서 발행하는 계간지의 소재로 제공되고 있다.

레오나르도 피사노 비골로, 즉 피사의 레오나르도는 현재 피보나치라는 이름으로 알려져 있다. 피보나치(Fibonacci)라는 이름은 보나치의 아들이라는 의미의 라틴어 'fillius Bonacci'에서 유래했을 가능성이 있지만, 보나치 가문을 의미하는 'de filliis Bonacci'에서 유래했을 가능성이 더 크다. 피보나치는 피사의 사탑이 건축되기 시작한 직후인 1170년경 부유한 이탈리아의 상인 굴리엘모 보나치(Guglielmo Bonacci)와 항구 도시 피사 출신 아내 사이에서 태어났다. 당시 유럽은 격변의 시기였다. 십자군 전쟁이 한창이었고 신성로마제국 황제는 교황직을 둘러싼 갈등을 겪고 있었다. 피사, 제노바(Genoa), 베네치아, 아말피(Amalfi)

등의 도시들은 잦은 전쟁을 치렀지만, 지중해 국가에 특화된 교역로를 갖춘 해
상 공화국이었다. 피사는 로마 시대 이래로 해상 무역의 패권을 주도하고 있었
고, 그전에도 그리스 무역상들을 위한 항구 역할을 해왔다. 일찍이 피사는 식
민지들 사이와 교역로에 무역의 전초 기지를 구축해 놓았다.

1192년 굴리엘모 보나치는 아프리카 바르바리 해안(Barbary Coast)에 있는 피
사 공화국령 식민지 부기아(Bugia, 현재 알제리의 베자이아(Bejaia))의 세관 서기가 되
었고, 얼마 지나지 않아 아들 레오나르도를 그곳으로 데려와 계산법을 가르
치고 상인으로 키웠다. 당시 공화국마다 사용하는 화폐의 단위가 다르고 각
국의 화폐 가치가 하루 단위로 변동되었기 때문에 무역상들은 이에 따라 지불
해야 할 돈을 환산해야 했다. 피보나치는 부기아에서 최초로 자신이 "힌두 숫
자(Hindu numerals)"라고 했던 '아홉 개의 인도 숫자'와 '아라비아 사람들이 제피
르(zephyr)라고 부르던 0이라는 기호'를 익혔다. 『산반서(Liber Abaci)』의 서문에서
피보나치는 이 숫자들을 이용한 계산 방식에 매료되었다고 밝혔다. 피보나치
의 생애와 관련된 이야기를 알 수 있는 유일한 자료인 『산반서』는 1202년에 발
표되었고 1228년에 개정되었다([그림 10.2] 참조).

『산반서』는 유럽에서 힌두-아라비아 숫자
(Hindu-Arabic numerals)가 처음 언급된 책이
기도 하다. 피보나치는 피사를 떠나 있
는 동안 무슬림 교사에게 가르침을 받았
는데, 그가 피보나치에게 소개한 대수학
책이 페르시아의 수학자 무함마드 이븐
무사 알 콰리즈미(Muḥammad ibn Mūsā al-
Khwārizmī, 780~850년경)의 『완성과 균형에 의한
계산 개요(al-Kitāb al-Mukhtaṣar fī Ḥisāb al-Jabr wal-

그림 10.1 피보나치.

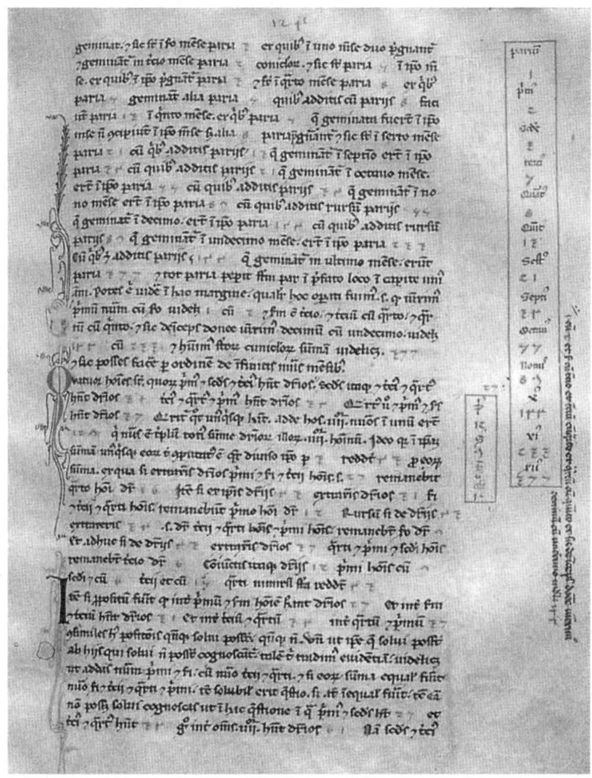

그림 10.2 피보나치의 『산반서』 첫 페이지, 우측 여백에 피보나치 수가 적혀 있다.

Muqābalah)』였고, 이후 알 콰리즈미는 피보나치에게 많은 영향을 주었다. 참고로 '알제브라(algebra, 대수학)'라는 이름도 이 책의 제목에서 유래했다.

피보나치는 평생 이집트, 시리아, 그리스, 시칠리아, 프로방스 등지를 돌아다니며 사업을 했을 뿐만 아니라, 수학자들과 교류하며 다양한 방식으로 수학을 배웠다. 세기 전환기 즈음 피보나치는 피사로 돌아와 인도 숫자를 이용한 산법을 무역에 활용하기 위해 『산반서』를 집필하기 시작했다. 당시 실생활에 적용할 수 있는 이론화한 수학이 필요했는데 『산반서』는 그와 관련된 대수 문제로 구성되어 있었다. 피보나치는 이러한 새로운 방법을 동료들에게 보급하길 원했다.

하지만 이 점을 기억하길 바란다. 이 시기에는 인쇄술이 발명되지 않았기 때문에 모든 책은 필경사가 필사하여 제작되었고, 사본을 만들려면 또다시 필사를 해야 했다. 그래서 피보나치는 『기하학 연습(Practica geometriae)』(1220)과 같은 책들을 직접 필사했다. 이 책은 기하학과 삼각법을 아우르며, '새롭고' 아주 편리한 수를 사용하여 증명하는 방식뿐만 아니라 수적 방식에 소개된 아이디어들이 유클리드에 버금가는 수준이었다. 이 책에서 피보나치는 기하학적 방법으로 대수 문제를 풀었고, 반대로 대수적 방법으로 기하학 문제를 풀기도 했다.

1225년에 피보나치는 『꽃에 대하여(Flos)』와 『제곱수에 관한 책(Liber quadratorum)』을 발표했다. 특히 후자는 재능이 뛰어난 수학자로서 피보나치의 진면목을 보여주며, 많은 수(數) 이론가들 중에서도 피보나치를 독보적인 인물로 자리매김하게 해준 책이었다. 이 외에도 피보나치가 쓴 책이 더 많을 것이라 짐작되지만, 현재 아무런 흔적도 남아 있지 않다. 피보나치가 쓴 『상업 산수(Di minor guisa)』는 소실되었고, 현재 전해지지 않는 『유클리드의 원론 10권에 대한 해설(Commentary on Book X of Euclid's Elements)』에서 피보나치가 무리수를 다루는 법은 유클리드가 기하학적으로 무리수를 다루는 법에 견줄 수 있다.

정치와 학문이 맞물리며, 피보나치는 1221년부터 1230년 사이에 신성로마제국 황제 프리드리히 2세(1194~1250)를 만날 기회가 있었다. 1227년까지는 프리드리히 2세가 이탈리아에서 왕권을 강화한 시기였다. 그는 1198년 시칠리아에서 왕위를 물려받았고, 1212년 독일에서 국왕이 되었으며, 1220년에는 로마의 성 베드로 성당에서 교황에 의해 신성로마제국 황제로 취임했다. 제노바 해전과 루카와 피렌체 육상전에서 프리드리히 2세가 피사를 지원하여, 피사의 인구는 약 1만 명에 이르렀다. 과학과 예술의 강력한 지원자였던 프리드리히 2세는, 1200년경 피사로 귀향한 피보나치와 교류하던 궁정 학자들을 통해 피보나치의 책을 접했다. 이러한 학자들 중에 궁정 점성술사인 마이클 스코투스 (Michael Scotus)가 있었는데, 피보나치는 『산반서』에서 스코투스에게 헌사를 바쳤다. 궁정 철학자였던 테오도루스 피지쿠스(Theodorus Physicus)와 1225년경 프리드리히 궁정에서 만났던 도미니쿠스 히스파누스(Dominicus Hispanus)도 프리드리히 2세에게 피보나치와의 만남을 추천했다. 이 만남은 예상대로 그해에 성사되었다.

프리드리히 2세의 궁정 소속 학자였던 팔레르모의 요하네스(Johannes of Palermo)는 위대한 수학자 피보나치에게 몇 가지 난제를 제시했다. 피보나치는 그중 세 문제를 풀었고, 이 문제들에 대한 해답을 정리한 『꽃에 대하여』를 프리드리히 2세에게 보냈다. 피보나치가 풀었던 문제 중 하나가 방정식 $x^3 + 2x^2 + 10x = 20$ 으로, 출처는 페르시아의 수학자 오마르 하이얌(Omar Khayyam, 1048~1131)이 쓴 대수에 관한 책이었다. 피보나치는 로마의 수 체계로 이 문제를 풀 수 없다는 사실을 알고 있었다. 그는 이 방정식의 해가 정수도, 분수도, 분수의 제곱근도 아니라는 점을 지적하며 근삿값을 답으로 제시했다. 어떤 설명도 없이 그는 이 방정식의 해의 근삿값을 60진법으로 나타냈다(60개의 숫자를 한 묶음으로 하는 기수법). 여기에서 방정식의 해 (60진법의 수) $1.22.7.42.33.4.40$을 (십진법으로 나타내면) $1 + \dfrac{22}{60} + \dfrac{7}{60^2} + \dfrac{42}{60^3} + \dfrac{33}{60^4} + \dfrac{4}{60^5} + \dfrac{40}{60^6}$이다. 이 방정식의 정확한 해를 구하는 일이 결코 만만치 않다는 사실은 오늘날의 컴퓨터 대수학 시스템 (computer-algebra system)을 통해서도 확인할 수 있다! 실제로 이 방정식의 해는

$$x = -\sqrt[3]{\dfrac{2\sqrt{3930}}{9} - \dfrac{352}{27}} + \sqrt[3]{\dfrac{2\sqrt{3930}}{9} + \dfrac{352}{27}} - \dfrac{2}{3} \approx 1.3688081075\cdots 로,$$

피보나치가 구한 값인 $1.3924\cdots$과 비슷하다.

피보나치에게 주어진 난제 중 하나는 우리도 쉽게 풀 수 있는 것이었다. 기초 대수학 지식만 있어도 충분히 이 문제를 풀 수 있는 수준이었다. 요즘 사람들에게 이런 풀이법은 너무 기초적인 것처럼 보일 수도 있겠지만 피보나치가

살았던 시대에는 거의 알려지지 않았기 때문에 정말 어려운 문제로 여겨졌다. 이 문제는 원래의 수에서 5를 더하거나 뺐을 때도 완전제곱인 완전제곱수를 구하는 것이었다. 피보나치는 이 문제의 답을 분수 $\frac{41}{12}$이라고 했다. 이것이 정답인지 확인하려면 이 숫자에서 5를 더하고 뺀 다음, 결과가 완전제곱인지 확인해 보면 된다.

$$\left(\frac{41}{12}\right)^2 + 5 = \frac{1681}{144} + \frac{720}{144} = \frac{2401}{144} = \left(\frac{49}{12}\right)^2$$

$$\left(\frac{41}{12}\right)^2 - 5 = \frac{1681}{144} - \frac{720}{144} = \frac{961}{144} = \left(\frac{31}{12}\right)^2$$

원래의 수에서 더하고 뺀 값이 완전제곱이기 때문에 우리는 $\frac{41}{12}$이 이 문제에서 제시한 조건을 충족시킨다는 사실을 확인할 수 있다. 다행히 이 문제의 조건은 완전제곱인 수에서 5를 더하고 빼는 것이었다. 피보나치에게 5가 아니라, 1이나 2나 3이나 4를 더하거나 빼라고 했더라면 답을 구할 수 없었을 것이다.

세 번째 문제는 피보나치가 『꽃에 대하여』에 해법을 소개했던 것으로, 구하는 방법은 다음과 같다. 세 사람이 일정 금액을 각각 $\frac{1}{2}$, $\frac{1}{3}$, $\frac{1}{6}$씩 나누어 가지려고 한다. 각 사람은 차례로 이 금액에서 자기 몫을 가져가며, 남는 돈이 없도록 한다. 첫 번째 사람은 자신이 받은 금액의 $\frac{1}{2}$을, 두 번째 사람은 자신이 받은 금액의 $\frac{1}{3}$을, 세 번째 사람은 자신이 받은 금액의 $\frac{1}{6}$을 다시 되돌려준다. 되돌려진 금액은 다시 세 사람에게 똑같이 나누어졌고, 결과적으로 각자는 원래 자신이 받아야 할 몫인 $\frac{1}{2}$, $\frac{1}{3}$, $\frac{1}{6}$을 정확히 갖게 되었다. 원래 금액은 얼마였으며, 각 사람이 처음 받은 금액은 얼마였는가?

피보나치의 경쟁자들 중 아무도 이 문제를 풀지 못했다. 피보나치는 마지막 문제에 대해 원래 금액의 최솟값은 47이지만, 정확하게 말하면 이 문제의 답은 부정(不定, 무수히 많다)이라고 했다.

수학을 만든 사람들

피보나치는 일반 시민들을 위해 무료로 회계 문제에 관한 조언을 해주었는데, 그 공로를 인정받아 1240년 피사 공화국에서 종신 급료(lifetime salary)를 받게 되었다. 피보나치의 정확한 사망 시기는 알려지지 않았으나, 1240년에서 1250년 사이쯤으로 추정된다.

피보나치는 당대에 가장 위대한 수학자로 손꼽히는 인물이었지만 그에게 오늘날의 명성을 안겨준 것은 『산반서』였다. 피보나치의 업적을 정확하게 평가하려면 사람들에게 가장 많이 알려진 책을 예로 들어야 한다. 『산반서』는 피보나치가 여행을 다니면서 쌓았던 산술과 대수 지식을 바탕으로 하는데, 이 책의 사본과 유사작이 널리 보급되었다. 앞에서 언급했듯이 이 책을 통해 자릿값을 이용하는 힌두-아라비아의 십진법과 아라비아 숫자가 유럽에 소개되었다. 이 책은 향후 두 세기 동안 더 나은 삶을 위해 점점 더 많이 활용되었다. 한마디로 베스트셀러였다! 피보나치의 대표작 『산반서』의 처음은 이렇게 시작한다.

인도의 아홉 개의 숫자는 아래와 같다.

9 8 7 6 5 4 3 2 1

이 아홉 개의 숫자들과 아라비아 사람들이 제피르(zephyr)라고 부르는 0이라는 표시를 사용하면, 아래의 설명처럼 무엇이든 수로 나타낼 수 있다. 수는 단위들의 집합으로, 이 수들을 더하면 끝없이 단계적으로 증가한다. 첫째, 1의 자리는 1부터 10번째까지의 숫자들로 구성된다. 둘째, 10의 자리는 10부터 100번째까지의 숫자들로 구성된다. 셋째, 100의 자리는 100부터 1000번째까지의 숫자들로 구성된다…이 과정이 끊임없이 계속되고, 앞의 숫자들과 조합하면 어떤 숫자든 나타낼 수 있다. 오른쪽부터 숫자의 첫째 자리를 쓴다. 둘째 자리는 첫째 자리의 왼쪽에 쓴다.

피보나치는 힌두 숫자를 지칭할 때 '인도 숫자(Indian figures)'라는 용어를 사용했다. 인도 숫자는 상대적으로 편리했지만, 상인들이 이 숫자를 사용하는 사람들을 수상하게 여겨 사기를 당하지는 않을까 겁을 내는 바람에 상인들에게 널리 보급되지는 않았다. 이 숫자들이 대중적으로 인기를 얻기까지는 피사의 사탑이 완성되는 데 그러했듯이 300년이나 걸렸다.

흥미로운 점은 『산반서』에서 연립일차방정식도 다루었다는 것이다. 사실 피보나치가 고찰했던 많은 문제들은 아라비아의 자료에 나와 있는 것들과 유사했다. 하지만 이 때문에 책의 가치가 떨어지는 것은 아니다. 『산반서』는 수학의 발전에 크게 기여한 문제들에 대한 해법들을 모아놓은 책이기 때문이다. 사실 오늘날 우리가 사용하고 있는 많은 수학 용어들은 피보나치의 가장 유명한 저서인 『산반서』에서 처음 소개되었다. 이 책에서 피보나치는 'factus ex multiplicatione'를 언급했는데, 이는 '곱셈의 인수들(factors of a multiplication)'이라고 하는 단어의 최초 기록이다. 지금도 우리가 사용하는 '분자(numerator)'와 '분모(denominator)'라는 수학 용어를 도입한 사람도 피보나치이며 출처도 『산반서』다.

『산반서』의 2부에는 상인들을 대상으로 한 문제들을 모아놓았다. 상품의 가격, 지중해에서 사용하는 다양한 통화들의 환율 계산법, 상품 거래 시 수익 산출법, 중국에서 유래했을 것으로 추정되는 문제 등이다.

피보나치는 이자를 금지하는 교회의 눈을 피해서 상인들이 이자 수익을 올리고 싶어 한다는 사실을 알고 있었다. 그래서 그는 실제 원금보다 처음의 원리합계를 더 높게 하여 이자를 숨기는 법(복리법: 일정 기간에 발생한 이자와 처음 원금을 더한 원리합계가 다음 기간의 원금으로 되어 이자를 계산하는 방법을 말한다-옮긴이)을 고안해냈고 이를 바탕으로 복리 계산을 했다.

이 책의 3부에는 다음과 같은 유형의 문제들이 많다.

• 사냥개가 산술적으로 증가하는 속도로 토끼를 쫓고 있다. 토끼도 산술적으로 증가하

수학을 만든 사람들

는 속도로 달아나고 있다. 사냥개는 얼마나 달려야 토끼를 잡을 수 있을까?

• 거미는 낮에는 최대한 높이 벽을 기어 올라가고, 밤에는 일정한 거리만큼 미끄러져 내려온다. 거미가 벽을 기어오르려면 며칠이 걸릴까?

• 두 사람 사이에 일정한 금액의 돈이 오고 갔다. 이때 금액이 일정한 비율로 증가하고 감소했다. 얼마인지 구하라.

또한 완전수(perfect number)와 관련된 문제도 있다(예를 들어 6의 약수는 1, 2, 3, 6인데 6을 제외한 약수의 합 1+2+3=6이다. 이런 수를 완전수라고 한다-옮긴이). 한편 중국인의 나머지 정리(Chinese remainder theorem)를 이용한 문제도 있다. 어떤 수를 다양한 정수로 나누었을 때 나머지를 알고 있으면 이 정수들의 곱으로 나눈 나머지를 알 수 있다는 것인데, 피보나치는 이것이 비교적 기초적인 방법이라고 여겼다. 다시 한번 말하지만 이것은 공식적인 (정)수론 연구보다 앞선 것이다. 또한 피보나치는 등차급수(arithmetic series)와 등비급수(geometric series)에 관한 문제들도 소개했다. 『산반서』 4부에서 피보나치는 $\sqrt{15}$와 같은 수를 유리수 근사값(rational approximation)과 도형 작도(geometric construction)를 이용해 다루었다. 이런 식으로 무리수를 다루게 된 것은 그로부터 수십 년 후의 일이었다. 피보나치야말로 시대를 앞선 인물이었다고 할 수 있다!

이러한 고전적인 문제들이 요즘에는 오락 수학이라고 간주되는데 그중 일부는 『산반서』를 통해 서양에 처음 소개되었다. 우리가 『산반서』에 특별한 흥미를 갖는 이유는, 이 책이 일단 서구 문화권에서 최초로, 다루기 힘든 로마 숫자 대신 힌두 숫자를 사용한 출판물이기 때문이다. 뿐만 아니라 피보나치는 처음으로 '수평 막대기 표시'를 사용해 분수를 나타냈다. 후대에 피보나치의 이름을 알린 오락 수학 문제가 이 책에 나오는데, 일명 토끼 번식 문제다([그림 10.3] 참조).

토끼 번식 문제

		어떤 사람이 밀폐된 공간에 한 쌍의 토끼를 함께 두었다. 그는 이 한 쌍의 토끼들이 첫 달에 다른 짝과 번식을 하고, 이렇게 번식한 토끼들이 둘째 달에 같은 방법으로 번식을 했을 때 1년에 총 몇 마리의 토끼가 태어날 수 있는지 알고 싶어 한다. 위에서 말한 대로 첫 번째 쌍이 번식을 하면 두 배가 될 것이다. 그래서 한 달에 2쌍이 된다. 그중 하나, 즉 첫 번째 쌍이 둘째 달에 번식을 하면 둘째 달에는 3쌍이 된다. 그중에서 둘이 새끼를 가지면 셋째 달에 2쌍의 토끼가 태어나고, 넷째 달에는 8쌍이 된다. 그중에서 5쌍이 또 다른 5쌍과 번식을 한다. 여기에 8쌍을 더하면 다섯째 달에는 13쌍이 된다. 이달에 태어난 5쌍은 5쌍과 짝짓기를 하지 않지만, 또 다른 8쌍이 새끼를 가진 상태이기 때문에 여섯째 달에는 21쌍이 된다. 여기에 일곱 번째 달에 태어난 13쌍을 더하면 34쌍이 된다. 다시 여기에 여덟째 달에 태어난 21쌍을 더하면 55쌍이 된다. 다시 여기에 아홉째 달에 태어난 34쌍을 더하면 89쌍이 된다. 다시 여기에 열째 달에 태어난 55쌍을 더하면 144쌍이 된다. 다시 여기에 열한째 달에 태어난 89쌍을 더하면 233쌍이 된다. 여기에 마지막 달에 태어난 144쌍을 더하면 377쌍이 된다. 이것이 위에서 말한 한 쌍의 토끼에게서 그 장소에서 1년 동안 태어날 수 있는 토끼의 수다.
시작	1	
첫째 달	2	
둘째 달	3	
셋째 달	5	
넷째 달	8	
다섯째 달	13	
여섯째 달	21	
일곱째 달	34	
여덟째 달	55	
아홉째 달	89	
열째 달	144	
열한째 달	233	
열두째 달	377	우리가 어떻게 계산하면 되는지는 실제로 여백에서 볼 수 있다. 첫 번째 수에 두 번째 수를 더하고, 즉 1과 2를 더하고, 두 번째 수에 세 번째 수를 더하고, 세 번째 수에 네 번째 수를 더하고, 같은 방법으로 열 번째 수에 열한 번째 수, 144에 233을 더하면, 앞에서 말한 토끼 수의 합, 377이 된다. 이 방법으로 여러분은 달(月)의 수가 끝없이 늘어날 때의 총 토끼 수를 구할 수 있다.

그림 10.3 피보나치의 유명한 토끼 번식 문제.

문제의 번식 상황이 한 달 단위로 어떻게 바뀌어 가는지 [그림 10.4]를 참고하길 바란다. 새끼 토끼(B) 한 쌍이 한 달 만에 번식 능력을 갖춘 어른 토끼(A)로 자란다고 가정하면 아래와 같이 표를 만들 수 있다.

이 문제는 수열을 만든다.

$$1, 1, 2, 3, 5, 8, 13, 21, 34, 55, 89, 144, 233, 377, \ldots$$

이 수열은 오늘날 '피보나치 수(Fibonacci numbers)'라는 이름으로 알려져 있다. 언뜻 보면 이 수열은 다음 항을 쉽게 만들 수 있는 관계 외에 딱히 대단한 것이 없다. 이 수열에서는 (처음 두 항 이후부터는) 앞의 두 수를 더해서 각 항의 값을 구한

1

  1

    1+1=2

      1+2=3

        2+3=5

          3+5=8

            5+8=13

              8+13=21

                13+21=34

                  21+34=55

                    34+55=89

                      55+89=144

                        89+144=233

                          144+233=377

                            233+377=610

                              377+610=987

                                610+987=1597…

그림 10.4

다는 사실을 알 수 있다. 피보나치 수열은 귀납적(recursive) 정의를 통해 더 명확하게 설명할 수 있다. 즉, 모든 숫자는 앞의 두 수의 합이다.

피보나치 수열은 가장 오래된 (귀납적) 재귀 수열(recurrent sequence)이다. 피보나치가 이 관계를 알고 있었다는 직접적인 증거는 없지만 그 정도의 재능과 통찰력을 가진 사람이라면 충분히 파악했을 것이라고 짐작할 수 있다. 하지만 이 관계가 다른 책에서 언급된 것은 400년이 지난 후의 일이었다.

피보나치 수

피보나치가 『산반서』를 썼던 시대에는 아직 이 숫자들이 얼마나 특별한

지 알려지지 않았다. 사실 독일의 수학자이자 천문학자인 요하네스 케플러가 1611년 발표한 출판물에서 "8에 대한 5의 비, 13에 대한 8의 비, 21에 대한 13의 비는 거의 유사하다."라고 했을 때 이 숫자들을 언급했다. 몇 세기가 지나도록 이 숫자들은 눈에 띄지 않고 묻혀 있었다. 그러다가 1830년대에 C. F. 쉼퍼(C. F. Schimpfer)와 A. 브라운(A. Braun)이 이 숫자들이 나선형을 이루는 솔방울의 포엽(苞葉)의 수에서 나타난다는 사실을 발견했다. 1800년대 중반에 이르러서야 학자들은 피보나치 수의 매력에 사로잡혔다. 수학자들이 '피보나치 수'라는 현재의 명칭을 사용하기 시작한 것은 프랑수아 에두아르 아나톨 뤼카(François Édouard Anatole Lucas, 1842~1891) 이후였다. 일반적으로 '에두아르 뤼카(Edouard Lucas)'라고 불리는 프랑스의 수학자는 이후에 피보나치 패턴을 갖는 고유한 수열을 고안했다. 뤼카의 수(Lucas Numbers)는 피보나치 수처럼 수열을 이루고, 피보나치 수와 밀접한 관련이 있다. 뤼카의 수열은 $1,1,2,3,5,8,13,21,\cdots$이 아니고 $1,3,4,7,11,18,29\cdots$로 시작한다.

거의 같은 시기에 프랑스의 수학자 자크 필리프 마리 비네(Jacques Philippe Marie Binet, 1786~1856)는 수열의 항만 주어지면 피보나치 수를 찾을 수 있는 공식을 개발했다. 즉 비네의 공식만 있으면, 앞의 두 항을 더하는 기존의 방식으로 117번째 항을 구하지 않아도 118번째 피보나치 수를 알 수 있다. 공식은 다음과 같다.

$$F_n = \frac{1}{\sqrt{5}}\left[\left(\frac{1+\sqrt{5}}{2}\right)^n - \left(\frac{1-\sqrt{5}}{2}\right)^n\right]$$

여기에서 F_n은 n번째 피보나치 수다. 피보나치 수는 우리가 경험하는 거의 모든 면에서 나타나기 때문에 수학의 전 영역을 통틀어 가장 유명하고 흔한 수일 것이다.

그런데도 이 숫자들의 무엇이 그렇게 특별한지 묻는 사람이 여전히 있을지 모르겠다. 그 유명한 피보나치 수열과 몇 가지 놀라운 성질들을 간단하게 조사하며 수박 겉핥기식으로나마 알아보도록 하자.

앞에서 설명했듯이 F_7은 7번째 피보나치 수이고, F_n은 n번째 피보나치 수이다. [그림 10.5]에서 볼 수 있듯이 1항부터 30항까지의 피보나치 수가 있다고 하자.

$F_1 = 1$
$F_2 = 1$
$F_3 = 2$
$F_4 = 3$
$F_5 = 5$
$F_6 = 8$
$F_7 = 13$
$F_8 = 21$
$F_9 = 34$
$F_{10} = 55$
$F_{11} = 89$
$F_{12} = 144$
$F_{13} = 233$
$F_{14} = 377$
$F_{15} = 610$
$F_{16} = 987$
$F_{17} = 1597$
$F_{18} = 2584$
$F_{19} = 4181$
$F_{20} = 6765$
$F_{21} = 10946$
$F_{22} = 17711$
$F_{23} = 28657$
$F_{24} = 46368$
$F_{25} = 75025$
$F_{26} = 121393$
$F_{27} = 196418$
$F_{28} = 317811$
$F_{29} = 514229$
$F_{30} = 832040$

그림 10.5

이처럼 매력적인 피보나치 수들을 계속 더하다 보면 이 수들의 합을 쉽게 구하는 방법을 확인할 수 있다. 특정한 항까지 피보나치 수를 전부 더하는 방법과 달리, 단순한 공식을 알고 있으면 도움이 된다. 약간의 요령을 발휘해 1항부터 n항까지 피보나치 수의 합을 구하는 공식을 유도해보자. 피보나치 수의 정의를 식으로 나타내면 $n > 1$일 때 $F_{n+2} = F_{n+1} + F_n$이다. 이 식을 정리하면 $F_n = F_{n+2} + F_{n+1}$이다. n을 1씩 늘려서 대입하면 아래와 같다.

$$F_1 = F_3 - F_2$$

$$F_2 = F_4 - F_3$$

$$F_3 = F_5 - F_4$$

$$F_4 = F_6 - F_5$$

$$\cdot$$

$$\cdot$$

$$\cdot$$

$$F_{n-1} = F_{n+1} - F_n$$

$$F_n = F_{n+2} - F_{n+1}$$

이 식의 좌변과 우변의 합을 각각 구하면 우변의 많은 항들이 사라진다(같은 수끼리 더하고 뺐기 때문에 합이 0이 된다).

우변을 정리하면 $F_{n+2} - F_2 = F_{n+2} - 1$이다. 좌변에는 우리가 구하려고 했던 1항부터 n항까지의 합, $F_1 + F_2 + F_3 + F_4 + \cdots + F_n$만 남는다. 좌변과 우변이 같으므로 $F_1 + F_2 + F_3 + F_4 + \cdots + F_n = F_{n+2} - 1$이다. 따라서 피보나치 수의 1항부터 n항까지의 합은 1항부터 $(n+2)$항까지의 합에서 1을 뺀 값과 같다. 이것을 기호로 나타내면 $\displaystyle\sum_{i=1}^{n} F_i = F_{n+2} - 1$ 이다.

수학을 만든 사람들

재미를 위해, 여러분이 피보나치 수를 좀 더 즐길 수 있도록 이어지는 수식과 그림들을 자세히 살펴보자.

연속하는 10개의 피보나치 수들의 합은 항상 11로 나누어떨어진다. 임의의 피보나치 수 10개를 취하여 이 말이 참인지 거짓인지 여러분이 직접 확인할 수 있다. 예를 들어 다음과 같이 10개의 연속하는 피보나치 수가 있다고 하자. $13 + 21 + 34 + 55 + 89 + 144 + 233 + 377 + 610 + 987 = 2{,}563$이고, $11 \cdot 233 = 2{,}563$이므로 11로 나누어떨어진다. 마찬가지로 F_{21}부터 F_{30}까지 연속하는 10개의 피보나치 수의 곱은 $2{,}160{,}598 = 11 \cdot 196{,}418$이므로 11로 나누어떨어지고, 이것을 다른 10개의 연속한 피보나치 수에도 적용할 수 있다. 이 '추측(conjecture)'이 참인지 직접 확인하는 방법은 10개의 연속한 피보나치 수의 합들을 일일이 구하고 11의 배수인지 확인하는 것이다. 이 명제를 수학적으로 증명할 수도 있다. 피보나치 수를 11로 나눈 나머지는 다음과 같다.

1, 1, 2, 3, 5, 8, 2, 10, 1, 0, <u>1, 1, 2, 3, 5, 8, 2, 10, 1, 0,</u>…

이때의 나머지는 10개를 주기로 되풀이된다. 11로 나누었을 때 나누어떨어지는지를 결정하는 것은 나머지이므로 1, 1, 2, 3, 5, 8, 2, 10, 1, 0, 1, 1, 2, 3, 5, 8, 2, 10, 1, 0,…의 수열을 나타내는 어떤 10개의 연속된 수를 더하더라도 합이 11로 나누어떨어지는지 확인해야 한다. 확인하는 방법은 다음과 같다. 이 수열의 주기가 정확하게 10이고 이 수열의 10개의 연속한 숫자를 더하면, 10개의 수를 더한 값이 1, 1, 2, 3, 5, 8, 2, 10, 1, 0의 수열을 나타내며 한 주기에 나타난다.

이 10개의 수가 원에 시계 방향으로 나열되어 있다고 하자([그림 10.6] 참조). 위에서 구한 수열을 나타내며 이 주기는 되풀이된다. 여러분이 이 주기의 처음에

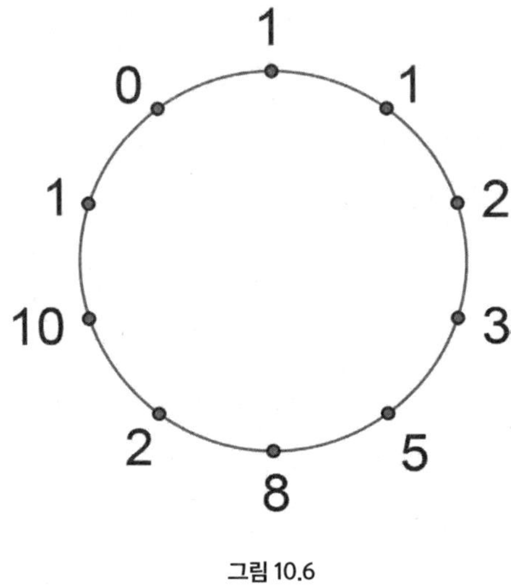

그림 10.6

숫자를 빠뜨렸다고 하자. 합은 이 주기의 내부 어딘가에서 다시 시작되어 다른 주기를 얻을 수 있다. 이를테면 $5 + 8 + 2 + 10 + 1 + 0 + \underline{1 + 1 + 2 + 3}$과 같은 새로운 주기를 얻을 수 있다. 여러분이 원의 어느 지점에서 수를 세는지와 상관없이, 원에서 시계 방향으로 10개의 숫자를 세면 일정한 주기가 반복된다. 이때 10개의 숫자의 합은 33이고, 11로 나누어떨어진다.

피보나치는 1202년에 서양에 십진법과 우리가 사용하고 있는 숫자 기호를 소개함으로써 이 체계를 보급하는 데 기여했을 뿐만 아니라, 오늘날에는 주로 자신의 이름이 들어간 피보나치 수로 기억되고 있다.

수학을 만든 사람들

Chapter 11

카르다노

삼차방정식과 확률의 해법을 찾다
이탈리아, 1501~1576

"그자가 뭐라 한 지 아는가? 보르자 가문 치하의 이탈리아는 30년간 전쟁과 테러, 살인, 유혈 사태를 겪었지만, 미켈란젤로와 레오나르도 다빈치를 배출하며 르네상스를 일으켰지. 반면 스위스는 500년 동안 형제애와 민주주의, 평화를 유지했지만 그 결과물은 '뻐꾸기시계'였다고."

이것은 1949년 캐럴 리드(Carol Reed, 1906~1976) 감독의 영화 '제3의 사나이(The Third Man)'에서 악역 해리 라임의 대사 중 일부다. 이 느와르 영화의 시나리오는 영국의 유명 소설가 그레이엄 그린이 썼지만, 이 대사는 해리 라임 역을 맡은 오슨 웰스('시민 케인'의 감독이자 배우)가 쓴 것이라고 한다. 영화 촬영 중 몇 부분에 추가되어야 할 대화가 있었는데 오슨 웰스가 이 대사를 추가한 듯하다.[1]

두 체제에 대한 비교는 역사적으로 정확하지 않고 극적으로 과장되었다. 하지만 얼마쯤은 진실이 담겨 있다는 점은 부인할 수 없다. 마음대로 쓸 수 있는 막대한 재산을 소유한 전제 군주가 없었더라면 이탈리아의 르네상스는 그렇게 많은 건축, 조각, 회화의 역작을 탄생시킬 수 없었을 테다. 반면에 민주주의 사회 구조에서는 예술과 문화의 재정 지원에 덜 관대했다.

보르자 가문은 이탈리아-스페인계 귀족 가문으로 15세기와 16세기에 막강한 권력을 얻었다. 당시 보르자 가문은 수많은 기독교 및 정치 사건에 연루되어 있었고, 자신들의 권력과 영향력을 키우기 위해서라면 어떤 선택도 서슴지 않았다. 메디치 가문처럼 부유한 명문가였던 보르자 가문은 지방 정부를 통치했고, 몇 대를 이어 이탈리아와 유럽 상당 부분에 정치적 영향력을 확장해 나갔다. 심지어 15세기 후반에는 교황권도 장악하여 두 명의 교황을 배출했다. 알폰소 데 보르자는 1455년부터 1458년까지 교황 갈리스토 3세로 재임했고, 로드리고 란조르 보르자는 1492년부터 1503년까지 알렉산더 6세로 교황직을 역임했다. 알렉산더 6세는 르네상스 시대의 부패하고 세속적인 악덕 교황 중에서도 특히 돋보이는 인물이다.

알렉산더 6세의 재임 기간에 보르자 가문은 살인을 포함해 많은 범죄를 저질렀다는 의혹을 받았다. 알렉산더 6세는 자신이 추진하는 정치적 정책들을 성공시키기 위해 임기 중에 47명이나 되는 추기경을 임명했다. 그는 뒤에서 여러 명의 자식을 두었고, 1493년에는 10대였던 아들 체사레를 추기경에 임명했다. '보르자'라는 이름은 방종과 족벌주의의 대명사가 되었다. 우연이었을까, 바로 같은 해인 1493년에 교황 알렉산더 6세는 스페인의 여왕 이사벨 1세와 국왕 페르난도 2세의 요청을 수락하여, 스페인이 크리스토퍼 콜럼버스가 발견한 신세계의 섬들에 대한 독점권을 갖는다는 교황의 칙령을 발표했다.

이처럼 권력욕이 넘치고 냉혈한이었지만 보르자 가문뿐만 아니라 메디치 가문은 예술의 강력한 후원자가 되어 르네상스 발전에 큰 공헌을 했다. 이들은 바티칸에 르네상스 예술과 철학 정신을 전했다. 알렉산더 6세는 로마대학교(University of Rome)를 재건하고 저명한 교수들을 영입하여 후진을 양성했다. 또한 바티칸 궁을 복원하고 단장하게 했으며 미켈란젤로를 설득하여 성베드로 성당 재건을 위해 설계도를 그리게 했다. 1502년 알렉산더 6세의 아들 체사레 보르자는 교황군의 명령으로 레오나르도 다빈치를 수석 군 기술자이자 건축가로 고용했다. 이탈리아의 르네상스는 14세기에 시작되었는데 유럽의 르네상스 중에서 시기적으로 가장 빠르다. 중세에서 근대 유럽으로 이행하는 시기였던 르네상스 시대에 위대한 문화의 변혁과 성과가 있었다. 레오나르도 다빈치, 미켈란젤로, 라파엘로 등 르네상스 예술을 대표하는 거장들이 수학 분야에서도 나타났다. 수학은 자연 철학에서 근대 과학 그리고 갈릴레오 갈릴레이가 결정적인 역할을 했던 과학 혁명으로 이행되는 과정에서 상당히 많은 기여를 하며 학문적 진전을 이뤘다.

이탈리아 르네상스에서 가장 영향력이 있었던 학자는 아마 지롤라모 카르다노(Gerolamo Cardano)였을 것이다. 카르다노가 활약한 기간은 오슨 웰스가 묘사했던 보르자 가문 통치하의 이탈리아의 그 '30년'과 거의 완벽하게 일치한다.[2] 지롤라모 카르다노는 1501년 9월 24일 이탈리아의 롬바르디아주 파비아에서 수학적 재능을 타고난 법학자 파지오 카르다노(Fazio Cardano)의 사생아로 태어났다. 파지오는 레오나르도 다빈치와 막역한 사이기도 했다. 지롤라모가 태어나기 직전에 어머니 키아라 미케리아는 페스트를 피해 밀라노에서 파비아로 이사를 가야 했다. 당시에 키아라의 다른 세 자녀는 페스트로 목숨을 잃고 만다.

파지오 카르다노는 법률 업무 외에도 파비아대학교(University of Pavia)와 밀라노의 피아티 재단(Piatti Foundation)에서 기하학 강

그림 11.1 지롤라모 카르다노.

의를 했다. 키아라는 여러 해 동안 파지오와 떨어져 살았지만 만년에 두 사람은 결혼했다. 지롤라모 카르다노는 자주 아프고 불우한 어린 시절을 보냈는데, 권위적인 아버지로부터 직접 교육을 받았다. 성장해서는 아버지의 조수가 되어 일했다. 파지오 카르다노는 아들이 법학을 전공하길 원했지만 지롤라모는 과학과 철학에 더 많은 매력을 느꼈다. 아버지의 기하학 수업은 기하학에 대한 지롤라모의 흥미를 일깨웠다.

지롤라모는 아버지와 언쟁 끝에 자신의 뜻을 따라 1520년 파비아대학교 의과대학에 입학했다. 1524년에 파비아대학교는 이탈리아 전쟁(Italian Wars, 1521~1526)으로 인해 폐쇄되었고, 지롤라모는 학업을 마치기 위해 파도바대학교(University of Padua)로 옮겼다. 이곳에서 그는 1525년 의학 박사 학위를 받았다. 지롤라모 카르다노는 명석한 학생이었지만 별나고 모난 성격 때문에 친구가 많지 않았다.

아버지가 세상을 떠난 후 그는 파비아로 이사했고, 아버지로부터 조금 물려받은 유산을 이내 탕진하고 만다. 그러다가 돈을 벌기 위해 도박에 손을 댔다. 확률을 잘 알았던 그는 게임에서 상대보다 유리한 위치를 선점했고, 실제로 얼마간은 카드 게임, 주사위 게임, 체스 내기로 겨우 생계를 유지했다. 박사 학위를 받은 후 그는 아직 어머니가 사는 밀라노의 의사회(College of Physicians)에 여러 차례 지원서를 냈다. 강의 실력이 탁월했지만, 자신의 의견이 확고하여 사귀기 어렵다는 평판 때문에 입회가 거부되었다. 하지만 지롤라모 카르다노가 사생아였다는 사실이 밝혀지자 의사회 측에서는 이것이 입회를 거부한 공식적인 사유라고 내놓았다.

밀라노에서는 의사회 정회원이 아닌 사람은 진료를 할 수 없었다. 결국 그는 파도바 인근의 작은 마을로 가서 작은 의원을 개업했다. 1531년 카르다노는 이웃의 딸이었던 루치아 반다리니와 결혼했다. 의원에서 벌어들이는 수입으

수학을 만든 사람들

로는 가족을 부양하기 어려웠기 때문에 의사회 입회를 다시 신청했지만 이번에도 받아들여지지 않았고 기어이 돈을 벌기 위해 그는 또다시 도박에 손을 댔다. 하지만 이번에는 이길 때보다 질 때가 더 많았고, 그렇게 여러 차례 도박에서 진 후 그는 아내의 보석까지 전당포에 맡기게 된다. 마침내 카르다노와 아내는 미래에 대한 희망이 없는 시골을 떠나, 상황이 나아지길 바라며 밀라노로 거처를 옮긴다.

밀라노에서는 처음에는 고생을 했지만 다행히 운이 따라주어 카르다노는 예전에 아버지가 일했던 피아티 재단에서 수학 강사 자리를 얻을 수 있었다. 이 일은 별로 힘들지 않았기 때문에 개인적으로 환자를 진료할 수 있는 여유 시간도 충분했다. 환자를 잘 치료한다는 소문이 나자, 카르다노는 의사로서 꾸준히 명성을 얻어갔다. 심지어 의사회 정회원도 자문을 구하려고 그를 찾아오기 시작했다. 게다가 눈이 높은 상류층 환자들과 자주 교류하게 되면서 카르다노는 부와 영향력이 쌓였다. 이제는 가르치는 일을 그만두어도 될 정도로 형편이 넉넉했지만 그는 수학을 포기할 수 없었다.

1539년 드디어 카르다노는 영향력이 있는 후원자들의 도움으로 의사회의 정회원 자격을 인정받았다. 그리고 같은 해에 두 권의 수학책을 처음 발표했는데, 카르다노는 독학으로 수학자가 된 니콜로 폰타나 타르탈리아(Niccolò Fontana Tartaglia)에게 연락을 했다. 타르탈리아는 볼로냐대학교(University of Bologna)에서 주최한 삼차방정식 해법 경진 대회의 우승자였다.

니콜로 폰타나는 1499년 이탈리아의 브레시아(Brescia)에서 태어났다.[3] 니콜로의 아버지는 이웃 도시들로 우편물을 배송하러 다니는 배달원이었다. 비극적이게도 그의 아버지가 강도들에게 살해당해 세상을 떠나는 바람에, 남겨진 가족인 어머니와 여섯 살배기 아들 니콜로와 두 형제는 가난에 허덕이게 되었다. 캉브레 동맹 전쟁이 일어나 프랑스 군대가 베네치아를 침략하면서 불쌍한

이 가족의 고통은 더해졌다. 전쟁 막판에는 프랑스 군인들이 나타나 도시의 주민들을 대량 학살했다. 니콜로와 그의 가족은 지역 성당에서 은신처를 찾았지만, 이내 프랑스 군인들이 쳐들어왔다. 그중 한 군인은 니콜로의 턱과 입천장을 칼로 베어 죽게 내버려두었다. 니콜로는 운 좋게 살아남았지만 이때 입은 부상으로 인해 평생 언어 장애를 갖게 된다. 그래서 '타르탈리아'(말더듬이라는 뜻)라는 별명도 따라붙었다.

성인이 된 뒤로 타르탈리아는 상처를 감추기 위해 수염을 길렀다. 그는 베네치아 공화국에서 기술자와 회계원으로 일했지만, 야망이 넘치는 독학 수학자이기도 했다. 당시 이탈리아의 학자들은 다른 학자들과의 공개 경진 대회에서 까다로운 수학 문제를 제시하며 자신의 수학 실력을 입증해 보여야 했다. 1535년 타르탈리아는 유명한 경진 대회에서, 지금까지 불가능하다고 여겨졌던 특수한 형태의 삼차방정식(최고차항의 차수가 삼차인 방정식. 즉 x^3을 포함한 방정식)을 풀 수 있다는 것을 보여줌으로써 우승을 차지했다. 그는 $x^3 + bx + c = 0$ 뿐만 아니라 $x^3 + ax^2 + c = 0$ 형태로 된 방정식의 해법을 발견했지만, 일반형인 $x^3 + ax^2 + bx + c = 0$의 해법은 찾지 못하고 있었다. 카르다노는 타르탈리아가 발견한 해법에 주목했고, 몇 번이나 해법을 찾으려다 실패한 후 해법을 알려달라고 타르탈리아를 설득하기 시작했다. 결국 타

그림 11.2 니콜로 폰타나 타르탈리아.

수학을 만든 사람들

르탈리아는 카르다노에게 자신의 해법을 알려주는 대신 비밀을 누설하지 않겠다는 다짐을 받았다. 타르탈리아는 해법이 적힌 종이가 혹시 노출되어도, 다른 수학자들이 봤을 때는 언뜻 이해할 수 없도록 공식을 시의 형태로 알려주었다.

세제곱과 그것들이 함께 있는 식이

몇 개의 불연속 수와 같을 때

이 식에서 두 개의 다른 숫자를 찾아라.

당신이 습관처럼 이것을 계속하면

이것의 곱은 항상 그것들의 3분의 1의 세제곱과 같다.

일반적으로 그것의 세제곱근에서 뺀 나머지는

두 번째로 이 조치를 취할 때,

원래의 그것과 같을 것이고,

세제곱이 홀로 남아 있으면,

당신은 이 다른 것들이 일치하는 것을 알게 될 것이다.

정확하게 한 수와 다른 수를 곱한 값이 되도록

당신이 즉시 이 숫자를 두 부분으로 나누면,

이것들의 3분의 1의 세제곱이다.

당신은 습관처럼 이 두 부분에서

함께 더한 값의 세제곱근을 취하면 된다.

이 합이 당신이 생각했던 그 값이다.

우리가 이렇게 계산한 값의 3분의 1은

당신이 특별히 주의하면 두 번째 것으로 답을 구하게 되고,

원래의 성질대로 이것들은 거의 일치한다.

1534년에 나는 늦지 않게 이것을 발견했다.

이 시는 특수한 형태의 삼차방정식 $x^3 + bx + c = 0$(일반적인 형태의 삼차방정식 x^3 $+ ax^2 + bx + c = 0$에는 2차항(x^2)이 존재한다)의 해법을 설명한 것이다. 카르다노는 타르탈리아가 발견한 해법으로 일반적인 형태의 삼차방정식 $x^3 + ax^2 + bx + c = 0$ 을 풀었고, 얼마 후에 카르다노의 제자이자 비서였던 로도비코 페라리(Lodovico Ferrari, 1522~1565)가 이와 유사한 방법의 사차방정식(최고차항의 차수가 4차(x^4)인 방정식) 해법을 찾아냈다. 물론 카르다노는 결정적인 단계는 타르탈리아의 업적이라는 점을 인정하지만, 자신의 차기작에 이 결과를 발표하길 원했다. 1543년에 카르다노는 볼로냐로 여행을 갔다가, 그곳에서 작고한 수학자 스키피오네 델 페로(Scipione del Ferro, 1465~1526)의 공책에 쓰인 내용을 보게 된다. 카르다노는 델 페로가 타르탈리아보다 훨씬 먼저(덜 일반적인 경우에 대해서였지만) 사차방정식의 해법을 찾았기 때문에 타르탈리아가 알려준 해법을 더 이상 비밀로 할 필요가 없다고 생각했다. 1545년 카르다노는 『위대한 방법에 관한 책 1권: 대수학의 원칙(Artis Magnae, Sive de Regulis Algebraicis Liber Unus)』([그림 11.3] 참조)을 발표했다. 『아르스 마그나(Ars Magna)』라는 제목으로 더 많이 알려진 이 책은 초기 르네상스 시대의 가장

그림 11.3 1545년에 발표된 『아르스 마그나(위대한 방법)』 초판의 첫 페이지.

수학을 만든 사람들

우수한 학술 논문으로 간주된다.

『아르스 마그나』에는 삼차방정식의 해법이 포함되어 있고, 카르다노는 삼차방정식의 해법을 발견하게 된 배경을 다음과 같이 설명했다. "우리가 확인한 결과 볼로냐의 스키피오네 델 페로가 세제곱과 1차항의 상수가 일치하는 경우의 해법을 찾았다. 이것은 아주 정밀하고 감탄할 만한 업적이다. … 그와의 경쟁에서 뒤지지 않길 원했던 내 친구 브레시아의 니콜로 타르탈리아는 (스키피오네의) 제자 안토니오 마리아 피오르(Antonio Maria Fior)와 경쟁을 했을 때 같은 경우에 해당하는 사차방정식의 해법을 찾았다. 내가 수차례 간청하여 타르탈리아는 나에게 해법을 알려주었다."[5]

이 책에는 카르다노의 제자였던 루도비치오 페라리가 발견한 일반 사차방정식의 해법도 포함되어 있다. 카르다노는 이것이 타르탈리아의 업적이라는 것을 확실하게 언급했지만, 타르탈리아는 자신의 해법을 책으로 발표하지 않겠다는 약속을 어겼다고 오해하고 배신감을 느꼈다. 다음 해에 발표한 책에서 타르탈리아는 이 이야기에 대한 자신의 입장을 밝히고 카르다노를 개인적으로 공격했다. 이 논쟁은 몇 년 동안 계속되다가 밀라노에서 열린 타르탈리아와 페라리의 경합에서 끝이 났다. 타르탈리아는 페라리가 자신보다 삼차방정식과 사차방정식을 더 잘 알고 있다는 사실을 깨닫고, 경합이 끝나기 전에 밀라노를 떠났다. 그리하여 페라리는 부전승을 했고, 타르탈리아의 평판은 바닥으로 떨어졌다. 경합에서 패배한 후 타르탈리아는 사실상 수학자로 활동할 수 없게 되었고, 베네치아에서 예전에 하던 일을 다시 하며 가난하게 살다가 생을 마감했다. 하지만 타르탈리아의 업적은 삼차방정식의 해법을 찾은 것으로 끝나지 않았다. 타르탈리아는 유클리드의 『원론』을 최초로 현대어(이탈리아어)로 번역한 인물로 기억되고 있으며, 최초로 탄도 곡선(ballastic curve, 포탄의 운동 경로)에 관한 연구를 수학에 적용했다.

『아르스 마그나』는 카르다노를, 당대를 주름잡는 수학자 중 한 사람으로 자리매김하게 해준 책이었다. 당연히 삼차방정식과 사차방정식의 해법은 이 책에서 가장 중요한 부분이다. 지금은 대부분의 수학자들이 델 페로, 타르탈리아, 카르다노가 모두 삼차방정식의 해법을 찾는 데 결정적인 공헌을 했다고 인정한다. 이제부터 이들이 근대의 수학 기호를 이용하여 방정식의 해를 구했던 방법을 공개하겠다. 어떤 삼차방정식도 이 형태를 취할 수 있다는 점을 염두에 두고, 일반적인 삼차방정식 $x^3 + ax^2 + bx + c = 0$을 생각해 보자(등가의 방정식을 구하기 위해 0이 아닌 수로 나눈다).

주어진 방정식 $x^3 + ax^2 + bx + c = 0$에 $x = y - \dfrac{a}{3}$를 대입한다.

$$\left(y - \frac{a}{3}\right)^3 + a \cdot \left(y - \frac{a}{3}\right)^2 + b \cdot \left(y - \frac{a}{3}\right) + c = 0$$

위의 식을 전개하면 아래와 같다.

$$y^3 - 3y^2 \cdot \frac{a}{3} + 3 \cdot y\left(\frac{a}{3}\right)^2 - \left(\frac{a}{3}\right)^3 + a\left(y^2 - 2y \cdot \frac{a}{3} + \left(\frac{a}{3}\right)^2\right) + b\left(y - \frac{a}{3}\right) + c = 0$$

이 식을 $y^3 = py + q$의 꼴로 정리하면
$$p = \frac{a^2}{3} - b, \ q = -2\left(\frac{a}{3}\right)^3 + \frac{b \cdot a}{3} - c \text{이다.}$$

그다음에 $y = z + w$라고 두자. 방정식 $(z+w)^3 = p(z+w) + q$의 좌변을 전개하면 $z^3 + w^3 + 3zw(z+w) = p(z+w) + q$ 이다. $z^3 + w^3 = q$, 그리고 $3zw = p$일 때 이 방정식을 만족시킨다. 두 번째 방정식을 w에 대한 식으로 정리하면 $w = \dfrac{p}{3z}$이다. 이것을 첫 번째 방정식에 대입하면 아래와 같은 식을 얻을 수 있다.

$$z^3 + \left(\frac{p}{3z}\right)^3 = q$$

이 방정식의 양변에 z^3을 곱하면

$$z^6 + \left(\frac{p}{3}\right)^3 = qz^3$$이다.

이 식을 다시 정리하면

$$\left(z^3\right)^2 - qz^3 + \left(\frac{p}{3}\right)^3 = 0$$이다.

z^3에 세제곱근을 취하면

$$\frac{q}{2} \pm \sqrt{\left(\frac{q}{2}\right)^2 - \left(\frac{p}{3}\right)^3}$$이다.

$z^3 + w^3 = q$이므로 한 근은 z^3이고, 다른 한 근은 w^3이다.

$y = z + w$이므로 방정식의 근은

$$y = \sqrt[3]{\frac{q}{2} + \sqrt{\left(\frac{q}{2}\right)^2 - \left(\frac{p}{3}\right)^3}} + \sqrt[3]{\frac{q}{2} - \sqrt{\left(\frac{q}{2}\right)^2 - \left(\frac{p}{3}\right)^3}}$$이다.

실제로 이것은 삼차방정식 $y^3 = py + q$의 근이다. 또한 원래의 방정식이 $x^3 + ax^2 + bx + c = 0$ 이므로 x를 $x = y - \dfrac{a}{3}$로 변환했다는 것도 쉽게 알 수 있다.

카르다노의 아내 루시아는 1546년에 세상을 떠났다. 카르다노 부부는 슬하에 세 명의 자녀 조반니, 키아라, 알도 바티스타를 두었다. 카르다노는 파도바 대학교의 교수이자 귀족 사회에서 가장 많이 찾는 의사가 되었고, 심지어 덴마크의 왕, 프랑스의 왕, 스코틀랜드의 여왕의 제안에도 거절한다는 서신을 보낼 정도였다. 교수로서 카르다노는 성공했지만 가정생활에는 비극의 그림자가 드리워져 있었다. 카르다노의 큰아들 조반니 바티스타는 아내를 독살하여 처형당했다. 둘째 아들 알도 바티스타는 수상한 친구들과 어울리는 도박꾼이 되었다.

그러나 카르다노는 계속 연구에 정진하여, 1563년경 또 한 권의 중요한 수학 논문 「확률이라는 게임에 관한 책(Liber de Ludo Aleae)」을 썼는데 그 뒤로 100년간 미발표로 남아 있었다. 이 논문은 주사위 던지기 게임을 바탕으로, 체계적인 확률론을 최초로 다루었을 뿐만 아니라 게임에서 실제로 상대를 속이는 방법들도 소개했다. 또한 그는 하이포사이클로이드(hypocycloid, 주어진 원에 내접하여 굴러가는 다른 원이 그리는 자취의 곡선)를 알리는 데 중대한 공헌을 했으며 이 내용은 1570년 『비례(De proportionibus)』에 발표되었다.

카르다노는 다작을 발표한 저술가이자 르네상스 시대 최후의 박식가로도 손꼽힌다. 다양한 분야를 아우르며 230권이 넘는 책을 썼고 그중 138권이 출판되었으며, 수학과 의학 외에도 물리학, 생물학, 화학, 천문학, 심지어 점성학에도 관심을 가졌다. 실제로 그는 예수 그리스도의 별점을 친 이단 행위로 철창 신세를 지기도 했다. 그는 감옥에서 석방된 뒤 로마로 향했는데, 교황은 그를 사면해 주었을 뿐만 아니라 연금도 지급했다. 그렇게 만년을 로마에서 지내다가 1576년 9월 21일 사망했다. 카르다노가 자신이 죽을 날짜를 정확하게 예측했다고 전해지지만, 사실은 자살했다는 주장도 있다.

Chapter 12

네이피어

로그와 막대로 계산을 단순하게
스코틀랜드, 1550~1617

수학에서 소수점을 사용하고 로그를 응용하여 계산하게 된 것은 스코틀랜드의 수학자 존 네이피어(John Napier)의 영향이었다. 네이피어는 1550년 2월 1일 스코틀랜드 에든버러의 머키스턴성(Merchisto Tower)에서 태어났다. 귀족 가문의 자제였던 네이피어는 열세 살까지 가정교사에게 개인 교습을 받은 후, 세인트 앤드루스의 세인트 살바토르 칼리지(St. Salvator's College)에 입학했다. 네이피어가 이곳에 얼마나 머물렀는지는 알 수 없지만, 1571년까지 유럽 전역으로 여행을 다니다가 스코틀랜드로 돌아온 것으로 여겨진다. 1572년에 네이피어는 귀족 가문의 딸이었던 열여섯 살 소녀 엘리자베스 스틸링과 결혼했다. 이 결혼으로 네이피어는 두 아이의 아버지가 되었지만 불행히도 아내는 1579년에 세상을 떠났다. 얼마 후 네이피어는 아그네스 치점과 재혼하여 슬하에 10명의 자녀를 두었다.

1608년에 아버지가 세상을 떠난 후 네이피어는 가족과 함께 에든버러의 머키스턴성으로 돌아와 이곳에서 여생을 보냈다. 1614년 네이피어는 『경이로운 로그 법칙 서술(Mirifici Logarithmorum Canonis Descriptio)』을 발표했다. 이 책은 총 147쪽이었는데 그중 자연로그와 관련된 숫자표가 90쪽을 차지하고 있었다. 네이피어는 1594년 무렵부터 수백만 개의 항목을 계산하기 시작했으니 사실상 엄청난 시간을 투자한 것이었다. [그림 12.2]는 이 책의 첫 페이지로, 이 작업에 얼마나 많은 노고가 필요했을지 감탄하지 않을 수 없다.

네이피어는 로그 시스템의 장점을 증명하라는 요청을 받았고, 이에 대해 로그를 이용하면 곧이곧대로 산술적으로 계산할 때보다 기하 평균(geometric mean)을 훨씬 효율적으로 구할 수 있다고 답했다. 특히 아주 큰 수일 경우에는 더 유용하다고 했다. 네이피어는 로그를 이용해 전형적으로 곱셈이나 나눗셈이 필요한 계산을 지수의 덧셈이나 뺄셈으로(이 경우에는 로그로) 변형시켜 구할 수 있다는 사실을 알아냈다. 그의 책은 구면 삼각법(spherical trigonometry)도 주제로 다루었다.

그림 12.1 존 네이피어.

수학을 만든 사람들

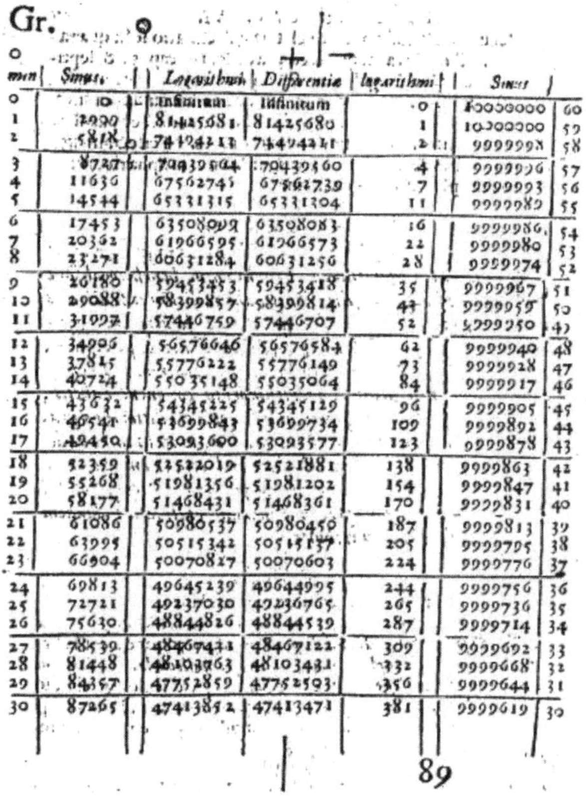

Gr. 0

min	Sinus	Logarithmi	Differentia	logarithmi	Sinus	
0	0	Infinitum	Infinitum	0	10000000	60
1	2909	81425681	81425680	1	10000000	59
2	5818	74494213	74494211	2	9999998	58
3	8727	70439564	70439560	4	9999996	57
4	11636	67562745	67562739	7	9999993	56
5	14544	65331315	65331304	11	9999989	55
6	17453	63508099	63508083	16	9999986	54
7	20362	61966595	61966573	22	9999980	53
8	23271	60631284	60631256	28	9999974	52
9	26180	59453453	59453418	35	9999967	51
10	29088	58399857	58399814	43	9999959	50
11	31997	57446759	57446707	52	9999950	49
12	34906	56576646	56576584	62	9999940	48
13	37815	55776222	55776149	73	9999928	47
14	40724	55035148	55035064	84	9999917	46
15	43632	54345225	54345129	96	9999905	45
16	46541	53699843	53699734	109	9999892	44
17	49450	53093600	53093577	123	9999878	43
18	52359	52522019	52521881	138	9999863	42
19	55268	51981356	51981202	154	9999847	41
20	58177	51468431	51468361	170	9999831	40
21	61086	50980537	50980450	187	9999813	39
22	63995	50515342	50515137	205	9999795	38
23	66904	50070827	50070603	224	9999776	37
24	69813	49645239	49644995	244	9999756	36
25	72721	49237030	49236765	265	9999736	35
26	75630	48844826	48844539	287	9999714	34
27	78539	48467431	48467122	309	9999692	33
28	81448	48103763	48103431	332	9999668	32
29	84357	47752859	47752503	356	9999644	31
30	87265	47413852	47413471	381	9999619	30

89

그림 12.2 '네이피어의 표' 첫 페이지(Landmarks of Science Series Image. NewsBank-Readex).

네이피어가 로그를 발명했다는 사실은 1615년 영국의 수학자 헨리 브리그스(Henry Briggs)가 네이피어를 방문했을 때 처음 대중에게 알려졌다. 실제로 브리그스는 네이피어가 로그표를 수정하는 작업을 도와주었다. 수학적 계산을 다룬 네이피어의 저서는 벨기에의 유명한 천문학자 튀코 브라헤(Tycho Brahe, 1546~1601)를 포함하여 당대의 과학자들에게 많은 영향을 끼쳤다. 안타깝게도 이 책이 인기를 얻기 시작한 직후인 1617년 4월 4일 네이피어는 에든버러에서 세상을 떠났다.

지금부터는 네이피어의 저서가 17세기와 이후에 어떤 면에서 이점을 제공했는지 살펴보도록 하자. 당시의 수학자들은 계산에 대한 관심이 많았고, 어떻게 하면 계산을 단순화하거나 기계화할 수 있을지 궁리했다. 이 목표를 달성하기 위해 네이피어가 개발한 기계 장치는 '네이피어의 막대(Napier's Rods)'로, 쉽게 설명하면 아주 초기 버전의 계산기다.[1]

[그림 12.3]에서 볼 수 있듯이 이 장치는 곱셈을 위해 개발되었는데, 특별히 구성된 조각들을 이용해 덧셈만 하면 된다. 이 막대는 종이판이나 나무로 만들 수 있으며, 존 네이피어가 이 곱셈 방식을 고안했을 때처럼 뼈로도 만들 수 있다. 이 때문에 이 방법은 다른 이름으로도 불리는데, 바로 '네이피어의 뼈(Napier's Bones)'이다. 다음 그림을 찬찬히 살펴보자.

10개의 막대가 있는데, 각각의 막대가 세로로 나열되어 있는 독특한 형식의 곱셈표다. 맨 위에 숫자 5라고 표시된 막대에서 아래쪽 방향으로 5의 배수(10, 15, 20 등)가 쓰여 있다. 10의 자리 숫자는 대각선 위에, 1의 자리 숫자는 대각선 아래에 있다. 다른 막대기에도 같은 원칙이 적용되었다는 사실을 관찰할 수 있다. 숫자 7의 5번째 항목은 35, 즉 5 · 7 = 35이다(두 수의 곱이 10보다 작은 항목의 슬래시 위에는 0을 적는다).

우리가 곱셈을 원하는 수들을 구성하고 이 막대를 자유롭게 재배열하여 덧셈만 하면 값을 구할 수 있다. 이것이 어떻게 가능할까? 예시 문제를 살펴보면서 네이피어가 고안한 방법을 배워보자.

임의의 두 수 284와 572를 선택했다고 하자. 그다음에 맨 윗줄

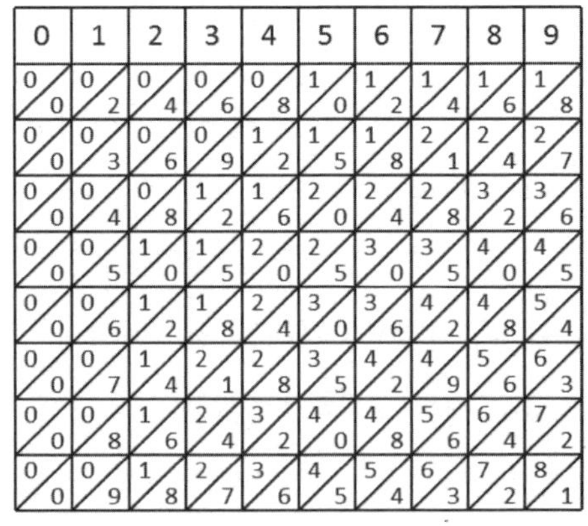

그림 12.3

수학을 만든 사람들

에서 두 수를 구성하고 있는 숫자들을 찾자. 두 수 중 어떤 수를 먼저 쓰는지는 상관없다. 2, 5, 7이라고 쓰여 있는 막대를 찾은 다음 5, 7, 2의 순서로 배열하자([그림 12.4] 참조).

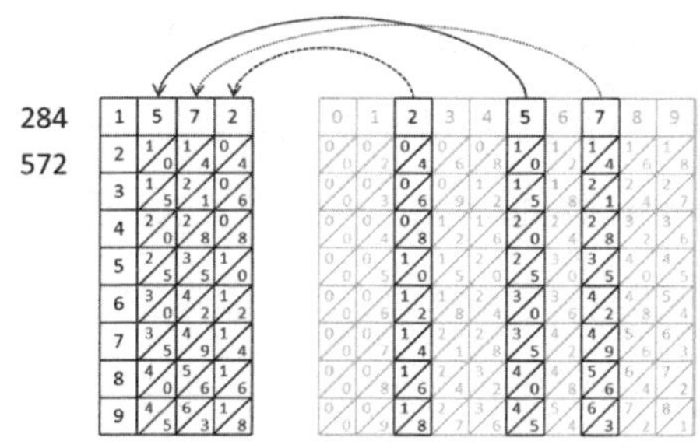

그림 12.4

좌측의 한 줄에 1부터 9까지의 숫자를 적어보자. 원래 네이피어의 장치는 얕은 상자의 가장자리를 따라 이 숫자들이 쓰여 있거나 새겨져 있었고 그 안에는 막대들이 딱 맞춰 들어갈 수 있게 만들어져 있었다. 여러분이 이것을 직접 해보고 싶다면 종이 한 장이면 충분하고, 막대의 맨 윗줄의 숫자를 여러분이 배열할 수 있으면 된다.

이미 짐작했겠지만 다음 단계에서는 두 번째 숫자를 구성하는 데 필요한 열을 확인해야 한다. 물리적인 막대로 이 열들을 뜯어내는 것은 불가능하지만, 삽화의 화살표로 표시된 것처럼 이 열들을 재배열하여 284를 만들 수 있다(다시 정확하게 일직선을 유지한다. [그림 12.5] 참조).

다음 단계를 설명하기 위해 우리는 막대들 사이의 경계선을 덜 강조하는 반면, 대각선에 하이라이트를 줄 것이다([그림 12.6] 참조). 점선으로 된 화살표로 표시되어 있듯이 각 대각선의 끝에 합계를 쓸 수 있도록 공간을 비워두었다. 최종 계산 결과에 6개의 대각선이 있는 것으로 보아 우리가 구하려는 값은 6자리 수인 듯하다.

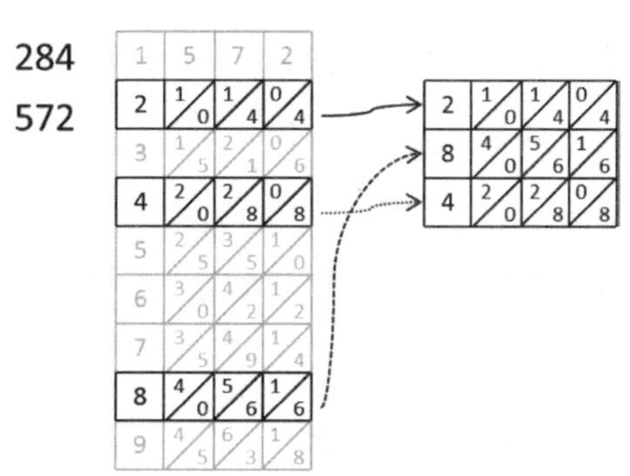

그림 12.5

맨 아래에 있는 대각선에서 맨 위에 있는 대각선으로 이동하여 각 대각선의 합을 구할 수 있다. 합이 9보다 크면 박스 안에 있는 숫자보다 약간 작은 크기로 숫자를 적는다. 마찬가지로 다음 대각선에서도 맨 아래에 있는 대각선에서 맨 위에 있는 대각선으로 이동하여 이 작업을 반복한다. 두 번째 대각선을 보면 합이 8 + 0 + 6 = 14이다. 이것은 우리가 구하려는 값의 10의 자릿수가 4라는 뜻이다. [그림 12.7]처럼 세 번째 대각선의 끝에 1이라고 적는다.

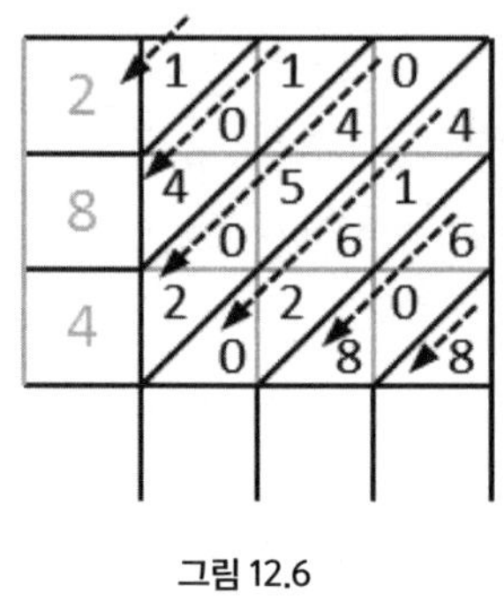

그림 12.6

대각선마다 이 작업을 반복하면 합이 8, 14, 14, 14, 12, 6, 1이다. 이 숫자들을 올림수 없이 위에서 아래로, 왼쪽에서 오른쪽으로 읽어주면 1 6 2 4 4 8이다. 이것이 바로 우리가 최종적으로 구하려는 값인 162,448이다. 답이 맞는지는 계산기로 확인해 볼 수 있는데, 실제로 정답이 맞다!

이 방법에는 어떤 원리가 적용되는 것일까? 일반적으로 두 수의 곱은 연속된 숫자의 곱과 자릿수를 계산하여 구한다. 여러분은 전형적으로 초등학교에서 배우는 방법으로 곱셈을 할 때 한 숫자는 위에, 다른 한 숫자는 아래에 쓰고 숫자들의 쌍을 곱한다. 이 방법으로 곱셈을 할 때 각각 곱한 값의 1의 자리를 선 아래에 쓰고, 필요한 경우 10의 자리를 올려주고, 이 값들의 합을 구하면 답이다. 네이피어의 막대가 어떤 원리로 작

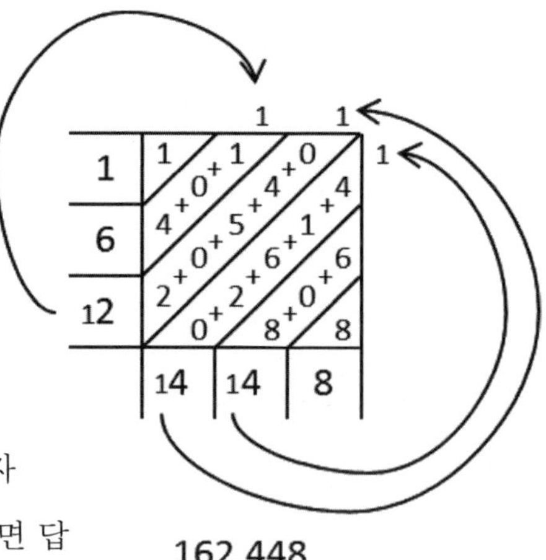

162,448

그림 12.7

동하는지 설명하려면 이 과정을 단계별로 나눠야 한다. 지금 우리는 572·284를 구하려고 한다.

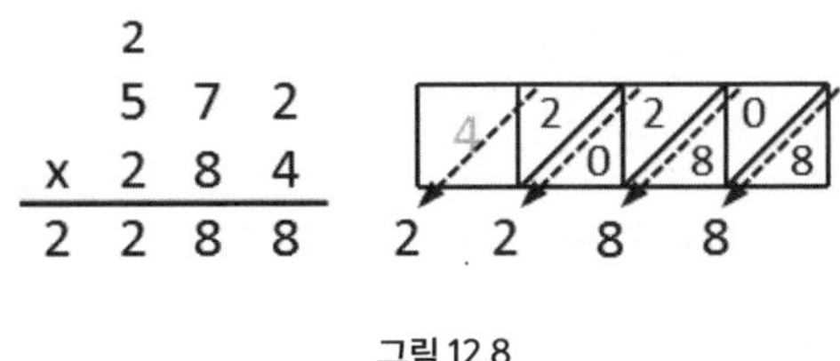

그림 12.8

1단계에서는 284에서 1의 자리 숫자 4와 572의 곱, 즉 572·4를 구한다.

이 단계에서 구해야 하는 값은 4·2 = 8, 4·7 = 28, 4·5 = 20이다. 두 번째 곱셈에서 2를 올리고 각각의 구한 값을 전부 더하면 2,288이다([그림 12.8] 좌측 참조). 2,288은 [그림 12.4]에서 4열의 대각선에 적혀 있는 값이다([그림 12.8] 우측 참조).

2단계에서도 마찬가지 방법으로 284에서 10의 자리 숫자 8과 572의 곱, 즉 572·8을 구한다. 계산 결과는 [그림 12.4]의 8열의 대각선에 적혀 있는 4,576과 같다. 우리는 초등학교 때부터 이 알고리듬에 따라 곱셈하는 법을 알고 있고, 1의 자리에 0을 삽입하면 새로운 마지막 열에 45,760이 남는다([그림 12.9] 참조).

다음에는 2·572 곱셈을 한 후 마지막 두 자리에 0을 채우면 114,400만 남는다. 그리고 우리는 처음 네 자릿수가 네이피어의 막대에서 2열의 값과 같다는 것을 알 수 있다([그림 12.10] 참조).

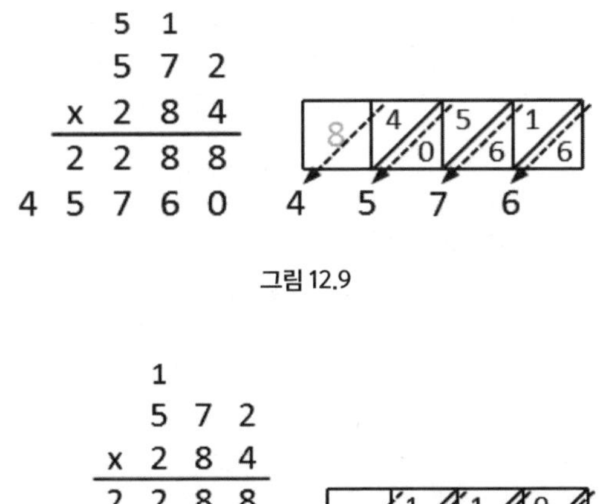

그림 12.9

마지막으로 이 세 숫자의 합을 구하면 된다(2,288 + 45,760 + 114,400). 계산 결과는 162,448이고 [그림 12.11]

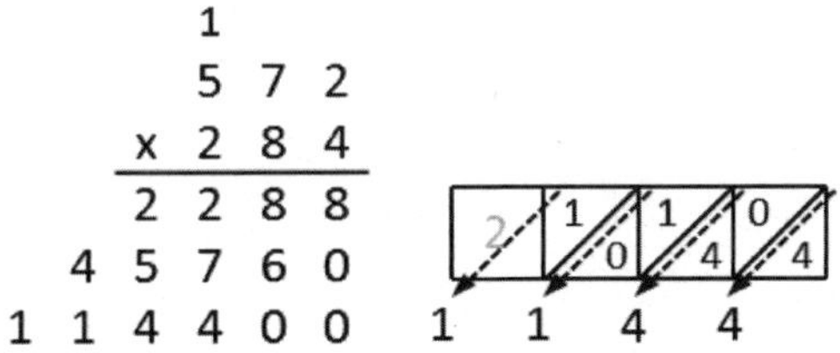

그림 12.10

에서 볼 수 있듯이 실제로 이
것이 정답이다.

이 방법에 대한 설명을 완
성하려면 최종 수정을 해야
한다. 우리가 했던 것처럼 각
자리 숫자들의 곱을 더하는

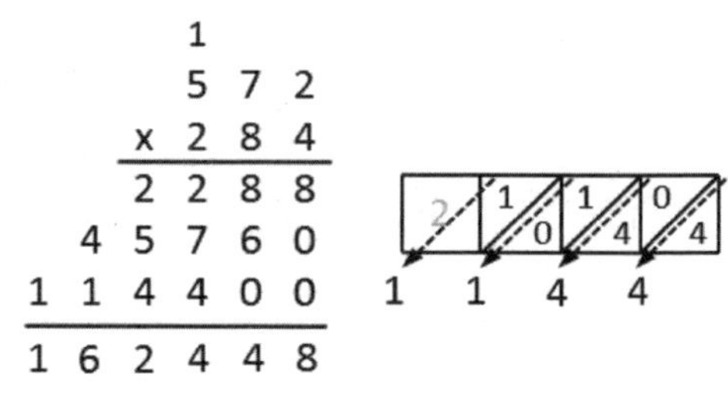

그림 12.11

대신, 10보다 작은 수에는 0을 먼저 적은 뒤 네이피어의 막대를 구성할 때의
값을 쓸 것이다. 각각의 값은 차감 계산하여 적되 우리가 연산할 때와 같은 순
서를 유지한다.

이와 동시에 우리는 네이피어의 막대에서 중요한 부분을 그려보려고 한다.
[그림 12.12]에서 볼 수 있듯이 이번에는 막대를 90도 회전시키려고 한다.

혹시 여러분은 흥미로운 사실을 발견했는가? 맞다. 전통적인 방식의 곱셈
으로 구한 각 자릿수의 곱들이 네이피어의 막대에 정확하게 쓰여 있다.

검은색 윤곽이 그려진 열을 자세히 살펴보면 숫
자와 곱셈에서 각 자릿수의 곱과 일치한다
는 사실을 알아챌 수 있을 것이다. 예를
들어 좌측의 마지막 3열(아래에서 위로 이
동하면)은 10, 14, 04이고, 이것은 정
확하게 우측의 첫 번째 줄에 쓰여
있는 숫자들과 일치한다.

우리가 살펴보았듯이 네
이피어의 막대는 초등학교에
서 배우는 알고리듬과 구조
적으로 일치하지만, 각 자릿

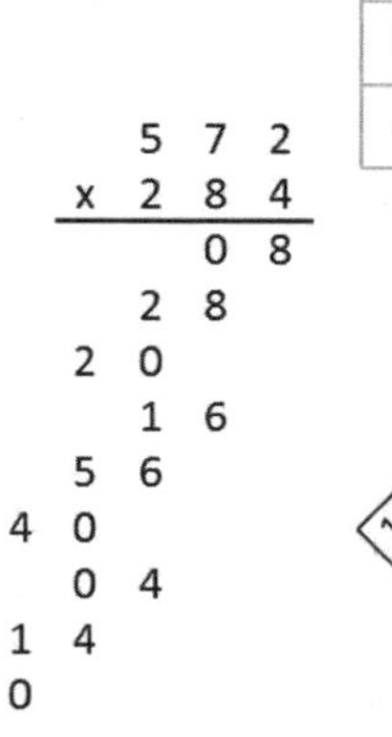

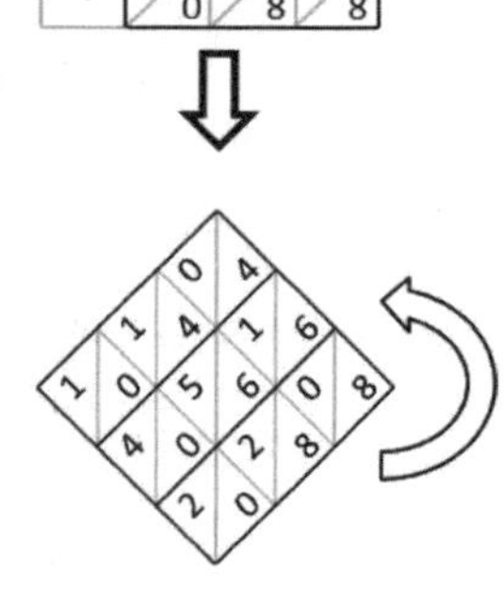

그림 12.12

수학을 만든 사람들

수를 추적하기가 훨씬 더 쉽다. 또 한 가지 장점을 추가하자면, 네이피어의 막대를 이용하면 곱셈에서 계산 실수를 피할 수 있다는 것이다. 대부분의 사람들에게는 그냥 곱셈을 하는 것보다 네이피어의 막대를 사용하는 것이 훨씬 정확한 셈이다!

오늘날의 기준으로 이 계산법은 다소 원시적이다. 하지만 이 방법이 17세기에 개발되었다는 점을 감안하면 혁신적이라고 볼 수 있다. 네이피어는 효율적인 계산법인 로그를 도입한 것보다 네이피어의 막대, 즉 네이피어의 뼈로 더 많이 알려져야 하는지도 모르겠다.

Chapter 13

케플러

행성운동 3법칙의 발견
독일, 1571~1630

천문학에서 가장 중요한 견해 중에 두 가지가 태양계와 관련이 있다. 하나는 태양이 태양계의 중심이라는 것이고, 다른 하나는 행성들이 태양 주변을 타원 경로로 돌고 있다는 사실이다. 이 혁명적인 두 발견에서 전자는 폴란드의 수학자 니콜라우스 코페르니쿠스가 주인공이고, 후자의 주인공은 요하네스 케플러다. 케플러는 1571년 독일의 바일 데어 슈타트(Weil der Stadt, 현재의 슈투트가르트에서 서쪽으로 약 32킬로미터 떨어진 도시)에서 태어났다. 그의 할아버지는 그 도시의 시장이었지만 경제적으로 점점 어려워지고 있었던 것으로 보인다.

게다가 케플러의 아버지는 가족을 버리고 떠난 지 얼마 되지 않아 세상을 떠났다. 그때 케플러의 나이는 고작 다섯 살이었다. 어린 시절에 이미 케플러는 놀라운 수학적 기억력과 재능을 보여 이웃에게 깊은 인상을 남겼다. 케플러는 1577년 대혜성(Great Comet of 1577)과 1580년의 월식 등의 천문학적 대사건을 일찍이 접하면서 이 분야에 흥미를 키워나가고 여생을 바쳤다.

케플러는 어렸을 때 천연두를 앓아 시력이 손상되었고 손을 쓰는 능력에 제한이 있어서, 천문학 관측 활동에 제약을 받았다. 하지만 이러한 신체적 한계를 극복하고 위대한 업적을 남긴 결과, 천문학의 정상에 오르게 되었다. 1589

년 케플러는 튀빙겐대학교(University of Tübingen)에서 연구를 시작했다. 그는 초기에 인문학과 신학을 집중적으로 연구했지만, 천부적으로 타고난 수학적 재능에 힘입어 그의 관심은 천문학 분야로 옮겨가고 있었다.

케플러가 매료되었던 코페르니쿠스의 이론은 태양이 우주의 중심이라는 지동설로, 당대에 보편적으로 수용되지 않았던 견해였다. 1594년 스물세 살에 대학을 졸업한 후 케플러는 오스트리아 그라츠에 있는 개신교 학교(Grazer evangelische Landschaftsscule im Paradeishof)의 수학 및 천문학 교사가 되었다. 그라츠에서 머물렀던 시기인 1596년에 케플러는 자신의 대표작 『우주의 신비(Mysterium Cosmographicum)』를 발표하게 되는데, 이 책에서 그는 코페르니쿠스의 지동설을 강력하게 지지했다.

그림 13.1 요하네스 케플러의 초상화(작자 미상, 1610년).

케플러가 태양이 우주의 중심이라는 설에 관심을 갖게 된 것이 그의 확고한 신학적 확신에서 기인했다는 주장도 있다. 『우주의 신비』를 발표하면서 케플러는 태양 주변에서 운동하는 구와 궤도의 크기를 정의하려고 했다. 그는 다소 특이한 모형을 이용해 태양 주변에 있는 행성의 운동을 설명했다.

[그림 13.2]에서 볼 수 있듯이 케플러는 모형을 참고하여, 바깥에 있는 구는 토성의 경로를 의미하고, 이 첫 번째 구에 정육면체가 내접해 있는데, 이 정육면체에 내접한 구가 목성의 경로를 나타낸다고 했다. 그다음에 그는 이 작은 구에 정사면체를 내접하게 했는데, 이 정사면체 안에 다시 한 개의 구가 내접해 있고, 이 구는 화성의 경로를 나타낸다고 했다. 이 구에 다시 정십이면체가 내접해 있고, 이 구조에 의해 화성은 지구와 분리되어 있다. 그다음에 정이십면체가 지구를 금성과 분리시켜 놓았고, 마지막 구에 내접한 정팔면체는 수성과 금성을 분리시켜 놓았다.

이것은 현대인의 관점에서 보면 뒤죽박죽인 설명이지만 케플러에게 명성을 안겨주었다. 독일 튀빙겐에서 케플러의 책이 발표된 후 사본이 프라하에 있는 천문학자 튀코 브라헤에게 전해졌다. 당대의 유명한 천문학자였던 브라헤는 마침 자신의 연구를 보조할 수학자를 물색 중이었다. 그리하여 1600년 케플러는 프라하에서 약 35킬로미터 떨어진 작은 도시 베나트키나트이제로우(Benátky nad Jizerou)에서 브라헤를 만났다. 그곳에 브라헤의 관측소가 지어지고 있었다. 관측소에서 케플러는 발견된 자료들을 분석하며 지내다가, 어느 정도 시간이 지나자 접근이 통제되었던

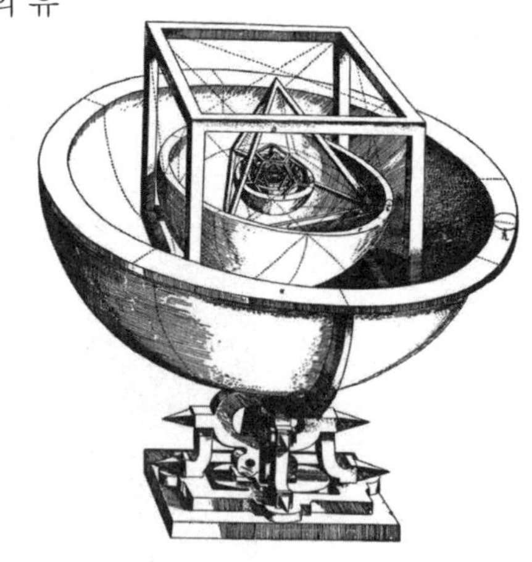

그림 **13.2** 요하네스 케플러, 『우주의 신비』, 1596년.

수학을 만든 사람들

자료들도 다룰 수 있게 되었다. 처음에는 케플러의 자리가 모호했지만 드디어 정식으로 월급과 숙소를 제공받기로 합의했다.

케플러가 이 자리를 수락한 지 얼마 되지 않은 1601년 브라헤가 갑자기 세상을 떠나게 된다. 졸지에 케플러는 브라헤의 후임을 이어받았는데 이후 11년 동안 가장 왕성한 활동을 펼쳤다. 브라헤는 행성들이 원형 궤도를 그리며 운동한다고 가정했는데, 이에 관해 연구하던 중 케플러는 화성이 태양을 한 개의 초점으로 하는 타원 궤도를 그리며 움직인다는 사실을 발견했다. 케플러는 이를 뒷받침할 근거를 찾기 위해 숱하게 많은 천체 관측을 했는데, 그 결과로 탄생한 것이 케플러의 행성운동 제1법칙(Kepler's first law of planetary motion)인 타원 궤도 법칙이다. 이 관측은 다른 행성들의 운동으로 범위가 확장되었다. 케플러의 행성운동 제2법칙인 면적 속도 일정 법칙은 타원 경로에 있는 한 개의 행성과 태양을 연결하는 직선은 같은 시간에 같은 면적을 휩쓸고 지나간다는 것이다. 케플러는 이 내용을 1609년 자신의 저서 『신천문학(Astronomia nova)』에서 발표했다. 이 두 법칙을 정립하는 과정에서 많은 관측과 계산이 필요했는데 지금도 관련 기록이 남아 있다.

1990년 미국의 과학 사학자 윌리엄 H. 도나휴(Willian H. Donahue)는 『신천문학』을 영어로 번역하던 중 케플러의 계산에서 몇 가지 오류를 발견했다. 요즘식으로 표현하면 케플러가 데이터에 살짝 손을 대서 결론을 이끌어낸 것이었다. 하지만 도나휴는 이것이 케플러의 발견에 흠집을 낼 수 없다고 주장했다.[1] 이러한 자료 조작이 사실은 17세기에 케플러가 사용하던 원시적인 툴을 보충하기 위한 수단일 가능성이 크기 때문이다. 이와 관련한 내용은 1990년 1월 23일자 《뉴욕타임스》에 보도되었다.

광학에도 관심이 있었던 케플러는 갈릴레오 망원경(Galileo's telescope)을 바탕으로, 두 개의 볼록 렌즈를 사용하고 도립상(inverted image, 실제 물체와 상하좌우가 반대로 된 상-옮긴이)을 맺는 새로운 설계의 망원경을 선보였다. 이것은 원래 케플러가 제작했던 망원경을 의미하지만 오늘날에는 천체 망원경을 지칭하기도 한다. 케플러는 이 연구 결과를 1611년 『케플러 굴절광학(Dioptrice)』이라는 책에 발표했다.

지금부터는 초점을 바꿔 케플러의 개인사를 살펴보도록 하겠다. 케플러는 1597년 유복한 가정 출신의 미망인 바바라 밀러와 결혼했다. 결혼 후 얼마 지나지 않아 아내는 두 차례 임신했으나, 두 아이 모두 출산 도중 세상을 떠났다. 이후 부부에게 다시 자녀들이 태어났으나, 1611년 7살이 된 아들이 죽자 케플러는 큰 충격을 받았다. 설상가상 얼마 지나지 않아 아내 바바라도 세상을 떠났다. 한편 당시 프라하는 신교도들에게 우호적이지 않았는데, 정착 초기에는 특별 면제로 케플러 혼자서 루터교 예배를 드릴 수 있었지만 결국 가톨릭으로 개종하게 된다. 그로부터 오래지 않아 케플러는 남은 자녀들을 데리고 프라하를 떠나 오스트리아의 린츠(Linz)로 이주한다.

아내 없이 홀로 아이들을 돌보아야 했던 케플러는 아내의 빈자리를 채워줄 사람을 찾았다. 이후 2년 동안 그는 11명의 여성과 맞선을 보았고, 1613년에 스물네 살의 수산나 로이팅거를 두 번째 아내로 맞이했다. 그녀는 가사를 도맡으며 케플러의 전처 자식들을 훌륭하게 돌보았고, 케플러와의 사이에서 여섯 명의 자녀를 낳았는데 그중 셋만 살아남았다.

수산나와의 결혼식에서 케플러는 와인통에 대각선 방향으로 막대를 빠뜨려 와인통의 부피를 구하는 모습을 보게 되었다([그림 13.3] 참조). 케플러는 이렇게 측정하는 방법에

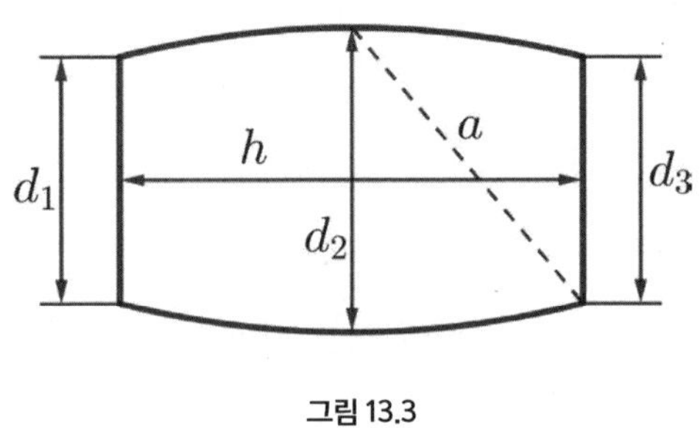

그림 13.3

감탄했고 이를 과학적으로 연구하기 시작했다.

와인통의 부피는, 와인통 안에 있는 막대의 길이를 a라고 할 때 $V = 0.6a^3$라는 공식을 이용해 구할 수 있다. 같은 방법으로 다양한 모양을 가진 통들의 부피도 구할 수 있다. 하지만 케플러는 모든 경우에 이 공식으로 정확한 결과를 구할 수 없다는 사실을 깨달았다. 통의 정확한 부피와 길이 a 사이의 정확한 수학적 관계는 비율에 좌우되기 때문이었다. 케플러는 이내 이 문제에 빠져들었고 평면을 회전시켜 생기는 입체, 즉 회전체의 부피를 연구하기 시작했다.

먼저 가장 간단한 경우에 해당하는 $d_1 = d_2 = d_3$인 원통의 부피를 구해보도록 하자. 지름이 d이고 높이가 h인 원기둥의 부피를 구하는 공식은 밑면의 넓이 $\left(\pi\left(\frac{h}{2}\right)^2\right) \times$ 높이(h), 즉 $V = \pi\frac{d^2}{4}h$이다. [그림 13.3]의 대각선 a를 구하기 위해 피타고라스의 정리를 이용하면, 빗변의 길이 a의 제곱은 나머지 두 변의 길이 $\frac{h}{2}$를 제곱한 값과 d를 제곱한 값을 더한 값, 즉 $a^2 = \left(\frac{h}{2}\right)^2 + d^2$이다. 케플러가 연구했던 와인통에서 h와 d의 전형적인 관계는 $h = 2d$이다. a^2에 대한 방정식에 이것을 대입하면 $a = \sqrt{2}d$ 또는 $d = \frac{a}{\sqrt{2}}$, $h = 2\frac{a}{\sqrt{2}} = \sqrt{2}a$다. 이 방정식에서 d와 h를 a에 대한 식으로 나타내면 $V = \frac{\sqrt{2}\cdot\pi}{8}a^3$이므로, $\frac{\sqrt{2}\cdot\pi}{8} = 0.55536...$라는 값을 얻을 수 있다. $0.55536\cdots$을 반올림하면 0.6이므로 부피를 구하는 근사식(approximation formula) $V \approx 0.6a^3$이다. 한편 케플러는 포물선을 이용해 와인통의 곡률(curvature)의 근삿값을 구하여 훨씬 더 정확한 공식을 찾았다. 이 공식은 흔히 심슨 공식(Simson's rule)[2]이라고 알려져 있다(독일과 오스트리아에서는 케플러의 공식(Kepler's rule)이라고도 불린다).

$$V = \frac{h\cdot\pi}{24} \cdot \left(\left(d_1\right)^2 + 4\left(d_2\right)^2 + \left(d_3\right)^2\right)$$

이 공식을 유도하려면 먼저 포물선의 활꼴(parabolic segment)의 면적을 구해야 한다. 아르키메데스는 현대 미적분학의 적분 개념과 근본적으로 같은 방법을 이용해 이 문제를 풀었다. 여기서 우리는 케플러의 공식(즉, 심슨 공식)에 대한 증명을 하지 않겠지만, 포물선을 사용하지 않고 특별한 근삿값을 이용해 와인통의 부피를 구했던 케플러의 연구 결과를 소개하려고 한다. 이를 위해 먼저 우리는 와인통을 높이가 같은 세 개의 회전체로 나눠야 한다. 맨 아래가 원뿔대, 중간은 원기둥, 맨 위는 다시 원뿔대이다([그림 13.4] 참조)[3].

원기둥의 부피는 밑면의 면적에 높이를 곱한 값, 즉 $\frac{(d_2)^2\pi}{4} \cdot \frac{h}{3} = \frac{h\cdot\pi}{12}(d_2)^2$ 이다. 원뿔대의 부피에 대한 근삿값을 구하기 위해, 원뿔대를 밑면의 면적이 원뿔대의 평균 횡단면적과 같은 원기둥으로 대체할 것이다. 이것은 정확한 원뿔대의 부피는 아니지만, 맨 위와 맨 아래의 면적의 차이가 크지 않을 경우에는 상당히 훌륭한 근삿값이다. 첫 번째 원뿔대의 횡단면 면적의 평균은 $\frac{1}{2}\cdot\left(\frac{\pi}{4}\cdot(d_1)^2 + \frac{\pi}{4}(d_2)^2\right) = \frac{\pi}{8}\left((d_1)^2 + (d_2)^2\right)$ 이고, 두 번째 원뿔대의 횡단면 면적의 평균은 $\frac{\pi}{8}\left((d_2)^2 + (d_3)^2\right)$ 이다.

이 식에 $\frac{h}{3}$ 를 곱하고 원기둥의 중간 부분을 더하면 와인통의 전체 부피에 대한 근삿값을 구할 수 있다. 단, 원뿔대와 원기둥의 모양이 크게 차이가 나타나지 않을 경우에만 해당한다.

$$V = \frac{h}{3}\cdot\left(\frac{\pi}{8}\left((d_1)^2 + (d_2)^2\right) + \frac{\pi}{8}\left((d_2)^2 + (d_3)^2\right)\right) + \frac{h\cdot\pi}{12}(d_2)^2 = \frac{h\cdot\pi}{24}\cdot\left((d_1)^2 + 4(d_2)^2 + (d_3)^2\right)$$

이것은 케플러가 보여주었던 공식과 정확하게 일치한다. 케플러는 부피를 구하는 방법에 관한 연구 결과를 1615년에 책으로 발표했는데, 나중에 이탈리아의 수학자 보나벤투라 카발리에리 (Bonaventura Cavalieri, 1598~1647) 가 이 내용을 정교하게 다듬었

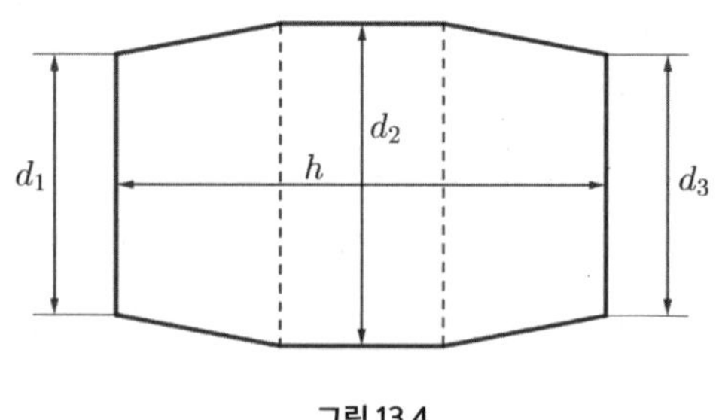

그림 13.4

 수학을 만든 사람들

다. 이 절차가 바로 현재 우리가 알고 있는 카발리에리의 원리(Cavalieri's principle)다. 1619년 케플러는 린츠에 머무르는 동안 우주론에 관한 두 번째 책『우주의 조화(Harmonices Mundi)』5권(Book V)을 발표했다.

이 책은 현재 케플러의 행성운동 제3법칙(Kepler's third law of planetary motion), 즉 조화의 법칙으로 알려진 것을 다루었다는 점에서 특별한 의미가 있다. 두 행성이 있다고 할 때 두 행성 주기의 제곱(예를 들어 완전히 한 바퀴를 회전했을 때)의 비는 궤도의 평균 지름의 세제곱의 비와 같다는 것이다. 1621년 케플러는『우주의 신비』1차 개정판을 발표했다. 개정판은 초판에 비해 분량은 훨씬 적지만 초판에서 정확하지 않은 내용을 수정한 것이었다. 케플러는 계산 문제에 매우 적극적인 태도를 보였고, 특히 스코틀랜드의 수학자 네이피어가 쓴 로그에 관한 글에 자극을 받았다. 그리하여 케플러는 1627년 자신의 계산법을 소개한『루돌프 표(Rudolphine Tables)』를 발표했는데, 여기에는 8자리 로그도 포함되어 있었다.

다양한 표를 다룬『루돌프 표』는 종종 케플러의 가장 위대한 저서로 손꼽힌다. 하지만 [그림 13.6]에서 볼 수 있듯이 이 책은 1627년까지 발표되지

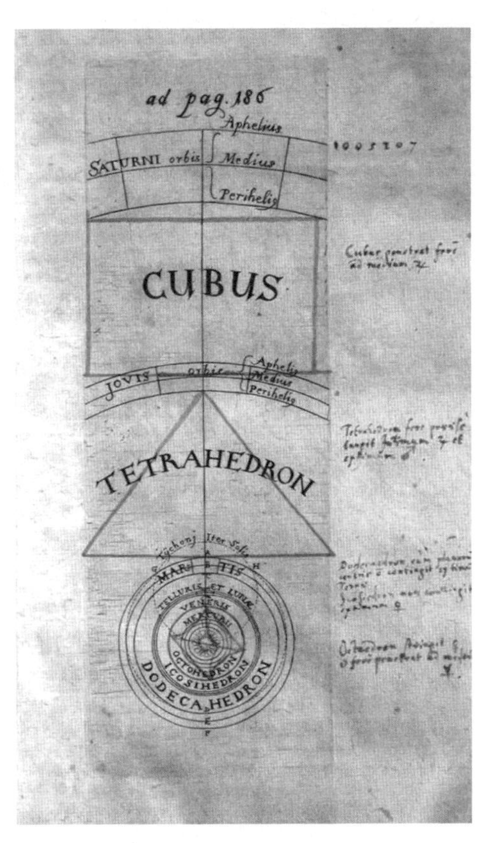

그림 13.5 『우주의 조화』 5권, 1619년.

못했다. 이 작품의 소유권에 대한 튀코 브라헤의 상속인들과 법적 분쟁이 있었기 때문이다. 1625년 유럽에서 구교도와 신교도의 팽팽한 대립으로 반종교개혁(Counter-Reformation)이 일어나, 케플러의 도서관 대부분이 봉쇄되었다. 1626년까지 린츠는 포위되어 있었고 케플러는 독일의 울름(Ulm)으로 떠나야 했다. 그렇게 울름에서 『루돌프 표』가 드디어 출간되었다. 1628년 전투가 진정되고 케플러는 보헤미아의 장군 알브레히트 폰 발렌슈타인(Albreht von

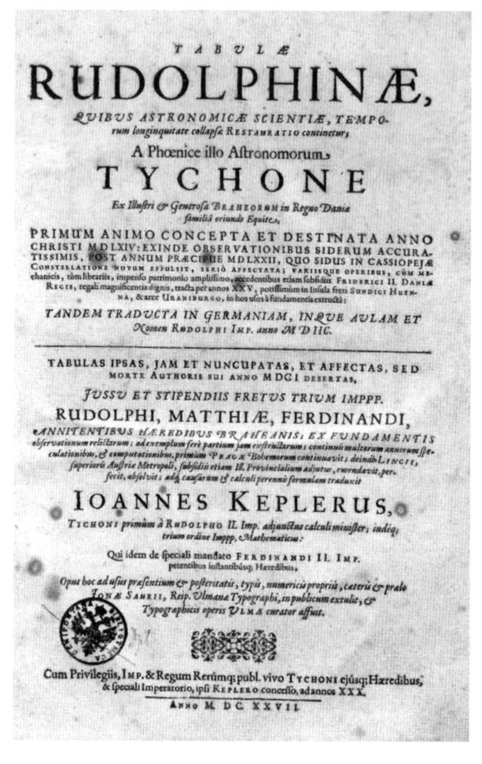

그림 13.6 『루돌프 표』, 1627년.

Wallenstein, 1583~1634)의 공식 자문관이 되었다. 케플러는 자문관으로서 다양한 점성술사들을 위해 천문학과 관련된 계산을 했다. 케플러는 프라하, 린츠, 울름 등지를 여행하며 만년을 보냈다. 그러다가 케플러는 독일의 레겐스부르크에서 병이 들었고, 1630년 11월 15일에 세상을 떠났다. 그는 레겐스부르크에 매장되었지만 나중에 묘지가 심하게 훼손되어 현재 케플러의 분묘지는 없고 프라하와 린츠에 기념관만 있다.

이제 케플러에게 가장 큰 명성을 안겨 준 세 가지 행성운동 법칙을 살펴보자.

수학을 만든 사람들

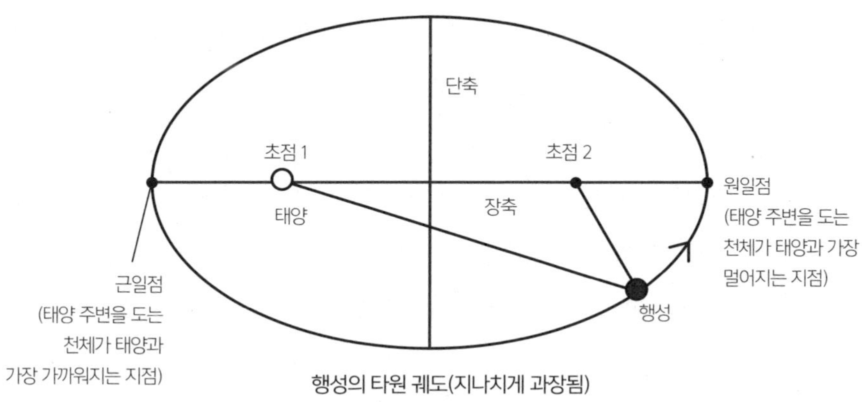

그림 13.7

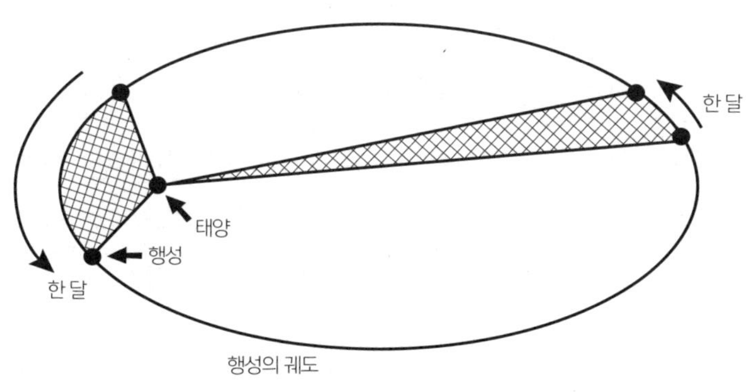

그림 13.8

$$\frac{p^2}{p^2} = \frac{a^3}{a^3}$$

첫 번째 행성

P = 궤도 주기

a = 궤도 장축

두 번째 행성

P = 궤도 주기

a = 궤도 장축

그림 13.9

케플러의 행성운동 제1법칙: 태양 주변을 도는 행성들은 태양을 초점으로 하여 타원 궤도를 그리며 운동한다([그림 13.7] 참조).

케플러의 행성운동 제2법칙: 태양을 초점으로 하여 타원 궤도를 그리며 이동 하는 행성은, 태양과 행성을 연결하는 직선과 같은 시간에 같은 면적을 휩쓸고 지나간다([그림 13.8] 어둡게 칠해진 두 부분의 면적은 일치한다).

케플러의 행성운동 제3법칙: [그림 13.9]에서 볼 수 있듯이 한 행성의 궤도 주 기의 제곱은 궤도 장축의 세제곱에 비례한다.

이 세 가지 법칙을 케플러가 발견했다는 것은 그야말로 놀라운 사실이다. 특히 당대에 사용할 수 있는 천문학적 도구가 매우 제한적이었다는 점에서 더 욱 그렇다. 앞에서 언급했지만 부정확한 측정 결과를 바탕으로 이 관계를 발견 했다는 점에서 케플러는 정말로 뛰어난 인물이라고 할 수 있다.

데카르트

수학으로 근대 철학을 열다
프랑스, 1596~1650

2017년 노벨 생리의학상은 "생체 리듬(circadian rhythm, 일주기 리듬)을 조절하는 분자 메커니즘을 발견한" 공로로 미국의 제프리 C. 홀(Jeffrey C. Hall), 마이클 W. 영(Michael W. Young), 마이클 로스배시(Michael Rosbash)가 공동 수상했다.[1] 생체 리듬은 약 24시간을 주기로 작동하는 생물학적 프로세스를 지칭하는 보편적인 용어다. 쉽게 말해 이러한 프로세스들은 지구의 자전 주기에 맞춰져 있다는 의미다. 지구상의 생명체는 신진대사 조절, 호르몬 수치, 수면, 그 밖의 생리학적 체계에 관여하는 생체 시계를 발달시켜 왔다. 우리가 완전한 어둠 속이나 지하에서 자연 광원 없이 살고 있다고 할지라도 우리의 체내 시계가 햇빛과 별개로 수면 및 각성 시간을 약 24시간 주기로 유지해 준다. 우리의 체내 시계와 환경 혹은 생활 방식이 부조화를 이루면 안락함과 생산성에 역효과가 일어난다.

예를 들어 우리가 다양한 표준 시간대를 여행하면 시차증, 이른바 우리의 내적 생체시계와 환경의 지배를 받는 외적 시간 사이에 큰 변화가 생기는 현상을 겪을 수 있다. 하지만 동일한 표준 시간대에 살고 있는 모든 사람이 체내 시계를 동기화하는 것은 아니다. 생활 방식, 업무 스케줄, 생물학적 요인 등에 따라 약간의 개인차가 있다. 이를테면 청소년기에 우리의 생체 리듬은 늦게 잠자

그림 14.1 르네 데카르트의 초상화(프란스 할스 작, 1649년경).

리에 들도록 바뀌며, 대부분의 10대 청소년들이 '올빼미족'인 것도 이 때문이다. 하지만 생물학적인 이유에서 10대 청소년들은 더 많은 잠이 필요하다. 학교의 일과가 일찍 시작되면 청소년들은 성인들보다 충분한 수면을 취하기 어려워진다. 게다가 체내 시계에서 두세 시간 더 잠을 자야 한다는 명령을 내리면 침대에서 일어나는 일이 정말 힘들다.

프랑스의 철학자이자 수학자 르네 데카르트(René Descartes)는 열 살 때, 라 플레슈(La Flèche)에 있는 앙리 4세 중등학교(Collège Henri-IV de La Flèche)의 기숙 학교에 입학했다. 1604년에 프랑스의 앙리 4세가 설립한 학교였다. 이곳에서 데카르트에게 이례적인 특혜가 주어졌는데, 아마 이것은 이른 아침 자명종 소리와 씨름해야 하는 대부분의 청소년들이 꿈꾸는 생활일 것이다. 기숙 학교의 다

  수학을 만든 사람들

른 소년들은 새벽 5시에 일어나야 했지만, 몸이 약해서 병이 잦았던 르네 데카르트는 11시까지 잠을 잘 수 있도록 공식적으로 허락을 받았던 것이다. 데카르트는 어릴 때부터 밤늦게 잠자리에 드는 것을 좋아했지만, 잠에서 깬 후에도 몇 시간이고 침대에 있을 때가 많았다. 그동안 누구의 방해도 받지 않고 혼자서 고전학, 전통적인 아리스토텔레스의 철학, 과학, 수학을 포함해, 라 플레슈에서 배운 지식과 과목들을 깊이 생각할 수 있었을 것이다. 나중에 그는 당시를 이렇게 묘사했다.

나는 내 인생에 유용한 모든 것에 대해 명료하고 확실한 지식을 얻을 수 있으리라고 확신했었다. 나는 배움에 대한 갈망이 매우 컸다. 하지만 학업을 마치고 막상 지식인 계층에 들어가자마자 그때 품었던 생각은 완전히 바뀌었다. 오히려 숱한 의심과 오류를 발견하는 과정에서 혼란스러울 뿐이었다. 스스로 깨우치려는 노력만으로는 아무것도 얻을 수 없고 끊임없이 내 무지함을 깨달아야 한다고 생각했다.[2]

학교에서 배우는 과목 중에 이러한 의심이 들지 않는 것은 단 하나였다. 데카르트는 그 과목을 아주 매력적이라고 생각했다.

나는 특히, 확실성과 추론의 절대성 때문에 수학을 좋아했다. 하지만 나는 수학의 진정한 쓰임새를 아직 발견하지 못했고, 수학적 사고는 기계적인 방식으로만 활용되고 있었다. 나는 그 사실에 놀랐다. 그토록 확고하고 견고한 토대를 갖추고 있지만, 그 위에 더 고귀한 그 무엇도 세워진 적이 없었다.[3]

데카르트는 철학과 과학의 근본적 질문과 씨름하며 낮의 대부분을 침대에서 보내는 습관을 평생 유지했다. 그는 주변 세계와 고립되어 있었기 때문에 생각에만 집중하면서 깊은 사색을 할 수 있었고, 우리가 알고 있는 것과 우리가 알 수 있는 것에 대해 홀로 논쟁했다. 데카르트가 남긴 명언 "코기토 에르고 숨(cogito ergo sum)"은 지금도 유명하다. 이 라틴어 문장을 번역하면 "나는 생각한다. 고로 존재한다."라는 뜻이다. 우리가 의심하고 있는 동안에는 우리의 존재를 의심할 수 없다는 것, 즉 생각을 하는 행위 자체가 우리의 정신이 실재한다는 증거라는 것이다.

데카르트는 수학에서 사용하는 엄격한 연역적 추론과 수학적 결론의 절대적인 확실성에 감탄했다. 그는 모든 과학과 철학의 근본이 수학이라고 생각했다. 이미 확증된 지식이나 자연 관찰과 과학적 실험일지라도 완벽하고 엄격한 일련의 근거들을 토대로 한 연역적 추론이 이루어지지 않는다면, 우리는 어떤 것도 확실한 것으로 받아들일 수 없다는 것이다. 데카르트는 자신의 대표작 『이성을 올바르게 이끌어, 여러 가지 학문에서 진리를 구하기 위한 방법의 서설(Discours de la méthode pour bien conduire sa raison, et chercher la verité dans les sciences)』 즉 『방법서설』에서 이렇게 쓰고 있다.

> 기하학자들은 가장 어려운 명제를 증명할 때도 간단하고 쉬운 추론을 차례대로 이어가 결론에 이른다. 이 방식을 보며, 나는 인간이 알 수 있는 모든 사물도 이와 같은 방식으로 서로 연결되어 있다고 생각하게 되었다. 따라서 우리로부터 너무 멀리 떨어져 있어 닿을 수 없는 것도 없고, 너무 숨겨져 있어 발견할 수 없는 것도 없다. 다만 거짓을 참으로 받아들이지 않고, 한 진리에서 다른 진리를 이끌어내는 데 필요한 질서를 언제나 사고 속에 유지하기만 한다면 말이다.[4]

하지만 다른 진리들로부터 하나의 진리(truth)를 연역적으로 추론하려면 출발점 혹은 다음 추론의 기초가 되는 전제가 필요하다. 이런 기초는 참이라고 받아들여지는 것, 즉 어떠한 논쟁이나 질문 없이 수용되는 명제에 의해 제공되어야 한다. 이런 유형의 명제를 공준 혹은 공리라고 한다. 근대 수학은 최소한의 공리 목록을 바탕으로 한다. 예를 들어 산술에서는 보다 기본적인 사실(fact)로부터 많은 사실들을 추론할 수 있다. 하지만 이런 기본적인 사실에서 좀 더 기본적인 사실로 거슬러 올라가고 이 프로세스가 계속 반복되면 궁극적으로 더 이상 환원이 불가능한 명제에 도달한다. 정수론(정수에 관한 연구)이 이탈리아의 수학자 주세페 페아노(Giuseppe Peano, 1858~1932)의 이름을 따서 붙여진 페아노 공리계(Peano axioms)를 바탕으로 한다는 사실은 이미 입증되었다(39장 참조). 이런 공리들은 수학적 논리의 언어로 표현된 다섯 가지 명제와 구체적인 표현, 그리고 독립적인 속성들의 관점에서 자연수의 집합을 정의하는 것으로 구성되어 있다. 페아노 공리계는 정수론의 제1원칙이라고 볼 수 있다. 데카르트의 명언 "나는 생각한다. 고로 존재한다."가 근대 서양 철학에서 이런 역할을 하고 있는 것이다.

데카르트는 『철학 원리(Principia philosophiae)』에서 다섯 가지 철학적 원칙의 특징에 관해 다음과 같이 썼다.

> 첫째, 이 원칙들은 너무나 명확하고 자명하여, 인간의 마음이 그것을 주의 깊게 고찰할 때 그 진실성을 의심할 수 없어야 한다. 둘째, 다른 사물에 대한 지식은 이 원칙들에 전적으로 의존해야 한다. 즉, 원칙 자체는 그것에 의존하는 것들과는 별개로 알 수 있지만, 그 의존하는 것들은 이 원칙 없이는 알 수 없다.[5]

데카르트는 수학을 기반으로 한 철학을 정립하려고 시도했을 뿐만 아니라 수학 자체에 중대한 공헌을 함으로써, 당대의 가장 영향력 있는 수학자 가운데 한 사람으로 자리매김했다. 이제부터 우리는 데카르트가 수학에 남긴 업적, 그가 만든 수학 기호와 개념의 일부를 살펴보는 한편, 그의 생애에 대해서도 간략하게 알아보려고 한다.

르네 데카르트는 1596년 3월 31일 프랑스 투렝 지방의 라에(La Haye en Touraine, 1802년 라에 데카르트로 지명이 변경되었고, 1967년에 다시 데카르트로 변경되었다)의 할머니 집에서 태어났다. 그의 아버지 조아킴은 법학을 전공했고 고등법원의 평정관으로 지냈다. 르네가 고작 한 살일 때 그의 어머니 잔은 출산 중에 사망했다. 르네는 외할머니댁에 보내졌다. 1600년에 아버지가 재혼한 후에도 르네는 외할머니, 두 사촌들과 함께 살았다. 르네는 라 플레슈에서 공부한 후 푸아티에대학교(University of Poitiers)에 입학해, 아버지와 푸아티에 삼부회 의원이자 판사였던 외삼촌 르네 브로차드와 같은 길을 걷기 위해 법학을 전공했다. 그렇게 데카르트는 1616년 학위와 법률인 자격증을 취득했다. 1981년 (푸아티에) 생트크루아 박물관(Sainte-Croix Museum)의 큐레이터가 박물관 식당에 걸려 있던 17세기 판화의 액자 틀을 다시 만들던 중에 뜻밖의 발견을 하기 전까지, 데카르트의 논문 내용에 대해서는 아무것도 알려지지 않았다. 큐레이터가 판화 뒷면에 쑤셔 박혀 있던 전단 한 장을 발견했는데, 1616년에 인쇄되었고 르네 데카르트의 구두 논문 디펜스를 광고하는 내용이었다([그림 14.2] 참조).

이 전단에는 데카르트가 외삼촌 르네 브로차드에게 바치는 애정 어린 헌사와, 논문 내용을 요약한 40가지 주제문 목록도 있었다. 하지만 데카르트는 변호사나 판사가 되길 원하지 않았다. 법조문에서 결론을 도출하는 데 연역적 추론이 사용되었기 때문에 법 이론과 수학에 어느 정도 유사한 점은 있었지만, 수학의 명제는 보편적인 반면 법조문은 인간에 의해 창조되고 자연과 아무 관련이 없다는 점에서 엄청난 차이가 있었다. 데카르트는 자연에 대해 배울 수 없는 책들을 연구하는 데 자신의 시간과 열정을 바치지 않기로 결심했다. 그는 『방법서설』에서 이렇게 당시를 회상했다.

그림 14.2 데카르트의 구두 논문 발표회 광고 전단.

나는 학문(문헌) 연구를 완전히 접고, 내 안에서 찾을 수 있거나 세상의 위대한 책에서
발견할 수 있는 지식 외에는 구하지 않기로 결심했다.[6]

1618년 데카르트는 네덜란드 브레다(Breda)의 군사 학교에 입학했고, 군 기
술관이 되기 위해 수학과 물리학을 전공했다. 그는 마우리츠 판 나사우(Maurits
van Nassau)와 막시밀리안 폰 바이에른(Maximilian von Bayern) 군대에서 복무한 후
1620년부터 1628년까지 북부 및 남부 유럽 전역을 여행하며 수학적 증명이라
는 개념을 바탕으로 한 철학 사상을 발전시키는 데 대부분의 시간을 보냈다.

한편 파리에서 데카르트는 프랑스의 성직자이자 수학자인 마랭 메르센(Marin Mersenne, 1588~1648)과 정기적으로 만났다. 메르센도 라 플레슈에서 공부했고 데카르트가 철학과 과학에 대한 사상을 논문으로 발표할 수 있도록 격려했다. 파리는 당시 전 세계 지식의 중심지였지만 데카르트는 1628년 파리를 떠나, 방해받지 않고 자신의 새로운 철학 사상을 연구할 수 있는 은둔의 장소를 찾아 네덜란드로 돌아갔다.

1633년 데카르트는 물리학에 관한 첫 논문 「세계론(Traité du monde et de la lumière)」을 완성했다. 이 논문은 폴란드의 수학자 니콜라우스 코페르니쿠스가 발전시킨 태양과 행성에 관한 모델인 지동설을 바탕으로 한다. 하지만 데카르트는 갈릴레오 갈릴레이가 『대화(Dialogue)』에서 코페르니쿠스의 지동설을 지지하여 가톨릭교회로부터 유죄 판결을 받았다는 사실을 알게 되자, 자신의 논문을 발표하길 꺼렸다. 다행히 이 논문 내용의 일부는 1637년에 발표한 데카르트의 대표작 『방법서설』에 수록된 세 편의 에세이 「유성(Les Météores)」, 「광학(La dioptrique)」, 「기하학(La Géométrie)」에 포함되어 있다.

총 6부로 구성된 『방법서설』은 근대 철학에서 가장 영향력 있는 저서 가운데 하나이자, 라틴어로 쓰이지 않은 중요한 근대 철학 작품이기도 하다. 데카르트는 학자들은 물론이고 누구나 자신의 책을 읽을 수 있도록 프랑스어로 집필했다. 또한 모든 과학에 적용되는 연역적 추론이라는 보편적 방식에 대해 서술했다. 2부에서 데카르트는 수학적 증명에서 영감을 받았다는 사실을 밝히며, 자신이 서술한 방식의 네 가지 기본 원칙을 다음과 같이 소개했다.

1. 자명하지 않은 것은 아무것도 참으로 받아들이지 않는다.

2. 문제들을 가장 단순한 조각들로 나눈다.

3. 단순한 것에서 복잡한 것의 순서로 문제를 해결한다.

수학을 만든 사람들

4. 추론을 다시 확인한다.

『방법서설』의 보충판인 세 편의 에세이 중에서는 「기하학」이 가장 중요하다. 이 책에서 데카르트는 유클리드 기하학과 대수학을 결합해 수학에 혁명을 일으켰는데, 이것이 오늘날의 해석 기하학이다. 데카르트 이전에 기하학과 대수학은 근본적으로 분리된 분야였고, 기하학이 수학의 토대라고 여겨졌다. 데카르트는 서로 수직인 두 개의 직선으로 정의되는 좌표계를 이용하여 기하학적 도형을 대수 방정식으로 나타내는 방법을 발견했다.

가장 단순한 예인 [그림 14.3]에서 볼 수 있듯이 두 직선의 방정식과 원점을 중심으로 하는 원의 방정식을 x축과 y축을 이용해 나타낼 수 있다.

서로 수직인 두 개의 축으로 나타내는 좌표계를 데카르트를 기념하기 위해 카르테시안 좌표(Cartesian coordinates, 카르테시우스는 '데카르트'의 라틴어식 이름이다)라고 한다. 직선, 원, 곡선 등의 기하학적 대상을 대수 방정식으로 나타내면서, 갑자기 기하학 문제를 대수적 방법으로, 반대로 대수 문제를 기하학적 방법으로 풀 수 있게 된 것이다. 특히 접점이나 교점 등의 기하학적 대상들 간의 관계를 대수 방정식으로 나타낼 수 있었다.

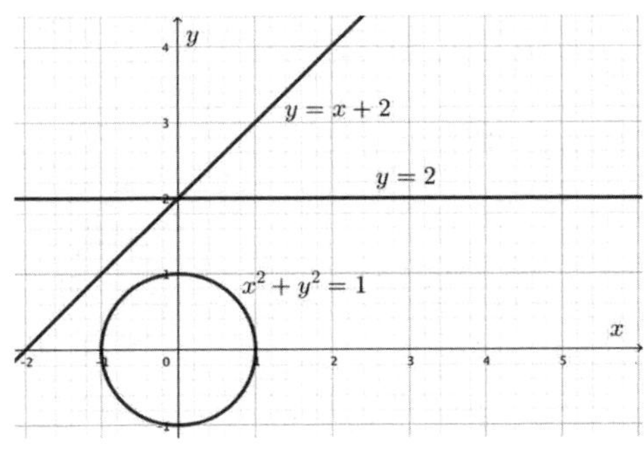

그림 14.3 그래프를 대수 방정식으로 나타낼 수 있다.

지금도 이런 것들은 해석 기하학이라고 불린다. [그림 14.4]에서 볼 수 있듯이 데카르트는 좌표평면을 이용해, 특수한 경우에 해당하는 아폴로니우스의 문제, 즉 세 개의 원이 동시에 접하는 원을 찾는 문제를 풀었다.

주어진 세 원의 반지름을 각각 r_1, r_2, r_3라고 할 때 네 번째 원의 반지름은 아래의 방정식에 대입하여 구할 수 있다.

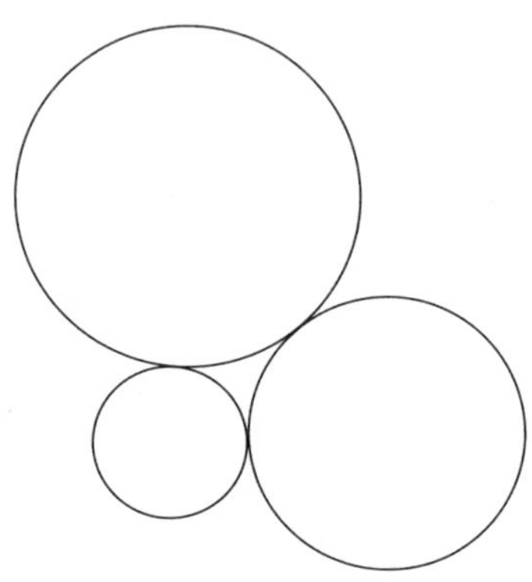

그림 14.4 세 원이 서로 외접한다.

$$\frac{1}{r_4} = \frac{1}{r_1} + \frac{1}{r_2} + \frac{1}{r_3} \pm 2\sqrt{\frac{1}{r_1 r_2} + \frac{1}{r_2 r_3} + \frac{1}{r_3 r_1}}$$

여기에서 $\pm$ 부호는 이 방정식의 해가 두 개라는 사실을 반영한 것이며, 이는 [그림 14.5]에서 확인할 수 있다. 이 명제는 현재 데카르트의 정리(Decartes's theorem)라고 알려져 있다.

카르테시안 좌표의 도입은 수학사에서 획기적인 사건이었고, 아이작 뉴턴과 고트프리트 빌헬름 라이프니츠는 이를 토대로 미적분학을 발전시켰다.

변수를 나타낼 때는 x, y, z양을 표현할 때는 a, b, $c\cdots$, 이외에도 x^2과 같이 거듭 제곱 혹은 지수를 나타낼 때 첨자를 사용하는 것은 데카르트로부터 유래한 것이다.

데카르트는 대표작인 『방법서설』이후 수학과 철학에 관한 중요한 저서들

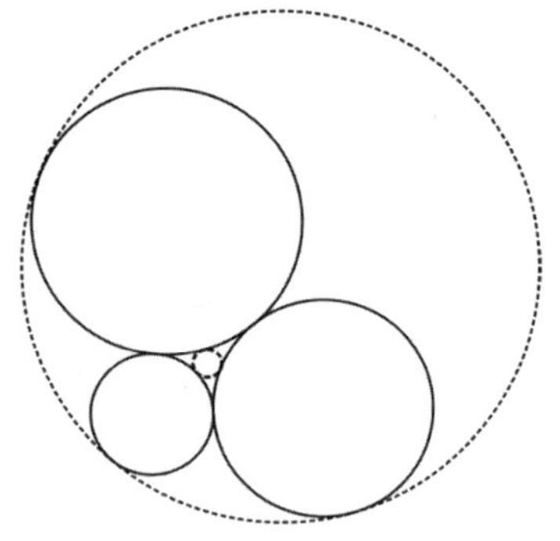

그림 14.5 점선으로 그려진 원은 실선으로 그려진 세 원에 동시에 접한다.

수학을 만든 사람들

을 꾸준히 집필했다. 가장 광범위한 영역을 다룬 작품은 1644년 암스테르담에서 발표한 『철학 원리』다. 데카르트는 교수가 아니었지만 1649년 유럽에서 가장 유명한 철학자이자 과학자로 손꼽혔다. 하지만 그는 항상 혼자, 세상과 고립된 채, 누구의 방해도 받지 않는 것을 좋아했다. 그는 네덜란드의 거처를 비밀로 했고, 데카르트의 주소를 알고 있던 몇 안 되는 사람 중 한 명이었던 마랭 메르센과의 서신 교환을 통해서만 학회와 교류했다.

1649년 스웨덴의 크리스티나 여왕이 과학아카데미 설립을 준비하고 가르침을 받기 위해 데카르트를 스톡홀름 궁정에 초청했다. 데카르트는 몇 번의 설득 끝에 크리스티나 여왕의 제안을 수락하고 한겨울에 스웨덴으로 갔다. 그는 평생 밤늦게 잠자리에 들고 아침 11시까지 침대에 누워 있는 습관을 유지해 왔는데, 스물두 살의 젊은 크리스티나 여왕이 새벽 5시에 철학 강의를 해야 한다고 고집했다. 쉰세 살의 데카르트는 평생 길들어 있던 생활 리듬을 깨고 자신의 생체시계를 거슬러야 했다. 결국 그의 몸은 쇠약해졌고 감염에 취약한 상태가 되었다. 데카르트는 매섭게 추운 스웨덴의 겨울, 아침마다 여왕의 궁전까지 걸어가야 했고, 그러다 감기에 걸렸는데 이것이 폐렴으로 발전했다. 폐렴에 걸린 지 열흘 만인 1650년 2월 11일, 르네 데카르트는 스톡홀름에서 눈을 감았다.

페르마

정수론의 미스터리를 남긴 아마추어
프랑스, 1607~1665

오늘날 수학 연구는 엄청나게 많은 분야와 하위 분야로 나뉘어져 있다. 각 분야마다 특정 연구 목적하에 모인 수학자 그룹이 존재하는데, 순수 수학 내에 권위 있는 저널이 100개가 넘는다. 이러한 학술 저널들은 각기 고유 분야가 있으며, 중대한 새 발견을 포함한 고품질의 논문만 게재한다. 또한 수학자들은 국제 학회에 참석해서 자기 연구를 발표하고, 협업 계획을 짜고, 아이디어를 교환한다. 특별하게 기획된 학회가 아닌 한 대부분의 발표 내용은 소수의 청중만 이해할 수 있다.

수학자들은 자기 연구 분야에서 새롭고 중요한 업적을 남길 기회를 악착같이 잡아야 하기 때문에, 각 분야는 고도로 전문화될 수밖에 없다. 아무리 뛰어난 수학자라고 해도 동시에 여러 분야의 전문가가 되는 것은 사실상 불가능하다. 비전문가가 수학 연구 현장의 선두에서 중요하고 새로운 통찰력을 얻는 것은 상상조차 할 수 없는 일이다.

하지만 17세기에는 수학이 지금처럼 낱낱이 세분되어 있지 않았다. '취미로 수학하는 동호인들'이 충분한 지식과 전문성을 쌓아 나갔고, 학계에서 활동하는 저명한 수학자들과 서신 교환을 하기도 했다. 이 수학 애호가들은 학자들

그림 15.1 페르마의 17세기 초상화.

의 존경을 받는 것은 물론이고, 자신의 고유한 아이디어를 성공적으로 발전시키는 것이 가능했다. 몇몇 경우에는 선구적인 업적도 남겼다. 프랑스의 수학자 피에르 드 페르마가 바로 그런 사람으로, 지금도 그가 했던 수학 연구는 유명하다. 페르마의 본업은 프랑스 툴루즈 의회[1]의 변호사였고, 놀랍게도 수학은 그의 취미였다.

페르마는 1607년 가을 프랑스 보몽드로마뉴(Beaumont-de-Lomagne)에서 태어났다. 그의 아버지 도미니크 페르마는 부유한 가죽 상인이었고, 1년 임기로 마을을 관리하는 4명의 집정관 중 한 사람이었으며 이 직책을 3회 역임했다. 페르마의 어머니 클레어 드 롱은 귀족 출신 여성이었는데 1615년 출산 중에 사망했다. 페르마의 학교 교육에 관한 기록이 거의 남아 있지 않기 때문에 우리는 학교에서 그의 수학 멘토가 누구였는지, 무엇이 수학에 대한 그의 흥미를 일깨웠는지 알 수 없다. 페르마가 오를레앙대학교(University of Orléans)에서 공부했고, 1626년 민법으로 학사 학위를 받았다는 것만 알려져 있을 뿐이다. 졸업 후에 페르마는 보르도로 이주하여 변호사로 일했다.

보르도에서 페르마는 선묘 판화가이자 수학자인 장 드 보그랑(Jean de Beaugrand)과 연락하며 지냈고, 에티엔 데스파네(Étienne d'Espagnet)와 평생 우정을 유지했다. 에티엔은 아버지 장 데스파네(Jean d'Espagnet)가 물려준 거대하고 잘 갖춰진 도서관을 소유하고 있었는데, 이 도서관의 수학 책장에는 유클리드, 페르가의 아폴로니우스, 장 데스파네의 친구인 프랑수아 비에트(François Vietes)의 책들이 꽂혀 있었다. 그도 그럴 것이 장 데스파네는 르네상스 시대의 박식가였다. 페르마는 이 도서관 소장 도서의 자료들을 철저히 연구했고 여백에 메모를 남길 정도로 열심히 읽었다([그림 15.2] 참조).

폭넓은 수학 지식을 습득한 페르마는 대수 곡선의 접선, 함수의 최댓값과 최솟값 구하기 등 본격적으로 수학을 연구하기 시작했다. 이와 동시에 그는 아폴로니우스의 소실된 작품으로, 세부적인 내용의 일부는 알렉산드리아의 파푸스(Pappus of Alexandria, 그리스의 수학자-옮긴이)가 서술한 『평면 자취론(De Locis Planis)』을 재구성했다. 이 책은

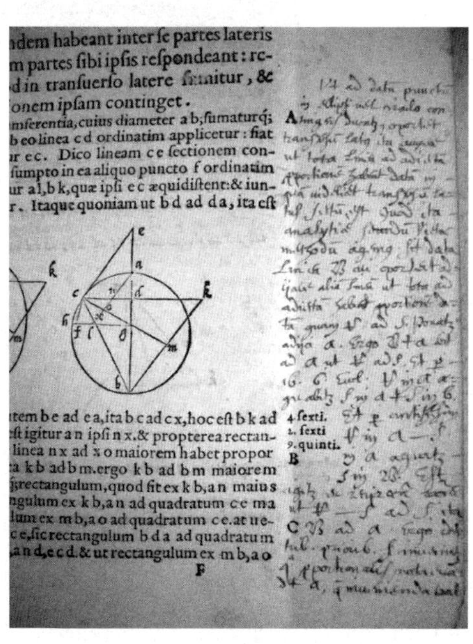

그림 15.2 아폴로니우스의 『원뿔 곡선』 라틴어 사본에 피에르 페르마가 자필로 작성한 메모가 있다.

수학을 만든 사람들

직선 혹은 원의 자취와 관련된 명제를 다루고 있었다. 페르마는 1628년 아버지가 돌아가신 후 물려받은 유산으로 툴루즈 의회의 어느 작고한 평의원의 사무실을 매입했고, 그의 후임자가 되었다. 1631년 정부 관료로 취임하면서 피에르 페르마(Pierre Fermat)에서 피에르 드 페르마(Pierre de Fermat)로 개명할 수 있는 자격이 주어졌지만 그는 피에르 드 페르마라는 이름을 사용한 적이 없었다. 같은 해에 페르마는 자신의 사촌인 루이제 드 롱과 결혼했다. 두 사람은 여덟 명의 자녀를 낳았는데 그중 다섯 명만 살아남아 성년으로 성장했다.

그러다가 1636년 어느 날 페르마의 친구 피에르 드 카르카비(Pierre de Carcavi)는 파리에서 마랭 메르센을 만나 페르마의 수학 연구에 대한 이야기를 했다. 메르센은 곧바로 페르마에게 편지를 보냈고, 1648년 메르센이 사망하기 전까지 두 사람의 서신 교환은 계속되었다. 페르마는 여생을 툴루즈에서 지내며 가끔 인근 도시를 방문했다. 하지만 그는 절대 보르도 너머로는 여행하지 않았다.[2] 그래서 다른 수학자들과 편지로만 소통했다. 메르센을 중간자로 두고 페르마는 갈릴레오 갈릴레이, 블레즈 파스칼, 존 월리스, 크리스티안 하위헌스, 르네 데카르트와 연락하고 지냈다. 하지만 페르마는 논문 발표를 위한 증명을 손보는 데 너무 많은 시간을 소비하고 싶지 않았기 때문에 자신의 연구 결과를 논문으로 거의 발표하지 않았다. 그런데도 당대의 유명한 학자들과의 서신 교환을 통해 페르마는 빠르게 중진 학자 반열에 올랐다.

현재 남아 있는 페르마의 서신은 사후에 발표된 글과 메모와 관련된 것들인데, 페르마가 수학의 여러 분야에서 선구적인 연구를 했다는 사실을 명확하게 보여준다. 페르마는 데카르트와는 별도로 해석 기하학을 발전시켰다. 수학적 방법의 견실성을 두고 페르마와 데카르트가 유명한 논쟁을 벌였는데, 결국 데카르트가 백기를 들었고 페르마에게 다음과 같은 편지를 썼다.

당신이 곡선의 접선을 구하기 위해 사용한 마지막 방법을 살펴보았더니 이것만큼 훌륭한 방법이 없다고 답변을 드릴 수밖에 없군요. 당신이 처음에 이 방법으로 설명을 했더라면 나는 전혀 반박하지 않았을 것입니다.[3]

곡선의 접선을 구하는 페르마의 방법은 곡선을 나타내는 함수의 미분법을 바탕으로 했는데, 이것은 오늘날의 기초 미적분학 과정에서 미분 계수(differential quotient)를 계산하는 방식과 근본적으로 동일하다. 하지만 페르마는 자신이 계산한 결과의 타당성을 입증할 극한이라는 개념을 알지 못했다. 근대 미적분학이 수학적으로 일관성 있고 체계적으로 정리된 것은 그로부터 30년이 지나 뉴턴과 라이프니츠에 의해서였다. 흥미롭게도 뉴턴은 "접선을 그리는 페르마의 방식"에서 영감을 얻은 아이디어를 발전시켜 미적분학을 발명했다고 썼다.[4]

또한 페르마는 물리학사에서 중요한 의미가 있는 기본 원칙, 이른바 '최소 작용의 원리(principle of least action)'를 발전시키는 데 핵심적인 역할을 한 인물로 인정받고 있다. 최소 작용의 원리는 페르마의 '최소 시간의 원리(principle of least time)'를 일반화한 것이며, 페르마를 기리기 위해 '페르마의 원리'라고 명명되었다. 쉽게 설명하면 빛은 주어진 두 점 사이를 최단 시간이 걸리는 경로로 이동한다는 것이다. 페르마는 자신의 최소 시간의 원리로부터 '스넬의 굴절 법칙(Snell's law of refraction)'을 추론할 수 있었다.

놀랍게도 페르마는 물리학에는 그다지 관심이 없었다. 그는 데카르트의 광학에 관한 논문 「굴절광학(La dioptrique)」을 읽고, 데카르트가 순환논법을 바탕으로 굴절의 법칙을 경험적으로 도출했다는 것을 발견했다. 이 같은 페르마의 비판에 데카르트가 발끈하면서 두 사람의 논쟁이 시작되었다. 페르마의 수학 서신 교환은 1644년부터 1653년 사이에 중단되었다. 당시 페르마는 의회 업무가 많아서 수학 연구를 계속할 수 없었던 것으로 보인다.

수학을 만든 사람들

그런데 1654년 페르마는 블레즈 파스칼로부터 편지 한 통을 받았다. 확률 계산에 관한 논의를 하고 싶다는 내용의 편지였다. 이후 두 사람이 주고받은 편지는 확률론의 토대가 되었다(16장 참조). 강박적 집착은 아니었지만 페르마의 주요한 관심사는 정수론이었다. 유감스럽게도 페르마와 교류하던 수학자들 중에는 정수론을 열정적으로 함께 논할 사람이 없었다. 당시에는 이 주제가 별로 중요하다고 여겨지지 않았기 때문이었다. 페르마는 파스칼뿐만 아니라 하위헌스를 설득하여 정수론을 함께 연구하자고 했으나 결국 실패했다. 실제로 페르마는 정수론에 몇 가지 중대한 공헌을 했지만, 이것을 책으로 발표하지 않았다. 페르마는 확률 계산에 관한 파스칼과의 논의에서 피에르 드 카르카비(Pierre de Carcavi, 1600~1684, 프랑스 출신의 아마추어 수학자-옮긴이)에게 이렇게 썼다.

> 제가 파스칼과 같은 의견을 갖고 있다는 사실에 기쁠 따름입니다. 저는 말 그대로 천재인 파스칼을 너무나도 존경하기 때문입니다. … 조만간 두 분은 논문에 착수해야 할지 모르겠습니다. 그리고 저는 두 분이 석사 학위를 취득하는 데 동의합니다. 너무 축약돼 보이는 것을 좀 더 명확하게 설명하거나 보완하고 제가 맡아서 하기에 부담이 될 만한 것은 줄여야 할 것 같습니다.[5]

페르마는 당대의 저명한 학자들에게 문제를 제기하는 것을 즐겼다. 하지만 그가 자신의 정리에 대해 완벽한 증명을 내놓는 경우는 드물었다. 그는 방법에 대한 개요만 제시하고 여백을 채우는 것은 다른 사람들의 몫으로 남겨두었다. 당시에 정수론은 별로 유행했던 분야가 아니었지만, 100여 년이 지난 후에 레온하르트 오일러가 페르마의 연구를 이어받았고, 페르마가 엄격한 증명을 제시하지 않고 공식화했던 몇몇 연구 결과나 추측에 대해 완벽한 증명을 내놓았다.

1659년 페르마는 하위헌스가 읽을 것을 염두에 두고 카르카비에게 편지를 보냈다. 그는 정수론에 관한 자신의 연구 결과를 간략하게 요약했고 몇 가지 방법, 특히 무한강하법(method of infinite descent, 수론에서 활용하는 증명 기법으로 '공집합이 아닌 자연수의 부분집합은 최소 원소를 가진다'는 정렬 원리를 이용하여 모순을 이끌어내는 방식이다-옮긴이)을 공개했다.[6]

> 고대인들이 모든 것을 알고 있었던 게 아니라는 사실을 입증한 점에 대해 후대 사람들이 내게 감사해할지도 모르겠다. 이 설명은 나의 뒤를 이어 후대에게 '횃불을 전달하는' 자들의 생각을 통해 전해질 것이다.[7]

1653년 페르마는 페스트에 걸렸다가 살아남았지만, 아마도 후유증이 오랜 시간 영향을 끼쳤던 듯하다. 1660년, 툴루즈에서 약 236마일 거리에 있는 클레르몽페랑(Clermont-Ferrand)에 살았던 파스칼에게 보내는 편지에서 페르마는 "이제 당신보다 내 몸이 더 안 좋다."며 두 도시의 중간에서 만나자고 했다.[8]

1664년 그는 자신이 살날이 얼마 남지 않았음을 예감하고 마지막 유언장을 작성했다. 이후 그는 자신의 건강이 허락할 때까지 의회에서 계속 판사로 일하다가, 1665년 1월 12일 57세의 나이로 프랑스의 카스트르(Castres)에서 세상을 떠났다. 공직자로서 마지막 업무를 마친 지 일주일만의 일이었다.

페르마의 가장 유명한 정리는 지금도 사람들의 머릿속에 남아 있다. 이 정리와 관련된 이야기는 매우 흥미롭고, 많은 면에서 수학자로서 페르마의 스타일과 후대의 수학 발전에 중요한 의미를 지닌다. 현재 이 정리는 '페르마의 마지막 정리(Fermat's last theorem)'라는 이름으로 알려져 있으며 아래와 같다.

> $n > 2$일 때, 방정식 $x^n + y^n = z^n$를 만족시키는 정수해 x, y, z는 존재하지 않는다.

$n = 2$일 때 피타고라스의 정리인 $x^2 + y^2 = z^2$이고, 이 방정식은 실제로 무수히 많은 해를 갖는다. 예를 들어 $3^2 + 4^2 = 5^2$이므로 3, 4, 5는 이 방정식을 만족시키는 피타고라스 수다. 한 개의 피타고라스의 수를 찾고 나면 쉽게 양의 정수를 무한히 만들어낼 수 있다(예를 들어 3, 4, 5 에 각각 2를 곱한 수인 6, 8, 10은 피타고라스의 수다). 페르마의 마지막 정리는 그의 아들인 새뮤얼(Samuel)에 의해 처음 발견되었는데, 디오판토스의 『산학』 사본의 여백에 다음과 같은 메모가 적혀 있었다.

나는 이 명제에 대해 정말로 멋진 증명을 해냈지만, 여백이 너무 좁아 쓸 자리가 없다.[9]

페르마가 했다는 증명은 그 후에도 발견되지 않았다. 하지만 새뮤얼은 디오판토스의 『산학』에 아버지가 여백에 남긴 메모를 넣어 1670년에 재발행했다([그림 15.3] 참조). 이것이 많은 사람들에게 알려져 있는 페르마의 마지막 정리이며, 수학의 미해결 문제로 남아 많은 수학자들의 관심을 끌었다.

페르마의 마지막 정리를 증명하고 반례를 찾기 위해 숱하게 많은 학자들이 도전했으나 실패했고, '정리'가 아닌 '추측'으로 남아 있었다. 그러다가 1994년 영국의 수학자 앤드루 와일스가 6년 동안 비밀리에 연구하여 드디어 증명에 성공했다. 100페이지가 넘는 이 증명은 1995년 「수학연보(Annals of Mathematics)」 5월호 통권에 실렸다. 페르마가 처음 이 추측을 제기한 지 358년 만의 일이었다. 이 증명은 20세기에 개발된 현대 수학 이론의 특수한 기법을 바탕으로 하기 때문에, 관련 분야를 연구하는 수학자들이 아니면 증명 과정을 이해할 수 없다. 이 유명한 문제의 답을 찾은 공로로 앤드루 와일스는 많은 상을 휩쓸었다. 그중에는 수학자들에게 가장 명망이 높은 아벨상도 포함되어 있었다.

지금은 많은 사람들이 페르마가 진짜로 '증명'에 성공했는지 매우 의심스럽다고 여긴다. 실제로 그가 정말로 훌륭한 증명을 해냈을 가능성도 완전히 배제할 수 없다. 아무튼 이 정리를 증명하기 위해 무려 300년이 넘게 많은 학자들이 숱한 실패를 거듭했지만, 이러한 실패는 이보다 더 중요한 수많은 수학적 발견과 이론 정립에 기여했고, 정수론과 전혀 관련이 없어 보이는 수학 분야에서도 성공적으로 활용되고 있다. 살아생전에 당대의 유명한 학자들은 정수론에 관심을 보이지 않았지만, 페르마는 사후 300년이 지나도록 해결되지 않는 난제를 후대의 학자들에게 남겼다. 그 자체만으로도 대단한 일이다.

그림 15.3 디오판토스 『산학』의 여백에 페르마가 남겼던 메모를 추가해 1670년에 재발행된 『산학』, 'OBSERVATIO DOMINI PETRI DE FERMAT'이라는 표제 아래에 페르마의 마지막 정리가 간략하게 설명되어 있음.

Chapter 16

파스칼

확률로 불확실성을 계산하다
프랑스, 1623~1662

블레즈 파스칼은 모든 시대를 통틀어 위대한 수학자로 손꼽히는 인물이다. 그는 1623년 6월 19일 프랑스의 클레르몽 오베르뉴(Clermont Auvergne)에서 태어났다. 그의 아버지 에티엔 파스칼은 정치인이었으며, 교양 있고 탁월한 지식을 갖춘 사람이었다. 블레즈 파스칼은 네 살 때 어머니를 여의고 두 누나들과 함께 아버지의 손에 자랐다. 어린 시절에는 아버지의 영향으로 종교적 사고에 깊이 빠져 있었기 때문에 다른 것을 배우는 데 한눈을 팔 수 없었다. 파스칼이 일곱 살이 되던 해에 그의 아버지는 세 아이를 데리고 파리로 이사했다. 파스칼의 아버지가 가정에서 자녀 교육에 한창 열을 올리던 시기였다.

파스칼은 몸이 약한 대신 두뇌가 매우 명석했다. 아버지 에티엔은 어린 아들이 당시 고전 교육이라고 여겨졌던 지식을 받아들이는 속도에 놀랐고, 어린 나이에 공부에 대한 부담을 갖지 않도록 수학과 어느 정도 거리를 두게 했다. 그런데 이것이 오히려 파스칼의 호기심을 키웠다. 에티엔은 자신의 아들이 수학에 남다른 재능을 갖고 있다는 것을 알아보고 아들에게 유클리드의 『원론』 사본을 주었다. 이 책은 아마도 기하학과 수학의 다른 면들을 정리하여 논리적으로 발전시킨 최초의 모음집 가운데 하나일 것이다. 일례로 파스칼의 누나는

그림 16.1 블레즈 파스칼(F. 케스넬 주니어의 작품을 바탕으로 한 E. 에델링크의 석판화).

자신의 남동생이 책을 보지 않고 유클리드의 첫 번째 명제부터 32번째 명제까지 유클리드의 책과 같은 순서로 알아냈다고 주장했다. 게다가 파스칼은 삼각형의 세 내각의 합이 직각의 두 배라는 32번째 명제를 증명함으로써 남다른 재능을 보여주었다.

파스칼은 열네 살에 한 모임의 주간 회의 참석 자격을 얻었는데, 이 모임이 발전하여 현재의 프랑스 과학아카데미(French Academy of Sciences)가 되었다. 그는 열여섯 살이 되었을 무렵 프랑스의 수학자 지라르 데자르그(Girard Desargues, 1591~1661)의 저서를 읽고 자극을 받아, 기하학의 매력에 빠졌고 기하학 분야에서 가장 아름답다고 손꼽히는 몇 가지 정리를 증명했다. 그중 하나가 그의 이름이 붙여진 파스칼의 정리(Pascal's theorem)이며 증명도 매우 쉽다. 이 증명에 필요한 것은 원과 자뿐이다.

우리가 직접 [그림 16.2]의 정리를 증명해 보자. 먼저 원 위에 임의로 6개의

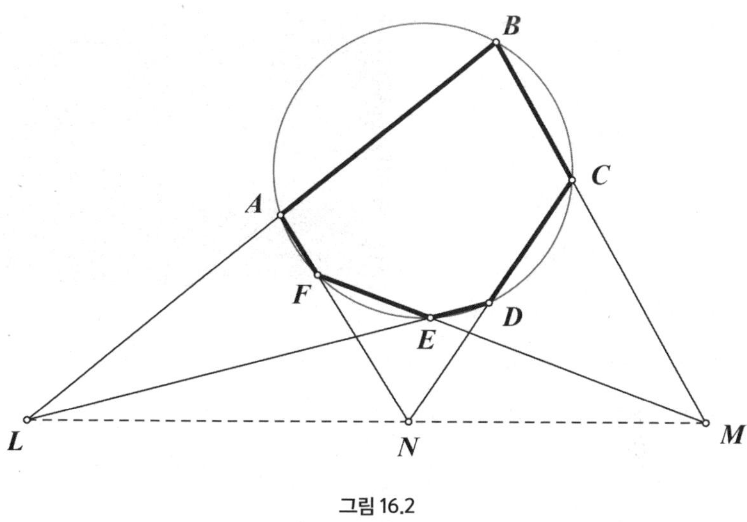

그림 16.2

점을 그린 다음, 이 점들을 차례로 이어보자. 그러면 원에 내접하는 육각형이 생긴다. 그다음에 마주 보는 세 쌍의 변을 연장하면(AB와 ED, BC와 FE, CD와 AF) 이 직선들은 서로 만날 것이다. (물론 여섯 개의 점을 선택할 때 마주 보는 두 변이 서로 평행하면 안 된다). 서로 교차하는 점들을 각각 L, N, M이라고 표시하면, 세 점이 항상 한 개의 직선 위에 있다는 것을 알 수 있다. 놀랍게도 (앞에서 언급했듯이 마주 보는 두 변이 평행인 경우를 제외하면) 한 개의 원 위에 여섯 개의 점을 어떻게 놓더라도 이 명제는 항상 참이다. 이 명제가 타원 위의 여섯 개의 점으로 확대될 수 있다는 것은 호기심을 자아내기에 충분하다. 처음에 르네 데카르트와 같은 당대의 유명한 수학자들은 열여섯 살 소년이 그런 발견을 했다는 사실을 믿으려 하지 않았지만 결국 파스칼이 발견했다는 사실을 인정했다.

파스칼은 두뇌가 명석한 대신에 그 대가를 톡톡히 치러야 했다. 열일곱 살부터 서른아홉 살에 세상을 떠나기 전까지 그는 신체적 고통에 시달리며 불면의 밤과 괴로운 나날들을 보내야 했다. 하지만 그는 쉬지 않고 연구했다. 열아홉 살에 파스칼은 루앙(Rouen)시의 세금 징수관이었던 아버지의 일을 돕기 위해 최초의 계산기를 발명했다([그림 16.3] 참조). 덧셈과 뺄셈이 가능했던 이 계산기는 파스칼의 계산기 혹은 파스칼린(Pascaline)이라고 불렸다. 현재 네 가지 버전의 파스칼 계산기가 파리 국립 기술공예박물관(Musée des Arts et

그림 16.3 파스칼의 계산기.

Métiers)에 전시되어 있다. 이 계산기는 처음 개발되었을 당시에 사치품 취급을 받았는데, 이에 파스칼은 10년 넘게 공을 들여 계산기의 기능을 꾸준히 개선했다.

파스칼이 살았던 사회는 종교 대변혁으로 몸살을 앓고 있었고, 파스칼에게도 꽤 많은 영향이 미쳤다. 파스칼에게 힘이 되어주었던 누나 재클린이 페르-로얄 수도원으로 들어갔기 때문이었다. 스물세 살 때 파스칼은 일시적으로 마비를 겪었지만 지력은 조금도 흐트러지지 않았다. 게다가 가족들이 다양한 종교 추종자들과 연루되어 파스칼은 고통스럽고 굴곡진 인생을 살았다.

1654년 서른한 살의 파스칼은 수학사에서 가장 중요하다고 평가받아야 마땅할 업적을 남겼다. 수학과 관련해 피에르 드 페르마와의 서신 교환이 시작되는데, 이것은 확률론의 기초가 되었다. 1654년 파스칼과 페르마는 서로 수학 문제를 주고받으며, 오늘날 우리가 확률이라고 알고 있는 미래의 학문 분야를 발전시키기 시작했다. 초기에 두 사람이 서로 주고받았던 문제는 두 사람 중 한 사람이 점수를 더 많이 따면 이기는 득점 게임이었다. 문제는 다음과 같았다. 게임이 도중에 중단되었다고 할 때, 게임이 중단된 시점에 각 선수가 딴 점수를 고려하려면 두 사람은 어떻게 상금을 분배해야 할까? 다음은 1654년 페르마가 파스칼에게 보냈던 편지 중 하나를 번역한 것이다.

파스칼 군, 내가 주사위 한 개를 여덟 번 던져서 점수를 따는 것으로 하고, 그다음에 우리가 상금을 정하기로 동의한다면, 나는 주사위를 먼저 던지지 않을 것입니다. 앞에서 말했듯이 내가 먼저 던졌기 때문에, 내 이론에 따르면 내가 전체 상금의 $\frac{1}{6}$을 가져가는 것이 공평합니다. 그다음에 내가 두 번째 주사위를 던지지 않을 것이라고 우리가 동의한다면, 내 몫은 남은 상금의 $\frac{1}{6}$, 즉 전체 상금의 $\frac{5}{36}$입니다. 그다음에 내가 세 번째 주사위를 던지지 않을 것이라고 동의하면 나는 남은 상금의 $\frac{1}{6}$, 즉 전체 상금의 $\frac{25}{216}$을 갖게 됩니다. 그리고 내가 그다음에 네 번째 주사위를 던지지 않을 것이라는 데 우리가 동의하면, 나는 남은 상금의 $\frac{1}{6}$, 즉 전체 상금의 $\frac{125}{1296}$를 갖게 됩니다. 따라서 나는 한쪽이 이미 앞에서 설명한 게임을 했다고 가정했을 때, 이것이 네 번째 주사위를 던졌을 때의 상금이라는 당신의 말에 동의합니다.

하지만 당신은 편지의 마지막 예에서 이런 문제를 냈습니다. (내가 당신이 사용했던 용어들을 인용하면) 내가 주사위를 여덟 번 던졌을 때 6의 눈이 나온다면, 그리고 내가 주사위를 세 번 던졌을 때 6의 눈이 한 번 더 나온다면, 그리고 상대방이 나에게 네 번째 주사위를 던지지 말라고 한다면, 그리고 그가 내가 그렇게 하기를 바란다면, 내가 전체 상금의 $\frac{125}{1296}$을 받는 것이 옳습니다. 하지만 내 이론에 의하면 이것은 참이 아닙니다. 이 경우에는 주사위를 가지고 있는 사람이 먼저 세 번 던지고 남아 있는 상금 전액 중 상금을 하나도 받지 못한다면, 주사위를 가지고 있고 네 번째 주사위를 던지지 않기로 동의한 사람이 상금으로 $\frac{1}{6}$을 받아야 하기 때문입니다. 그가 주사위를 네 번 던지고 자신이 원하는 눈이 나오지 않으면, 그가 다섯 번째 주사위를 던지지 않기로 그들이 동의하면, 그렇더라도 전체 상금의 $\frac{1}{6}$이 그의 몫으로 주어집니다. 전체 상금은 변함 없기 때문에 게임에서는 이 이론을 따르지 않습니다. 하지만 상식대로라면 각각 던졌을 때 같은 금액이 나와야 합니다.

따라서 나는 당신에게 (편지를) 부탁합니다. 나는 우리가 이 이론처럼 서로 동의할 수 있을지, 내가 (우리가 그렇게 한다고) 믿는 대로 우리가 이 이론에 동의하는지, 우리가 단지

이 서신 교환은 카드, 동전 던지기 등에서 어떤 사건이 일어날 가능성에 궁금증을 품기 시작한 계기였다. 이것은 확률 분야에서 아주 기본적인 상황이다.

프랑스에 슈발리에 드 메레(Chevalier de Méré, 1607~1684), 본명은 앙투안 공보(Antoine Gombaud)라는 도박꾼이 있었다. 드 메레가 주사위 내기에서 계속 지는 이유를 알기 위해 파스칼과 편지 교환을 한 것은 잘 알려져 있다. 이 일을 계기로 파스칼과 페르마는 더 많은 편지를 주고받다가, 새로운 수학 분야가 탄생하여 현재 우리가 알고 있는 확률론으로 발전했다.

두 사람이 서신 교환을 통해 나눈 아이디어를 살펴보도록 하자. 드 메레는 두 번의 주사위 던지기 내기를 했다. 첫 번째 내기는 주사위를 네 번 연속 던졌을 때 적어도 한 번 6의 눈이 나오는 쪽이 이기는 게임으로, 이길 확률과 질 확률은 반반이었다. 그는 주사위를 한 번 던졌을 때 6의 눈이 나올 확률이 $\frac{1}{6}$이라는 것을 알고 있었다. 그래서 그는 주사위를 네 번 던졌을 때 확률이 $\frac{4}{6} = \frac{2}{3}$일 것이라고 계산했다. 물론 이것은 틀린 답이다. 하지만 이것 때문에 그는 내기를 멈추지 못했고 자신이 이길 수 있다고 생각했다.

심지어 드 메레는 한 쌍의 주사위를 24번 던졌을 때 6의 눈이 나올 확률이 반반이라고 생각했다. 하지만 한 쌍의 주사위를 던졌을 때 둘 다 6의 눈이 나올 확률은 $\frac{1}{36}$이다. 이번에도 그는 한 쌍의 주사위를 24번 던졌을 때 6의 눈이 두 번 나올 확률이 $\frac{24}{36} = \frac{2}{3}$라고 착각했다.

그는 많은 돈을 잃기 시작하자 총명한 친구 파스칼에게 도움을 구하기로 했다. 이 일로 파스칼과 페르마는 더 자주 서신 교환을 하게 되었고, 결국 문제의 답을 찾았다.

두 내기를 살펴본 후 왜 첫 번째 내기가 이득이고 두 번째 내기가 그렇지 않은지 이유를 알아보도록 하자. 우리가 주사위를 던졌을 때 나올 수 있는 눈은 여섯 가지다. 따라서 6의 눈이 나올 확률은 $\frac{1}{6}$이고, 6이 아닌 눈이 나올 확률은 $\frac{5}{6}$이다. 그러므로 드 메레의 첫 번째 내기에서 6이 아닌 눈이 4번 나올 확률은 $\frac{5}{6} \cdot \frac{5}{6} \cdot \frac{5}{6} \cdot \frac{5}{6} = \left(\frac{5}{6}\right)^4 = 0.4822531\dots$ 이다.

따라서 주사위를 네 번 던졌을 때 적어도 한 번 6의 눈이 나올 확률은 $1 - 0.4822531\dots = 0.5177469\dots$이다. 그러므로 주사위를 100번 던졌을 때 이길 확률은 52회라고 해석할 수 있다. 주사위를 1,000번 던졌을 때 이길 확률은 평균 518회이다. 이 경우에는 이길 확률이 50퍼센트가 넘으므로 그가 유리하다.

이제 두 번째 내기를 살펴보도록 하자. 주사위를 36번 던졌을 때 경우의 수는 6×6으로 총 36가지다. 따라서 두 번 모두 6의 눈이 나올 확률은 $\frac{1}{36}$이고, 두 번 모두 6의 눈이 나오지 않을 확률은 $1 - \frac{1}{36} = \frac{35}{36}$이다. 그러므로 주사위를 24번 던졌을 때 두 번 모두 6의 눈이 나오지 않을 확률은 $\left(\frac{35}{36}\right)^{24} = 0.5085961\dots$ 이다. 앞에서와 마찬가지로 주사위를 24번 던졌을 때 적어도 한 번 6의 눈이 두 번 나올 확률은 $1 - 0.5085961\dots = 0.4914039$ 이다. 주사위를 던진 횟수가 100회라면 약 49회이므로, 상대방이 100회 중 51회 이긴 셈이므로 상대방이 내기에서 유리하다. 파스칼과 페르마는 편지 교환을 하면서 이런 유형의 문제를 풀었고, 이것이 오늘날의 확률론으로 발전한 것이다.

이 기간에 파스칼은 삼각형으로 배열한 숫자들을 상당히 많이 활용했는데, 현재 이 삼각형 배열에도 그의 이름이 들어가 있다. [그림 16.4]에서 볼 수 있듯이 맨 윗줄에 1이 한 개 있다. 두 번째 줄에는 1이 두 개 있다. 그리고 각 줄의 처음과 끝도 1이다. 1과 1 사이의 숫자들은 대각선 방향의 두 숫자들의 합이다. 이 패턴은 아래 방향으로 계속 이어진다. 오늘날 이 숫자들의 배열은 '파스칼의 삼각형(Pascal triangle)'이라고 불린다. 파스칼의 삼각형은 다양한 숫자들

$$
\begin{array}{ccccccccccccc}
 & & & & & 1 & & & & & & & 2^0 \\
 & & & & 1 & & 1 & & & & & & 2^1 \\
 & & & 1 & & 2 & & 1 & & & & & 2^2 \\
 & & 1 & & 3 & & 3 & & 1 & & & & 2^3 \\
 & 1 & & 4 & & 6 & & 4 & & 1 & & & 2^4 \\
1 & & 5 & & 10 & & 10 & & 5 & & 1 & & 2^5 \\
\end{array}
$$

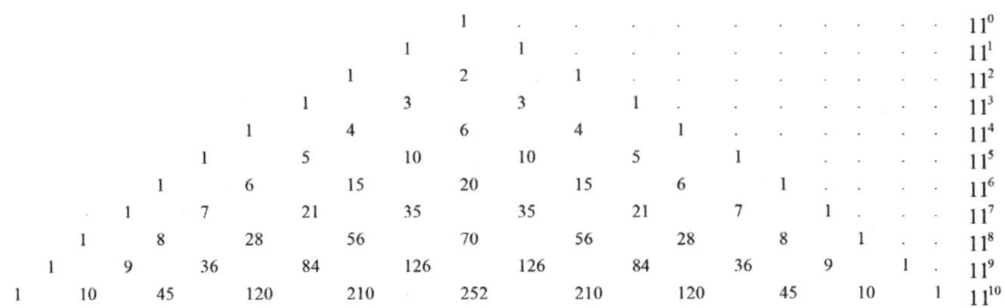

1	10	45	120	210	252	210	120	45	10	1	2^{10}

그림 16.4

그림 16.5

그림 16.5

의 배열로 나타낼 수 있다. [그림 16.4]의 오른쪽 여백에 적은 2의 거듭제곱처럼 말이다.

[그림 16.5]를 보면 이 숫자들을 11의 거듭제곱으로 나타낼 수 있다는 것을 알 수 있다. 이러한 삼각형 숫자 배열은 지금도 확률 연구에서 매우 유용하다.

파스칼의 삼각형으로 나타낼 수 있는 패턴은 무한히 많을 것이다. 여기서 가장 놀라운 사실은 이때 피보나치 수가 보인다는 것으로, [그림 16.6]과 같다.

수학의 역사에서 현재 파스칼이라는 이름은 확률론의 공동 창시자로 기억되고 있다. 일기 예보에서 금융 업무에 이르기까지 우리의 일상에서 확률의 의

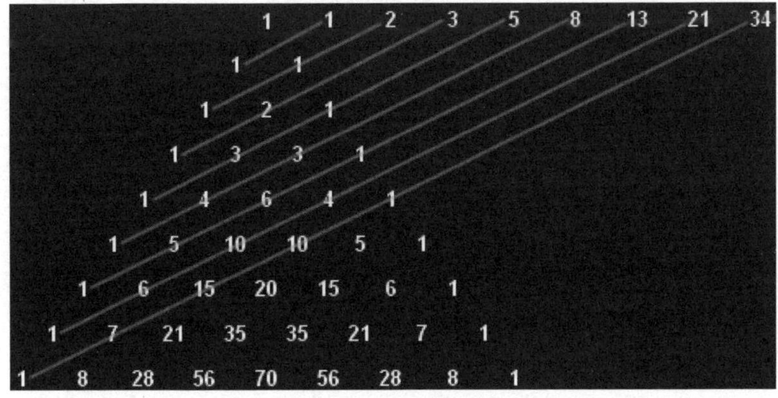

그림 16.6

미는 나날이 커지고 있다. 1662년 8월 19일 심각한 병마와 정신적 고통에 시달려 왔던 파스칼은 경련을 일으켜 서른아홉의 젊은 나이에 생을 마감했다.

Chapter 17

뉴턴

물리학자가 만든 방정식
영국, 1642~1727

지금부터는 역사상 가장 중요한 수학자이자 물리학자의 생애를 알아보려고 한다. 먼저 개인적인 삶은 아주 소박했던, 그의 인생 항로를 간략하게 살펴보자. 아이작 뉴턴은 1642년 12월 25일, 영국의 링컨셔 카운티 울즈소프-바이-글로스터워스(Woolsthorpe-by-Colsterworth)에서 태어났다. 불행히도 뉴턴은 태어난 지 3개월 만에 아버지를 여의었다. 사람들은 미숙아였던 뉴턴이 오래 살지 못할 것으로 생각했지만 그는 84세까지 살았다! 뉴턴이 두 살이 되던 해에 그의 어머니는 부유한 성직자 바르나바스 스미스와 재혼하여 새 출발을 했는데, 어린 뉴턴은 그를 좋아하지 않았다. 그리하여 뉴턴은 외할머니인 마저리 아이스코프의 보살핌을 받게 되었다. 아마 그녀도 딸이 스미스와 결혼하는 것을 달갑게 여기지 않았던 듯하다. 두 번째 결혼에서 뉴턴의 어머니는 세 명의 자녀를 낳았다.

뉴턴은 열두 살부터 열일곱 살까지 영국 그랜섬(Grantham)의 킹스 스쿨(King's School)을 다녔다. 이곳에서 그는 라틴어와 그리스어를 배우며 수학을 처음 접했다. 1653년 뉴턴은 본가로 돌아가, 두 번째 남편과 사별한 어머니와 함께 살게 되었다. 뉴턴의 어머니는 울즈소프-바이-글로스터워스에서 아들에게 농사를 지으라고 했지만, 농사는 뉴턴의 적성에 전혀 맞지 않았다. 얼마 후 킹스 스쿨의 교장이 뉴턴의 어머니에게 아들을 다시 학교로 보내 학업을 마치도록 강력하게 권유했다. 그녀는 교장의 말을 따랐고, 그때부터 뉴턴은 총명함이 빛을 발하기 시작하면서 전교 1등의 영예를 차지했다. 하지만 복잡했던 어린 시절은 그에게 몇몇 정신 질환을 일으켰고, 그 장애가 평생 그를 따라다녔다고 한다.

뉴턴은 우수한 학업 성적과 케임브리지 트리니티 칼리지(Trinity College at Cambridge) 졸업생이었던 삼촌의 추천으로 1661년 케임브리지 트리니티 칼리지에 합격했다. 입학하자마자 그는 전액 장학금을 받았다. 그리고 학부에서 공부하는 동안 아리스토텔레스의 작품과 철학에 빠져들기 시작했다.

뉴턴은 프랑스의 수학자 르네 데카르트의 책을 접하면서 인생의 방향이 바뀌고 여생이 결정되었던 듯하다. 특히 데카르트의『기하학』은 뉴턴이 기하학적 접근 방식으로 대수 문제의 해법을 찾는 데 집중하게 된 계기였다. 뉴턴은 기하학적 접근 방식이 훨씬 더 확실한 해법이라고 생각했다. 갈릴레오와 케플러의 저서는 뉴턴에게 우주에 대한 지동설의 관점을 굳혀 주었다. 뉴턴은 '몇 가지 철학적 질문(Quaestiones quaedam philosophicae)'이라는 제목의 메모에, 시간과 고유한 상상력에 대한 탁월한 사색을 바탕으로 기계론(mechanical philosophy)에 관한 자신의 생각을 목록으로 정리해 놓았다. 1665년에 뉴턴은 이항정리(binomial theorem) ([그림 17.4] 참조)의 범위를 분수 지수로 확장시켰고, 이것이 오늘날 우리가 알고 있는 무한소 미적분(infinitesimal calculus)으로 발전했다.

1665년 8월 뉴턴은 학사 학위를 받은 후, 영국 전역을 덮친 런던 대역병(Great Plague)으로 인해 2년 동안 대학이 폐쇄되어 학교를 떠났다. 이후 2년 동안 그는 집에 머무르며 개인 연구와 미적분학, 광학, 만유인력의 법칙에 관한 이론을 발전시키는 데 집중했다.

　　1667년 뉴턴은 케임브리지대학교 트리니티 칼리지의 특별 연구원으로 선발되었다. 이 특별 연구원으로 활동하려면 성직자가 되어야 했지만 뉴턴은 이를 거부했다. 처음에는 이 조건이 엄격하게 강요되지 않았지만, 1675년에 필수 자격 조건이 되었다. 뉴턴은 찰스 2세의 특별 승인을 받아야만 성직자가 되는 것을 면할 수 있었다. 1669년 뉴턴은 석사 학위를 받은 지 1년 만에 아이작 배로(Issac Barrow, 영국의 수학자-옮긴이)의 뒤를 이어 2대 루카스 수학 석좌 교수(Lucasian professor)가 되었다. 이 기간에 뉴턴은 『무한급수에 의한 분석(De analysi per aequationes numero terminorum infinitas)』을 집필하며 연구 내용을 요약 정리했다. 이 책은 제한된 독자들에게만 공유되었고 그의 이름이 더 많이 알려지는 계기가 되었다. 얼마 후 그는 『급수와 유율법에 관한 논문(Tractatus de Methodis Serierum et Fluxionum)』 개정판을 집필했다. 이 논문에서 그는 유율(fluxion)이라는 단어를 처음 도입하며 미적분학의 탄생을 예고했다(자세한 내용은 뒤에서 다시 설명하겠다). 1672년 뉴턴의 비범함이 널리 알려지면서 그는 왕립학회 회원으로 선출되었다.

　　미적분에 관한 뉴턴의 저서가 유명해진 것과 동일한 시점에 독일의 수학자 고트프리트 빌헬름 라이프니츠(Gottfried Wilhelm Leibniz, 1646~1716)가 완전히 다른 기호를 사용하며 무한소 미적분학을 발전시켰다. 라이프니츠의 기호는 지금도 사용되고 있는 반면, 뉴턴

그림 17.1 아이작 뉴턴(고드프리 넬러 경(Sir. Godfrey Kneller)의 1689년 작품).

수학을 만든 사람들

의 기호는 더 이상 사용되지 않는다. 뉴턴과 라이프니츠 사이에 미적분학 발명의 원조 여부를 두고 심한 불화가 있었다는 사실을 알아둘 필요가 있다. 이 불화가 점점 심해져 1699년 왕립학회 회원들은 라이프니츠가 표절했다며 비난하기 시작했다. 뉴턴이 이런 악감정을 품고 있었다는 증거도 있고, 표절 시비는 1716년 라이프니츠가 사망할 때까지 계속되었다.

대체로 뉴턴은 물리학 분야에서 발견한 업적들로 가장 많이 알려져 있지만, 광학 분야의 발전에도 크게 공헌했다. 특히 그는 프리즘을 통해 분해되는 백색광에서 빛의 스펙트럼을 발견했다. 또한 그는 망원경의 발전에도 크게 기여한 것으로 알려져 있다. 하지만 뉴턴은 세 가지 운동법칙으로 가장 유명할 것이다. 흔히 『프린키피아』라고 불리는 『자연 철학의 수학적 원리(Philosophiae Naturalis Principia Mathematica)』는 1687년에 초판이 발행되었는데, 이 책에서 뉴턴의 세 가지 운동법칙이 소개되었다([그림 17.2] 참조).

뉴턴의 운동 제1법칙에 의하면 외부의 힘이 가해지지 않는 한 모든 물체는 정지 상태에 있거나, 직선을 따라 등속 운동을 한다. 뉴턴의 운동 제2법칙은 힘과 가속도의 법칙이라고 불리기도 하는데, 물체를 가속화하는 힘은 질량과 가속도의 곱과 일치한다는 것이다. 다른 말로 표현하면 물체의 가속도는 힘에 비례하고 물체의 질량에 반비례한다. 마지막으로 뉴턴의 운동 제3법칙은 모든

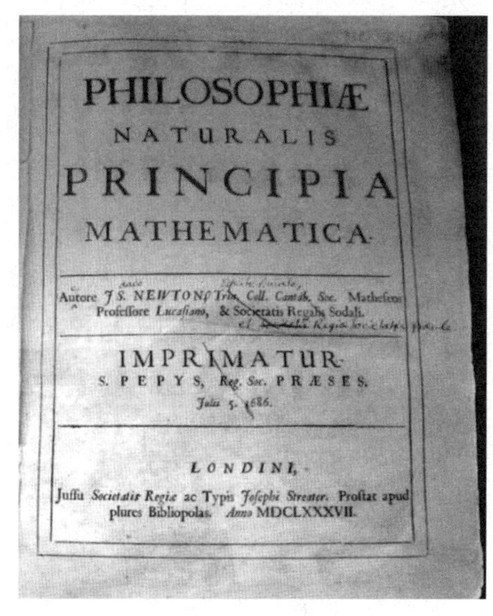

그림 17.2 뉴턴이 자필로 메모를 남긴 『프린키피아』 본인 소장본.

작용에는 반작용, 즉 반대 방향의 작용이 존재한다는 것이다.

뉴턴의 수학적 발견 중 일반 독자에게 소개할 수 있는 사례는 많지 않지만, 여기에서 몇 가지만 살펴보겠다. 뉴턴은 영국의 수학자 조지프 랍슨(Joseph Raphson, 1648~1715)과 함께 현재 '뉴턴-랍슨 방법(Newton–Raphson method)'이라고 불리는 것을 개발했다. 1690년 랍슨이 발표한『방정식의 일반 해석(Analysis Aequationum Universalis)』에 뉴턴이『유율법(Method of Fluxions)』에서 소개한 방식을 간소화한 형태가 포함되어 있었다. 1671년 뉴턴은 후속 연구에 관한 책을 썼지만 영어판은 1736년에 이르러서야 출간되었다([그림 17.3] 참조). 랍슨은 뉴턴의 연구를 적극 지지한 인물로, 미적분학 발명의 원조가 라이프니츠가 아닌 뉴턴이라고 주장했다.

지금부터 뉴턴-랍슨법으로 상당히 쉽게 어떤 수의 제곱근을 구하는 법을 알아보자. 다른 자동 계산 방식은 원리가 직관적으로 여겨지지 않는 데 반해, 이 방법은 훨씬 이해하기 쉽다. 예를 들어 $\sqrt{40}$의 제곱근을 구하는 법을 알아보자. 우리는 $\sqrt{40}$이 $\sqrt{36}=6$과 $\sqrt{49}=7$사이의 수라는 것을 알고 있다. 따라서 $\sqrt{40}$의 제곱근이 약 6.3이라는 것을 짐작할 수 있다. 이 값이 옳다면 $\sqrt{40}$은 6.3이고 $\dfrac{40}{6.3}$은 6.3일 것이다. 하지만 $\dfrac{40}{6.3} \approx 6.35$이므로 $\sqrt{40}$의 제곱근은 6.3이 아니다.

따라서 $\sqrt{40}$의 제곱근으로 6.3과 6.35 사이에 있는 수를 찾

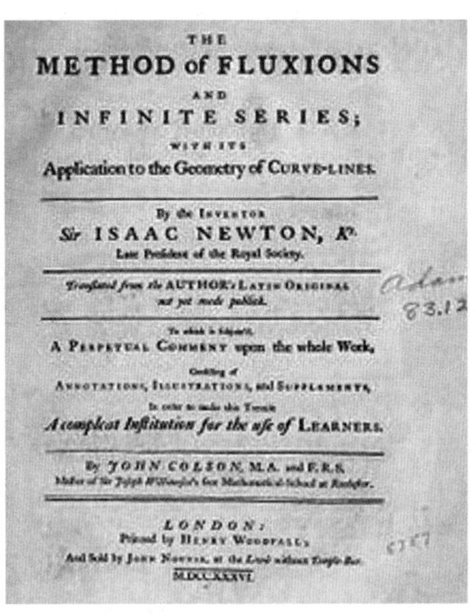

그림 17.3 뉴턴의『유율법』.

아야 한다. 6.3과 6.35의 평균을 구하면 $\frac{6.3+6.35}{2} \approx 6.325$이다.

이제부터 $\frac{40}{6.3} \approx 6.35$로 이 과정을 계속하고, 이 값이 실제로 $\sqrt{40}$의 제곱근인지 확인하려고 한다. 이 값이 옳다면 40을 6.3241로 나누었을 때 몫이 6.3241이어야 한다. 하지만 40을 6.3241로 나누면 $\frac{40}{6.3241} \approx 6.32501$이다.

다시 한번 $\sqrt{40}$의 실제 값에 근접한 두 개의 소수를 찾아 평균을 구한다. $\frac{6.3241+6.32501}{2} \approx 6.324555$이다.

원한다면 우리는 40의 제곱근의 정확한 값을 구하기 위해 이 과정을 계속할 수 있다. 이 과정을 많이 거칠수록 $\sqrt{40}$에 더 근접한 값에 도달한다는 사실을 알아두자. $\sqrt{40}$의 값을 계산기로 구하면 약 6.324555320336759…이다.

이 외에 고등학교 수학 시간에 대부분의 학생들이 배우는 이항정리도 뉴턴의 업적이다. [그림 17.4]에서 몇 가지 응용 형태를 살펴보면서 패턴을 파악할 수 있다.

$$
\begin{aligned}
(a + b)^0 &= 1\\
(a + b)^1 &= 1a + 1b\\
(a + b)^2 &= 1a^2 + 2ab + 1b^2\\
(a + b)^3 &= 1a^3 + 3a^2b + 3ab^2 + 1b^3\\
(a + b)^4 &= 1a^4 + 4a^3b + 6a^2b^2 + 4ab^3 + 1b^4\\
(a + b)^5 &= 1a^5 + 5a^4b + 10a^3b^2 + 10a^2b^3 + 5ab^4 + 1b^5
\end{aligned}
$$

그림 17.4 이항정리

이항 확장(binomial expansion)에서 각 항의 계수를 집중적으로 보면 파스칼의 삼각형이 나타난다. 일반적으로 이항정리는 다음과 같다.

$$
(a+b)^n = a^n + \binom{n}{1}a^{n-1}b + \binom{n}{2}a^{n-2}b^2 + \binom{n}{3}a^{n-3}b^3 + \ldots + b^n
$$

$$
\binom{n}{r} = {}_nC_r = \frac{n!}{r!(n-r)!}
$$

하지만 뉴턴의 업적은 이항정리를 분수 혹은 무리수 지수에 적용해도, 즉 n 이 분수나 $\sqrt{k}$ 의 형태의 값인 경우에도 참이라는 점에서 빛을 발한다. 여기에서 유한합(a finite sum)이었던 것이 지금은 무한급수가 되었다. 뉴턴이 수학과 물리학에 남긴 업적이 너무 많아서 이렇게 짧은 챕터에서는 지극히 일부분을 다루는 것도 불가능에 가깝다.

또한 뉴턴은 최초로 좌표 기하학을 이용해 디오판토스 방정식을 풀었다(8장에서 이미 다루었다). 뉴턴은 기하학적 방법으로 대수 문제를 푸는 것이 더 확실하고 정확하다고 생각했기 때문에 이 방식을 선호한다고 말한 적이 있다. 이런 확장(extension)에 관한 연구를 살펴보면 우리의 지식 수준이 조금 높아지겠지만 이는 이 책의 범위를 넘어서는 일이다.

1704년 『광학(Opticks)』을 발표할 때까지, 뉴턴이 정신적인 문제로 인해 그의 순수 수학에 관한 많은 연구들이 그의 동료나 편지를 교환하던 사람들끼리만 공유되었다는 것은 이상하다. 바로 이 시기에 뉴턴은 곡선의 구적법과 3차 곡선의 분류에 대한 책을 발표했다. 이것은 뉴턴이 오늘날 미적분학의 전신인 유율법에 관한 자신의 아이디어를 사실상 처음 발표한 것이었다. 뉴턴이 자신의 저서 『프린키피아』에서 이 아이디어를 언뜻 내비쳤다고 해도, 1684년 공개 토론에서 미적분에 관한 논문을 발표한 사람은 라이프니츠였다.

앞에서 이미 언급했듯이 뉴턴과 라이프니츠는 독립적으로 미적분을 발견했지만 표절에 관한 비방이 수차례 오갔다. 이런 경험은 다시 한번 뉴턴이 심리적으로 불안정한 상태였음을 보여준다. 수학에 관한 뉴턴의 연구 논문은 1673년부터 1683년까지 진행되었던 케임브리지 강의에서 발전했고, 1707년에 처음 발표되었다.

1690년대에 뉴턴은 종교 사상을 깊이 파헤치면서 성경에 대한 해석을 문자와 기호로 쓰기 시작했다. 신약 성경의 삼위일체 교리에 대한 뉴턴의 믿음을

그림 17.5 아이작 뉴턴 경(존 밴더뱅크 작. 왕립학회가 소장한 1725년 초상화를 바탕으로 제작한 점묘법 판화).

두고 논란이 많았으나 이 사건을 마무리할 수 있는 결정적인 증거가 없었다. 이러한 의혹에도 불구하고 뉴턴은 독실한 신교도였고 가톨릭의 침투에 반대했다. 만년에 다양한 과학 논문에서 뉴턴은 자연에서 신의 섭리를 강력하게 느낄 수 있다고 적었다.

1689~1690년과 1701~1702년에 뉴턴은 영국 의회에서 케임브리지대학교를 대표했다. 1696년 그는 영국 왕립 조폐국(Royal Mint) 책임자로 취임하게 되어 기뻐했고, 영국의 화폐 개혁(재주조) 작업을 책임지게 되었다. 그리고 3년 후 뉴턴은 조폐국장이 되었고, 남은 30년을 이곳에서 일했다. 당시 조폐국의 직무는 한직 취급을 받았지만 뉴턴은 진지하게 업무에 임했고, 영국 화폐 위조범들을

제대로 감시하기 위해 케임브리지대학교를 그만두고 런던으로 이사했다. 1696년 영국의 대규모 화폐 대주조(Great Recoinage) 당시 동전의 약 20퍼센트가 위조 주화였다. 위조는 대역죄였고 사형 선고까지 받을 수 있는 중범죄였다. 뉴턴은 상당히 능숙하게 위조범을 잡고 고발하여 실력을 인정받았다. 이로써 과학자로서 그의 경력은 끝난 셈이었다. 이 시기에 뉴턴은 정신 쇠약을 겪었다. 그 영향으로 서신 교환을 하던 동료들과 관계가 멀어졌고 존 로크(John Locke)와 같은 명사들과의 관계도 단절되었다. 사후 부검 결과 뉴턴이 만년에 기이한 행동을 했던 것은 수은 중독 때문이었던 것으로 밝혀졌다. 그러다가 제정신이 돌아와 뉴턴은 조폐국에서 계속 활동했다. 조폐국에서 뉴턴이 받은 급여는 상당했고 덕분에 꽤 많은 부를 쌓을 수 있었다.

1705년 4월 뉴턴은 케임브리지의 트리니티 칼리지를 방문 중이던 퀸 여왕으로부터 기사 작위를 받았다. 이런 이유로 지금도 뉴턴은 과학자로서 탁월함과 조폐국장으로서 능력을 발휘했다기보다 정치적 제스처로 기사 작위를 받았다는 의혹을 받고 있다.

말년에 뉴턴은 영국 윈체스터 근처의 크랜베리 파크(Cranbury Park)에서 조카인 캐서린 바튼 콘듀이트, 그녀의 남편 존 콘 듀이트와 함께 살았다. 이 시기에 뉴턴은 이미 당대의 가장 유명한 과학자로 손꼽혔고 상당히 부유했으며 자선 활동도 많이 했다. 평생 독신으로 살았던 뉴턴은 1727년 3월 20일 런던에서 생을 마감했고, 지금은 웨스트민스터 사원(Westminster Abbey)에 잠들어 있다.

라이프니츠

0과 1의 질서를 발견하다
독일, 1646~1716

1946년 2월 15일 《뉴욕타임스》는 제1면에 '경이로운 기계' 발표 소식을 특집 기사로 다루었다. 이 기계는 최초로 전자의 속도를 적용하여 고난도 수학 과제를 해결한, 초기 형태의 전자 컴퓨터 중 하나였다. 에니악(ENIAC, Electronic Numerical Integrator And Calculator)은 전쟁 중에 펜실베이니아대학교(University of Pennsylvania)에서 제작되었고 이제 컴퓨터 역사의 이정표로 여겨지고 있다. 에니악은 거대한 크기와 25톤이 넘는 중량에 무려 150제곱미터의 면적을 차지하는 장치였다([그림 18.1] 참조).

에니악은 계전기, 저항기, 축전기 등의 기본적인 전자 부품들로 둘러싸여 있고, 2만 개의 진공관이 내장되어 있으며[1], 수 마일의 전선과 약 500만 개의 수작업 납땜 연결로 이어져 있었다.[2] "모든 전자식 컴퓨터의 어머니" 격인 에니악은 전력 소비량이 15만 와트에 달했다. 반면 현재 데스크톱 컴퓨터의 전력 소비량은 고작 200와트다. 엄청난 전력 소비량 때문에 에니악을 켜면 필라델피아(Philadelphia)시 전체의 전깃불이 희미해진다는 루머까지 돌았다.

에니악은 전자 가산기(加算器)와 연산 장치를 합쳐 놓은 거대한 장치에 불과했다. 쉽게 말해 이 장치에는 현대식 컴퓨터에 있는 저장 프로그램이나 운영체

그림 18.1 에니악의 메인 콘트롤 패널을 조작하고 있는 베티 제닝스(좌측)와 프랜 빌라스(우측).

제가 없었다. 숫자는 십진법 체계의 10개의 숫자를 위한 10자리의 링카운터(고리형 계수기)를 사용하여 저장되었고, 각각의 숫자에는 36개의 진공관이 필요했다. 특별한 문제를 풀기 위해 이 장치에 프로그래밍하려면 스위치와 케이블을 조작해야 했다. 그렇게 해서 문제의 답을 찾는 데는 몇 주가 소요되었다. 게다가 진공관의 수명은 한정적이었다. 프로그램이 제대로 작동하지 않으면 프로그래머들은 거대한 구조물 속으로 기어들어 가 문제가 생긴 진공관이나 조인트를 찾아야 했다.

에니악의 최초 프로그래머는 케이 맥널티(Kay McNulty), 베티 제닝스(Betty Jennings), 베티 스나이더(Betty Snyder), 마릴린 멜처(Marlyn Meltzer), 프랜 빌라스(Fran Bilas), 루스 리히터만(Ruth Lichterman)으로 전부 여성이었다. 하지만 이들의 노고는 50년이 넘도록 널리 인정받지 못했다. 실제로 역사학자들은 처음에 모델들이 기계 앞에서 포즈를 취하고 있다고 착각했다.

에니악을 비롯하여 거의 같은 시기에 개발된 유사한 장치들의 크기는 거대하고 전력 소비량이 많았는데, 원인은 주로 스위치와 증폭기로 사용되는 진공

수학을 만든 사람들

Electronic Computer Flashes Answers, May Speed Engineering

By T. R. KENNEDY Jr.
Special to THE NEW YORK TIMES.

PHILADELPHIA, Feb. 14—One of the war's top secrets, an amazing machine which applies electronic speeds for the first time to mathematical tasks hitherto too difficult and cumbersome for solution, was announced here tonight by the War Department. Leaders who saw the device in action for the first time heralded it as a tool with which to begin, to rebuild scientific affairs on new foundations.

Such instruments, it was said, could revolutionize modern engineering, bring on a new epoch of industrial design, and eventually eliminate much slow and costly trial-and-error development work now deemed necessary in the fashioning of intricate machines. Heretofore, sheer mathematical difficulties have often forced designers to accept inferior solutions of their problems, with higher costs and slower progress.

The "Eniac," as the new electronic speed marvel is known, virtually eliminates time in doing such jobs. Its inventors say it computes a mathematical problem 1,000 times faster than it has ever been done before.

The machine is being used on a problem in nuclear physics.

The Eniac, known more formally as "the electronic numerical integrator and computer," has not a single moving mechanical part. Nothing inside its 18,000 vacuum tubes and several miles of wiring moves except the tiniest elements of matter-electrons. There are, however, mechanical devices associated with it which translate or "interpret" the mathematical language of man to terms understood by the Eniac, and vice versa.

Ceremonies dedicating the machine will be held tomorrow night at a dinner given a group of Government and scientific men at the University of Pennsylvania, after

그림 18.2

관 때문이었다. 오늘날의 백열전구와 마찬가지로 진공관은 부피가 컸고 열을 많이 발산해서 고장이 잦았다. 1947년 벨연구소(Bell Laboratories)의 윌리엄 쇼클리(William Schockley), 존 바딘(John Bardeen), 월터 브래튼(Walter Brattain)은 반도체의 트랜지스터 효과를 발견하여 진공관 문제를 해결했다. 고체 물질로 만들어진 전기 스위치, 즉 트랜지스터가 등장하면서 진공관을 사용할 필요가 없어졌다. 세 사람은 트랜지스터를 발명한 공로로 1956년 노벨 물리학상을 수상했다. 트랜지스터 발명은 지금도 기술의 역사에 길이 남을 위대한 업적으로 간주된다. 실제로 트랜지스터는 진공관보다 훨씬 작고 빠를 뿐만 아니라 훨씬 신뢰할 수 있고 강력했다. 1950년대 후반과 1960년대까지 부피가 큰 진공관으로 만들어진 소위 1세대 컴퓨터에서, 트랜지스터를 사용하는 2세대 컴퓨터로 세대가 교체된 것이다. 트랜지스터 발명은 20세기 후반에서 현재까지 계속되고 있는 디지털 혁명의 초석을 다졌다.

트랜지스터는 마이크로프로세서의 기본 구성 요소다. 여러분이 사용하는 컴퓨터의 중앙처리장치(CPU, Central Processing Unit)에는 수십억 개의 트랜지스터가 있는데, 이 모든 것이 약 1제곱인치의 공간에 들어 있다. 트랜지스터는 본래 '켜짐' 혹은 '꺼짐' 상태로 존재할 수 있는 스위치다. 이 두 가지 상태 혹은 위치를 정의하는 것이 불 대수(Boolean algebra)다. 불 대수에서는 변수의 값이 참값이며 '참'과 '거짓'은 일반적으로 1과 0을 의미한다. 실제로 컴퓨터의 언어는 두 가지 기호, 즉 0과 1로만 구성된다. 정보의 기본 단위는 (0이나 1로 나타낼 수 있는) 이진수(binary digit), 즉 '비트(bit)'다. 1비트(bit)가 8개이면 1바이트(byte)다. 그리고 1킬로바이트(kilobyte)는 1,000바이트이고, 1메가바이트(megabyte)는 1,000킬로바이트이다. 비트를 자리 표기법인 2의 거듭제곱의 합으로 해석한 것이 이진수다. 예를 들어 10001001을 십진수로 나타내면 $2^7 + 2^3 + 2^0 = 137$이다. 같은 방법으로 이진수 11111111을 십진수로 나타내면 $2^7 + 2^6 + 2^5 + 2^4 + 2^3 + 2^2 + 2^1 + 2^0 = 255$이다. 따라서 우리는 1바이트의 정보를 256가지의 다양한 문자로 암호화할 수 있다(0부터 255까지의 모든 숫자를 나타낼 수 있기 때문이다). 현대식 컴퓨터 구조(computer architecture)에서는 일반적으로 4바이트 혹은 8바이트로 만들어진, 32비트 혹은 64비트의 '워드(words)'를 사용한다.

여기서 우리가 주목할 만한 사실은 알레산드로 볼타(Alessandro Volta)가 최초의 배터리를 발명하고 전기 회로를 만들었던 1800년보다 훨씬 전에 이미 독일의 철학자이자 수학자 고트프리트 빌헬름 라이프니츠가 이진수를 철저히 연구했다는 것이다. 라이프니츠가 발명한 이진법 연산은 실제로 거의 모든 컴퓨터에 사용되고 있다. 라이프니츠는 전자식 컴퓨터의 이론적 토대를 세웠을 뿐만 아니라, 적어도 원칙적으로는 복잡한 수학 문제를 풀 수 있는 기계에 대해 묘사하며 전자식 컴퓨터의 탄생을 예고했다. 그뿐만 아니라 라이프니츠는 아이

그림 18.3 고트프리트 빌헬름 라이프니츠.

작 뉴턴과 더불어 미적분학을 발전시킨 인물이다. 이전 챕터에서 언급했지만 현재 우리는 뉴턴의 기호가 아니라 라이프니츠의 기호를 사용하고 있다. 지금부터 라이프니츠의 생애를 간략하게 살펴보면서 그가 수학에 남긴 몇 가지 업적을 조명하고자 한다.

고트프리트 빌헬름 라이프니츠는 1646년 7월 1일, 라이프치히대학교(University of Leipzig)의 윤리학 교수 프리드리히 라이프니츠와 그의 세 번째 아내 카타리나 슈묵 사이에서 태어났다. 하지만 프리드리히 라이프니츠는 고트프리트가 여섯 살일 때 세상을 떠났다. 그리고 일곱 살이 되던 해에 고트프리트는 라이프치히의 니콜라이 스쿨(Nicolai School)에 입학했다. 그때부터 그는 아버지의 개인 서재에 자유롭게 드나들었고, 나중에 이 서재를 물려받았다. 아버지의 서재가 학교의 커리큘럼보다 라이프니츠의 교육에 더 많은 영향을 끼친 듯하다. 그리하여 아버지의 책들을 읽고 싶었던 라이프니츠는 책의 삽화에 있는 라틴어와 독일어 설명을 서로 비교하며 라틴어 단어의 의미를 해독했다. 열두 살이 되었을 때 그는 이미 학교에서 배우는 것보다 훨씬 높은 수준의 라틴어를 마스터할 정도로 실력이 향상됐다. 아버지의 서재에서 어려운 철학과 신학 텍스트를 접하며 이런 책을 읽을 수 있었던 것도 뛰어난 라틴어 실력 덕분이었다.

열네 살이 되던 1661년에 그는 아버지가 교수로 있었던 라이프치히대학교에 입학했고, 1662년 12월에 철학 학사 학위를 받았다. 1663년 여름 학기에 그는 독일의 예나(Jena)대학교에서 보냈는데, 당시 수학과 교수가 에르하르트 바이겔(Erhard Weigel)이었다. 바이겔은 수는 우주의 바탕을 이루는 개념이라고 생각했던 학자였다. 라이프치히로 돌아온 라이프니츠는 바이겔에게서 배운 수학적 사상을 철학과 법학 연구에 적용했다. 특히 그는 법의 조건에 따라 0은 불가능한, 1은 (절대적으로) 필요한, $\frac{1}{2}$은 조건부를 의미하는 값으로 정했다. 그리고 어머니가 세상을 떠난 후인 1665년에 법학 학사 학위를 받았다.

이어 그는 철학 박사 학위 논문 「조합의 유형에 관한 논문(Dissertatio de arte combinatoria)」을 쓰기 시작했는데, 여기에 그의 첫 저서의 일부가 포함되어 있다. 1666년 라이프니츠는 박사 학위 과정을 지원했지만 라이프치히대학교에서 이를 거부했다. 그가 다른 후보들에 비해 상대적으로 어렸고 논문 지도를 받을 수 있는 학생 수가 한정되어 있었기 때문인 것으로 짐작된다. 1년을 기다리고 싶지 않았던 그는 알트도르프대학교(University of Altdorf)로 옮겼고, 1667년 그곳에서 「복잡한 사례들에 대하여(De casibus perplexis)」라는 논문으로 법학 박사 학위를 받았다.

라이프니츠는 학위를 받자마자 알트도르프대학교에서 교수직을 제안받았지만 거절하고, 독일 뉘른베르크의 연금술 협회의 비서로 들어갔다. 그 후 라이프니츠는 요한 크리스티안 폰 보이네부르크(Johann Christian von Boyneburg) 남작을 만났고 그의 조수, 사서, 변호사, 자문위원으로 고용되었다. 라이프니츠는 폰 보이네부르크 남작의 다양한 프로젝트에 함께 참여하면서 정치적 시론을 발표했고 변호사 일을 계속했다. 폰 보이네부르크 남작은 라이프니츠의 경력을 키워주기 위해 자신의 개인적인 연줄도 이용했다. 그리하여 1672년 라이프니츠는 독일 당국의 자문위원 역할과 관련된 외교 사절단으로 파리에 파견되었다.

파리에서 라이프니츠는 네덜란드의 물리학자이자 수학자 크리스티안 하위헌스(Christiaan Huygens, 1629~1695)를 만났다. 하위헌스는 라이프니츠에게 당대의 위대한 수학자들의 저서를 소개하고 수학의 최신 경향을 독학으로 공부할 수 있도록 도움을 준 훌륭한 조언자였다. 라이프니츠는 1703년 친구인 스위스의 수학자 요한 베르누이(Johann Bernoulli, 1667~1748)에게 보내는 편지에서 이렇게 썼다. "내가 1672년 파리에 도착했을 때는 기하학을 독학으로 공부했기 때문에 관련 지식이 별로 없었다네. 게다가 나는 인내심이 부족해 장문의 증명을 모두 읽을 수 없었지."[3] 하위헌스가 라이프니츠를 테스트하기 위해 문제를 보냈을 때 라이프니츠는 이미 실력을 검증받았다. 물론 하위헌스는 이 문제에 대한 답을 알고 있었다. 그 문제는 삼각수의 역수에 대한 무한급수의 합을 구하는 것이었다. [그림 18.4]처럼 정삼각형에 삼각수를 배열할 수 있다.

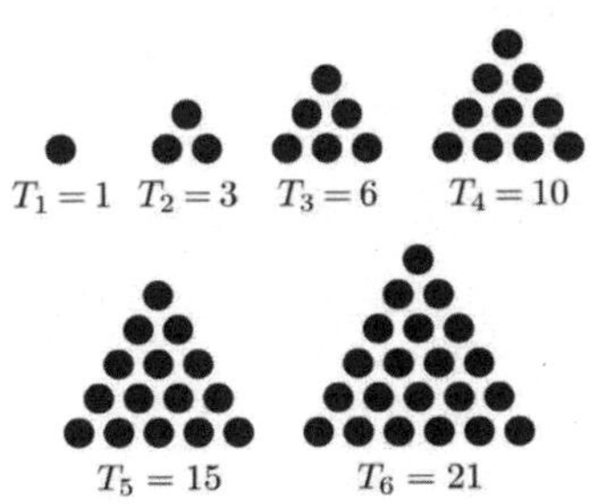

그림 18.4

6개 숫자로 된 유한급수를 살펴보고, 그 합을 $a_1 + a_2 + a_3 + a_4 + a_5 + a_6$ 이라고 하자. 라이프니츠는 주어진 유한급수를 아래와 같이 연속하는 두 항의 차로 나타낼 수 있다는 것을 알고 있었다.

$$d_1 = a_2 - a_1, \ d_2 = a_3 - a_2, \ d_3 = a_4 - a_3, \ d_4 = a_5 - a_4, \ d_5 = a_6 - a_5$$

두 항의 차이들을 모두 더한 값은 유한급수의 마지막 항에서 첫 항을 뺀 값과 같다.

$$d_1 + d_2 + d_3 + d_4 + d_5 = a_6 - a_1$$

따라서 우리가 $b_1, b_2, b_3 \ldots$ 이라는 수열의 연속한 두 항의 차를 각 항으로 하는 계차수열을 $a_1, a_2, a_3 \ldots$ 이라고 할 때, 원래 수열의 합 $b_1 + b_2 + \cdots + b_n$은 계차수열의 마지막 항과 첫 항의 차를 구하면 된다. 즉 $b_1 + b_2 + \cdots + b_n = a_{n+1} - a_1$이다. 라이프니츠는 삼각수의 역수의 합을 구하기 위해, 삼각수의 역수의 합을 두 항의 차이의 합으로(부분분수로) 쪼개어 나타냈는데, 이 자연수들의 역수의 차를 모두 더한 값이 그 합이었다.

$$\frac{1}{1} + \frac{1}{3} + \frac{1}{6} + \frac{1}{10} + \frac{1}{15} = \left(\frac{2}{1} - \frac{2}{2}\right) + \left(\frac{2}{2} - \frac{2}{3}\right) + \left(\frac{2}{3} - \frac{2}{4}\right) +$$
$$\left(\frac{2}{4} - \frac{2}{5}\right) + \left(\frac{2}{5} - \frac{2}{6}\right) = \frac{2}{1} - \frac{2}{6} = \frac{5}{3}$$

라이프니츠는 합을 구하는 방법을 다음과 같이 설명했다. 예를 들어 $\frac{1}{1}$ 부터 $\frac{1}{15}$까지 처음 다섯 개의 분수(삼각수의 역수)의 합은 이렇게 구한다. 항의 개수 5에 1을 더한 값인 6을 분모로 하고, 항의 개수 5를 분자로 하는 분수 $\frac{5}{6}$에 2를 곱하면 하면 $\frac{10}{6}$, 즉 $\frac{5}{3}$ 이다. 다섯 개의 분수를 전부 더한 값 $\frac{1}{1} + \frac{1}{3} + \frac{1}{6} + \frac{1}{10} + \frac{1}{15}$은 $\frac{5}{3}$이다.[4]

삼각수를 $T_1, T_2, T_3 \ldots$ 라고 하면 다음과 같이 역수의 합을 구하는 간단한 공식을 만들 수 있다.

$$\frac{1}{T_1} + \frac{1}{T_2} + \frac{1}{T_3} + \cdots + \frac{1}{T_n} = 2 \cdot \left(1 - \frac{1}{n+1}\right)$$

이 방법은 n이 무한대일 때 삼각수에 대한 무한급수로 확장시킬 수 있다.

$$2 \cdot \left(1 - \frac{1}{n+1}\right)$$

n이 점점 커질수록 일반항은 2에 가까워지기 때문에 무한급수의 합

$\frac{1}{T_1} + \frac{1}{T_2} + \frac{1}{T_3} + \cdots$ 은 2이다. 라이프니츠는 이 방법을 다른 무한급수에도 적용하여 극한값을 구했다. 또한 그는 1676년 4월 미발표 논문에 다음과 같이 쓰며 무한급수의 합에 대한 현대 수학적 정의의 극한값이 탄생할 것을 예고했다. "어떤 무한급수의 합이 있다고 할 때마다 나는 유한급수에도 같은 원칙을 적용하여 합을 구할 수 있고 급수가 증가할 때마다 오차가 점점 작아져 최소가 된다고 생각한다."[5]

라이프니츠는 당대의 수학자들이 이룬 업적을 빠르게 습득했고, 자기만의 아이디어를 추구하기 시작하면서 수학사에 큰 업적을 남겼다. 이후 그는 런던으로 여행을 떠났을 때를 제외하면 파리에서 4년을 지냈다. 런던에서 그는 왕립학회를 방문하여 자신이 직접 설계한 미완성 상태의 계산기를 소개했고, 이것은 사칙연산(덧셈, 뺄셈, 곱셈, 나눗셈)이 가능한 최초의 계산기였다. 왕립학회 회원들은 이에 깊은 인상을 받아 급히 라이프니츠를 외부 회원으로 선출했다. 파리에 체류하는 동안 라이프니츠는 미분을 이용하여 자신의 스타일로 변형시킨 무한소 미적분학을 발전시켰을 뿐만 아니라 수학사에서 중요한 논문들을 썼다. 1675년 11월 21일 원고에서 처음으로 그는 함수에 '인티그럴'이라는 기호, 즉 $\int f(x)dx$를 사용했다.

뉴턴에게 보내는 편지에서 그는 미분법을 사용했는데, 뉴턴은 이것을 자신이 개발한 유율법과 똑같다고 생각했다. 뉴턴은 그전에 라이프니츠에게 보냈

던 편지에서 자신의 연구 결과 중 일부를 설명한 적이 있었기 때문에(하지만 자
신의 방식에 대해 설명하지 않았다), 라이프니츠가 자신의 아이디어를 훔쳤다고 오해
했다. 실제로 뉴턴은 1666년에 유율법을 이용하여 미적분 공식을 만들었는데
1693년까지 이것을 발표하지 않았다. 뉴턴은 라이프니츠의 미적분 접근 방식
으로는 미해결 문제 중 단 한 문제도 풀 수 없다고 주장했다.

앞에서 언급했듯이 실제로 라이프니츠가 개발한 현대적인 수학 표기법은
지금도 표준으로 사용되고 있는 반면, 뉴턴의 표기법은 비실용적이기 때문에
폐기되었다. 파리에 체류하는 동안 라이프니츠는 동시대의 수학을 섭렵하고
개선된 표기법으로 발전시켜, 계산을 단순화하고 다른 수학자들과 물리학자들
이 훨씬 쉽게 미적분이라는 툴을 사용할 수 있게 만들었다.

라이프니츠는 자신의 스타일로 변형한 미적분학으로 새로운 수학 연구 결
과를 얻지 못했을지라도 그의 우수한 표기법은 수학 발전에 막대한 영향을 끼
쳤다. 라이프니츠는 파리에 머무르며 프랑스 과학아카데미의 명예 회원으로
활동하고 싶어 했지만 초청받지 못했다. 게다가 그의 후원자였던 폰 보이네부
르크 남작마저 세상을 떠났다. 파리에서 교수가 될 가능성이 없었기 때문에
1676년 10월 하노버 왕가의 사서이자 궁정 고문관 자리를 수락했다. 공식 명칭
이 하노버 계보의 브라운슈바이크-뤼네부르크 왕가(House of Brunswick-Lüneburg)
인 독일의 하노버 왕가는 대대로 영국과 아일랜드에 군주들을 보내 왔고 19
세기 내내 대영제국을 통치했던 유력 가문이었다. 1679년경 라이프니츠는 이
진법 연산을 개발했고, 이 내용을 1703년 논문 「이진법 연산 설명(Explication de
l'Arithmétique Binaire)」으로 발표했다. 그는 도입부에 이렇게 썼다.

일반적인 산술 연산은 십진법을 따른다. 열 개의 숫자, 즉 0, 1, 2, 3, 4, 5, 6, 7, 8, 9가
사용된다. 이것은 영, 일, 그리고 구까지의 숫자를 포함한다는 의미다. 십이 되면 다시

수학을 만든 사람들

처음부터 시작하고 '10'이라고 적고, 10의 열 배는 일백 또는 '100'이라고 쓰고, 100의 열 배는 일천 또는 '1000'이라고 쓰고, 1000의 열 배는 일만 또는 '10000'이라고 쓴다. 내가 수년 동안 십진법 대신 2를 기준으로 하는 가장 간단한 진법을 사용해 본 결과, 이진법은 수의 학문을 완성시키는 데 유용하다는 사실을 깨달았다. 나는 0과 1 외의 다른 숫자들은 사용하지 않고, 2가 되면 자릿수를 하나 올린다. 이것이 내가 2를 '10', 2의 2배를 '100', 4의 2배, 즉 8을 '1000', 8의 2배, 즉 16을 '10000'이라고 쓴 이유다.[6]

앞에서 우리는 이진수를 십진수로 변환할 때 2의 거듭제곱의 덧셈식 형태로 나타냈다. 예를 들어 이진수 101011은 (왼쪽에서 오른쪽으로 읽는다) $1 \cdot 2^0 + 1 \cdot 2^1 + 0 \cdot 2^2 + 1 \cdot 2^3 + 0 \cdot 2^4 + 1 \cdot 2^5 = 43$으로 나타낼 수 있다. 한편 십진수를 이진수로 나타내려면 2로 나누고 나머지 R(반드시 0또는 1이다)을 적고, 몫이 0이 될 때까지 이 과정을 반복한다.

$$43 \div 2 = 21R : 1$$

$$21 \div 2 = 10R : 1$$

$$10 \div 2 = 5R : 0$$

$$5 \div 2 = 2R : 1$$

$$2 \div 2 = 1R : 0$$

$$1 \div 2 = 0R : 1$$

위 식의 나머지를 아래에서 위의 순서로 읽으면 43의 이진수인 101011을 얻을 수 있다. 왜 그럴까?

주어진 식 $1 \cdot 2^0 + 1 \cdot 2^1 + 0 \cdot 2^2 + 1 \cdot 2^3 + 0 \cdot 2^4 + 1 \cdot 2^5 = 43$을 2로 나누면 모든 지수가 1씩 작아져 $1 \cdot 2^0 + 0 \cdot 2^1 + 1 \cdot 2^2 + 0 \cdot 2^3 + 1 \cdot 2^4$이 되고 나머

지는 1이다. 이 식을 또다시 2로 나누면 $0 \cdot 2^0 + 1 \cdot 2^1 + 0 \cdot 2^2 + 1 \cdot 2^3$이 되고 나머지는 1이다. 이 과정을 계속하면 43을 이진수로 표현하기 위한 모든 자릿수를 구할 수 있다. 가장 마지막 식의 나머지가 가장 높은 자릿수다.

라이프니츠는 0에서 32까지의 숫자를 이진수로 변환하는 표를 제공한 다음, 이진수의 덧셈, 뺄셈, 곱셈, 나눗셈에 대해 설명했다. 실제로 이진수 연산은, 우리에게 익숙하고 일반적인 십진수 연산과 매우 유사하다. 다만 자릿값이 10이 아니라 2일뿐이다. 예를 들어 십진수 5와 8을 더하면 마지막 자릿수가 3, 그다음 자릿수가 1이므로 13이다. 같은 방법으로 이진수 1과 1을 더하면 마지막 자릿수가 0, 다음 자릿수가 1이므로 이진수 10_2이다(여기에서 아래 첨자 2를 쓴 것은 십진수와 이진수를 구분하기 위해서다). 이진수 110_2과 111_2를 더하려면 마지막 자릿수부터 시작해야 한다. 먼저 0과 1을 더하면 1이다(자리 올림이 없다). 따라서 마지막 자릿수는 1이다. 그다음에 왼쪽으로 이동하여 1과 1을 더하면 0이고 한 자리를 올린다. 그다음 자리로 넘어가 1과 1을 더하고 1을 또 올린다. 따라서 두 수의

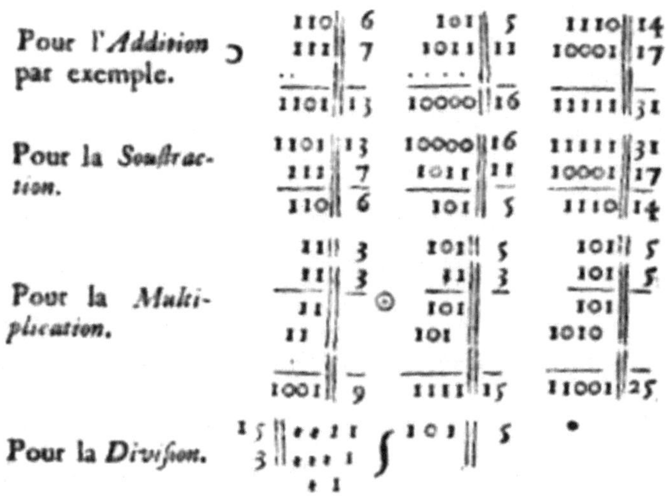

그림 18.5 이진법 산술에 관한 설명(왕립과학아카데미, 1703년).

수학을 만든 사람들

합은 1101_2다. [그림 18.5]는 라이프니츠가 쓴 원본 「이진법 연산 설명」에 나온 다른 예시다(프랑스 과학아카데미에서 발표한 논문이기 때문에 불어로 쓰였다). 이진수의 뺄셈, 곱셈, 나눗셈도 해보고 싶은 분이 있을지 모르겠다. 한번 시도해 보길 바란다.

라이프니츠는 자신의 논문에서 덧셈이나 곱셈표를 암기할 필요가 없기 때문에 이진법 연산이 사실상 십진법 연산보다 단순하다고 주장했다. 0과 1을 더하고 곱하는 방법만 알아도 충분하다는 것이다. 이어서 그는 이렇게 썼다.

> 나는 우리가 일상적으로 쓰는 십진법 대신 이진법을 도입하자고 권하지는 않는다. 이미 익숙해진 방식을 바꿔서 굳이 새로 이진법을 배울 필요는 없다. 또한 십진법은 자리 수가 짧아 숫자가 길어지지 않는다. 만약 우리가 12진법이나 16진법을 사용하고 있었다면 오히려 장점이 더 컸을 것이다.
>
> 그러나 0과 1, 두 숫자만으로 계산하는 이진법은 숫자가 길어진다는 단점을 감수하더라도 학문, 특히 수학과 기하학에서 가장 근본적인 계산 방식이 아닐 수 없다. 이진법은 새로운 발견의 가능성을 열어준다. 수를 가장 단순한 형태인 0과 1로 환원했을 때, 그 속에 경이로운 질서가 드러난다.[7]

실제로 라이프니츠는 대리석으로 이진수를 표현하고 가장 기본적인 유형의 펀치 카드로 통제하는 기계를 머릿속으로 그리며, 현대식 전자 디지털 컴퓨터 원리의 탄생을 예고했다.

라이프니츠는 몇 번 유럽 여행을 한 것을 제외하면 여생을 하노버에서 보냈다. 법정에서의 활동 외에 그는 수학, 논리학, 물리학, 철학에 관한 글을 꾸준히 집필했고 당대의 많은 유명한 학자들과 서신 교환을 했다. 그는 여러 언어 중에서도 주로 라틴어, 프랑스어, 독일어로 글을 썼다. 그뿐만 아니라 라이프니츠는 유럽에서 최초로 중국 문명에 진지한 관심을 보인 주류 지식인일 것이

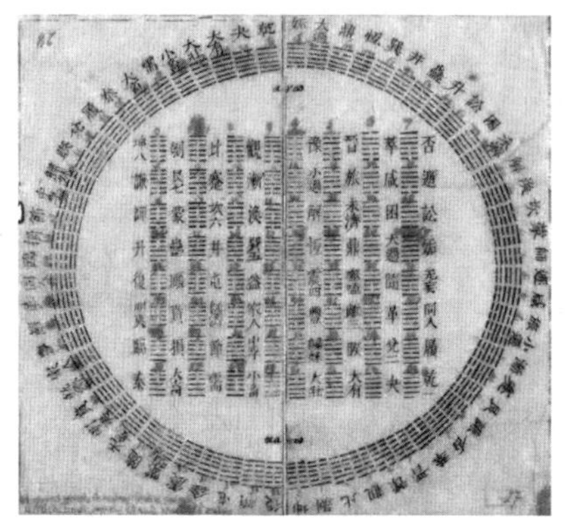

그림 18.6
1701년 중국을 여행한 프랑스 예수회 사제 요아킴 부베
(Joachim Bouvet, 1656~1730)가 라이프니츠에게 보
낸 육각별 도표(Franklin Perkins, Leibniz and China: A
Commerce of Light, Cambridge: Cambridge University
Press, 2004).

다. 그는 고대 중국의 점복(占卜)을 위한 원전(原典)인 『역경(易經)』에 나온 6선 성
형이 이진수 000000에서 111111에 해당한다는 사실에 매료되었다고 기록했
다. [그림 18.6]은 『역경』의 육각별 도표이며, 아라비아 숫자는 라이프니츠가
적은 것이다.

라이프니츠는 수학에 남긴 업적 외에도 철학과 논리학에서 중요한 인물이
다. 스텝 실린더 계산기(step calculator)와 1694년에 개발한 디지털 기계식 계산
기(digital mechanical calculator)의 발명자로 이름을 남겼다([그림 18.7] 참조). 르네 데카
르트, 바뤼흐 스피노자(Baruch Spinoza)와 함께 라이프니츠는 17세기의 3대 이성
주의자로 손꼽혔고 계몽주의 시대의 선구자였다. 그는 마지막 박식가들 중 한
사람으로 다양한 주제에 대해 숱하게 많은 글과 서신을 남겼다. 그가 집필하여
발표한 글 중 대략 20만 페이지가 지금까지 전해지고 있다.

그런 한편 폭넓은 분야에 대한 관심과 풍부한 아이디어는 그에게 정신적 부
담이 되기도 했다. 라이프니츠는 한 친구에게 자신이 지적 활동을 추구할 수
있는 시간이 제한되어 있다는 사실에 살짝 절망감을 느낀다는 내용을 암시하
는 편지를 썼다.

그림 18.7

지금 내가 얼마나 심란하고 흐트러져 있는지 말로 표현할 수 없을 정도네. 나는 기록 보관소에서 다양한 것들을 찾으려고 노력하고 있어. 나는 옛 논문들을 보고 발표되지 않은 문서들을 뒤지고 있다네. 이런 것들로부터 나는 브라운슈바이크 (왕가)의 역사를 빛내주고 싶네. 나는 엄청나게 많은 편지를 받고 답장을 했지. 동시에 나는 많은 수학 연구 결과와 철학적 사고, 사라져서는 안 될 문자 그대로의 혁신을 머릿속에 담고 있네. 그래서 나는 어디에서부터 시작해야 할지 갈피를 잡지 못할 때가 종종 있다네.[8]

라이프니츠가 뉴턴과 별개로 미적분학을 발전시켰는지, 뉴턴의 아이디어를 바탕으로 표기법만 달리한 미적분학을 발전시켰는지에 대한 오랜 논쟁으로 그의 말년은 고달팠다. 그는 생전에 자신이 수학에 남긴 업적을 거의 인정받지 못했고 1716년 하노버에서 (평생 결혼하지 않고 살다가) 외롭게 세상을 떠났다. 라이프니츠는 영국 왕립학회와 베를린 과학아카데미의 종신회원이었지만 어느 조직에서도 그의 죽음을 애도하지 않았다. 1985년 독일 정부는 과학에 남긴 그의 업적을 기리기 위한 세계 최대의 상인 라이프니츠상(Leibniz Prize)을 제정했다.

체바

삼각형 속 공점선의 법칙
이탈리아, 1647~1734

뛰어난 천재가 단 한 번의 업적으로 기억되는 일은 적지 않다. 특히 음악과 미술 분야에서 이런 경향이 두드러지게 나타난다. 수학 분야에도 이런 인물이 있다. 지금 소개하려는 수학자가 바로 그런 경우다. 그의 주요한 관심 영역은 기하학이었지만 그는 경제학과 물리학도 어느 정도 공부했다. 주인공은 이탈리아의 수학자 조반니 체바(Giovanni Ceva)로 1647년 9월 1일 이탈리아의 밀라노에서 태어났다. 여러 방면의 학습을 고려했을 때 체바는 당시 유복한 가정의 자제였던 것으로 짐작된다. 체바의 어린 시절에 관해 알려진 것은 거의 없지만, 나중에 회고하길 체바는 어렸을 때 자신이 온갖 불행을 겪어 슬픔에 젖어 있었다고 고백했다. 그는 밀라노의 브레라 예수회 대학(Collegio di Brera)에서 교육을 받았으며, 이때부터 수학과 과학에 남다른 재능을 보였다.

대학 졸업 후 체바는 아버지의 뒤를 이

그림 19.1 조반니 체바.

어 밀라노, 제노바, 만토바 등지에서 사업과 정치적 활동을 수행했다. 하지만 수학과 과학에 대한 그의 관심은 사그라들지 않았다. 결국 그는 1670년에 피사대학교(University of Pisa) 수학과에 입학한다. 대학에 다니는 동안 체바는 원을 정사각형으로 만드는 문제, 이른바 직선자와 컴퍼스만 이용하여 원을 작도하고, 이 원과 같은 면적의 정사각형을 작도하는 방법을 찾는 데 몰두했다. 그러나 숱한 노력에도 실패하자 결국 낙담하여 이 문제를 포기했다. 흥미롭게도 1882년에 린데만-바이어슈트라스 정리(Lindemann-Weierstrass Theorem)에 의해 원주율 π가 초월수라는 사실이 증명되어, 원을 정사각형으로 만드는 것은 불가능한 것으로 입증되었다.

체바는 아버지 밑에서 일하는 동안에도 연구를 게을리하지 않았고, 1678년 『교차하는 직선의 정역학적 구성(De lineis rectis se invicem secantibus statica constructio)』이라는 제목의 책을 발표했다. 이 책 덕분에 그는 만토바와 몬테라토의 경제를 책임지는 자리에 올랐다. 하지만 수학에 대한 관심과 연구 결과를 발표하겠다는 그의 의지는 꺾이지 않았다. 이후에 조반니 체바는 효율적인 고용 방안을 제안한 공로로 만토바 공작에게 시민권을 수여받았다. 덕분에 그는 일과 수학 연구를 병행하면서 당대의 많은 실력 있는 수학자들과 교류할 수 있게 되었다.

1685년 1월 15일 조반니 체바는 세실리아 베키와 결혼했다. 둘 사이에 일곱 명의 자녀가 태어났는데, 그중 다섯 자녀만 생존하여 만토바 공작으로부터 시민권을 받았다. 그리고 1686년에 그는 만토바대학교의 수학과 교수로 임용되었다. 이후 조반니 체바는 만토바가 오스트리아의 보호를 받던 시기인 1707년을 포함하여, 만토바대학교 교수로 여생을 보냈다.

오늘날 조반니 체바는 1687년에 발표한 위의 책에 소개되었던 삼각형에 대한 정리로 기억된다. 체바의 정리는 삼각형의 세 꼭짓점에서 각각의 대변 위에 내린 선분들이 한 점에서 만날 때, 즉 공점선(체바선(cevian)이라고 불림)일 때, 번갈아 나타나는 세 변의 곱은 동치라는 사실을 증명한 것이다.

체바의 정리는 '쌍조건문' 형태의 동치 명제이므로 그 역도 성립한다. 이를 증명하려면 원래 명제와 그 역, 두 가지 증명이 모두 필요하다. 체바의 정리는 [그림 19.2]의 삼각형 ABC에 대하여 다음과 같이 서술된다. 삼각형 ABC의 꼭 짓점과 대변 위의 점 L, M, N을 이었을 때 생기는 세 선분은 공점선이고, 필요충분조건은 $AM \cdot BN \cdot CL = MC \cdot NA \cdot BL$, 즉 $\dfrac{AM}{MC} \cdot \dfrac{BN}{NA} \cdot \dfrac{CL}{BL} = 1$이다.

이 정리는 여러 가지 방법으로 증명할 수 있지만, 우리는 그중 한 가지 방법만 택하여 이 멋진 이론을 증명하려고 한다.[1] [그림 19.2]의 좌측 도형을 보면서 증명을 하고, 우측 도형에서 이 명제의 타당성을 검증하는 것이 더 쉬울지 모른다. 아무튼 두 도형을 이용하여 증명을 해보겠다.

[그림 19.2]의 좌측에 삼각형 ABC, 꼭짓점 A를 지나고 BC에 평행한 선분 (SR)이 있다. 선분 SR은 점 S에서 연장한 선분 CP와 점 R에서 연장한 선분 BP와 만난다.

두 직선이 평행하므로 아래의 삼각형들은 각각 닮음이다.

$\triangle AMR \sim \triangle CMB$ 이므로, $\quad \dfrac{AM}{MC} = \dfrac{AR}{CB}$ (I)

$\triangle BNC \sim \triangle ANS$ 이므로, $\quad \dfrac{BN}{NA} = \dfrac{CB}{SA}$ (II)

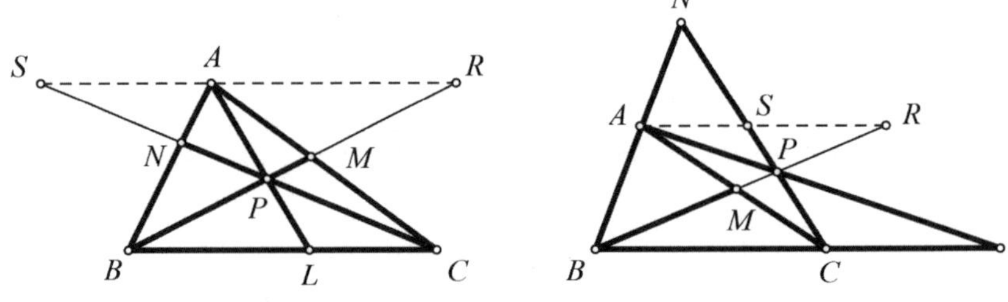

그림 19.2

수학을 만든 사람들

$\triangle CLP \sim \triangle SAP$ 이므로, $\dfrac{CL}{SA} = \dfrac{LP}{AP}$ (III)

$\triangle BLP \sim \triangle RAP$ 이므로, $\dfrac{BL}{RA} = \dfrac{LP}{AP}$ (IV)

(III)과 (IV)에 의해 $\dfrac{CL}{SA} = \dfrac{BL}{RA}$ 이다.

이를 다시 정리하면 $\dfrac{CL}{BL} = \dfrac{SA}{RA}$ 이다.(V)

(I), (II), (V)를 곱하면 아래와 같다.

$$\frac{AM}{MC} \cdot \frac{BN}{NA} \cdot \frac{CL}{BL} = \frac{AR}{CB} \cdot \frac{CB}{SA} \cdot \frac{SA}{RA} = 1$$

따라서 위의 식은 다음과 같이 정리할 수 있다.

$$AM \cdot BN \cdot CL = MC \cdot NA \cdot BL$$

체바의 정리의 역은 이렇게 특수한 값을 갖는다. 삼각형의 세 변을 따라 번갈아 나타나는 각각의 세 선분의 곱이 같을 때, 이 점들을 결정하는 체바선은 항상 공점선임에 틀림없다.

이제 우리는 삼각형 ABC의 꼭짓점을 포함하는 선분들이 대변 위의 점 L, M, N과 각각 만날 때, 즉 $\dfrac{AM}{MC} \cdot \dfrac{BN}{NA} \cdot \dfrac{CL}{BL} = 1$을 만족시키려면, 선분 AL, BM, CN은 공점선이라는 것을 증명하려고 한다.

여기서부터는 [그림 19.2]의 우측 도형에 관한 설명이다. BM과 AL이 점 P에서 만난다고 가정하자. 선분 PC를 그린 다음, 선분 AB와 만나는 점을 N'이라고 하자. AL, BM, CN'이 공점선을 지나므로, 우리는 앞에서 증명했던 체바의 정리 중 일부를 이용해 아래 식을 증명할 수 있다.

$$\frac{AM}{MC} \cdot \frac{BN'}{N'A} \cdot \frac{CL}{BL} = 1$$

그런데 가정에서

$$\frac{AM}{MC} \cdot \frac{BN}{NA} \cdot \frac{CL}{BL} = 1$$

이라고 하였으므로 $\frac{BN'}{NA} = \frac{BN}{NA}$ 이고, N과 N'이 일치해야 한다. 따라서 이것은 세 선분이 공점선임을 입증한다.

편의상 이런 관계를 아래와 같이 다시 정리할 수 있다.

$AM \cdot BN \cdot CL = MC \cdot NA \cdot BL$ 이면 세 선분은 공점선이다.

한편 체바의 정리를 흥미롭게 변형시킨 사례가 있는데, 이것은 프랑스의 수학자 라자르 카르노(Lazare Carnot, 1753~1823)[2]가 발견했다. 세 개의 체바선이 공점선이라는 것은 삼각형의 꼭짓점에 의해 나뉜 각들에 의해 명시되어 있다. [그림 19.3]에서 볼 수 있듯이 체바선 AL, MB, CN은 아래와 같이 각을 나눈다.

각 A는 α_1과 α_2로 나뉘고,

각 B는 β_1과 β_2로 나뉘고,

각 C는 γ_1과 γ_2로 나뉜다.

이 세 선분이 점 P를 공통으로 지날 때 필요충분조건은[3]

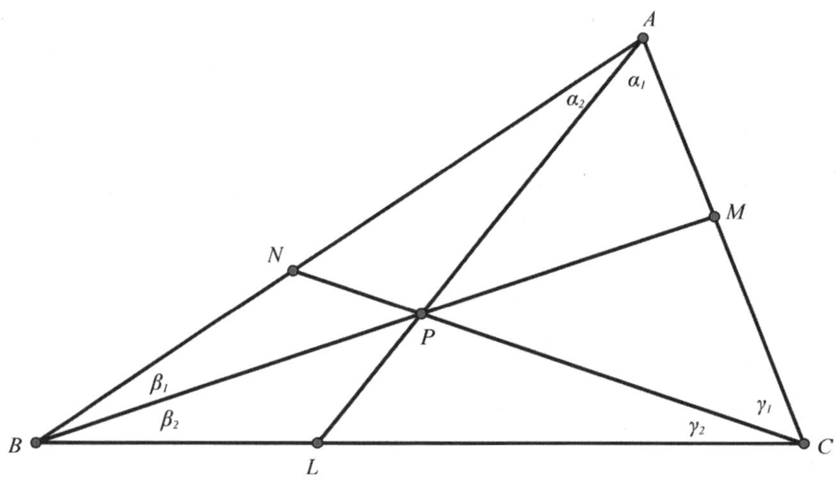

그림 19.3

수학을 만든 사람들

$\dfrac{\sin \alpha_1}{\sin \alpha_2} \cdot \dfrac{\sin \beta_1}{\sin \beta_2} \cdot \dfrac{\sin \gamma_1}{\sin \gamma_2} = 1$이다. 증명을 하려면 사인법칙을 여러 번 활용해야 하므로 증명은 의욕 넘치는 독자들의 몫으로 남겨두겠다.

아래에서 설명하고 있는 메넬라오스의 정리에서 볼 수 있듯이 서기 100년 그리스의 수학자 알렉산드리아의 메넬라오스(Menelaus of Alexandria, 70~140)[4]는 동일직선상의 점들을 결정하는, 삼각형의 각 변에 번갈아 나타나는 선분들의 곱이 같다는 사실을 증명했다. 체바는 메넬라오스가 발전시킨 정리를 발견함으로써 기하학에 대한 우리의 지식을 더욱 풍성하게 해주었다.

AZ · BX · CY = AY · BZ · CX가 성립하는 삼각형 ABC의 각 변에(혹은 [그림 19.4] 우측에서 볼 수 있듯이 삼각형 ABC의 연장선 위에) 세 점 X, Y, Z가 있으면 세 점 X, Y, Z는 동일직선상에 있다([그림 19.4] 참조).

메넬라오스의 정리에 대한 증명은 상당히 간단하고 기초 기하학적인 관계를 다시 한번 활용하고 있다. 다시 말해 이것은 쌍조건문이 성립하는 관계이고 아래와 같이 도형을 이용해 기호로 증명할 수 있다.

$AZ \cdot BX \cdot CY = AY \cdot BZ \cdot CX$의 필요충분조건은 X, Y, Z가 동일한 직선 위

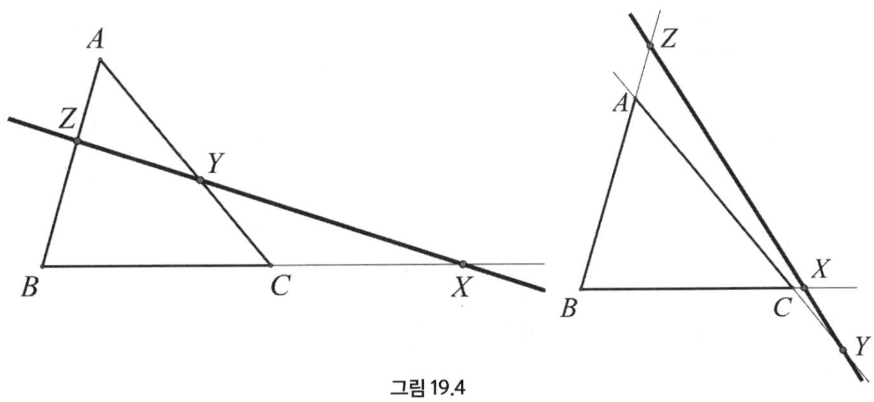

그림 19.4

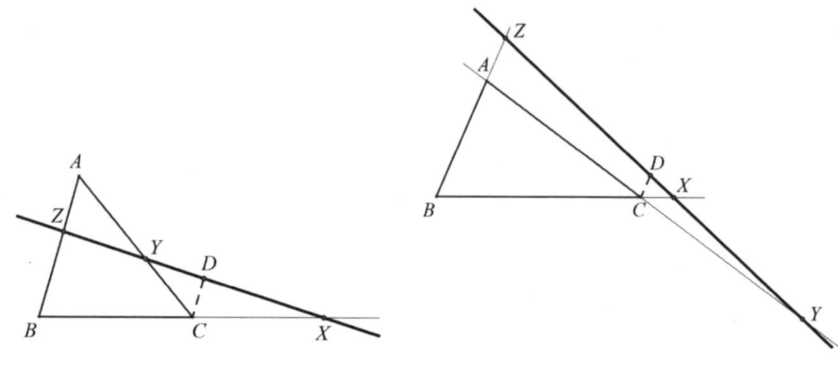

그림 19.5

에 있다는 것이다.

먼저 X, Y, Z가 동일직선상에 있으면 $AZ \cdot BX \cdot CY = AY \cdot BZ \cdot CX$를 증명하려고 한다.

[그림 19.5]에서 볼 수 있듯이 점 C를 포함하면서 선분 AB에 평행하고 점 D를 지나는 직선 XYZ 혹은 직선 YXZ를 그린다. 우리는 공점선 X, Y, Z가 주어진 상태에서 시작하고 있는 것이다.

$$\triangle CDX \sim \triangle BXZ \text{이므로}, \quad \frac{CD}{BZ} = \frac{CX}{BX}, \text{ 즉 } CD = \frac{BZ \cdot CX}{BX} \text{이다.}$$

$$\frac{CD}{BZ} = \frac{CX}{BX}, \text{ 즉 } CD = \frac{BZ \cdot CX}{BX} \qquad \text{(I)}$$

$$\triangle CDY \sim \triangle AYZ \text{이므로}, \quad \frac{CD}{AZ} = \frac{CY}{AY}, \text{ 즉 } CD = \frac{AZ \cdot CY}{AY} \text{이다.}$$

$$\frac{CD}{AZ} = \frac{CY}{AY}, \text{ 즉 } CD = \frac{AZ \cdot CY}{AY} \qquad \text{(II)}$$

등식 (I)과 (II)에 의해 $\dfrac{BZ \cdot CX}{BX} = \dfrac{AZ \cdot CY}{AY}$ 이다.

수학을 만든 사람들

$\dfrac{BZ \cdot CX}{BX} = \dfrac{AZ \cdot CY}{AY}$ 이므로 $AZ \cdot BX \cdot CY = AY \cdot BZ \cdot CX$임을 쉽게 알 수 있다.

이제 우리는 등식 $AZ \cdot BX \cdot CY = AY \cdot BZ \cdot CX$가 참인 위치에 점 x, y, z가 있으면(다른 방식으로 표현하면 $\frac{AY}{CY} \cdot \frac{BZ'}{AZ'} \cdot \frac{CX}{BX} = 1$이면), 세 점 X, Y, Z가 동일직선상에 있는 점이라는 것을 증명하려고 한다.

먼저 AB와 XY의 교점을 Z'이라고 하자. 그다음에 우리는 $Z' = Z$임을 증명해야 한다. 파트 1에서(위에서) 우리는 $\dfrac{AY}{CY} \cdot \dfrac{BZ'}{AZ'} \cdot \dfrac{CX}{BX} = 1$, 즉 $\dfrac{BZ'}{AZ'} = \dfrac{BZ}{AZ}$라는 사실을 확인했다. 따라서 $Z' = Z$이고 점 X, Y, Z는 동일직선상에 있어야 한다.

안타깝게도 1678년 체바의 책은 지금만큼 잘 알려져 있지 않아서, 초판 1쇄로 끝이 났다. 체바는 실제로 많은 발견을 했지만 묻혀 있었다. 게다가 후대의 학자들은 이 정리가 체바의 업적이라는 사실을 모른 채 재발견했기 때문에 체바는 자신의 업적을 인정받을 수 없었다. 그러다가 19세기에 프랑스의 수학자 미셸 플로레알 샬(Michel Floréal Chasles, 1793~1880)이 후대 학자들보다 체바의 연구가 앞섰다는 것을 인정했다. 따라서 지금은 체바의 정리라고 불리고 있다. 체바는 기하학에 남긴 업적 외에도 역학의 응용에 관한 연구도 했다. 아쉽게도 현재 체바는 기하학에 남긴 업적으로만 알려져 있다. 체바는 1734년 5월 13일 이탈리아 만토바에서 세상을 떠났다.

심슨

고대 그리스 기하학의 복원자
스코틀랜드, 1687~1768

미국은 고등학교 1년 동안 기하학을 공부하는데, 이는 전 세계적으로도 드문 교육 시스템이다. 이 과정의 커리큘럼은 유클리드의 대표작 『원론』을 바탕으로 짜여 있다. 그런데 이런 고등학교 기하학 커리큘럼이 완성되기까지의 과정을 살펴보면 상당히 흥미롭다. 스코틀랜드의 수학자 로버트 심슨은 유클리드의 『원론』 1권부터 6권, 11권과 12권을 영어로 번역하는 작업에 착수했고, 1756년 스코틀랜드의 글래스고(Glasgow)에서 처음 한 권의 책으로 발표했다. [그림 20.1]의 사진은 1787년판 표지이다.

1794년 프랑스의 수학자 아드리앵 마리 르장드르(Adrien-Marie Legendre, 1752~1833)가 발

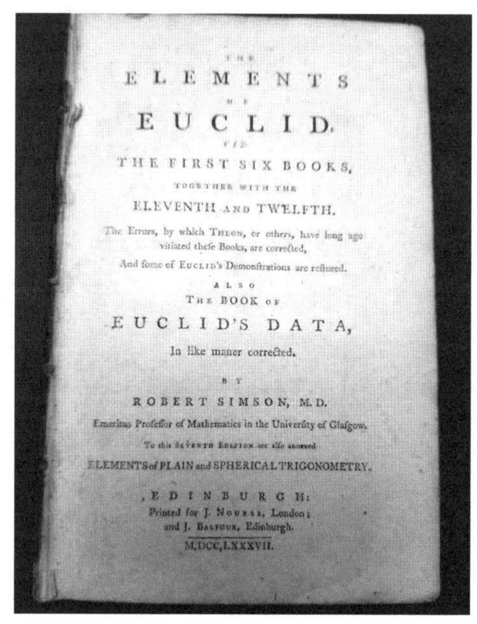

그림 20.1

표한 『기하학 원론(Éléments de Géométrie)』이라는 제목의 책은 이후 약 100년 동안 대중적 인기를 얻었다. 그리고 1828년 미국의 수학자 찰스 데이비스(Charles Davis)가 르장드르의 『기하학 원론』을 번안한 『기하학 원론(Elements of Geometry)』 초판을 발표하면서 대서양권에서도 르장드르의 책은 성공을 거두었다. 그 후 이 책은 미국에서 기하학 수업의 모델이 되었다([그림 20.2] 참조). 물론 현재 미국의 교과 과정에 이르기까지 오랜 세월 동안 수차례의 개정을 거쳤다.[1]

이 여정이 로버트 심슨으로부터 시작되었다는 사실은 그의 중요한 업적 중 일면에 불과하다. 로버트 심슨은 1687년 10월 14일 스코틀랜드의 에이셔(Ayrshire) 웨스트 킬브라이드(West Kilbride)에서 존 심슨의 장남으로 태어났다.

로버트는 고전학과 식물학에 탁월한 재능을 보여 1702년 열네 살에 글래스고대학교(University of Glasgow)에 입학했다. 그는 아버지의 강요로 성직자 교육을 받았지만, 추측과 정확성이 떨어지는 종교적 사고에 만족을 느낄 수 없었다.

그다음 심슨의 관심을 사로잡은 것은 아시아 문헌학에 관한 한 권의 책이었다. 아시아 문헌학은 명제의 참이나 거짓이 입증될 수 있는 학문이었지만 여전히 그는 만족하지 못했다.

심슨은 수학이라는 학문을 파고들다가 특별한 관심을 기울이게 되었고, 특히 유클리드의 『원론』을 읽고 기하학에 대해 큰 깨달음을 얻었다. 그리하여 글래스고대학교 수학과에

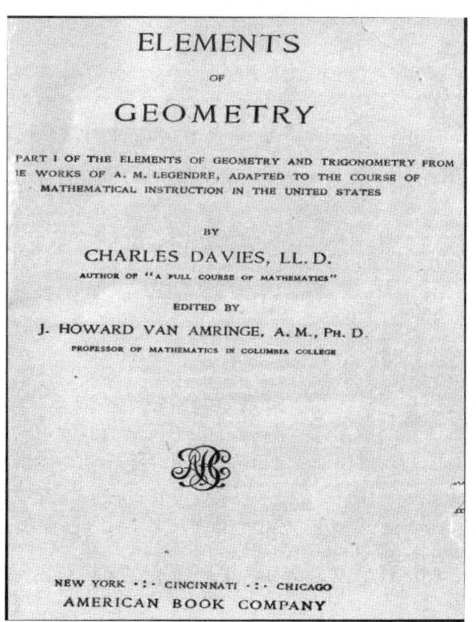

그림 20.2

진학했지만 여전히 부족한 느낌은 해소되지 않았다. 졸업 후 그는 글래스고대학교 수학과 학과장직을 제의받았지만 더 많은 것을 배우기 위해 1710년 런던으로 갔다. 런던에서 그는 당대를 주름잡던 수학자들과 교류했고, 1년 뒤 글래스고로 돌아가 원래 제의받았던 자리를 수락했다. 이렇게 그는 자신이 좋아했던 분야인 기하학을 또 한 번 깊이 있게 연구할 수 있었다.

심슨은 라틴어로 된 유클리드의 작품에 대한 글을 발표했는데, 이 책은 아마 유클리드의 기념비적인 저서 『원론』의 최초 영역본일 것이다. 심슨의 책은 전 세계에서 70쇄 이상 판매되었고, 지금도 미국의 고등학교 기하학 수업에서 유클리드의 『원론』을 공부하는 데 필요한 기본 모델이다. 심슨은 수학자로 살면서 대수학과 무한소 미적분을 발전시켜야 한다는 사실을 알고 있었지만, 그의 관심은 기하학적 측면에서 수학적 아이디어를 제시하는 데 기울어 있었다.

로버트 심슨은 평생 독신으로 지내면서 좋은 집을 포기하고 작고 소박한 셋방에서 아주 검소한 생활을 했고, 주로 대학 근처의 작은 주점에서 끼니를 해결했다. 그리고 1746년 그는 스코틀랜드의 세인트앤드루스대학교(St. Andrews University)에서 명예 의학 박사 학위(M.D.)를 받았다. [그림 20.1]의 표지에서 볼 수 있듯이 심슨은 이 학위를 자랑스럽게 드러냈다.

1753년 심슨은 연속한 두 피보나치 수의 비에 대한 근삿값이 극한값인 황금비, 즉 $\frac{1+\sqrt{5}}{2} = 1.618\ldots$이라는 점을 밝히며, 나날이 발전하는 수학사에 또 다른 면을 제시했다.

현재 심슨은 역사적인 성공을 거두었던 기하학책 외에도 자신의 이름이 들어간 기하학 정리로 명성을 떨치고 있다. 토머스 레이번(Thomas Leybourn)의 『수학의 보고(寶庫)』에 의하면 엄밀히 말해 이 정리는 1799년 스코틀랜드의 수학자 윌리엄 월리스가 발견했기 때문에 심슨의 업적이 아니다. 당시 로버트 심슨의 대중적 인지도가 높았기 때문에 르네 데카르트가 제시하지 않은 유클리드 스

그림 20.3 로버트 심슨.

타일의 기하학 아이디어는 저절로 심슨의 것으로 받아들여졌던 듯하다.

이제부터 그 유명한 심슨의 정리(Simson's Theorem)를 살펴보도록 하자. [그림 20.4]에서 삼각형 ABC는 원에 내접하고, 점 P는 원 위에 있는 임의의 점이다. 점 P에서 삼각형의 세 변에 세 개의 수선을 내린다(점선, 실선). 수선의 발을 각각 점 X, Y, Z 라고 하자. 심슨의 정리에 의하면 (따지고 보면 '월리스의 정리'라고 해야 옳지 않을까?) 이 세 점은 항상 동일직선상에 있다.

이 놀라운 관계가 참이라는 근거를 제시하는 일은 기하학적 관계가 지닌 힘을 이해하기 위한 좋은 훈련이 될 것이다. 먼저 [그림 20.4]를 보면 각 PYA가 각 PZA의 보각(두 각 모두 직각이다)이라는 사실을 알 수 있다. 사각형의 대각이 보각일 때 이 사각형은 내접 사각형이다(즉, 원에 내접한다). 따라서 사각형 $PZAY$는 내접 사각형이다. 이제 PA, PB, PC(점선)를 그리자. 사각형 $PZAY$에 대한 외접

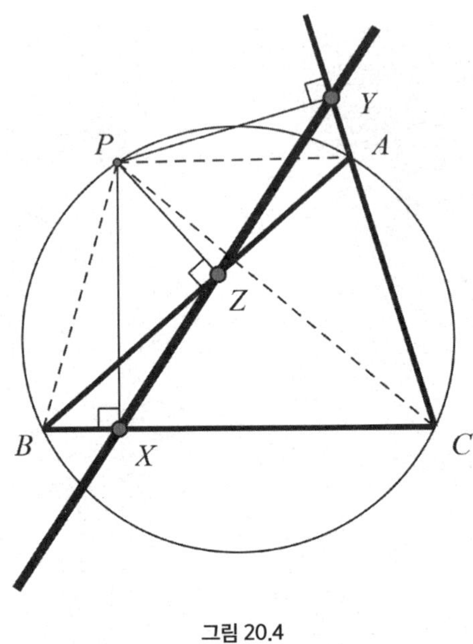

그림 20.4

원(그림에 표시되지 않음)이 있다고 가정할 때, 같은 호 PZ에 대한 원주각이므로, 즉 원의 호 PZ에 대한 원주각이 두 개이므로 두 각 $\angle PYZ = \angle PAZ = \angle PAB$이다.

마찬가지 방법으로 우리는 $\angle PYC$와 $\angle PXC$가 각각 90°이므로 보각이라는 것을 알 수 있고, 이것은 $PXCY$가 내접 사각형임을 입증한다. 앞에서와 마찬가지로 $\angle PYX$와 $\angle PCB$는 같은 호 PX에 대한 원주각이므로 $\angle PYX = \angle PCB$이다.

내접 사각형 $PACB$를 통해 $\angle PAZ$(또는 $\angle PAB$) $= \angle PCB$라는 사실이 확인되었다. 이 세 각의 크기가 같다는 사실이 증명되었으므로 앞의 식과 연립하여 정리하면 $\angle PYX = \angle PCB = \angle PAZ = \angle PYZ$이다. 이것을 한 번 더 정리하면 $\angle PYX = \angle PYZ$ 이므로 X, Y, Z는 동일직선상에 있다. 이로써 심슨의 정리가 증명되었다. 심슨의 정리에 대한 역도 참이라는 사실을 알아두길 바란다.

동일직선상에 있는 것 외에도 수선의 길이들 사이에 일정한 관계가 성립하는데, 이 관계는 마치 별다른 특성이 없는 것처럼 보인다. [그림 20.5]에서 점

수학을 만든 사람들

P는 삼각형 ABC의 외접원 위에 있고, 변 AC, AB, BC에서 각각 수선 PX, PY, PZ를 내렸다. 이 흥미로운 관계는 $PA \cdot PZ = PB \cdot PX$로 발전한다. 이 놀라운 관계를 증명하기 위해 먼저 우리는 사각형 $PYZB$와 사각형 $PXAY$가 내접 사각형이라는 것을 보여주려고 한다. $\angle PYB$와 $\angle PZB$는 둘 다 직각이고 변PB가 공통이므로 사각형 $PYZB$는 내접 사각형이다. 그리고 우리는 한 변을 공통으로 하는 사각형의 두 대각의 크기가 같을 때 내접 사각형이라는 것도 알고 있다. 따라서 $\angle PBY = \angle PZY$이다. 마찬가지로 사각형 $PXAY$에 같은 근거를 적용하면 $\angle PXA = \angle PYA = 90°$ 이므로 $\angle PXA = \angle PYA$라는 결론을 내릴 수 있다. 점 X, Y, Z는 심슨의 직선 위에 있기 때문에 $\triangle PAB \sim \triangle PXZ$임을 증명할 수 있다. 두 삼각형이 닮음이므로 $\dfrac{PA}{PX} = \dfrac{PB}{PZ}$이고, $PA \cdot PZ = PB \cdot PX$이다. 이것은 앞에서 가장 먼저 증명한 내용이다.

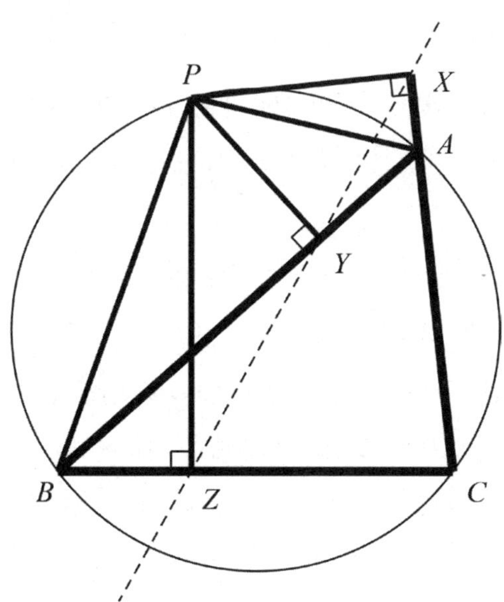

그림 20.5

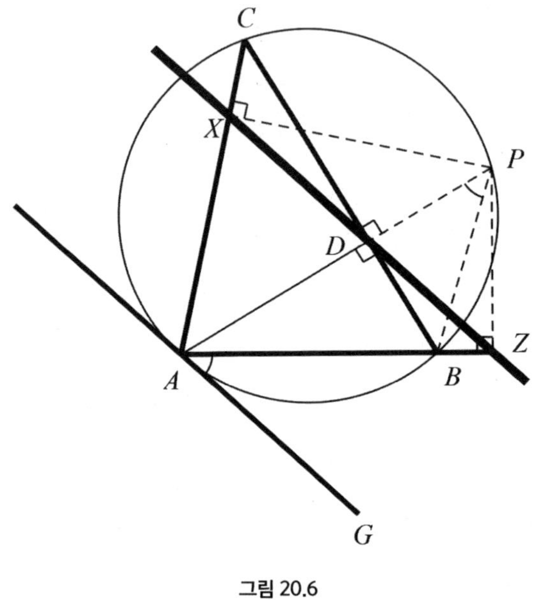

그림 20.6

[그림 20.6]에서 우리는 삼각형 *ABC*에서 심슨 직선과 관련된 또 다른 흥미로운 성질을 증명하려고 한다. 삼각형 *ABC*의 높이 *AD*가 외접원 위의 점 *P*에서 만날 때, 삼각형 *ABC*의 외접원 위의 점 *P*에서 내린 심슨 직선(XDZ)은 점 *A*, 접선 *AG*에 평행하다.

이 관계가 참이라는 것을 증명하기 위해 먼저 우리는 선분 *PX*와 *PZ*가 삼각형 *ABC*의 변 *AC*와 *AB*에 대해 각각 수직이라는 점을 염두에 두어야 한다. [그림 20.6]처럼 선분 *PB*를 그리자. 사각형 *PDBZ*만 살펴보면, 우리는 이미 $\angle PDB = \angle PZB = 90°$임을 알고 있기 때문에 이 사각형이 내접 사각형임을 증명할 수 있다. 또한 $\angle DZB$와 $\angle DPB$는 호 *DB*가 이루는 각의 절반이므로 $\angle DZB = \angle DPB$ 이다.

한편 삼각형 *ABC*에 대한 외접원의 관점에서 보면 각 *GAB*와 각 *APB*는 호 *AB*의 절반에 해당하는 각이므로 두 각의 크기는 같다.

                                              수학을 만든 사람들

$$\angle GAB = \frac{1}{2} \text{(호 AB)} = \angle APB \text{(또는 DPB)}$$

이것을 간단히 정리하면 $\angle GAB = \angle DPB$이다. 횡단선 ABZ에 의해 생기는 두 평행선 AG에서 XDZ에서 번갈아 나타나는 두 각 $\angle DZB = \angle GAB$이고, 심슨 직선과 점 A에서 그은 접선은 평행하다. 지금은 심슨의 정리라는 이름 때문에 심슨이 이 정리와 다양한 관계를 발전시켰다고 여겨지지 않지만, 이 자리를 빌려 로버트 심슨이 여전히 유명한 이유를 차근차근 짚어볼 수 있었다.

로버트 심슨은 1768년에 사망했고 블랙프라이어스 묘지(Blackfriars Burial Ground)에 묻혔다. 얼마 후 그를 기리기 위해 웨스트 킬브라이드 공동묘지(West Kilbride Cemetery)에 50피트 규모의 기념비가 세워졌다.

묘비명에는 이렇게 쓰여 있다.

"고대 그리스 기하학의 복원자, 그의 책들은 학교 교육의 발전에 이바지했다."[2] 이 한 문장에 심슨이 후대에 얼마나 큰 공헌을 했는지가 담겨 있다!

골드바흐

단 하나의 추측이 만든 불멸의 이름
독일, 1690~1764

분야를 가리지 않고 일생에 단 한 번의 대박만으로도 지금까지 사람들에게 기억되는 뛰어난 인물들이 있다. 예를 들어 프랑스의 작곡가 조르주 비제(Gorges Bizet, 1838~1875)는 오페라 〈카르멘(Carmen)〉으로 오늘날까지 유명하다. 미국의 작가 *J. D.* 샐린저(J. D. Salinger, 1919~2010)는 대부분 사람에게 『호밀밭의 파수꾼(Catcher in the Rye)』이라는 책으로 기억된다. 작곡가 잉글버트 험퍼딩크(Engelbert Humperdinck, 1854~1921)는 오페라 〈헨젤과 그레텔(Hänsel und Gretel)〉이라는 제목과 함께 여전히 기억된다. 크리스티안 골드바흐(Christian Goldbach) 역시 바로 그런 인물이다. 지금까지도 그는 자신의 이름이 들어간 '골드바흐의 추측'으로 회자되고 있으며, 골드바흐의 추측은 수 세기 동안 수학자들의 도전 정신을 자극하고 있다.

크리스티안 골드바흐는 1690년 3월 18일 브란덴부르크-프로이센(현재 러시아의 칼리닌그라드)에서 태어났다.[1] 골드바흐의 아버지는 이 지역의 신교 교회 목사였고, 크리스티안 골드바흐는 쾨니히스베르크대학교(Albertus Universität Königsberg)에서 공부했다. 그는 법학과 의학을 전공했지만 수학에도 조예가 깊었다. 1710년부터 1724년까지 골드바흐는 독일, 네덜란드, 이탈리아, 영국, 프랑스 등

그림 21.1 크리스티안 골드바흐.

유럽 곳곳을 여행하면서 당대의 유명한 학자들을 찾아다니며 만났다. 예컨대 1711년에 독일의 수학자이자 철학자인 고트프리트 빌헬름 라이프니츠를 만났고, 그 후로 2년 동안 라틴어로 꾸준히 서신 교환을 했다.

1712년 골드바흐는 런던에서 니콜라우스 베르누이(Nicolaus Bernoulli) 1세와 아브라함 드 무아브르(Abraham de Moivre)를 포함한 몇몇 수학자들을 만났고, 야코프 베르누이(Jacob Bernoulli)에게도 주목을 받았다. 이런 만남은 골드바흐가 수학 분야로 진출하는 계기가 되었다. 골드바흐는 1721년 베네치아에서 니콜라우스 베르누이 2세와 만난 후 그의 동생 다니엘 베르누이(Daniel Bernoulli)를 소개받으면서 수학에 점점 더 흥미를 갖게 되었다. 이후 다니엘 베르누이와 골드바흐의 교류는 7년 동안 지속되었다. 또한 골드바흐가 다국어 가능자였다는 점에 주목할 필요가 있다. 그는 독일어와 라틴어로 일기를 썼고, 독일어, 라틴어, 프랑스어, 이탈리아어로 편지를 교환했다. 게다가 그는 법률 문서를 작성할 수 있을 정도로 러시아어에 능통했다.

1724년 골드바흐는 쾨니히스베르크로 돌아왔고, 이곳에서 게오크 베른하르트 빌핑거(Georg Bernhard Bilfinger)와 야콥 헤르만(Jakob Hermann)을 만나게 된다. 이 두 명의 수학자들이 골드바흐의 수학 연구에 많은 영향을 끼쳤다. 수학계에서 골드바흐는 빠르게 명성을 얻어 1725년 상트페테르부르크 과학아카데미(St. Petersburg Academy of Sciences)의 수학과 교수직을 제의받았다. 그가 다년간 저명한 수학자들의 논문을 읽고 직접 논문을 작성하면서 명성을 쌓은 결과였지만, 논문의 내용에 아주 깊이가 있는 것은 아니었다.

골드바흐는 1725년 12월부터 1728년 1월까지 상트페테르부르크 과학아카데미의 기록 담당직을 맡았다. 이 기간에 그는 당시 러시아의 수도였던 상트페테르부르크의 정치 상황을 두루 살펴볼 수 있었다.

다작을 발표했던 스위스의 유명한 수학자 레온하르트 오일러가 1727년 상트페테르부르크에 방문했을 때 골드바흐를 만났다. 얼마 후인 1729년에 골드바흐는 모스크바로 이주했지만 오일러와의 교류는 이후 35년 동안 계속되었다. 골드바흐는 왕족의 개인 교사로 일하다가, 1732년 다시 상트페테르부르크 과학아카데미에서 활동하게 되었다. 사실상 골드바흐는 두 명의 아카데미 행정 책임자로, 다른 한 명은 *J. D.* 슈마허(J. D. Schumacher)였다. 그리하여 골드바흐와 러시아 정부와의 관계는 더 깊어졌다. 그는 라틴어, 프랑스어, 독일어 외에 러시아어까지 가능했기 때문에 러시아 정부에서 점점 영향력 있는 인물이 되었다. 1740년 골드바흐는 아카데미를 사직하고 외무부(Ministry of Foreign Affairs)의 중직에 임명되었다. 1760년 그는 왕족을 위한 교육 프로그램을 도입하라는 요청을 받았고, 이 프로그램은 향후 수백 년간 유지되었다.

골드바흐가 수학사에 남긴 유산은 어디에서 발전했을까? 앞에서 언급했듯이 골드바흐는 오일러와 정기적으로 서신 교환을 했다. 1742년 골드바흐는 2보다 큰 정수는 소수들의 합으로 나타낼 수 있다는 '추측'을 오일러에게 제시했다. 이를테면 3 = 1 + 1; 4 = 1 + 1 + 2; 5 =1 + 1 + 3; 31 = 23 + 7 + 1 등으로 나타낼 수 있다는 것이다. 여기서 골드바흐는 1을 소수라고 여겼지만, 오늘날 1은 더 이상 소수로 간주되지 않는다는 점에 유의해야 한다. 이에 대해 오일러는 골드바흐에게 2보다 큰 모든 짝수는 두 소수의 합으로 나타낼 수 있다며 이 추측과 동치인 식을 답변으로 보냈다. 6 = 3 + 3; 8 = 3 + 5; 10 = 5 + 5; 31 = 29 + 2 등이다. 여기서 더 나아가 오일러는 이 추측이 참인 것은 거의 확실하지만, 자신은 이것을 증명할 수 없다고 밝혔다. 지난 수 세기 동안 아무도 이 추측을 증명하지 못했다!

이것이 바로 골드바흐를 유명 인사로 만들어준 추측이다. 지금까지 이 추측이 참이라는 것을 증명한 사람도 없거니와, 참이 아니라는 것을 증명한 사람도 없다. 사실 2012년 포르투갈의 토마스 올리베이라 에 시우바(Tomás Oliveira e Silva) 교수가 4,000,000,000,000,000,000를 간단하게 지수로 표기하면 $4 \cdot 10^{18}$ 보다 작은 모든 정수에 대해 이 추측이 참이라는 것을 증명했다.[2] 현재 골드바흐의 추측은 이렇게 표현할 수 있다. 5보다 큰 모든 정수는 세 소수의 합으로 나타낼 수 있다. 단 1은 소수가 아니므로 제외된다.

골드바흐는 재미로 수학을 연구했던 것으로 보인다. 실제로 그는 자신의 서신 교환 파트너였던 오일러를 독려해, 2,500번째까지의 수에 대해 이 추측이 참이라는 것을 확인했고 오류를 발견하지 못했다.

한편 '약한 골드바흐의 추측'에

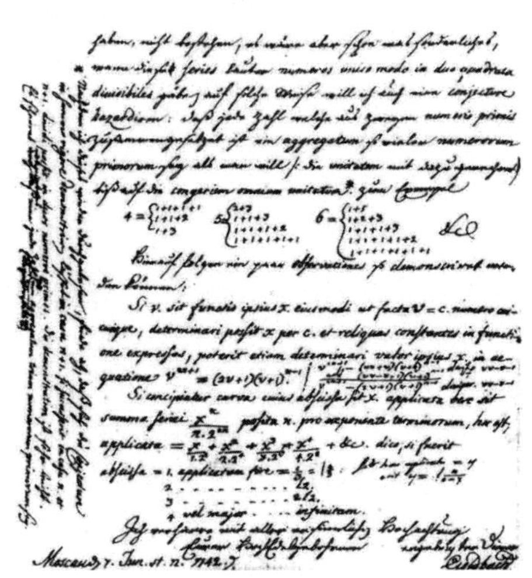

그림 21.2 골드바흐가 오일러에게 보낸 편지(1742).

의하면 7보다 큰 모든 홀수는 세 홀수의 합으로 나타낼 수 있는데, 2013년 페루의 수학자 아랄드 안더스 엘프고트(Harald Anders Helfgott)가 이 추측이 참이라는 것을 증명했다.[3]

골드바흐는 1764년 11월 20일 모스크바에서 74세의 나이로 세상을 떠났다. 앞에서 언급했듯이 그는 유명한 골드바흐의 추측을 유산으로 남겼고, 모든 숫자에 대해 이 추측이 참인지는 아직도 증명되지 않았다. 그래서 골드바흐의 추측은 여전히 정리(theorem)가 아닌 추측(conjecture)이다.

베르누이가(家)

세기를 대표한 수학자 가문
스위스, 1700~1782

한 가문에서 대대로 실력 있는 수학자들을 배출한 것만큼 수학사에서 특이한 일도 없을 것이다. 베르누이가가 바로 이런 경우였다. 하지만 이 책에서는 야코프 베르누이, 그의 동생 요한 베르누이, 요한의 아들 다니엘 베르누이를 집중적으로 살펴보려고 한다.

그중 연장자인 야코프 베르누이부터 살펴보도록 하자. 야코프는 1654년 12월 27일 스위스의 바젤에서 니콜라우스 베르누이와 마르가레타 셰나우어의 아들로 태어났다.[1] 당시 부모들은 자녀들이 가업을 물려받거나 목사가 되길 원하곤 했는데, 야코프의 경우는 후자였다. 그는 부모님의 뜻을 따라 바젤대학교 (University of Basel)에서 철학과 신학을 공부했고, 1671년에 철학 석사 학위를 받고 1676년에 신학으로 학위를 받았다. 하지만 야코프는 그 학위들을 내던지고, 부모님의 뜻을 거슬러 몰래 수학과 천문학을 공부했다. 수학 공부에 대해 야코프는 결국 가족들의 반감을 누그러뜨렸을지 모르나, 그 시절 수학을 공부하겠다고 하면 보통은 가족들의 압박에 시달렸다. 20대의 야코프는 스물두 살부터 스물여덟 살까지 유럽 전역을 여행하며 당대의 유명한 과학자들과 학자들을 만났다.

그림 22.1 야코프 베르누이(야코프의 형제 니콜라우스(1662~1716)의 그림, 1687년).

1683년 바젤대학교로 돌아온 야코프는 고체, 유체와 관련된 역학을 가르치기 시작했다. 그는 신학 학위를 받았기 때문에 목회자로 임명될 자격 조건을 갖추고 있었다. 하지만 자신이 진정 흥미를 느끼는 분야인 수학과 과학 연구를 위해 그 자리를 딱 잘라 거절했다.

1684년에 야코프는 유디트 슈투파누스와 결혼했고 슬하에 두 명의 자녀를 두었다. 그는 수학자들과 꾸준히 편지를 주고받았는데, 특히 르네 데카르트와 고트프리트 라이프니츠의 저서에 매료되었다. 야코프 베르누이는 수학 발전의 주춧돌 중 하나를 세웠다. 바로 복리 연구에서 발전된 자연로그 (natural logarithm), 즉 $e = \lim_{n \to \infty} \left(1 + \frac{1}{n}\right)^n$ 이다. 그는 1달러를 투자하여 매년 말에 100퍼센트의 연이자를 지불한다면 합계가 2달러라는 사실을 알고 있었다. 1년에 2회 복리를 적용하여 합산하면 1달러에 1.5를 두 번 곱한 값인

1달러·1.5^2 = 2.25달러다. 분기별로 복리를 적용하여 계산한 값은 1달러·1.25^4 = 2.4414…달러이고, 매달 복리를 적용한 값은 1달러·$(1.0833…)^{12}$ = 2.613035…달러이다. 일주일에 한 번 복리를 적용하여 계산한 값은 2.692597…달러이고, 하루에 한 번 복리를 적용하여 계산한 값은 2.714567…달러이다. 복리를 적용하는 횟수가 늘어날수록 극한값인 2.718281828459…달러에 가까워진다. 이것이 자연로그이며, 레온하르트 오일러를 통해 널리 알려진 문자 e로 표시한다.

1687년 야코프 베르누이는 마침내 정착하여 바젤대학교의 수학과 교수 자리를 수락했다. 이것은 영국의 수학자 아이작 배로(Isaac Barrow, 1630~1677)와 존 월리스(John Wallis, 1616~1703)가 발견한 것들을 계속 연구할 기회이자, 무한소 기하학(infinitesimal geometry)을 더 깊이 파고들 수 있는 자극제가 되었다.

바젤대학교에서 안정적인 자리를 얻은 후 야코프는 동생 요한에게도 수학을 가르치기 시작했다. 마침 『학술기요(Acta Eruditorum)』(독일 최초의 과학 학술지로 1682년부터 1782년까지 발행됨–옮긴이)에 라이프니츠가 1684년에 쓴 미분법에 관한 논문이 실렸는데, 우리가 알고 있듯이 이것은 미적분의 시초로 여겨진다. 두 형제는 라이프니츠의 논문에 흥미를 갖게 되었다. 하지만 거의 동시에 아이작 뉴턴도 미적분에 해당하는 개념을 발전시키고 유율법이라고 했다. 이처럼 외견상으로 새로운 수학 분야를 먼저 개척한 사람이 누구인지를 두고 원조 논쟁이 벌어진 것은 잘 알려진 사실이다. 물론 베르누이 형제는 라이프니츠를 지지했다. 아무튼 라이프니츠의 논문 제목인 '미분법(differential calculus)'이라는 표현뿐만 아니라 기호는 지금도 사용되고 있다.

1690년에 발표한 논문에서 야코프 베르누이는 곡선을 분석할 때 '적분법(integral calculus)'이라는 용어를 처음 사용했다. 1691년에 야코프는 현수선(catenary curve)에 대한 글을 썼다. 현수선은 양 끝이 같은 높이에 고정되어 있는 끈에 의해 형성되는 곡선을 말한다. 오늘날에는 이것을 다리와 같은 구조물에서 흔히 볼 수 있다. 현수선은 xy 좌표평면에 늘어지는 곡선의 형태로 나타나고, 이 곡선은 $x = 0$일 때 높이가 가장 낮고 최솟값 $y = a$를 갖는다. 이 곡선을 방정식으로 나타내면 $y = \left(\dfrac{a}{2}\right)^{\frac{x}{e^a} + \frac{-x}{e^a}}$이다.

한편 이 곡선은 쌍곡 코사인 함수(hyperbolic cosine function)를 이용해 방정식 $y = acosh\left(\dfrac{x}{a}\right)$ 로도 나타낼 수 있다. 1695년 즈음 그는 분석에 미적분학을 적용하여 다리의 설계 수준을 한 단계 끌어올렸다.

당대의 많은 수학자들이 미적분학을 제대로 이해하지 못했지만, 미적분학에 대한 이해가 이미 상당한 수준에 이르렀던 베르누이 형제는 미적분학의 적용을 두고 고심하다가 서로 경쟁하는 관계로 발전했다. 두 사람은 글로 비판하기 시작함과 동시에 난제를 제시하며 서로에게 도전했다. 이것은 수학에 대한 이해를 높였다. 하지만 1697년이 되었을 무렵 둘의 관계는 완전히 갈라져서 서로 간에 연락이 단절되었다.

야코프 베르누이는 1705년 8월 16일 스위스 바젤에서 세상을 떠났다. 유감스럽게도 야코프는 1713년에 자신이 평생 연구한 것들의 정수라고 할 수 있는 『추측의 기술(Ars Conjectandi)』이 출간되는 것을 보지 못했다([그림 22.2] 참조). 이 책에는 특히 순열과 조합 이론, 그 유명한 베

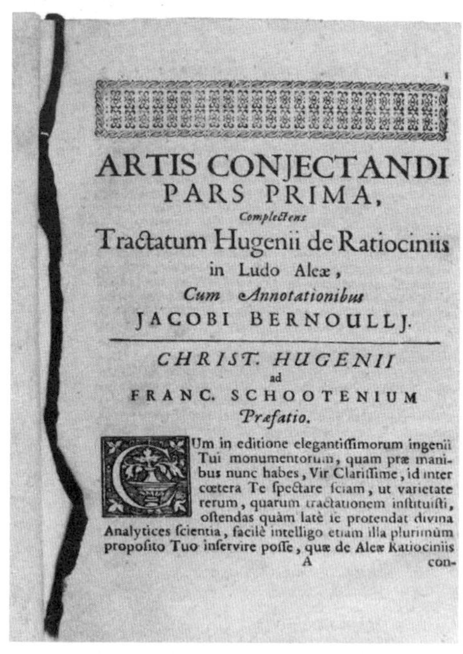

그림 22.2 『추측의 기술』 1713년 출간(밀라노, 만수티 재단).

르누이 수가 포함되어 있다. 베르누이 수는 연속하는 정수의 거듭제곱의 합을 쉽게 구하는 방법이다. 그는 이 내용에 대한 토론을 하면서 "이 표를 이용하면 1부터 100까지 10의 거듭제곱의 합을 계산하는 데 한 시간의 4분의 1의 반도 채 걸리지 않고, 구한 값이 91,409,924,241,424,243,424,241,924,242,500이다."라고 했다.[2] 베르누이 수는 어떤 특별한 급수를 전개했을 때 등장하는 계수들의 모임이다. 베르누이 수의 처음 10개의 수 B_n의 값은 [그림 22.3]에 나와 있다. n이 4의 배수이고 0이 아니면 $B_n < 0$이고, 다른 모든 수는 양수이다. 예를 들어 $n = 1$일 때의 값은 $\pm\frac{1}{2}$이다. 베르누이 수는 정수 거듭제곱의 합에서 장기 이자를 산출하는데, 고대부터 수학자들은 여기에 매료되었다. 신기한 우연이지만 이 숫자들은 최초의 복합 컴퓨터 프로그램의 연구 주제였다.

베르누이 수는 아래와 같이 무한급수의 합의 공식에서 B_k로 정의된다.

$$\sum_{k=0}^{p} \frac{B_k}{k!} \cdot \frac{p!}{(p+1-k)!} \cdot n^{p+1-k} = \frac{B_0}{0!} \cdot \frac{n^{p+1}}{p+1} + \frac{B_1}{1!} n^p + \frac{B_2}{2!} pn^{p-1} + \frac{B_3}{3!} p(p-1)n^{p-2} + \cdots + \frac{B_p}{1!} n$$

다음 과정이 어떻게 되는지는 의욕이 넘치는 독자들의 몫으로 남겨두겠다.

한편 『추측의 기술』에서는 확률론의 주제와 현재 많이 알려져 있는 큰수의 법칙(law of large numbers)을 소개하고 있다. 이 법칙은 오늘날에도 통계 인구의 표본 추출에 사용되고 있다. 큰수의 법칙은 시행 혹은 사건의 횟수가 늘어날수록, 발생 확률이 동일한 사건들이 더 자주 일어나는 것을 말한다. 즉 사건의 횟수가 늘어날수록 결과의 실제 비율은 이론적, 혹은 예상했던 결과의 비율에 수렴한다.

n	B_n
0	1
1	$\pm\frac{1}{2}$
2	$\frac{1}{6}$
3	0
4	$-\frac{1}{30}$
5	0
6	$\frac{1}{42}$
7	0
8	$-\frac{1}{30}$
9	0
10	$\frac{5}{66}$

그림 22.3 n=0에서 n=10까지의 베르누이 수.

야코프 베르누이의 저서가 유명한 이유는 세 가지다. 첫째, 그는 자신보다 앞선 시대에 살았던 학자들의 연구를 대충 훑어보고도 연구할 수 있을 정도로 지능이 뛰어났다. 그는 크리스티안 하위헌스의 『확률 게임의 추론(Reasoning in Games of Chance)』의 사본은 읽었던 것으로 보이지만 파스칼과 페르마의 편지, 파스칼의 수학 논고 등 그의 연구에 정보를 제공했을 만한 자료들을 읽지 않았다는 사실은 그의 저서를 통해 알 수 있다. 둘째, 그는 자신보다 앞선 시대 학자들의 글을 접한 적이 없는데도 확률론 연구를 한 단계 더 발전시켰다. 마지막으로, 그는 결과가 공정하다고 추정되고 카드, 주사위, 동전 등 결과가 정해져 있는 확률 게임뿐만 아니라, 의사 결정과 같은 인간의 문제를 설명하려는 시도를 했다. 야코프 베르누이의 저서는 『오페라 야코비 베르누이(Opera Jacobi Bernoulli)』라는 제목의 2권 세트로 사후인 1744년에 발표되었다.

이쯤에서 야코프 베르누이의 동생인 요한 베르누이로 넘어가 보자([그림 22.5] 참조). 그는 1667년 8월 6일, 형 야코프와는 20년 터울로 스위스 바젤에서 태어났다. 베르누이가의 열 번째 자녀였다. 아버지 니콜라우스 베르누이는 약사였고 아들이 가업을 이어받기를 원했기 때문에, 요한의 대학 진로는 일찌감치 정해졌다.

요한은 가업에 관심이 없었지만 부모님을 만족시키기 위해 의대 진학을 선택했다. 시간이 지나

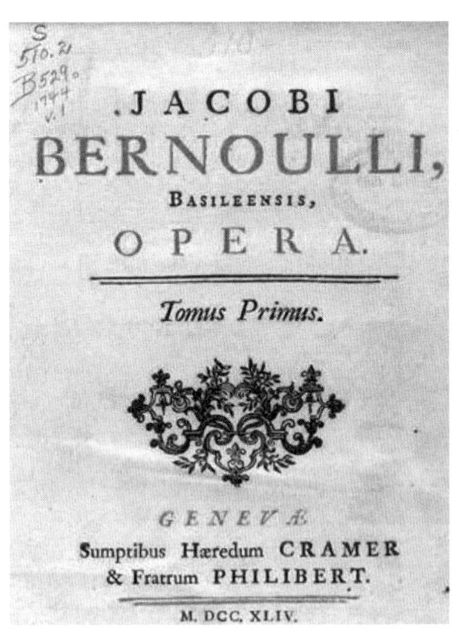

그림 22.4 『오페라 야코비 베르누이』 제1권.

수학을 만든 사람들

그림 22.5 요한 베르누이(요한 루돌프 후버의 유화, 1740년).

도 요한은 의학에 심취할 수 없었다. 형이었던 야코프가 요한에게 수학에 대한 흥미를 일깨웠는데, 수학이 그의 적성에 딱 맞아떨어졌다. 처음에 두 형제는 앞에서 설명했듯이 라이프니츠가 개발한 미적분이라는 새로운 학문에 몰두했다([그림 22.6]).

요한은 그 무엇보다 수학을 좋아했지만 바젤대학교에서 의학 공부를 끝까지 마쳤고 1694년에 박사 학위를 받았다. 하지만 수학에 대한 그의 관심은 날이 갈수록 커졌고 결국 미적분학에 관한 두 권의 책을 발표하기에 이르렀다. 이에 아버지는 크게 실망했다. 1694년 박사 학위를 받고 얼마 후에 요한은 도로테아 팔크너와 결혼하여 세 아들을 낳았다. 그중 한 명인 다니엘 베르누이에 대해서는 뒤에서 다시 살펴보도록 하겠다. 바로 이 시기에 요한은 네덜란드의

그림 22.6 야코프와 요한 베르누이(판화, 1870~1874년경).

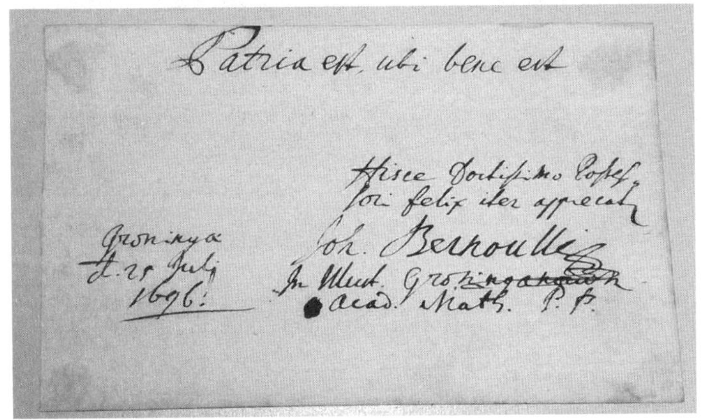

그림 22.7 요한 베르누이의 메모 .

흐로닝언대학교(University of Groningen)에서 수학과 교수 생활을 시작했다. 1696년 7월 25일 "빵이 있는 곳이 내 조국이다(Patria est, ubi bene est)."라고 쓴 메모에서 볼 수 있듯이 그는 흐로닝언에서의 생활을 즐거워했다([그림 22.7] 참조).

그는 평생을 레온하르트 오일러, 프랑스의 수학자 기욤 프랑수아 앙투안 로피탈 후작(Guillaume François Antoine, marquis de L'Hôpital, 1661~1704) 등 유명한 학생들과 함께했다. 로피탈은 지금도 미분에서 사용하는 로피탈의 정리(l'Hôpital's rule)

수학을 만든 사람들

라는 수학적 절차로 유명하다. 이상한 일이지만 로피탈은 요한 베르누이에게 수학적 발견을 제공하면 사례를 하겠다고 제안했다. 재미있는 사실은 요한 베르누이가 나중에 로피탈과의 계약에 서명을 했고, 로피탈은 저자를 명확하게 밝히지 않고 요한의 연구 업적을 이용했다는 것이다. 그래서 로피탈은 1696년 『곡선의 이해를 위한 무한소 분석(Analyse des Infiniment Petits pour l'Intelligence des Lignes Courbes)』을 발표할 수 있었다. 이 책은 현재 우리가 로피탈의 정리라고 알고 있는 것을 포함하여, 주로 요한 베르누이의 연구 업적들로 구성되어 있다([그림 22.8] 참조).

미적분학에 관한 연구는 요한 베르누이가 최단 시간 곡선(brachistochrone curve) 문제를 제시했을 때 점점 인기를 끌어 대중화되었고, 당대의 여러 수학자들이 이 문제에 매달렸다. 높이가 다른 두 끝점에 철사를 달고, 이 철사에 구슬을 놓는 방법에 관한 문제였다. (마찰이 없다고 가정하고) 더 높은 끝점에서 철사를 따라서 구슬을 미끄러뜨린다. 이 문제는 구슬이 최단 시간으로 가장 낮은 지점에 도달하려면 곡선이 어떤 모양이어야 하는지 묻고 있다. 요한 베르누이는 미적분을 이용하여 이 곡선이 사이클로이드(cycloid)로 바뀐다는 사실을 알아냈다.

[그림 22.9]에서 볼 수 있듯이 사이클로이드 곡선은 원이 직선 경로를 따라 굴러갈 때 원 위의 한 점이 이동

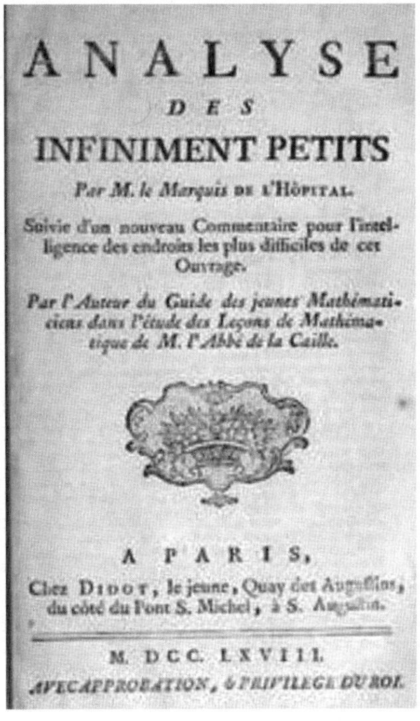

그림 22.8

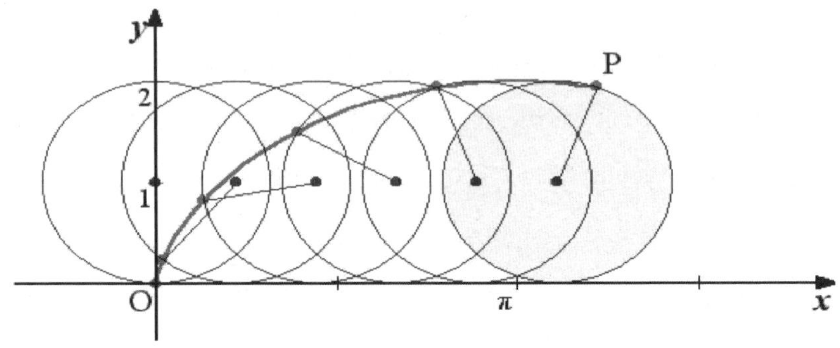

그림 22.9 사이클로이드 곡선.

하는 경로에 의해 생긴다.

1705년 요한의 가족은 그에게 속히 바젤로 돌아오라고 연락을 취했다. 여행에서 돌아오는 길에 요한은 야코프가 결핵으로 사망했다는 사실을 알게 되었다. 원래 요한은 바젤로 돌아가 바젤대학교의 그리스어 교수로 강단에 설 계획이었다. 그러나 형 야코프가 세상을 떠난 후 바젤대학교의 수학과 교수직은 공석이 되었고, 요한이 후임자로 그 자리를 이어받았다. 요한은 형 야코프가 죽었는데도 수학과 교수 자리가 생겼다는 사실에 기쁨을 감추지 못했다고 한다.

1713년 요한 베르누이는 미적분학의 원조 논쟁에서 라이프니츠를 적극 지지했다. 그는 라이프니츠의 연구 방식이 뉴턴의 유율법으로는 불가능한 문제를 풀 수 있다는 사실을 입증했다. 미적분학 개발과 관련하여 라이프니츠의 입장을 더 지지하기 위한 노력의 일환으로 요한은 1742년 적분학에 관한 글을 발표했고, 얼마 후 미분학에 관한 글도 발표했다.

요한 베르누이는 질투심이 많은 성격이었던 듯하다. 이것이 앞에서 언급했던 형과의 경쟁심을 부추겼고 그 결과는 좋지 않았다. 이와 비슷한 문제로 그는 타고난 재능이 뛰어났던 아들 다니엘과도 관계의 어려움을 겪었다. 1734년에 다니엘 베르누이는 영향력 있는 저서 『유체역학(Hydrodynamica)』을 썼고 1738

수학을 만든 사람들

년에 발표했다. 문제는 아버지 요한 베르누이가 『수리학(水理學, Hydraulica)』을 발표한 시기와 거의 일치한다는 것이었다. 자료에 대한 소유권을 두고 또다시 논쟁이 일어났는데, 아마 요한 베르누이가 아들 다니엘 베르누이의 저서를 표절한 것으로 추정된다.[3] 이 일로 부자의 관계는 더 악화되었다. 1748년 1월 1일, 아들 다니엘과 불화를 극복하지 못하고 요한 베르누이는 스위스 바젤에서 세상을 떠났다.

요한 베르누이의 아들 다니엘 베르누이는 1700년 2월 8일 네덜란드의 흐로닝언에서 태어났다. 아버지 요한 베르누이는 다니엘에게 전공으로 비즈니스를 권했지만 다니엘은 수학과에 들어가겠다고 고집을 부렸다. 하는 수 없이 다니엘은 비즈니스 전공 과정에 대해 알아보다가, 아버지 요한이 집에서 다니엘에게 수학을 가르쳐주는 것으로 합의를 보고 의대에 진학했다.

1721년에 다니엘 베르누이는 드디어 해부학과 식물학으로 박사 학위를 받았다. 앞에서도 말했지만 그의 아버지는 질투심이 많은 사람이었다. 이런 요한의 성격은 파리대학교(University of Paris)의 과학경진대회에서 아들 다니엘이 아버지 요한과 동점이 되자 또 한 번 드러났다. 이 일로 요한은 다니엘을 집에서 쫓아냈고 여생을 앙심을 품고 살았다.

한편 다니엘 베르누이는 유명한 수학자 레온하르트 오일러와 친구가 되었다. 그 시기에 오일러

그림 22.10 다니엘 베르누이(알부민 인화지를 판지에 부착한 초상화, 1750년경).

는 상트페테르부르크에 살고 있었는데, 다니엘 베르누이가 1724년에 수학과 교수로 채용되어 그곳으로 오게 된 것이다. 다니엘은 이 자리를 별로 좋아하지 않았던 듯하다. 상황이 점점 악화되어 1733년에 그는 병을 앓게 되었다. 결국 다니엘은 바젤대학교로 돌아왔고 그곳에서 의학, 메타물리학, 자연철학을 강의했다.

다니엘 베르누이는 아버지와 실력을 겨룰 정도로 총명한 수학자이자 과학자였다. 하지만 다니엘이 많은 상을 받으면서 이 경쟁은 역효과를 내기 시작했다. 자신이 그 상을 받아야 마땅하다고 생각했던 요한은 결국 아들 다니엘을 집에서 쫓아냈다. 이쯤이면 다니엘 베르누이가 미래의 과학을 위해 남긴 가장 중요한 발견이 무엇인지 궁금해질 것이다. 바로 오늘날 우리가 베르누이 효과(Bernoulli effect)라고 알고 있는 것이다. 쉽게 설명하면 속도가 증가하는 지역에 유체가 흐를 때 압력은 떨어진다는 것이 베르누이 효과다. 다니엘 베르누이는 이 효과를 수학적으로 정확하게 설명했다. 베르누이 효과는 실생활에 적용 가능한데, 비행기 날개를 위로 뜨게 하는 양력(揚力)이 생성되는 이유를 설명해 준다. 기본적으로 비행기 날개는 아랫부분보다 윗부분에서 공기가 더 빨리 흐를 수 있는 모양으로 되어 있다. 그 결과로 생기는 기압 차는 양력을 생성한다. 평생을 연구에 바쳤던 수재, 다니엘은 1782년 3월 17일 스위스 바젤에서 세상을 떠났다.

지금까지 우리는 아마도 가장 유명한 수학자 가문일 베르누이가에 대해 살펴보았다. 이들은 한 세기가 넘도록 한 시대를 이끌었던 수학자들과 교류하며 수학 발전에 여러 차례 돌파구를 마련했다. 이들은 수학뿐만 아니라 과학, 철학, 비즈니스, 일반 지식의 발전에도 많은 기여를 함으로써 우리의 환경을 더 많이 이해할 수 있도록 도움을 주었다.

Chapter 23

오일러

다작으로 쓴 수학의 문법

스위스, 1707~1783

우리가 사용하고 있는 수학 기호가 어디에서 유래했는지 궁금하지 않은가? 답은 레온하르트 오일러에 있다. 모든 시대를 통틀어 가장 많은 저서를 발표한 수학자로 손꼽히는 오일러는 수학 기호의 상당수를 처음으로 도입하거나 사용했다. 그리스 문자 π는 웨일스의 수학자 윌리엄 존스(William Jones, 1675~1749)가 처음 사용했지만, 수많은 논문을 통해 원주율을 의미하는 이 기호를 대중화시킨 사람은 오일러였다. 합을 나타내는 기호로 $\sum$를, 허수 $\sqrt{-1}$을 나타내는 기호로 i를 사용한 사람도 오일러였다. 오일러는 처음으로 값이 약 2.71828…인 자연로그를 알파벳 e로 표기함으로써 그 유명한 오일러 항등식 $e^{i\pi} + 1 = 0$을 세울 수 있었다.

그 밖에도 오일러는 함수라는 개념을 도입했고 처음으로 함수를 $f(x)$라고 표기했다. 우리는 삼각함수의 현대식 표기법을 만든 오일러에게 감사해야 할 것이다. 심지어 삼각형과 같은 기하학적 도형에 꼬리표를 붙여 표기하는 것도, 꼭짓점을 대문자 A, B, C로 표시하고 이 꼭짓점에 대한 대변을 소문자 a, b, c로 표시하는 방식도 오일러의 글에서 유래했다. 오일러는 우리에게 수학의 언어를 제공했다. 이 모든 것은 그가 76년 동안 꾸준히 발표한 방대한 분량의 글에서

그림 23.1 레온하르트 오일러(야콥 에마누엘 핸드만 작 초상화, 파스텔, 종이, 1753년).

나온 결실이었다. 따라서 우리는 오일러가 수학에 많은 혁신을 일으켰다는 사실을 인정할 수밖에 없다. 먼저 오일러의 생애를 간략하게 살펴보도록 하겠다.

레온하르트 오일러는 1707년 4월 15일 스위스 바젤에서 태어났다. 그의 아버지는 목사였고 어머니는 목사의 딸이었다. 오일러는 네 명의 자녀 중 막내였다. 레온하르트가 어렸을 때 그의 가족은 스위스의 리헨(Riehen)으로 이사했다. 1720년 열세 살이 되던 해에 레온하르트는 바젤대학교에 입학했다. 1723년 열일곱 살이 된 그는 뉴턴과 데카르트의 사상을 비교한 논문으로 철학 석사 학위를 받았다. 바로 이 시기에 아버지의 친구였던 요한 베르누이가 오일러에게 수학 개인 교습을 하다가 남다른 수학적 재능을 알아보았다.

수학을 만든 사람들

베르누이는 오일러가 아버지의 뜻을 따라 목사의 길을 걷지 않고 수학 연구를 하게 되리라는 것을 확신했다. 1726년 오일러는 소리의 전파(propagation of sound)에 관한 박사 논문을 마쳤지만, 바젤대학교 학부에서 자리를 구하지 못했다. 그러다가 1727년에 오일러는 상트페테르부르크 과학아카데미 수학과에서 자리를 얻었다. 상트페테르부르크 과학아카데미는 유럽 출신 학자들을 모집하고 싶어 했고, 학생들을 가르치는 것보다 연구에 주력했다. 이 시기에 오일러는 러시아어를 완벽하게 습득했고 러시아 해군(Russian Navy)의 의무병으로 입대했다. 1731년에 그는 물리학 교수로 진급했고, 2년 후에는 요한 베르누이의 아들인 다니엘 베르누이의 후임으로 수학과 학과장이 되었다.

1734년 오일러는 카타리나 그젤과 결혼하여 슬하에 열세 명의 자녀를 두었다. 열셋 중 다섯 자녀만 아동기를 넘겼고, 다섯 중 셋만 오일러보다 오래 살았다. 1738년에 오일러는 오른쪽 시력을 잃게 되는데 장기간 열병을 앓고 과로했던 탓인 듯하다. 하지만 이것이 연구에 대한 그의 열정을 막을 수는 없었다. 1741년 러시아의 정국이 불안정해지면서 오일러는 베를린 과학아카데미로 자리를 옮겼다. 그곳에서 오일러는 25년을 머무르면서 380편이 넘는 논문을 썼고, 이 시기에 정말로 유명한 두 권의 책을 썼다. 한 권은 함수를 주제로 한 『무한 분석 입문(Introductio in analysin infinitorum)』으로 1748년에 발표되었고, 다른 한 권은 미분학에 대한 『미분학의 기초(Institutiones calculi differentialis)』라는 책으로 1755년에 발표되었다. 세월이 한참 흐른 1770년에 오일러는 『적분학의 기초(Institutiones calculi integralis)』라는 제목의 책을 완성했다. 『미분학의 기초』와 『적분학의 기초』에는 미분과 적분 공식이 많이 나오는데, 대부분이 현재 미적분학 강의에서도 다루는 공식들이다.

1766년 오일러는 예카테리나 2세의 초청을 받아 러시아로 돌아갔다. 하지만 상트페테르부르크에 도착한 지 얼마 되지 않아 멀쩡하던 왼쪽 눈에도 백내

장이 발병하여 오일러는 실명에 가까운 상태로 여생을 보냈다. 이러한 신체적 한계에도 여전히 많은 논문을 발표할 수 있었던 것은 범상치 않은 기억력과 암산 실력 덕분이었다. 실제로 오일러는 시력 상실이 연구에 대한 집중력을 떨어뜨리지 않았다고 고백했다. 그는 필경사와 함께 일하면서 전보다 훨씬 많은 글을 발표했다. 오일러는 수학을 가르치는 사람으로서는 존경받지 못했지만, 러시아 수학교육에 막대한 영향을 끼쳤다. 워낙 많은 수학 영역을 다루었기 때문에 그의 모든 저서를 요약만 해도 엄청난 분량이다. 따라서 이 책에서는 천재 수학자 오일러가 남긴 연구 결과 중 오늘날에도 상대적으로 대중적이고 수학계 외에도 많이 알려진 두 가지 연구 결과만 다루려고 한다.

첫째, 수십 년 동안 유럽인들의 골머리를 썩였던 오래된 난제 중에서 유명한 문제가 있다. 우리는 이 문제의 역사적 배경을 먼저 살펴보려고 한다. 여러분도 몇 세대 유럽인들의 머리를 싸매게 만들었던 이 문제의 매력에 흠뻑 빠져들 것이다.[1]

18세기까지 지역의 주요 교통수단은 도보였다. 사람들은 밖으로 다니면서 눈에 보이는 특별한 유형의 대상물들의 수를 세는 것을 좋아했다. 대표적인 예가 다리였다. 18세기 프로이센의 작은 도시 쾨니히스베르크의 프레겔강에 두 개의 섬을 연결하는 다리가 있었다. 사람들은 재미 삼아 이 강을 건너는 방법의 수를 세어보았지만 이내 딜레마에 빠졌다. 한 사람이 일곱 개의 다리를 정확하게 한 번씩만 통과하여 이 도시 전체를 걸을 수 있을까? 이것은 이 도시 주민들이 주로 일요일 오후에 재미 삼아 풀어보는 문제였고, 수십 년 동안 아무도 이 문제를 풀지 못해 미해결 문제로 남아 있었다.

쾨니히스베르크 다리 문제는 현재 네트워크라고 알려진 영역, 그래픽 이론이라고 불리는 기하학의 확장 영역을 조망할 수 있는 눈을 열어준다. 아울러 이 문제는 이 주제를 소개할 수 있는 훌륭한 예시가 될 것이다. 먼저 어떤 문제인

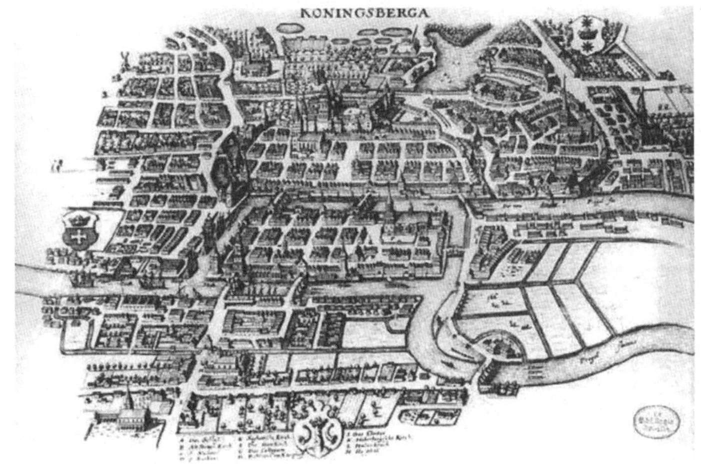

그림 23.2 쾨니히스베르크.

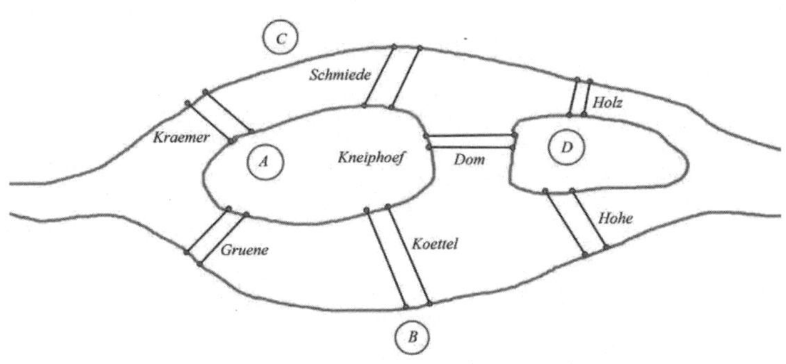

그림 23.3 쾨니히스베르크 다리 문제.

지 살펴보도록 하자. [그림 23.2]의 지도에 일곱 개의 다리가 있는 도시가 있다.

[그림 23.3]에서 섬은 *A*, 강 왼편에 있는 둑은 *B*, 강 우편에 있는 둑은 *C*, 강 상류에 있는 두 개의 강줄기 사이의 영역은 *D*이다. 일곱 개의 다리는 홀츠(Holz), 슈미데(Schmiede), 호니히(Honig), 호에(Hohe), 쾨텔(Köttel), 그뤼네(Grüne), 크래머(Krämer)라고 불린다([그림 23.3] 참조). 홀츠에서 출발해서 슈미데까지 걸어간 다음 호니히, 호에, 쾨텔, 그뤼네를 통과하면 절대 크래머에 도달할 수 없다. 한편 크래머에서 시작해서 호니히로 간 다음 호에, 쾨텔, 슈미데, 그리고

홀츠를 통과하면 절대 그뤼네에 도달할 수 없다.

1735년 오일러는 모든 다리를 통과하는 것이 불가능하다는 사실을 수학적으로 증명하는 데 성공했다. 이 유명한 쾨니히스베르크 다리 문제는 잘 알려져 있듯이 네트워크를 다룬 위상수학 문제를 응용한 훌륭한 예다. 수학이 실생활 문제를 해결하는 데 어떻게 활용되는지 확인하기에 좋은 문제다.

문제 풀이를 하기 전에 먼저 이 문제와 관련된 기본 개념에 익숙해져야 한다. 이를 위해 먼저 [그림 23.4]에 나와 있는 각각의 구조들을 연필로 따라 그려보자. 이때 빠지는 부분이나 중복된 부분이 있으면 안 된다. 점 A, B, C, D, E의 끝점을 포함한 호나 선분의 개수를 세었는지 확인한다.

[그림 23.4]에 제시된 다섯 개의 도형과 같은 구조, 즉 네트워크는 선분 혹은 연속적으로 나타나는 호로 구성되어 있다. 특정한 꼭짓점을 포함한 호나 선분의 개수를 꼭짓점의 차수(degree of the vertex)라고 한다.

위에서 설명한 대로 네트워크를 그려보면 두 가지 결과를 확인할 수 있다. 이 네트워크는 ①꼭짓점의 모든 차수가 짝수이거나 ②차수가 홀수인 꼭짓점이 정확하게 두 개인 경우에 네트워크를 그릴 수 있다(혹은 가로지를 수 있다). 다음 두 명제는 모든 점을 통과하는 경우를 찾는 법을 요약한 것이다.

1. 연결된 네트워크에서 차수가 홀수인 꼭짓점의 수가 짝수이다.

2. 차수가 홀수인 꼭짓점의 개수가 최소 두 개일 때만 연결된 네트워크를 통과할 수 있다(한붓그리기가 가능하다).

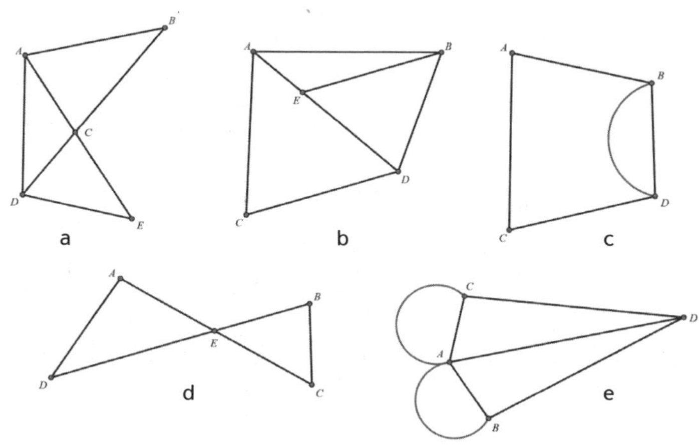

그림 23.4 네트워크.

다섯 가지 네트워크를 하나씩 확인해 보자.

[그림 23.4*a*]의 네트워크는 꼭짓점이 다섯 개다. 꼭짓점 *B*, *C*, *E*의 차수는 짝수이고, 꼭짓점 *A*와 *D*의 차수는 홀수다. [그림 23.4*a*]의 도형은 차수가 홀수인 꼭짓점이 정확하게 두 개일 뿐만 아니라, 꼭짓점의 차수가 짝수인 꼭짓점이 세 개이고, 가로지를 수 있다. 꼭짓점 *A*에서 출발하여 *D*로 내려갔다가, *E*를 거쳐 다시 *A*로 돌아갔다가, *B*를 거쳐서 *D*로 내려가면, 우리가 원하는 경로가 된다.

[그림 23.4*b*]의 네트워크는 꼭짓점이 다섯 개다. 꼭짓점 *C*만 유일하게 차수가 짝수다. 꼭짓점 *A*, *B*, *E*, *D*는 전부 꼭짓점의 차수가 홀수다. 이 네트워크는 차수가 홀수인 꼭짓점의 개수가 두 개 이상이므로 통과할 수 없다.

[그림 23.4*c*]는 차수가 짝수인 꼭짓점의 개수가 두 개이고 차수가 홀수인 꼭짓점이 정확하게 두 개이므로 통과할 수 있다.

[그림 23.4*d*]의 네트워크는 차수가 짝수인 꼭짓점의 개수가 다섯 개이므로 통과할 수 있다.

[그림 23.4*e*]의 네트워크는 차수가 홀수인 꼭짓점의 개수가 네 개이므로 통

과할 수 없다.

쾨니히스베르크 다리 문제는 [그림 23.4*e*]와 똑같은 문제다. [그림 23.4*e*]와 [그림 23.3]을 보면서 유사점에 주목하자. [그림 23.3]에 일곱 개의 다리가 있고, [그림 23.4*e*]에는 일곱 개의 선이 있다. [그림 23.4*e*]에서 모든 꼭짓점의 차수는 홀수다. [그림 23.3]에서 우리가 점 *D*에서 출발한다고 할 때 세 가지 방법으로 호에, 호니히, 홀츠로 갈 수 있다. [그림 23.4*e*]에서 우리가 점 *D*에서 출발한다고 하면 세 가지 직선 경로를 선택할 수 있다. 두 개의 그림에서 우리가 점 *C*에 있다고 하면 세 개의 다리 혹은 세 개의 직선을 지나갈 수 있다. [그림 23.3]의 위치 *A*, *B*와 [그림 23.4*e*]의 꼭짓점 *A*, *B*도 이와 비슷하다. 따라서 이 네트워크는 한붓그리기가 불가능하다.

다리와 섬을 네트워크로 간소화하면 이 문제를 쉽게 풀 수 있다. 이것은 수학을 이용해 재치 있게 문제를 해결하는 방법이다. 혹시 여러분이 사는 지역에 여러 개의 다리를 짓기 위해 이와 유사한 문제를 낸다면, 일단 도보로 통과가 가능한지 확인해야 한다. 이 문제와 네트워크 응용은 위상수학 분야를 소개하기에 좋은 사례다. 위에서 설명했던 실험들을 적극적으로 활용하면 이런 경우가 아니면 접하기 어려운 수학의 또 다른 측면을 정확하게 이해하는 데 도움이 된다.

오일러가 수학 분야에 남긴 수많은 업적 중에서 초보자들의 관심을 끌기 좋은 또 한 가지 예가 있다. 오일러는 볼록 다면체(convex polyhedron)에 대해 꼭짓점(V), 모서리(E), 면(F) 사이에 성립하는 관계를 다음의 방정식 $V + F = E + 2$으로 나타냈다. 현재 이것은 오일러의 공식(Euler formula)이라고 알려져 있다. 임의의 볼록 다면체에 이 공식이 성립하는지 직접 확인해 볼 수 있다. [그림 23.5]의 다섯 가지의 정다면체에서 꼭짓점, 면, 모서리의 개수를 세어보고 오일러의 공식이 참인지 확인하는 것부터 시작할 수 있다.

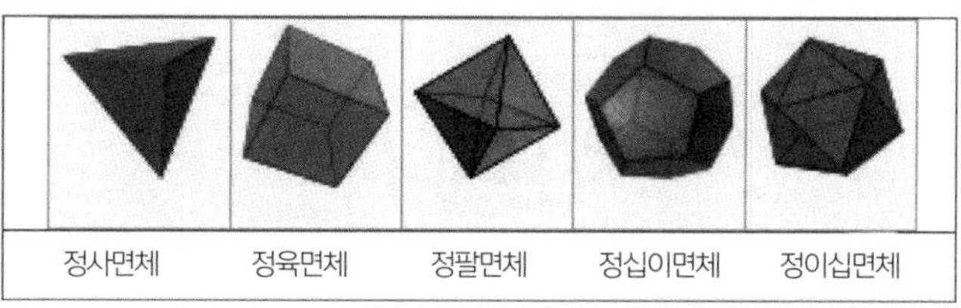

그림 23.5

오일러는 가장 많은 논문을 발표한 수학자이자 과학자라고 불리는 게 당연하지만 순수 수학이 아닌 분야에서도 많은 연구를 했다. 몇 가지 예로 지도 제작법, 물리학, 천문학 등을 들 수 있다. 오늘날 오일러는 어떤 수학자보다도 많은 연구 논문을 남긴 학자로 기억되고 있다. 레온하르트 오일러를 기념하기 위해 많은 연구 대상과 주제에 그의 이름이 붙여졌다. 실제로 오일러는 수학의 많은 분야에 너무나도 많은 선구적인 업적을 남겼기 때문에 곳곳에 오일러의 이름이 붙여졌다. 이름이 붙여진 것들이 너무 많아서 몇몇 정리에는 최초 발견자인 오일러 대신 차기 발견자의 이름이 붙여졌다.

1783년 9월 18일 오일러는 두 명의 조수와 함께 행성의 운동과, 발견된 지 얼마 되지 않은 행성인 천왕성에 대해 상세하게 논의하던 중 뇌졸중으로 쓰러져 몇 시간 만에 숨을 거두었다. 오일러가 얼마나 많은 논문을 썼는지 보여주기 위해 상트페테르부르크 과학아카데미는 사후 50년 동안 오일러의 연구 결과를 꾸준히 발표했다.

Chapter 24

아녜시

마녀의 곡선을 남긴 여성 수학자
이탈리아, 1718~1799

수학의 역사를 살펴보면 남성 수학자들이 거의 대부분을 차지하고 있다는 사실을 쉽게 알 수 있다. 그렇다면 서구권 최초로 세계적인 명성을 얻은 여성 수학자가 누구였는지도 당연히 궁금할 것이다. 대부분의 사람들은 마리아 가에타나 아녜시(Maria Gaetana Agnesi)가 그 주인공이라고 생각한다.

아녜시는 1718년 5월 16일 밀라노에서 태어났다. 당시 밀라노는 오스트리아-헝가리 제국의 일부였고 지금은 이탈리아의 도시다. 아녜시는 부유한 실크 상인이었던 아버지의 열두 자녀 중 장녀로 태어나 유복한 환경에서 성장했다. 그녀가 처음 영재라는 낌새를 보인 것은 다섯 살 때 이미 이탈리아어와 프랑스어를 구사한 것이었다. 아홉 살 때 그녀는

그림 24.1 마리아 가에타나 아녜시(G. B. 보시오 작품을 바탕으로 G. A. 사소가 제작한 판화, 미국 의회 도서관 소장).

여러 현대어를 비롯하여 라틴어, 그리스어, 히브리어를 완벽하게 습득하며 천부적인 재능을 입증했다. 그리고 몇 년이 지나지 않아 그녀는 수학까지 마스터했다.

아녜시의 재능을 알아본 아버지는 친구들을 초대하여 딸의 뛰어난 지능을 뽐내게 했다. 흥미로운 사실은 그녀가 스무 살이 되던 1738년에 잇달아 발표한 에세이 중에서도 「철학의 명제(Propositiones philosophicae)」는 이런 토론에서 발표한 내용을 바탕으로 쓰였다는 것이다. 1748년에 그녀는 『이탈리아 청년들의 활용을 위한 분석적 방법(Instituzioni analitiche ad uso della gioventù italiana)』을 발표했다.

그림 24.2

분량이 많고 두 권으로 된 책에서 그녀는 대수를 다루는 법, 미분법과 적분법을 소개했다([그림 24.2] 참조). 이 책은 유럽 전역의 수학자들에게 호평을 받았을 뿐만 아니라 권위 있는 프랑스 과학아카데미(아카데미 프랑세즈) 위원회에서도 이 책에 대한 소식을 전했다. 내용은 다음과 같다.

> 이 책의 저자는 뛰어난 기량과 총명함으로, 근대 수학자들의 저서와 때로는 매우 다른 방식으로 소개되고 흩어져 있던 발견들을 거의 통일된 방식으로 간소화했다. 이 책의 모든 부분을 질서, 명확성, 정확성이 지배하고 있다…[1]

아녜시가 명성을 얻게 된 것은 이탈리아어로 '베르시에라(versiera)'라고 하는 3차 곡선 때문이었다. 이 3차 곡선의 이름은 수년 동안 마녀라는 뜻을 지닌 이탈리아어 '베르시크라(versicra)'와 혼동되어 '아녜시의 마녀(Witch of Agnesi)'라고 불리게 되었다.

우리가 아녜시의 마녀라고 불리는 종형 곡선은 [그림 24.3] 같이 그린다. 이 그림에서 볼 수 있듯이, 먼저 지름이 a인 원을 그린 다음, y축 위의 점 $\left(0, \frac{a}{2}\right)$를 원의 중심으로 한다. 그리고 $y = a$ 위의 점 A를 선택하고, 원 O 위의 점 B와 만나도록 선분 AO를 그린다. 점 A를 지나는 수직선과 점 B를 지나는 평행선이 만나는 곳을 점 P라고 한다. '아녜시의 마녀'라고 불리는 이 곡선은 점 A가 $y=a$ 를 따라 움직일 때 점 P가 그리는 자취다.

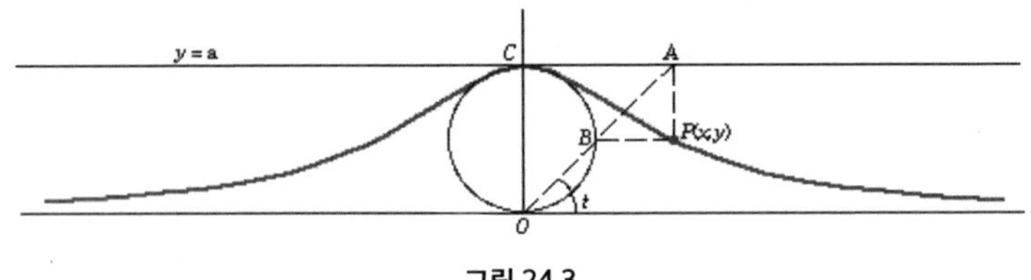

그림 24.3

이 곡선의 방정식은 $yx^2 = a^2\left(a - y\right)$, 즉 $y = \dfrac{a^3}{x^2+a^2}$ 이다.

[그림 24.4]는 원본에 나오는 곡선이다. 교황 베네딕토 14세는 아녜시의 연구에 감명을 받았고, 1750년 아녜시를 볼로냐대학교(University of Bologna) 수학과 교수로 임명했다. 그 후 얼마 되지 않아 그녀는 종교 이론에 심취했고 두 번 다시 볼로냐를 방문하지 않았다. 1752년 아버지가 세상을 떠난 후 마리아 가에타나 아녜시는 종교 이론과 자선 활동에 헌신했다. 그러다가 1799년 1월 9일, 그녀는 자신이 운영하던 초라한 자애의 집에서 숨을 거두었다.

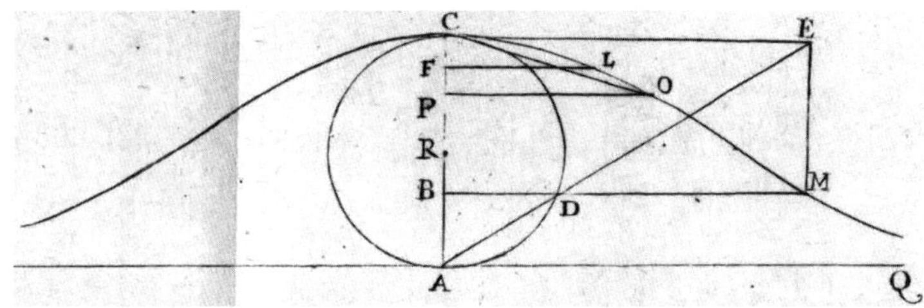

그림 24.4 아녜시의 마녀(마리아 아녜시, 『이탈리아 청년들의 활용을 위한 분석적 방법』, 1748년).

라플라스

우연을 계산하다
프랑스, 1749~1827

1980년대 초반에 미국의 신경과학자 벤저민 리벳(Benjamin Libet, 1916~2007)은 지금은 많이 알려진 '자유 의지'의 존재에 관한 일련의 실험들을 진행했다.[1] 이 실험에서 피실험자들은 빠르게 돌아가는 시계 앞에 앉았고 자신들이 뭔가 하고 싶을 때마다 (손가락 풀기나 주먹 쥐기와 같은) 작은 동작들을 하고, 자신들이 무언가 행동하고 싶은 마음이 생기는 순간 시곗바늘의 위치를 기록하라는 지시를 받았다. 이 실험 결과 어떤 행동을 하겠다는 결정이, 동작을 하기 약 200밀리초 (millisecond, 1,000분의 1초를 나타내는 시간의 단위-옮긴이) 전에 내려진다는 사실이 밝혀졌다. 이 실험이 진행되는 동안 연구자들은 뇌전도(EEG, electroencephalogram)를 이용해 피험자들의 두뇌 활동을 모니터했다. 놀랍게도 EEG 신호는 결정을 내리고 어떤 행동을 하기 500밀리초 전의 두뇌 활동을 가리키고 있었다. 쉽게 말해 피험자들이 어떤 행동을 하고 싶은 욕구를 처음 인식했다고 보고했던 것보다 300밀리초나 빨랐다는 뜻이다.

이 연구 결과는 우리가 어떤 일에 대해 의식적인 결정을 내릴 때마다 실제로 우리 뇌가 이미 결정을 끝낸 상태라는 것을 시사한다. 이것은 자유 의지가 환상에 불과하다는 의미일까? 우리가 하는 모든 일과 경험은 우리 뇌에서 작동하고 있는 잠재의식 속 프로그램, 이른바 우리의 의식을 만들고 우리가 자유롭게 행동을 결정하는 것처럼 믿게끔 만드는 프로그램의 통제를 받는 것일까?

이 질문에 대한 답은 여전히 알 수 없고, 이를 주제로 한 과학 논쟁은 계속 진행 중이다. 우리는 의식이 어떻게 작동하는지, 이른바 신경세포막에서 흐르는 이온과 같은 생리학적 과정이 경험을 어떻게 생성하는지 완벽하게 이해하지 못한다. 이것이 명확하게 규명되지 않는 한 (사실 이것은 극도로 복잡한 문제라서 답을 찾기가 쉽지 않다) 우리는 의식적인 자유 의지의 존재 여부에 대한 확실한 답을 기대할 수 없다.

고대 그리스 철학자들은 이런 자유 의지가, 결정론(determinism)이라고 알려져 있는 철학 이론과 충돌한다는 것을 이미 인식하고 있었다. 결정론이란 모든 사건은 먼저 존재했던 원인들에 의해 결정된다는 철학 사상이다. 모든 사건에 특별한 원인이 있다면 다음 사실로 이어진다. 적어도 원칙적으로는, 우주의 현재 상태에 대해 완벽한 지식을 갖춘다면 미래를 예측할 수 있다는 얘기가 된다.

결정론이라는 개념의 기원이 고대 그리스 철학자들로 거슬러 올라간다고 해도, 현재 이 개념은 뉴턴 역학과 깊은 연관이 있다.

뉴턴 역학은 힘의 영향을 받는 물체의 운동을 수학적으로 설명한 것으로, 뉴턴의 유명한 운동법칙을 바탕으로 한다. 뉴턴의 세 가지 운동법칙은 1687년 흔히 『프린키피아』라는 제목으로 알려진 뉴턴의 역작 『자연철학의 수학적 원리』에 처음 발표되었다. 이것은 당구공들이 서로 충돌하는 운동뿐만 아니라 태양계 행성의 운동을 설명하는 물리학의 기본 법칙이다. 뉴턴 역학은, 모든 물질 입자의 위치와 속도를 그 순간에 거의 정확하게 알 수 있다면, 적어도 이론적으로는 미래의 위치와 속도를 계산할 수 있다는 점에서 결정론적이다. 정확한 수학적 인과관계를 제공하는 뉴턴의 운동 방정식은 결정론이라는 철학 사상을 위한 탄탄한 과학적 토대가 되었다.

프랑스의 수학자 피에르 시몽 드 라플라스(Pierre Simon de Laplace, 1749~1827)는 우주에 대한 역학적 관점에 철학적 의미가 함축되어 있다는 것을 처음 깨달은 학자였다. 다음은 1814년에 발표된 『확률론에 대한 철학 에세이(Philosophical Essay on Probabilities)』에서 발췌한 내용으로, 과학적 혹은 인과적 결정론이라는 표현이 여기서 처음 사용되었다.

> 우리는 우주의 현재 상태를 과거에서 비롯된 결과와 미래의 원인으로 간주할 수 있다. 어떤 지적인 존재가 특정한 순간에 자연을 움직이게 하는 모든 힘에 대해, 자연을 구성하는 모든 요소의 모든 상태에 대해 알고 있을 것이다. 만일 그가 분석을 위해 충분히 많은 자료를 제출한다면, 우주에서 가장 위대한 천체들의 운동과 가장 작은 원자들의 운동을 하나의 공식으로 아우를 수 있을 것이다. 그런 지적인 존재에게는 아무것도 불확실하지 않고 과거와 마찬가지로 미래가 그의 눈앞에 존재할 것이다.[2]

이 가설 속의 지적 존재는 나중에 '라플라스의 악마(Laplace's demon)'라는 이름으로 유명해졌다. 라플라스가 '악마'라는 단어를 사용하지는 않았지만 말이다. 피에르 시몽 드 라플라스는 과학적 결정론의 선구자로 기억될 뿐만 아니라 확률론, 통계학, 미분방정식 이론에 많은 기여를 했다. 그중에서도 가장 중요한 업적은 그가 물리학과 천문학에 미분법을 도입함으로써 뉴턴과 선배 학자들의 연구를 실질적으로 확장했다는 것이다. 특히 가장 영향력이 있었던 그의 논문 「천체 역학(Traité de mécanique céleste)」은 수리물리학에 중대한 공헌을 했다. 이 논문은 천문학의 표준 교재가 되었으며 100년 넘게 최첨단으로 남았다. 이제부터 우리는 라플라스의 생애를 간략히 다루고 그가 과학에 남긴 몇 가지 업적을 상세히 살펴보려고 한다.

피에르 시몽 라플라스는 1749년 3월 23일 프랑스 노르망디의 보몽 앙 오주

그림 25.1 피에르 시몽 라플라스.

(Beaumont-en-Auge)에서 태어났다.[3] 아버지 피에르 라플라스는 사과주를 거래하는 상인이었고, 어머니 마리-안느 소숑은 농사를 짓는 비교적 유복한 가정 출신이었다. 라플라스의 가문에 고등 교육을 받은 사람이 있었다는 기록은 남아 있지 않다. 피에르 시몽은 일곱 살부터 열여섯 살까지 보몽 앙 오주의 베네딕트 수도원 분원 학교(Benedictine priory school)에 다녔다. 그의 아버지는 라플라스가 성직자가 되길 원했기 때문에 그를 캉대학교(University of Caen) 신학과에 보냈다. 입학 후 얼마 되지 않아 라플라스는 자신이 신학보다 수학에 훨씬 관심이 많다는 사실을 깨달았다.

그가 수학으로 관심을 돌리게 된 것은 캉대학교의 수학과 교수 크리스토프 가블레드(Christophe Gadbled)와 피에르 르 카뉘(Pierre Le Canu)의 격려 덕분이었다. 두 사람은 라플라스의 수학적 재능을 알아보았고 그에게 조언을 아끼지 않았다. 라플라스는 캉대학교 재학 시절에 쓴 첫 번째 수학 논문을 이탈리아의 저명한 수학자 조제프-루이 라그랑주(Joseph-Louis Lagrange, 1736~1813)에게 보냈고, 나중에 라그랑주가 이 논문을 자신의 저널 《미셸라에나 타우리넨시아(Miscellanea Taurinensia)》에 실었다. 이제 라플라스는 직업 수학자가 되기로 결심했고, 르 카뉘는 파리의 유명한 수학자 중 한 사람인 장바티스트 르 롱 달랑베르(Jean-Baptiste Le Rond d'Alembert, 1717~1783)에게 라플라스를 소개하는 편지를 썼다. 라플라스는 학위를 마치지도 않고 달랑베르에게 자기를 소개하기 위해 파리로 떠났다.

달랑베르가 파리에서 라플라스를 맞이할 때 처음에는 거의 말을 하지 않았다고 달랑베르의 후손들은 기록하고 있다.[4] 달랑베르는 라플라스를 돌려보내기 위해 두꺼운 고급 수학책을 주고 다 읽은 후 다시 오라고 했다고 한다. 물론 달랑베르는 라플라스가 곧 자신을 찾아오리라는 것을 기대조차 하지 않았고, 며칠 후 라플라스가 자신의 집 문을 두드리자 당황했다. 달랑베르는 책의 내용을 이해하는 것은 차치하더라도 라플라스가 이 두꺼운 책을 며칠 만에 다 읽었다는 것을 믿을 수 없었다. 화난 기색이 역력한 달랑베르는 라플라스에게 수학적 질문을 하기 시작했고, 라플라스가 책의 내용을 전부 이해했다는 사실을 바로 인정할 수밖에 없었다.

처음에 라플라스를 꺼리던 태도는 사라졌고, 수학 문제를 제시할 때마다 라플라스의 뛰어난 수학적 재능에 감탄했다. 그리하여 달랑베르는 라플라스를 제자로 받아들였고, 그를 위해 파리의 군사학교(École Militaire) 수학과 교수 자리를 마련해 주었다. 경제적으로 안정적이고 강의가 많지 않아 라플라스는 연구에 몰두하며 상당히 많은 수학적 연구 성과를 낼 수 있었다. 몇 편의 수준 높은 논문을 발표한 후 라플라스는 당대에 프랑스 최고의 과학 연구 기관이었던 파리 과학아카데미에 지원서를 냈다. 하지만 아직 20대 초반이었던 그는 그보다 실력은 떨어지지만 더 나이가 많은 수학자들 때문에 불합격했다. 자신의 학문적 성과에 대해서는 결코 겸손할 줄 몰랐던 라플라스는 이 결정이 부당하다고 느끼고는 화가 머리끝까지 났다. 하지만 기다림의 시간은 길지 않았다. 두 번의 도전에 실패한 후 1773년 그는 프랑스 과학아카데미의 부회원이 되었다(그리고 1785년에 정회원으로 승격되었다).

1770년대에 끊임없이 수학에 중대한 공헌을 하며 라플라스의 명성은 나날이 높아졌다. 이 시기에 그는 자신의 관심사에 집중했고 수학자로서 자신의 스타일과 철학적 관점을 발전시켜 나갔다. 그의 주력 연구 분야가 서서히 드러나기 시작했다. 이른바 미분법을 천문학적 대상과 확률론에 응용하는 것이었다. 실제로 태양계 행성들의 운동을 이해하고 계산하는 일은 과학사에서 중요한 수학적 과제였다.

1687년 발표한 『자연철학의 수학적 원리』에서 뉴턴은 요하네스 케플러의 행성운동 법칙이 자신의 세 가지 기본 역학 법칙을 따른다는 사실을 증명했고, 만유인력의 법칙과 결합했다. 만유인력의 법칙은 질량을 가진 두 개의 물체는 질량의 곱에 비례하고 중심 사이 거리의 제곱에 반비례하는 힘으로 서로 끌어당긴다는 것이다. 케플러는 행성운동의 법칙을 관측 데이터를 세심하게 연구함으로써 경험적으로 발견했다. 반면 뉴턴은 자신의 기본 역학 법칙으로부터 '케플러의 법칙'을 도출함으로써 증명했다. 이것은 뉴턴 이론의 위대한 승리였다.

하지만 뉴턴의 운동 방정식으로부터 케플러의 법칙을 도출하기 위해 뉴턴은 태양 주변을, 궤도를 돌고 있는 행성이 한 개라고 생각해야 했다. 이것이 소위 '이체 문제(two-body problem, 상호작용하는 두 물체의 운동을 다루는 문제-옮긴이)'다. 실제로 '삼체 문제(three-body problem, 세 개의 물체 간의 상호작용과 움직임을 다루는 고전역학 문제-옮긴이)는 너무 복잡해서 대략적인 감으로만 풀 수 있다. 하지만 우리 태양계의 행성들은 정확하게 케플러의 법칙에 따라 움직이지 않는다. 서로를 끌어당기려고 하는 중력이 케플러의 완벽한 궤도와 약간의 편차를 발생시키기 때문이다. 가장 작은 행성조차도 다른 모든 행성의 운동에 아주 미미한 영향을 끼치고, 이러한 사소한 장애들이 축적되어 큰 편차가 된다. 태양계의 전체 시스템을 뉴턴 역학의 틀에서 설명하면 극도로 복잡한 체계의 방정식이 나온다.

한 개의 행성에서 작용하는 중력은 태양으로부터의 거리뿐만 아니라 모든 다른 행성들의 현재 위치의 영향을 받기 때문이다. 뉴턴은 자신의 시도를 수학적으로 설명하기 어렵다는 사실을 깨달았고, 이렇게 복잡한 체계의 방정식을 푸는 것이 가능한지 의심하기 시작했다. 결국 뉴턴은 태양계가 안정적으로 유지되려면 주기적인 신의 개입이 필요하다고 결론을 내렸다. 그렇지 않다면 다른 행성들의 존재에 의해 한 행성의 궤도에 작은 장애가 생기고, 시간이 지날수록 이런 장애들이 점점 쌓여서 태양계에서 행성을 퇴출시킬 수밖에 없다는 것이다.

18세기 초기에 수집된 관측 데이터에 따르면 목성의 궤도는 서서히 줄어들고 있는 반면, 토성의 궤도는 점점 팽창하고 있다. 이처럼 명확한 불안정 상태를 설명하는 것이 천문학의 중대한 미결 과제였다. 레온하르트 오일러와 조제프-루이 라그랑주도 이 문제를 푸는 데 실패했다. 라플라스는 이 문제를 풀기 위해 오일러와 라그랑주가 빠뜨린 효과들을 결합함으로써 더 정교하게 수학적 분석을 했다. 라플라스의 계산 결과는 관측 데이터와 완벽하게 일치했다. 그의 분석 결과, 목성과 토성의 궤도 주기 사이에 특수한 비율이 나타나고, 이것이 행성운동의 이상이 나타나는 이유였다. 라플라스는 이 오랜 난제를 해결하고 태양계의 전체 시스템을 이론적으로 설명하는 것을 자신의 목표로 삼았다. 그의 과학적 목표는 "이론을 관측과 최대한 일치시켜서 경험적 방정식을 더 이상 천문학 표에 제시하지 못하게 하는 것이었다."[5]

1799년부터 1825년까지 라플라스는 총 5권으로 구성된 대표작 『천체역학(Celestial mechanics)』을 발표했다. 이 책에서 그는 과거에 주로 기하학적 관점에서 연구되어 왔던 고전 역학에 미적분의 방식을 적용했다. 라플라스는 뉴턴과 다른 선배 과학자들이 지나치게 복잡한 수학적 분석으로 접근했던 문제들을 미적분이라는 강력한 장치로 풀어나갔다. 그는 조석 운동과 행성의 모양이 밀물과 썰물을 일으키는 기조력(起潮力)에 미치는 영향을 포함하여 행성과 위성의 운동을 계산할 수 있는 완벽한 수학적 기틀을 마련했다. 특히 그는 뉴턴처럼 신의 개입이 있다는 가정을 하지 않고 태양계의 안정성을 증명해냈다.[6]

라플라스와 나폴레옹 보나파르트의 대화에 관한 유명한 일화가 있다. 나폴레옹이 라플라스에게 그의 책을 선물 받고 축하 인사를 건네면서 신이 전혀 언급되지 않은 이유를 물어보았다고 한다. 이때 라플라스가 한 직설적이고 유명한 답변이 이와 같다. "그런 가설 따위는 저에게 필요 없습니다."[7]

라플라스는 정치적 견해에 대해서는 상당히 기회주의적인 태도를 취했기 때문에 프랑스 혁명 당시에도 감옥행을 면할 수 있었고, 비록 나폴레옹의 동생을 위해 받은 관직이기는 했지만 나폴레옹 내각의 장관으로 임명되었다. 이것은 아마 라플라스의 정치 생명이 고작 6주에 머무른 이유일 것이다. 나중에 나폴레옹은 자신의 회고록에 이렇게 썼다.

> 라플라스는 어떤 질문도 정해진 관점으로 보지 않았다. 그는 어디에서나 세부적인 것까지 샅샅이 파헤쳤고 머릿속으로는 문제들만 생각했다. 결국 그는 '무한소'의 정신을 행정에서 실천했다.[8]

1812년 라플라스는 『확률 분석론(Théorie analytique des probabilités)』을 발표했다. 수학적 확률 이론의 시초는 블레즈 파스칼과 피에르 드 페르마의 서신 교환이

었다. 하지만 선배 수학자들이 논의했던 예시 문제들을 완성된 수학 이론으로
발전시킨 사람은 라플라스였다. 이 주제에 관한 라플라스의 관점은 아래에 인
용된 문장에 가장 잘 표현되어 있다.

> 확률론은 본질적으로 미적분으로 환원된 상식에 지나지 않는다. 그리고 확률론은 정
> 확성을 추구하는 사람들이 본능적으로 느끼지만 때때로 설명하지 못하는 바를 우리가
> 정확하게 파악할 수 있게 해준다."[9]

확률론에 관한 라플라스의 저서는 이제 수학 분야에서 가장 영향력 있는 책
으로 손꼽힌다. 그는 확률론의 기초를 세웠으며 이론적인 틀을 마련하는 데 그
치지 않고 기본 원칙들을 정립했다. 라플라스는 사망률, 기대수명, 결혼 기간
등 실생활에 응용하는 것뿐만 아니라 삼각법을 이용한 설문 조사, 측지학, 측
정의 과학, 지구의 지질학적 모형, 중력장도 고찰했다. 그가 증명한 많은 연구
결과 중에서 그의 이름이 붙여진 수학 개념을 하나만 언급하겠다. 라플라스의
연쇄의 법칙(Laplace's rule of succession)이 바로 그것이다. 이 법칙은 다음과 같다.

여러분이 성공하거나 실패할 수 있는 실험을 하고 있다고 가정하자. 이 실
험은 n번 독립 시행을 반복한다. 여러분이 k번 실험에 성공했다면, 다음번 시
행에서 성공할 확률은 얼마인가? 합리적이고 아주 자연스러운 답은 $p = \dfrac{k}{n}$일
것이다. 그런데 라플라스는 몇몇 경우에는 $\dfrac{k+1}{n+2}$이 더 정확한 추정치라고 했다.
다음의 예에서 볼 수 있듯이 n이 클 경우에는 두 비율의 차이는 무시해도 될 정
도로 작지만, n이 작을 경우에는 라플라스의 공식이 훨씬 유용하다.

여러분이 동전을 세 번 던지고 항상 앞면이 나올 경우(여기에서는 앞면을 성공이라
고 간주한다)에는 $p = \dfrac{k}{n} = \dfrac{3}{3} = 1$이므로, 다음번에 동전의 앞면이 나올 확률
은 100퍼센트다. 물론 이것은 말이 안 된다. 같은 방법으로 동전을 세 번 연속

던졌을 때 전부 뒷면이 나올 경우 $p = \dfrac{k}{n} = \dfrac{0}{3} = 0$이므로, 다음번에 동전의 뒷면이 나올 확률은 0퍼센트다. 라플라스의 공식이 네 번째 동전을 던졌을 때 다른 결과가 나올 수 있다는 여지를 둠으로써 잘못된 결론에 이르지 못하게 막아준다.

만년에 라플라스는 자신의 수학적 방법을 물리학에 확장해 적용하려는 시도를 했다. 그는 빛 이론과 열 이론을 발전시켰고(두 이론 모두 잘못된 것으로 입증되었다) 70대에도 계속 논문을 발표했다. 라플라스는 1827년 파리에서 사망했지만, 그의 이름이 붙여진 수학 연구 대상과 개념 덕분에 여전히 수학과 물리학 안에서 살아 있다. 특히 우리에게 잘 알려진 라플라스 방정식(Laplace's equation)과 라플라스 변환(Laplace transform)이 그런 경우다. (라플라스 방정식은 미분방정식이며 물리학에서 파생된 여러 분야에서 중요하다. 예를 들어 지구의 중력장은 지구 밖의 모든 곳에서 라플라스 방정식을 만족시켜야 한다. 고급 수학의 라플라스 변환을 간략하게 정의하면 실수 변수를 취하는 함수가 복소 변수의 함수로 변환되는 것이다.) 마지막으로 한마디 덧붙이자면, 라플라스의 악마는 여전히 철학적 논의 주변을 맴돌며 신경과학 분야에 새로운 발견을 자극하고 있다.

MATH MAKERS

LORENZO
MASCHERONI

JOSEPH-LOUIS
LAGRANGE

SOPHIE GERMAIN

CARL FRIEDRICH
GAUSS

CHARLES BABBAGE

NIELS HENRIK ABEL

EVARISTE GALOIS

JAMES JOSEPH
SYLVESTER

ADA LOVELACE

GEORGE BOOLE

BERNHARD
RIEMANN

GEORG CANTOR

SOFIA
KOVALEVSKAYA

GIUSEPPE PEANO

DAVID HILBERT

G. H. HARDY

EMMY NOETHER

SRINIVASA
RAMANUJAN

JOHN VON NEUMANN

KURT GÖDEL

ALAN TURING

PAUL ERDŐS

HERBERT AARON
HAUPTMAN

BENOIT
MANDELBROT

MARYAM
MIRZAKHANI

마스케로니

컴퍼스만으로 하는 기하학 작도
이탈리아, 1750~1800

유감스럽게도 수학의 역사에서는 최초 발견자가 아닌데 최초 발견자로 명명되는 일이 흔히 있다. 이탈리아의 수학자 로렌초 마스케로니(Lorenzo Mascheroni)가 이런 경우다. 마스케로니는 (눈금이 없는) 직선자와 컴퍼스를 사용하여 가능한 모든 기하학적 작도를 컴퍼스만으로도 할 수 있다는 사실을 최초로 증명한 학자로 알려져 있다. 1797년에 발표한 그의 저서 『컴퍼스의 기하학(Geometria del compasso)』에 이 내용이 있다([그림 26.1] 참조).

이 정리를 상세히 논하기 전에 우리가 먼저 짚고 넘어갈 부분은 이렇다. 덴마크의 수학자 게오르크 모어(Georg Mohr, 1640~1697)가 먼저 이 정리를 증명한 건 맞지만, 이 사실을 마스케로니도 몰랐다는 것이다. 모어는 1672년 『덴마크의 유클리드(Euclides danicus)』라는 책에서 이 정리를 증명했는데, 이 책은 거의 알려지지 않다가 1928년에 재발견되었다. 게오르크 모어는 1640년 코펜하겐에서 태어나, 1662년 크리스티안 하위헌스에게 수학을 배우기 위해 네덜란드로 유학을 갔다. 이듬해에 그는 두 번째 저서인 『호기심 있는 이를 위한 유클리드 개론(Compendium Euclidis Curiosi)』을 발표했다. 모어는 코펜하겐을 떠나 있는 동안 프랑스, 영국, 독일의 유명한 수학자들의 저서를 읽으며 시간을 보냈다. 유감

LA .GEOMETRIA

DEL

COMPASSO

DI

LORENZO MASCHERONI.

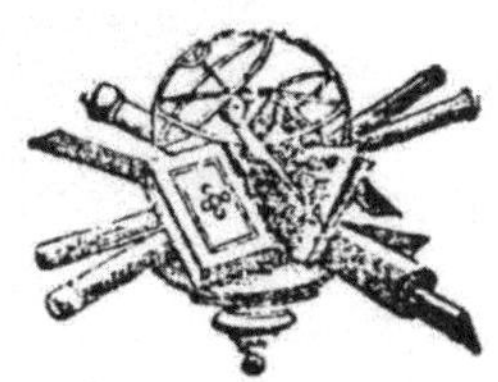

P A V I A anno V della Repubblica Francese.

Presso gli Eredi di Pietro Galeazzi
(1797)

그림 26.1

스럽게도 그는 덴마크에서만 이름이 알려져 있었고, 그의 이름을 딴 수학 경시 대회가 있는 정도였다.

직선자와 컴퍼스로 가능한 모든 기하학적 작도를 컴퍼스만 있어도 할 수 있다는 사실은 대단한 발견이었다. 그런데 이 정리에 마스케로니의 이름이 붙여지게 된 사연이 있다. 사실 마스케로니는 우연히 이 정리를 증명했고, 게오르크 모어의 증명과 방법도 달랐다. 하지만 이 책의 작도법은 마스케로니 작도(Mascheroni constructions)를 지칭하므로 마스케로니의 생애를 집중적으로 살펴보려고 한다.

로렌초 마스케로니는 1750년 이탈리아 롬바르디아주 베르가모(Bergamo)의 유복한 가정에서 태어나, 1767년 가족의 뜻에 따라 성직자가 되었다. 얼마 후 그는 수사학을 가르치게 되었고, 한참 후인 1778년 베르가모 신학대학에서 수학과 물리학을 강의하게 되었다. 그러다가 그는 파비아대학교(University of Pavia)의 수학과 교수

그림 26.2 마스케로니, 1790년경.

가 되었고, 1789년에는 대학교 총장으로 취임하여 4년 동안 재임했다.

평소에 나폴레옹 보나파르트를 매우 존경했던 마스케로니는 1797년 자신의 저서 『컴퍼스의 기하학』을 그에게 헌정하기도 했다. 마스케로니는 특히 기하학 분야의 저서에 대해 많은 찬사를 받으며 파도바학술원(Academy of Padua), 이탈리아 과학학회(Italian Society of Science), 만토바학술원(Academy of Mantua) 회원으로 선출되었다. 1795년 유럽에 미터법이 도입되면서 마스케로니는 파리 유학생으로 선발되어 새로운 체계를 배우고 밀라노 정부에 보고했다. 1798년에 그는 보고서를 발표했는데 나폴레옹 전쟁의 여파로 유럽 사회가 불안정하여 파리에 발이 묶이고 말았다. 그곳 날씨로 인해 마스케로니는 감기에 걸렸고 치명적인 바이러스 감염으로 합병증이 발생하여 1800년 7월 14일 사망했다.

이제부터는 로렌초 마스케로니가 자신의 이름이 들어간 작도와 관련해 얼마나 환상적인 발견을 했는지 자세히 살펴보도록 하겠다. 마스케로니 작도는 모어가 가장 먼저 발견했지만, 앞에서 언급했듯이 모어와 방법도 달랐고, 모어가 작도를 증명했다는 사실조차 몰랐다. 마스케로니의 연구 결과는 직관적으

수학을 만든 사람들

로 이해하기 어렵기 때문에 우리는 마스케로니 책의 세부적인 내용까지 꼼꼼히 살펴볼 것이다.

실제로 직선의 작도에 눈금이 없는 직선자 대신 컴퍼스를 사용할 수 있다는 사실을 증명하려고 한다. 이에 앞서 일반적인 작도에서는 눈금이 없는 직선자와 컴퍼스를 사용하고 있지만, 컴퍼스만으로 작도가 가능하다는 것을 증명하려고 한다.

좀 더 간결한 논의를 위해 우리는 원 혹은 원의 호를 다음과 같이 간략한 방식으로 표기하려고 한다. 중심이 점 P, 지름의 길이가 AB인 원을 (P, AB)로 표기할 것이다.[1] 또한 우리는 두 점이 한 개의 직선을 결정한다는 사실을 알고 있기 때문에, 여기에서 한 개의 직선은 두 점을 이용하여 그린 것을 지칭한다. 예를 들어 점 A와 점 B를 포함하는 직선을 간단하게 AB라고 할 것이다.

먼저 마스케로니 작도가 어떻게 나타날 수 있는지 증명하는 데 필요한 주요 작도를 알아보도록 하겠다. 여기에서 우리는 $AE = 2(AB)$를 만족시키는 직선 AB 위의 점 E를 찾아볼 것이다.

우리는 [그림 26.3]에서 했던 대로 선분 AB의 위치를 보는 것부터 시작하려고 한다. 그다음에 호 (B, AB)를 그린다. 그리고 점 C에서 호 (A, AB)와 호 $(B,$

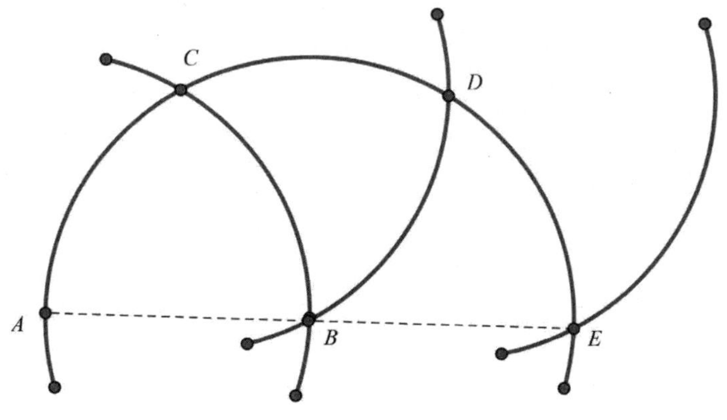

그림 26.3

AB)를 교차시킨다. 그다음에 점 D에서 호 (C, AB)와 호 (B, AB)를 교차시킨다. 그다음에 또 점 E에서 호 (D, AB)와 호 (B, AB)를 교차시킨다. 이제, $AB = BE$, 즉 $AE = 2(AB)$라는 사실을 알 수 있고, 이것이 우리가 증명하려는 작도다. 혹시 점 E가 실제로 AB위에 있다는 것을 어떻게 알 수 있는지 묻고 싶은 사람이 있을지도 모른다. [그림 26.4]의 삼각형 ABC, CBD, DBE를 보면 정삼각형이라는 사실을 알 수 있다. 따라서 각 ABC, 각 CBD, 각 DBE는 각각 60°이므로 직선 ABE가 만들어진다. 세 각의 합은 180도이고 점 A, B, E는 한 직선 위에 있다.

이 작도법을 이용해 우리는 $n = 1, 2, 3, 4, \ldots$ 일 때, 주어진 선분의 길이의 n배인 선분을 그릴 수 있다. [그림 26.5]에서 우리는 이 방법으로 선분 AB를 두 배씩 계속 늘릴 수 있다는 사실을 확인할 수 있다. 또한 이 방법으로 우리는 선분 AB의 3배, 4배, 5배…가 되는 선분을 끝없이 그릴 수 있다.

[그림 26.5]에서 볼 수 있듯이 우리는 선분 AB 길이의 여러 배 되는 선분들을 원하는 대로 그릴 수 있다. 그래서 다음과 같이 해보려고 한다. 먼저 (E, AB)가 점 F에서 (D, AB)와 교차하도록 그린다. 그리고 (F, AB)가 점 G에서 (E, AB)

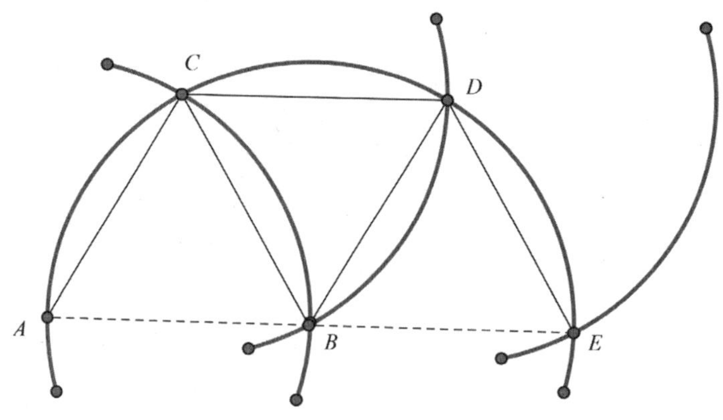

그림 26.4

수학을 만든 사람들

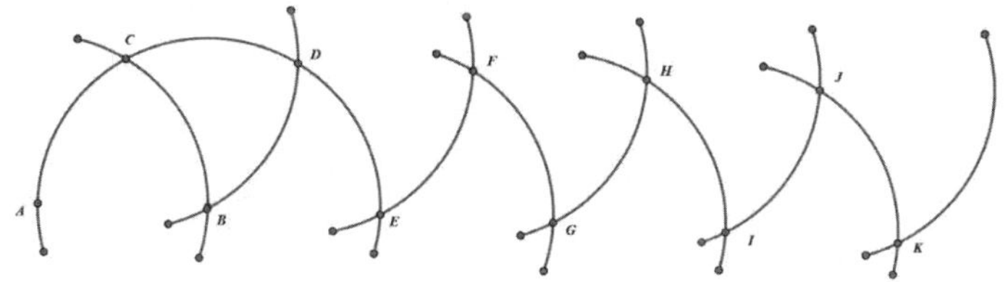

그림 26.5

와 교차하도록 그린다. 그리고 (G, AB)가 점 H에서 (F, AB)와 교차하도록 그린다. 그리고 (H, AB)가 점 I에서 (G, AB)와 교차하도록 그린다. 그리고 (I, AB)가 점 J에서 (H, AB)와 교차하도록 그린다. 그리고 (J, AB)가 점 K에서 (I, AB)에서 교차하도록 그린다. 이 과정은 무한히 계속될 수 있다. 그다음에 우리가 직선 AB에 많은 점들을 그릴 수 있는 방법을 살펴보자. 이것은 직선 AB에 무수히 많은 점들을 그리기 위해 우리가 고민했던 방법들 중 하나다.

지금까지 우리는 무수히 많은 점들을 추가하여 생기는 직선을 따라, 주어진 선분 길이의 여러 배가 되는 선분들을 작도하는 법을 살펴보았다. 이제부터 주어진 선분의 일부, 즉 주어진 선분 길이의 $\frac{1}{n}$인 선분을 작도하는 법을 알아보도록 하겠다.

선분 AG를 그리는 것부터 시작하려고 한다. 이 선분은 위의 방법으로([그림 26.6] 참조) 그린 선분 AB길이의 3배이다. [그림 26.6]처럼 $AB = \frac{1}{3} AG$가 되도록 선분 ABG를 그대로 옮겨 그린다. 그런 다음 AB 길이의 3분의 1이 되는 작도를 시작한다. 먼저 원 (A, AB)를 그린다. 그다음에 [그림 26.7]에서 볼 수 있듯이 점 C와 점 D에서 원 (A, AB)와 교차하도록 호 (G, GA)를 그린다. 호 (C, CA)와 호 (D, DA)의 교점 P는 AB의 3등분점이고, 다르게 표현하면 $AP = \frac{1}{3} AB$이다. AB의 다른 3등분점을 찾기 위해 앞에서 언급했던 방법만 활용하여 선분을 복제하는데, 이 경우는 AP를 복제한다.

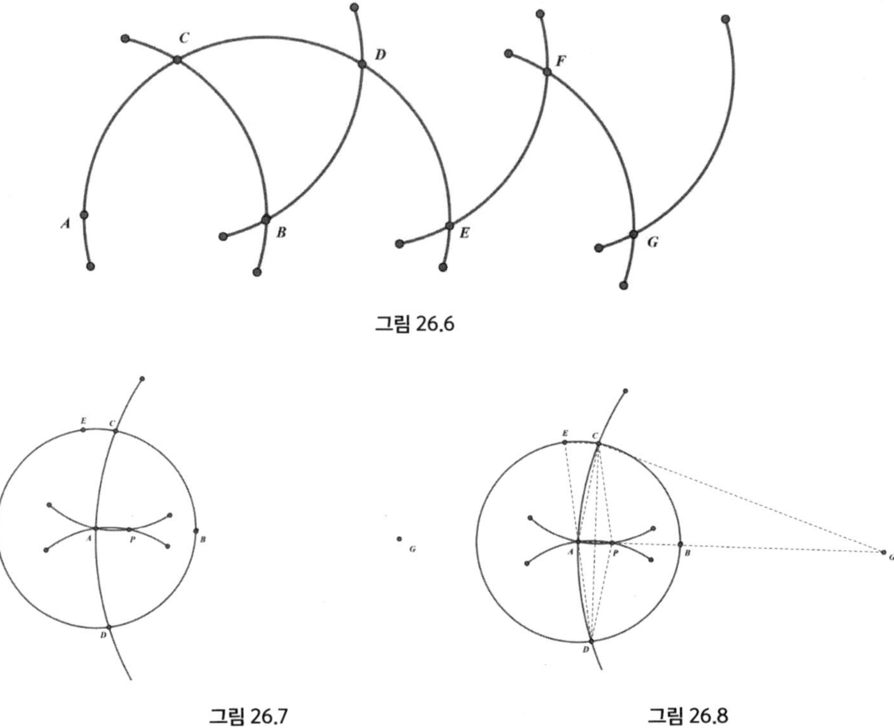

그림 26.6

그림 26.7

그림 26.8

그다음에 [그림 26.8]을 참고하여 이 과정이 어떻게 되는지 설명할 것이다. 이 그림에서 이 작도의 타당성을 입증하기 위해 단지 몇 개의 선분들만 추가할 것이다. 먼저 점 P가 실제로 직선 ABG위에 있다는 사실을 보여주려고 한다. 점 A, P, G는 선분 CD의 수직이등분선 위에 있다. 따라서 이 점들은 공선상에 있다. 그리고 두 이등변삼각형 CGA와 PAC는 한 개의 각, 즉 각 CAP가 공통이므로 서로 닮은 도형이다. 그러므로 $\dfrac{AP}{AC} = \dfrac{AC}{AG}$이다. 그런데 $AC = AB$이므로 $\dfrac{AP}{AB} = \dfrac{AB}{AG}$이다. 한편 우리는 $\dfrac{AB}{AG} = \dfrac{1}{3}$이라는 사실을 알고 있기 때문에 $\dfrac{AP}{AB} = \dfrac{1}{3}$, 또는 $AP = \dfrac{1}{3}AB$이다.

이 작도를 하는 법, 즉 점 P의 위치를 찾는 법에 대한 대안이 있다. 이제 첫 번째 마스케로니 작도를 이용해, 점 D의 정반대편에 있는 점 E의 위치를 찾

수학을 만든 사람들

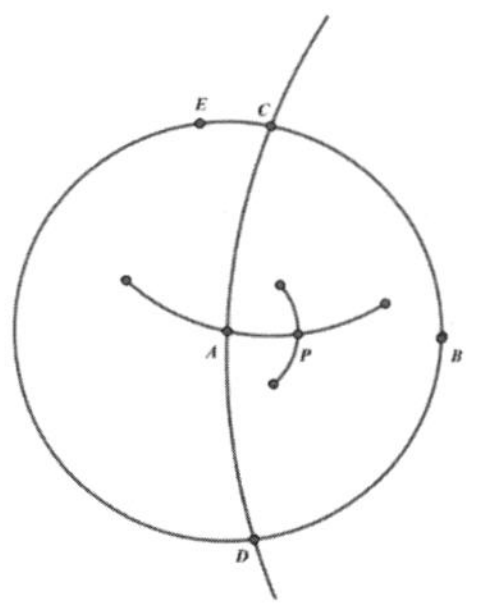

그림 26.9

으려고 한다. 이것을 다르게 설명하면 *DAE*는 원 (*A, AB*)의 지름이다. [그림 26.8]에서 볼 수 있듯이 사각형 *ECPA*는 평행사변형이므로 *EC = AP*이다. 따라서 호 (*A, EC*)와 호 (*C, CA*)의 교점에서 점 *P*를 찾을 수 있다. 이것은 [그림 26.9]에서 확인된다.

로렌초 마스케로니는 일반적인 기하학적 작도 도구, 즉 눈금 없는 직선자와 컴퍼스로 가능한 모든 작도는 컴퍼스만 사용하여 작도를 할 수 있다고 했다. 앞부분에서 살펴본 작도들을 통해 확인했듯이, 이 주장의 타당성을 입증하기 위해 우리가 상상할 수 있는 모든 작도가 이 방식으로만 가능하다는 사실을 반드시 보여주려고 할 필요는 없다. 다음 다섯 가지 원칙을 마음대로 활용하면 일반적인 작도 도구인 직선자와 컴퍼스로 모든 기하학적 작도를 할 수 있다. 쉽게 말해 직선자와 컴퍼스 둘 다를 사용하는 작도는 단지 다음 작도들의 유한한 연속에 불과하다.

1. 주어진 두 개의 점을 통과하는 한 개의 직선을 그린다.

2. 한 개의 중심과 한 개의 반지름이 주어졌을 때 한 개의 원을 그린다.

3. 주어진 두 원의 교점의 위치를 찾는다.

4. (두 점에 의해 결정되는) 한 개의 직선과 한 개의 원의 교점의 위치를 찾는다.

5. 주어진 두 직선의 교점의 위치를 찾는다(두 직선은 각각 두 점에 의해 결정된다).

우리가 실제로 두 점을 통과하는 직선을 그려볼 수는 없다고 할지라도, 직선 위에 최대한 많은 점들을 배치해볼 수 있다. 무한히 오랜 시간 동안 작업해야 할지도 모르겠지만 두 점들 사이의 모든 점이 그 직선 위에 나타나게 해볼 수 있다. 이것은 기본적으로 위에서 언급한 목록의 첫 번째 조건을 만족시킨다. 두 번째와 세 번째 작도 원칙은 컴퍼스로만 가능하기 때문에 더 이상 논할 필요도 없다. 두 점 A와 B에 의해 생기는 직선과 주어진 원 (O, r)의 교점의 위치를 나타내기 위해 두 가지 경우를 고려해야 한다. 하나는 원의 중심이 주어진 직선 위에 있지 않은 경우이고, 다른 하나는 원의 중심이 주어진 직선 위에 있는 경우다.

첫째, 우리는 원의 중심이 주어진 직선 위에 있지 않은 경우를 생각해야 한다. [그림 26.10]에서 볼 수 있듯이 원 (O, r)과 직선 AB가 있다(점선은 두 점 A와 B에 의해 결정되는 직선 AB를 쉽게 알아볼 수 있게 해주는 보조선이다).

한편 호 (B, BO)와 호 (A, AO)의 교점인 점 Q를 찾아야 한다. 그다음에 원 (Q, r)을 그린다. 원 (Q, r)과 원 (O, r)의 교점은 직선 AB와 원 (O, r)에 필수인 교점이다.

다음 방법을 통해 이것의 타당성을 입증할 수 있다. 점 Q는 AB의 수직이등분선 OQ를 만들도록 선택되었다. 원 (O, r)과 합동인 원 (Q, r)을 그릴 때 공통현 PR은 OQ의 수직이등분선이다.

두 번째 원칙에서는 주어진 원의 중심이 주어진 직선 위에 있는 경우를 고려해야 한다. 여기에서 우리는 [그림 26.11]의 원 (O, r)과 직선 AB를 살펴보려고 한다. [그림 26.11]에서 우리는 반지름이 x이고 원 (O, r)과 만나고, 두 점 S와 T에서 만나는 원 (A, x)를 그린다. ST의 우호(優弧)와 열호(劣弧)의 중점은 점

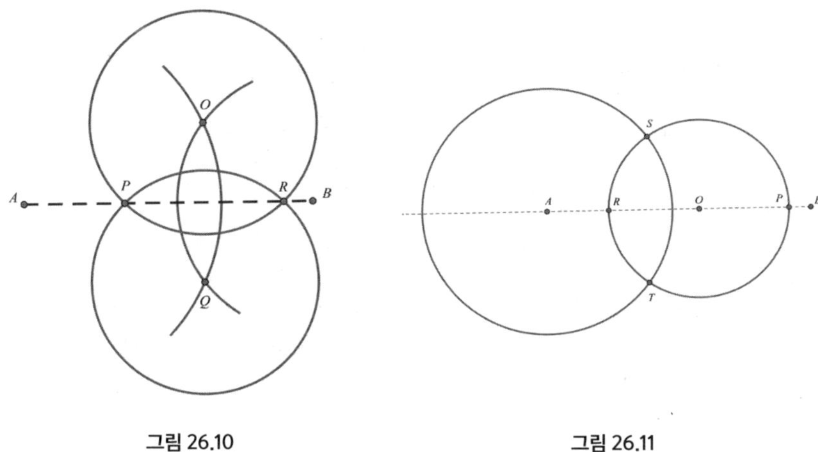

그림 26.10 그림 26.11

P와 점 R이다. 이것은 조금 더 복잡한 경우이기 때문에 다음 방식으로 증명할 것이다.

위의 주장을 완성시키기 위해 이제부터 주어진 현 ST를 이등분하는 데 집중해야 한다. 작도를 시작하기 위해 ([그림 26.12] 참조) 먼저 중심이 O이고 ST를 현으로 갖는 원에서 $OS = OT = r$이라고 둘 것이다. 또한 점 S와 점 T 사이의 거리를 d라고 둔 다음, 원 (O, d)을 그릴 것이다. 그다음에는 원 (S, SO)와 (T, TO)를 그리면, 이 두 원이 원(O, d)와 각각 점 M과 N에서 만난다. 그다음에 호 (M, MT)와 (N, NS)를 그린다. 이때 두 호는 점 K에서 만나게 될 것이다. 호 (M, OK)와 (N, OK)를 그려보면 교점 C와 D가 우리가 찾으려고 했던 ST의 두 호의 중점이라는 것을 확인할 수 있다.

이 작도가 원래의 의도대로 된 것, 즉 호 ST의 중점을 찾은 것임을 증명하기 위해 우리는 보조선을 그려서 [그림 26.13]의 작도를 설명하려고 한다.

먼저 사각형 $SONT$와 $TOMS$를 보자. 이 두 사각형은 두 쌍의 대변이 합동이므로 평행사변형이다. 따라서 점 M, O, N은 공선상에 있다. $CN = CM$이고, $KN = KM$이므로 KC와 MN이 점 O에서 수직으로 만난다는 결론을 내릴 수 있

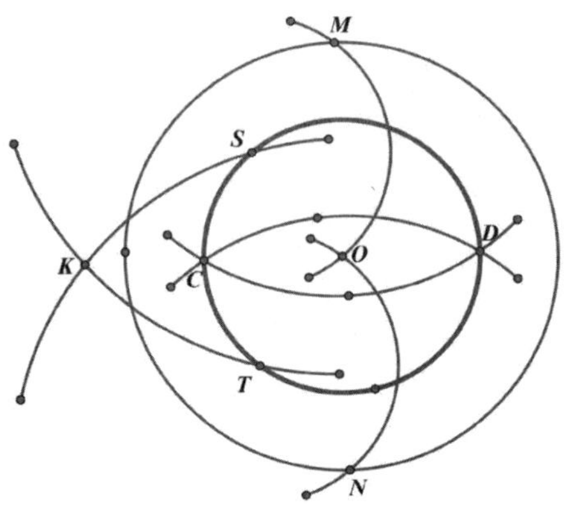

그림 26.12

다. 따라서 $CO \perp ST$이다. CO는 선분 ST를 이등분하므로 현 ST도 이등분한다. 이제 남은 과제는 점 C가 원 (O, r) 위에 있다는 것, 다시 말해 $CO = r$임을 증명하는 것이다.

이를 증명하는 데 유용한 기하학 정리는 평행사변형의 네 변 길이의 제곱의 합은 대각선 길이의 제곱의 합과 같다는 것이다. 이를 평행사변형 $SONT$에 적용하면 $(SN)^2 + (TO)^2 = 2(SO)^2 + 2(ST)^2$, 즉 $(SN)^2 + r^2 = 2r^2 + 2d^2$이다.

$$(SN)^2 = r^2 + 2d^2 \qquad \text{(I)}$$

직각 삼각형 $\triangle KON$에 피타고라스의 정리를 적용하면 아래의 식을 얻을 수 있다.

$$(KN)^2 = (NO)^2 + (KO)^2$$

그런데 $KN = SN$이므로

$$(SN)^2 = (NO)^2 + (KO)^2 = d^2 + (KO)^2 \qquad \text{(II)}$$

(I)과 (II)를 연립하여 정리하면

$$r^2 + 2d^2 = d^2 + (KO)^2, \text{ 즉 } r^2 + d^2 = (KO)^2 \text{ 이다.}$$

직각 삼각형 CON을 살펴보면서 결론에 가까이 가고 있다. 이 삼각형에

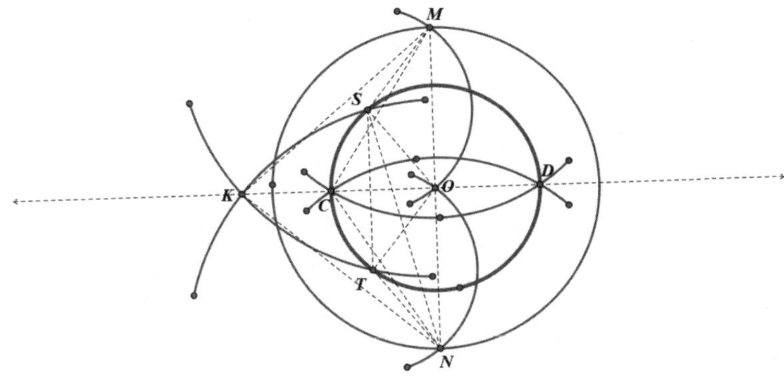

그림 26.13

서 피타고라스의 정리를 한 번 더 적용하면 $(CO)^2 + (NO)^2 = (CN)^2$, 즉 $(CO)^2 = (CN)^2 - (NO)^2$ 이다. 한편 우리는 점 C에서 (M, OK)와 (N, OK)가 만나고, CN 이 두 원의 반지름이라는 사실을 알고 있다. 그러므로 $CN = OK$이다.

여기에 위의 방정식 $(KO)^2 = r^2 + d^2$을 대입하여 정리하면 $(CO)^2 = (KO)^2 - d^2 = r^2 + d^2 - d^2 = r^2$이다. 이로써 $CO = r$임이 증명되었고, 이것이 우리가 증명하려 했던 것이다.

마스케로니 작도의 타당성 검증을 마치려면 우리가 (위에서) 살펴본 다섯 가지 목록 중 다섯 번째 작도 원칙을 증명해야 한다. 다시 말해, 우리는 컴퍼스만 이용해 두 직선 AB와 CD의 교점을 찾을 수 있어야 한다([그림 26.14] 참조). 이 작도를 위해 꽤 많은 호를 그렸을지라도 한 단계씩 따라 했고, 어쩌면 여러분의 방식으로 그렸을지 모르지만 고생한 보람이 있을 것이다.

이번 작도를 시작하기 위해 점 E에서 호 (C, CB)와 (D, DB)가 만나도록 그릴 것이다. 그리고 점 F에서 호 (A, AE)와 (B, BE)가 만나도록 그릴 것이다. 그 다음에 호 (E, EB)와 (F, FB)가 점 G에서 만나도록 그릴 것이다. 이 작도를 계속하다 보면 호 (B, BE)와 (G, GB)가 점 H에서 만나게 될 것이다. 마지막으로

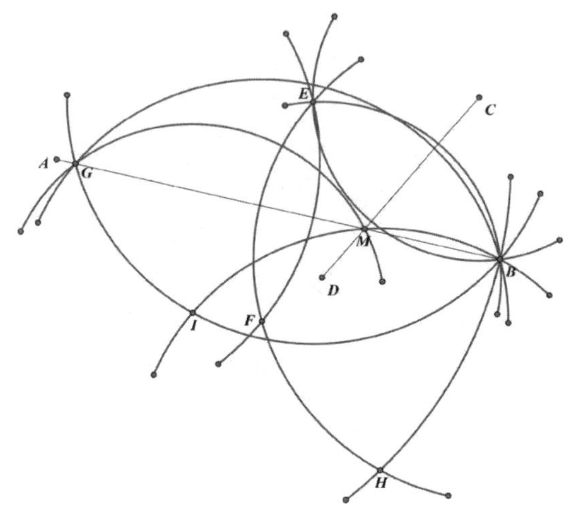

그림 26.14

호 (*E, EB*)와 (*H, HB*)가 점 *I*에서 만나게 그릴 것이다. 우리가 찾는 점, 이른바 두 직선 *AB*와 *CD*의 교점이 호 (*H, HB*)와 (*I, IG*)의 교점인 점 *M*이다.

이제 이 작도가 의도한 대로 되는지 타당성을 검증할 차례다. [그림 26.15]에서 볼 수 있듯이 먼저 몇 개의 보조선이 필요하다. 그리고 점 *M*이 *AB*와 *CD* 위의 점이라는 것을 증명해야 한다는 점을 기억해야 한다.

여러분은 [그림 26.15]에서 *EI, EB, BH, HI*가 같은 원에 대한 반지름이기 때문에 *EI* = *EB* = *BH* = *HI*라는 사실을 알고 있을 것이다. 마찬가지로 *IM* = *IG*이다. 따라서 *IM*과 *IG*는 합동이다. 한편 원주각 *IBM*은 호 *IM*에 대한 중심각의 절반 크기다. 마찬가지로 $\angle IBG = \frac{1}{2}$ 호 *IG* 이다.

따라서 우리는 $\angle IBM = \angle IBG$이라는 결론을 내릴 수 있다. 이것은 점 *M*이 직선 *BG* 위에 있음을 입증한다. 게다가 우리는 직선 *AB*와 *BG*가 각각 *EF*의 수직이등분선이라는 사실을 알고 있다. 이것 역시 점 *M*이 직선 *AB* 위에 있음을 입증한다. 이제 우리는 점 *M*이 직선 *CD* 위에 있음을 증명해야 한다. 삼각형

수학을 만든 사람들

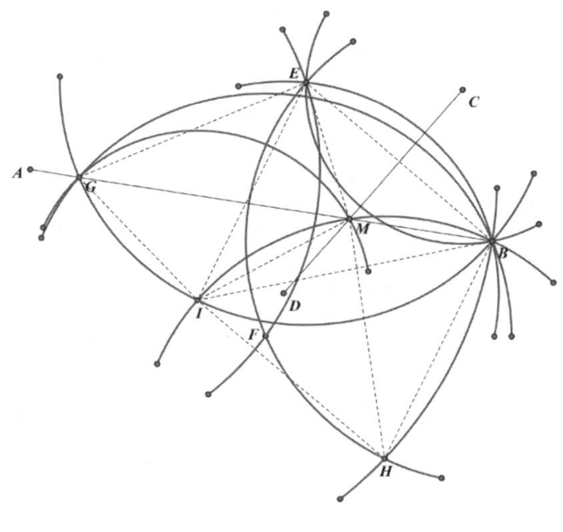

그림 26.15

BGH와 삼각형 BHM이 서로 닮은 도형임을 쉽게 증명할 수 있다.

따라서 $\dfrac{BG}{BH} = \dfrac{BH}{BM}$가 성립한다.

그런데 BH = BE이므로 아래의 비가 성립한다.

$$\dfrac{BG}{BE} = \dfrac{BE}{BM}$$

그다음에 우리는 삼각형 GEB와 EMB가 서로 닮은 도형임을 증명할 수 있다. 각 MBE가 공통이며 이 각을 포함한 두 변 사이에 닮음비가 성립한다. 삼각형 GEB가 이등변삼각형이라는 사실을 증명할 수 있으므로 삼각형 EMB도 이등변삼각형이고 EM = MB이다. 그러므로 직선 CM은 선분 EB의 수직이등분선이다. 따라서 점 M은 직선 CD 위에 있을 수밖에 없고, 점 M은 직선 AB와 CD의 교점이다.

지금까지 설명이 다소 복잡했지만 기본적인 기하학 원리만을 사용했으며, 그 결과 눈금 없는 자와 컴퍼스로 작도 가능한 다섯 가지 작도가 컴퍼스만으로도 가능하다는 사실을 증명할 수 있었다. 앞에서 언급했듯이 마스케로니 작도는 덴마크의 수학자 모어가 최초로 증명했는데 최초 발견자가 잘못 표기된 것이다. 이런 일은 수학 분야, 특히 서구권에서 유럽인의 관점으로 수학의 역사를 볼 때 종종 발생한다. 유명한 피타고라스의 정리도 이런 경우다. 우리는 그동안 이 정리를 발견한 사람이 그리스의 철학자 피타고라스라고 알고 있었지만, 수 세기 후에 이 유명한 관계를 인용한 글이 발견되었다. 이를테면 기원전 800년경 인도의 수학자 바우드하야나(Baudhayana Sutras)가 쓴 『술바 수트라스(Sulva Sutras)』에 이 기하학적 관계가 언급되어 있지만 여전히 피타고라스의 정리라고 불린다. 하지만 피타고라스도 바우드하야나가 자신보다 먼저 발견했다는 사실을 몰랐고, 마스케로니도 모어의 책이 있다는 사실을 모르고 책을 집필했다는 사실을 알아두길 바란다. 그래서 이 놀라운 발견이 여전히 이들의 업적으로 인정받고 있는 것이다.

라그랑주

보편적 해법의 문을 열다
프랑스 · 이탈리아, 1736~1813

유명한 프랑스·이탈리아의 수학자 조제프 루이 라그랑주가 프랑스로 이주했을 당시 나이는 51세였다. 하지만 이 사실은 거의 알려져 있지 않다. 그는 이탈리아의 토리노에서 주세페 루이지 라그랑지아(Giuseppe Luigi Lagrangia)라는 이름으로 태어나 서른 살까지 살았고, 베를린 과학아카데미에서 레온하르트 오일러의 후임자로 임명받은 후 독일에서 20년을 지냈다. 그러다가 1787년 프랑스 국왕 루이 16세의 제안을 수락하여, 프랑스로 이주하고 파리 과학아카데미의 회원이 되었다. 이후에 그는 파리에서 여생을 지냈기 때문에 대부분의 사람들에게 이탈리아식 이름과 중간 이름을 프랑스식 성에 맞춰 바꾼 이름인 조제프 루이 라그랑주로 기억되고 있다. 물론 이탈리아에서는 주세페 루이지 라그랑지아라는 이름으로 알려져 있다([그림 27.1] 참조).

라그랑주는 프랑스 혁명 당시 (베를린에서 이 책을 집필했지만) 그의 역작 『해석역학(Mécanique analytique)』 초판을 파리에서 발표했고 미터법 도입에 중대한 역할을 했다. 이러한 굵직한 업적 때문에 라그랑주가 프랑스인으로 인식되고 기억되는지도 모르겠다. 당연히 이탈리아에서는 그렇지 않겠지만 말이다. 라그랑주를 이탈리아의 수학자라고 해도 틀린 말은 아니지만 그의 가문이 프랑스 혈

그림 27.1 토리노에 있는 라그랑주의 묘비.

통에서 갈라져 나온 것도 사실이다. 라그랑주의 친할아버지는 사보이아 공작 (Duke of Savoy)을 위해 당시 사보이아 공국(Duchy of Savoy)의 수도였던 토리노로 이주한 프랑스 장교였다. 그의 할아버지가 이탈리아 여자와 결혼을 해서 가족이 토리노에 정착하게 된 것이었다.

1720년 토리노는 사르데냐 왕국(Kingdom of Sardinia)의 수도가 되었고, 1736년 1월 25일 라그랑주는 주세페 프란체스코 로도비코 라그랑지아와 아내 테레사 사이에서 낳은 11명의 자녀 중 장남으로 태어났다. 그중 둘만 살아남아 성년이 되었다. 라그랑주의 아버지는 토리노 공공시설 및 방어시설 관리국의 재무관이었다.[1] 그는 가족이 충분히 부를 누리고 살 수 있을 만큼 봉급을 받는 지위에 있었지만, 불행히도 금융 투기로 거의 모든 돈과 재산을 날렸다. 그는 장남인 라그랑주가 변호사가 되길 바랐고, 라그랑주는 망설임 없이 아버지의 뜻을 받아들였다.

라그랑주는 토리노대학교(University of Turin)에 입학했고 고전 라틴어는 그가

수학을 만든 사람들

가장 좋아하는 과목이 되었다. 처음에 라그랑주는 수학에 전혀 관심이 없었으며 다소 지루한 학문이라고 생각했다. 그러다가 우연히 영국의 천문학자이자 수학자인 에드먼드 핼리(Edmond Halley, 1656~1742)가 쓴 대수학을 이용한 광학에 관한 논문을 접하게 되었다. 이때 그의 생각이 완전히 달라졌다.

핼리는 1682년에 관측된 혜성의 주기성을 발견한 것으로 유명한 인물이었다. 그의 이름이 붙여진 이 핼리 혜성은 1758년에 다시 나타날 것으로 예측되었다. 핼리의 회고록을 통해 수학에 흥미를 붙이기 시작한 라그랑주는 수학을 더 많이 공부하고 싶어 했고 마리아 가에테나 아녜시와 레온하르트 오일러의 책들을 포함하여 수학에 관한 글들을 혼자 읽기 시작했다. 라그랑주의 수학에 대한 열정은 점점 커져만 갔고 그는 수학에 모든 것을 바쳤다. 그리하여 집중적으로 수학 공부를 하기 시작한 지 1년 만에 말 그대로 독학으로 성공한 수학자가 되었다.

1754년 라그랑주는 '이항정리와 함수의 곱에 대한 축차 도함수의 유사성(analogy between the binomial theorem and the successive derivatives of the product of functions)'을 주제로 첫 저서를 발표했다. 수학자 줄리오 파냐노(Giulio Fagnano, 1682~1766)에게 보내는 편지 형태로 쓰인 이 책은 걸작에 이르지 못했고, 라그랑주가 지도교수 없이 홀로 연구하고 있다는 증거가 될 뿐이었다. 이 논문을 발표한 직후 라그랑주는 자신의 연구 내용이 요한 베르누이와 고트프리트 빌헬름 라이프니츠가 서신을 통해 주고받은 내용이라는 사실을 알게 되었다. 라그랑주는 이 일에 충격을 받고 표절 행위로 고소당하지는 않을까 겁을 먹었다.

수학자로서 순탄치 않았던 경력은 오히려 그의 연구 의지를 자극하며, 바라던 대로 수학사에 길이 남을 연구 성과를 올릴 수 있는 동력이 되었다. 마침내 라그랑주는 자신의 실력을 입증해 보였다. 그는 등시 곡선(tautochrone curve), 즉 "마찰 없이 미끄러지는 어떤 물체가 균일한 속도로 가장 낮은 점에 도달하는 곡선은 출발점과 관련이 없다."라는 것을 연구하기 시작했다.[2] 등시 곡선에 관한 문제는 1659년 크리스티안 하위헌스가 이미 풀었다. 하위헌스는 기하학적 방법으로 곡선이 사이클로이드로 변환된다는 것, 즉 이 곡선이 바퀴가 미끄러지지 않고 직선을 따라 굴러갈 때 회전하는 바퀴의 테두리 위에 있는 한 점의 자취라는 사실을 확인했다. 반면 라그랑주는 등시 곡선 문제에 대해 순수한 분석적 해법을 제시하면서 수학계에 이름을 알렸다. 게다가 그는 전체 곡선에 영향을 주는 특정한 양을 최소화 혹은 최대화하는 곡선을 찾는 일반적인 해법을 알아냈다. 이를테면 점 A와 더 낮은 점 B를 연결하는 각 곡선에서, 한 물체가 균일한 중력으로 이 곡선을 따라 A에서 B로 미끄러지는 데 걸리는 시간을 계산할 수 있게 된 것이다. 이때 시간을 곡선에 대한 함수로 간주하면 라그랑주의 분석적 방법으로 점 A와 점 B 사이의 '최단 시간' 곡선을 만족시키는 일련의 방정식들을 유도할 수 있다.

라그랑주의 방식은 등시 곡선 문제에 대한 해법을 기하학적 근거 없이 찾았다는 점 외에도 유사한 문제를 공식화하고 연구할 수 있는 훨씬 더 보편적인 체계를 마련했다는 점에서 의의가 있었다. 라그랑주는 자신의 연구 결과를 오일러에게 보냈고, 오일러는 이에 깊은 감명을 받았다. 마침 오일러도 연관된 아이디어를 이용하여 이와 유사한 문제들을 연구하고 있었다. 라그랑주의 접근 방식 덕분에 오일러는 자신의 초창기 분석들을 대폭 간소화하고 일반화할 수 있었다. 현재 이러한 일반화한 체계는 변분법(calculus of variations), 최대화 혹은 최소화 곡선을 정의하는 방정식은 오일러-라그랑주 방정식(Euler-Lagrange equations)이라고 불린다.

1755년 아직 10대였던 라그랑주는 토리노 왕립포병학교(Royal Artillery School)의 수학과 교수로 임명되었다. 라그랑주의 수학적 재능과 독창성을 알아본 오일러가 베를린 과학아카데미 원장을 설득해 베를린에 라그랑주의 자리를 마련

수학을 만든 사람들

했고, 토리노를 떠나라며 라그랑주를 꼬드겼다. 라그랑주는 베를린의 자리가 훨씬 명망이 높다는 것을 알면서도 토리노에 머무르겠다고 고집했다. 그는 정중하게 오일러의 제안을 거절했지만, 1756년 베를린 과학아카데미의 통신 회원으로 선출되자 기뻐했다. 2년 후 라그랑주는 토리노 과학협회 창립 멤버가 되었는데, 이 협회는 나중에 토리노 왕립 과학아카데미로 발전했다. 그 후 몇 년 동안 「토리노 잡록(Miscellanea Taurinensia)」이라고 알려진 토리노 과학아카데미 회보에 실린 대부분의 글을 그가 썼다.

라그랑주의 저서는 아이작 뉴턴, 다니엘 베르누이, 오일러가 쓴 책들의 영향을 받고 범위가 확장된 것이었다. 라그랑주는 자신의 새로운 수학 지식을 소리의 전파, 유체 역학, 목성과 토성의 궤도 계산 등 다양한 물리학 문제들에 적용했다. 라그랑주는 토리노 시절에 쓴 논문을 통해 끈의 진동 이론에 중대한 공헌을 했고, 현재 물리계에 라그랑주 함수(Lagrangian function)라고 알려진 것을 도입했다. 라그랑주 함수는 종종 '라그랑지안(Lagrangian)'이라고 언급되기도 하는데, 이론물리학의 핵심 연구 대상이다.

1764년에 라그랑주는 달의 칭동(秤動)에 대한 연구로 프랑스 과학아카데미로부터 상을 받았다. 달의 칭동이란, 달 표면에서 인지되는 진동 운동이 지구에 전해지는 현상을 말한다. 1년 후 장 르 롱 달랑베르가 라그랑주에게 토리노를 떠나 베를린의 더 좋은 자리로 옮기라며 또 한 번 설득하지만 실패했다. 라그랑주는 베를린에서 최고의 수학자는 오일러이고 자신은 2인자에 머무를 수밖에 없는 자리를 원치 않는다며 달랑베르의 제안을 거절했다.

하지만 1766년 예카테리나 대제의 무리한 제안에 설득당한 오일러가 유럽을 떠났다. 오일러가 1727년부터 1741년까지 일한 적이 있었던 러시아의 상트페테르부르크로 돌아간 것이다. 이 일을 계기로 프로이센의 프리드리히 2세는 라그랑주에게 자신의 궁정에 "유럽에서 가장 위대한 수학자"를 모시기를 원한다는 내용의 편지를 친히 써서 보냈다. 드디어 라그랑주는 초청을 수락했고 베를린 과학아카데미의 수학부장이 되었다. 프리드리히 2세와 오일러 사이에 의견 충돌이 있었기 때문에 오일러가 상트페테르부르크로 돌아가겠다는 결정을 내렸는지도 모른다. 라그랑주는 베를린 과학아카데미의 신임 수학부장으로 임명된 후 프랑스의 수학자 장 르 롱 달랑베르에게 "외눈박이 기하학자를 두눈박이 학자로 교체했다."라며 무례한 편지를 썼다.

1767년 라그랑주는 자신의 사촌 비토리아 콘티와 결혼했다. 그는 베를린에서 20년을 지냈고 프리드리히 2세는 라그랑주가 프로이센의 궁정 수학자라는 사실에 매우 기뻐했다. 라그랑주는 태양계의 안정성, 역학, 동역학, 유체 역학, 확률론 등 다양한 분야를 아우르는 탁월한 논문들을 끊임없이 쏟아냈다. 10년이 넘는 장기간의 시리즈 논문을 통해 그는 드디어 편미분방정식 이론(Theory of partial differential equations)을 창안했다. 파리 과학아카데미는 라그랑주에게 거의 정기적으로 상을 수여했다. 라그랑주는 1766년 달의 칭동에 관한 연구로 상을 받았고, 1772년에는 3체 문제에 관한 연구로 오일러와 공동 수상을 했다.[3] 1774년에 라그랑주는 달의 운동에 관한 연구로 또다시 상을 받았다. 그리고 1780년에는 혜성 궤도에서 행성의 섭동(perturbation, 행성의 궤도가 다른 천체의 힘에 의해 정상적인 타원을 벗어나는 현상을 일컫는다–옮긴이) 이론에 관한 연구로 수상했다.[4]

수학을 고전 역학과 천문학에 응용하는 것은 베를린 과학아카데미 시절 그의 연구에서 여전히 중요한 부분이었던 반면, 라그랑주는 수론에 관한 연구도 하여 1770년 모든 양의 정수는 네 개의 제곱수의 합이라는 것을 증명했다. 베를린 체류 시절은 라그랑주가 일생에서 가장 많은 논문을 발표한 시기였다. 그는 강의 의무에서 면제되었기 때문에 자신의 모든 시간을 오로지 수학에만 바칠 수 있었다.

이탈리아에서는 뒤늦게 라그랑주가 수학 천재라는 사실을 깨닫고 그가 토리노에서 베를린으로 자리를 옮긴 것에 대해 엄청난 국가적 손실이라는 것을 인정했다. 1763년 라그랑주의 파리 방문에 대해 달랑베르는 이렇게 썼다.

"…토리노는 보물을 갖고 있었지만 그 가치를 알아보지 못했던 듯하다." 때때로 이탈리아에서 라그랑주를 다시 데려가려고 했지만 라그랑주는 관대한 제안을 거절했다. 그는 부도 권력도 추구하지 않았고, 다른 어떤 의무도 없이 평화롭게 오직 수학 연구에 매진하길 원했다. 1780년 무렵부터 라그랑주는 앞에서 언급했던 그의 역작 『해석역학』을 집필하기 시작했다. 『해석역학』은 그와 동시대 학자들이 역학에 남긴 업적을 집대성한 유일한 논문이었다. 이 논문에서 그는 기하학적 방법을 바탕으로 한 뉴턴의 유명한 (흔히 『프린키피아』라고 알려진) 『자연철학의 수학적 원리』의 역학을 소개하고 있다. 라그랑주가 이 논문을 집필한 의도는 뉴턴 역학과 기하학적 추론이 지배적 역할을 했던 역학 분야의 문제 해결 방식을 순수한 분석 및 대수적 접근 방식으로 전환시키는 것이었다. 라그랑주의 방식은 일련의 일반 방정식들을 바탕으로 했고, 이 방정식들로부터 특별한 문제의 해법에 필요한 모든 방정식이 도출될 수 있었다. 그는 이렇게 썼다.

> 이 책에서는 도표를 찾을 수 없을 것이다. 내가 설명하는 방식은 기하학이나 역학, 작도나 추론도 필요 없고 규칙적이고 동일한 절차에 따른 대수 연산만 필요하다. 분석을 좋아하는 사람들은 역학이 분석의 한 분야가 되었다는 것을 알 수 있을 것이며 분석의 영역이 확장된 것에 대해 나에게 감사하게 될 것이다.

라그랑주는 뉴턴 시대 이후 역학 분야의 모든 연구를 개괄했을 뿐만 아니라, 미분방정식을 이용하여 뉴턴 이론의 응용 방식을 극적으로 단순화했다. 근본적으로 뉴턴 역학을 단순한 공식으로 압축하고 기하학적 추론의 필요성을 없앤 것이다. 하지만 라그랑주의 기념비적인 저서 『해석역학』은 1788년까지 발

그림 27.2 조제프 루이 라그랑주.

표되지 않았다. 당시에 그는 이미 독일을 떠난 상태였다. 1783년 몇 년째 병석에 누워 있던 아내 비토리아가 세상을 떠났고 라그랑주는 심한 우울증을 앓았다. 3년 후에는 후원자였던 프리드리히 2세마저 잃었다. 상실감에 시달리던 라그랑주에게 베를린은 더 이상 마음을 둘 수 있는 곳이 아니었고 머물러야 할 이유도 없었다. 유럽의 많은 국가들이 라그랑주를 모셔갈 기회만 노리고 있었다. 그때 프랑스에서 가장 좋은 제안이 들어 왔다. 여기에는 물론 강의 의무를 면제해 준다는 조항도 포함되어 있었다. 1787년 51세의 나이에 라그랑주는 베를린을 떠나 파리의 프랑스 과학아카데미의 유급직으로 임명되었고, 그곳에서 1788년과 1789년 두 해에 걸쳐 『해석역학』 두 권을 발표했다. 하지만 새로운 환경도, 필생의 역작을 발표한 것도 라그랑주의 우울증을 달래주지 못했다. 여전히 그는 극심한 우울증에서 헤어나지 못했고, 『해석역학』 사본은 2년이 넘도록 봉투를 뜯지 않은 상태로 책상 위에 놓여 있었다.

수학을 만든 사람들

라그랑주가 파리에 왔을 때는 프랑스 혁명이 발발하기 직전이었다. 1790년 라그랑주는 중량과 측정 단위 표준화를 위한 과학아카데미 위원회 회원이 되었다. 기존의 측정 체계는 교역을 할 때 비실용적이었기 때문에 교체될 필요성이 있었다. 혁명이 터지자 정세는 급변했고 사회 기득권층은 잠재적인 위험에 처해 있었다. 이러한 상황에 부딪히면서 라그랑주는 서서히 우울증에서 벗어나기 시작했다. 그는 이미 프랑스에서 빠져나갈 준비를 해두었기 때문에 실질적인 위험에 절대로 직면할 일이 없었다.

1793년 공포 정치가 시작되면서 적국에서 태어난 모든 외국인은 과학아카데미 회원을 포함하여 체포 대상이었다. 운이 좋게도 저명한 화학자 앙투안 라부아지에(Antoine Lavoisier, 1743~1794)가 중간에 나서서 도움을 준 덕분에 라그랑주는 예외자로 인정받았다. 중량 및 측정 위원회는 계속 유지되어도 좋다는 허가를 받았지만, 얼마 후 라부아지에 자신, 수학자 피에르-시몽 라플라스, 물리학자 샤를 오귀스탱 드 쿨롱(Charles-Augustin de Coulomb, 1736~1806)을 포함한 유명 인사들이 위원회에서 내쳐졌다. 반면 라그랑주는 위원회장이 되었다.[5] 하루도 채 걸리지 않은 재판에서, 혁명 재판소는 라부아지에를 비롯하여 27인에게 사형 선고를 내렸다. 재판 당일 오후 단두대에서 처형당한 라부아지에의 죽음에 대해 라그랑주는 이렇게 썼다.

> 그의 머리가 떨어지기까지 고작 1분이 걸렸다. 라부아지에는 백 년이 걸려도 나올까 말까 한 인재였다.

라부아지에의 사망 후 거의 라그랑주의 영향으로 미터 및 킬로그램의 단일 체제를 최종 채택하는 것으로 합의되었고 십진법 세분이 위원회에서 최종 승인되었다. 만년에 라그랑주는 에콜폴리테크니크(École Polytechnique) 교수로 지냈다. 1808년에는 나폴레옹 보나파르트가 라그랑주에게 레종 도뇌르 훈장과 제국 백작(Legion of Honor and Count of the Empire) 칭호를 하사했다. 1813년 라그랑주는 세상을 떠났고 그해에 파리의 팡테옹(Panthéon)에 안장되었다. 또한 1899년 에펠탑 개관 기념 첫 단계로 명판에 72인의 위대한 프랑스 과학자들의 이름이 새겨졌는데 그중 한 사람으로 선정되었다.[6] 수학과 물리학의 많은 개념과 방법론에 라그랑주라는 이름이 있기 때문에 여전히 그는 많은 사람들에게 알려져 있다. 그중 몇 개만 예를 들면 라그랑주 함수, 라그랑주 역학, 오일러-라그랑주 방정식 등이 있다.

제르맹

불가능에 도전한 여성 수학자
프랑스, 1776~1831

20세기 수학에서 가장 의미 있는 업적은 1993년 6월 23일 앤드루 와일스가 케임브리지대학교 강의에서 발표한 내용일 것이다. 와일스는 유명한 프랑스의 수학자 피에르 드 페르마의 350년 된 견해(혹은 추측), 즉 페르마의 마지막 정리(15장 참조)를 증명했다고 주장했다. 다음 날 이 소식은 "오랜 수학의 미스터리, 드디어 '유레카'를 외치다!"라는 제목으로 《뉴욕타임스》의 1면 기사를 장식했다.[1] 하지만 얼마 후 이 증명에서 아주 작은 오류가 발견되었다. 다음 해에 와일스는 이 허점을 교정하는 작업에 착수했고, 1994년 9월 19일 교정 소식을 발표했다. 그런데 여기에서 알아두어야 할 점이 있다. 와일스가 페르마의 마지막 정리를 증명하는 데 사용했던 기술과 주제는 페르마가 살았던 시절에도, 이 심오한 명제를 뒤이어 연구했던 이후 시대에도 알려지지 않았던 것이었다.

수 세기 동안 수학자들은 페르마의 마지막 정리를 증명하기 위해 머리를 싸맸다. 이 세기의 난제를 푸는 데 결정적인 단서를 제공한 사람은 19세기 초반 소피 제르맹이었다. 수학자들을 쩔쩔매게 했던 이 문제의 해법을 찾는 데 제르맹이 어떤 공헌을 했는지 알아보기 전에 먼저 살펴볼 게 있다. 그녀는 자신이 좋아했던 수학을 계속 연구하기 위해 신분을 끝없이 숨기는 등 복잡한 삶의 방식을 택해야 했다.

마리 소피 제르맹(Marie-Sophie Germain)은 1776년 4월 1일 프랑스 파리의 상당히 부유한 가정에서 태어났다.[2] 성공한 실크 상인이자 정치인이었던 아버지는 소피가 성인이 된 후에도 재정적인 지원을 해줄 수 있었다. 그녀의 자매들과 어머니도 '마리'로 시작하는 이름을 갖고 있었기 때문에 마리 소피 제르맹은 자신의 이름에서 마리를 뺐고 소피 제르맹이라는 이름으로 알려지게 되었다.

1789년 바스티유 감옥이 무너지면서 사회가 불안정하고 거리에는 폭도들이 들끓었기 때문에 제르맹은 집 안에만 있어야 했다. 확실하지는 않지만 그녀가 아버지의 서재, 특히 수학의 역사에 관한 책들을 읽으면서 수학을 처음 접했던

그림 28.1 소피 제르맹, 1790년(Histoire du socialisme, 1880년경).

수학을 만든 사람들

것으로 보인다. 그때부터 제르맹은 독학으로 라틴어와 그리스어를 익혀서 아이작 뉴턴과 레온하르트 오일러의 책들을 읽었다. 이런 노력을 하던 중 수학은 여자에게 어울리지 않는 학문이라며 가족들의 반대에 부딪혔다. 가족의 반대에도 불구하고 그녀는 자신의 진정한 관심사인 수학 공부를 몰래 계속했다. 결국 어머니는 제르맹의 뜻을 받아들이고 딸이 수학에 대한 열정을 펼칠 수 있도록 돕기로 했다.

1794년 에콜폴리테크니크가 설립되었으나 여성에게는 입학이 허용되지 않았다. 하지만 누구나 강의록을 요청할 수 있었다. 열여덟 살이었던 소피는 강의록들을 구해서 열심히 읽었다. 그녀는 (M. 르블랑이라는 가명으로) 자신의 의견을 나중에 에콜폴리테크니크 교수가 된 유명한 이탈리아의 수학자 조제프 루이 라그랑주에게 보냈다. 라그랑주는 그녀가 제출한 의견들에 깊은 감명을 받고 그녀에게 만남을 요청했다. 이때 제르맹은 자신이 여자였다는 사실을 밝혔다. 그러나 라그랑주는 이 사실에 개의치 않고 그녀의 집에서 친히 수학 공부를 지도해 주었다.

제르맹이 특히 수론에 관심을 갖기 시작한 시기는 프랑스의 수학자 아드리앵 마리 르장드르의 『수론에 관한 논고(Essai sur la théorie des nombres)』를 읽은 1798년이었다. 제르맹은 르장드르에게 훌륭한 아이디어들을 제공하며 서신 교환을 시작했고, 마침내 그의 후속 저서인 『수론(Théorie des nombres)』에 독창적인 측면에서 공헌했다는 인용구와 함께 그녀의 연구 내용이 실렸다.

독일의 수학자 카를 프리드리히 가우스의 기념비적인 저서 『산술 논고(Disquisitiones Arithmeticae)』는 수론에 대한 제르맹의 관심을 더욱 자극했다. 그녀는 $M.$ 르블랑이라는 가명을 또다시 사용하여 1804년 11월 21일 가우스에게 편지를 보냈다. 이 편지에서 제르맹은 페르마의 마지막 정리에 관한 몇 가지 아이디어를 제시했다. 가우스는 제르맹에게 바로 답장을 보냈으나 연구에 대해 어떠한 견해도 밝히지 않았다.

이 시점에서 페르마의 마지막 정리에 대한 정의를 떠올려보면 도움이 될 것이다. 1637년 페르마는 산술에 관한 자신의 저서들 중 한 권의 여백에 이런 메모를 남겼다. $n > 2$인 정수에 대해 방정식 $a^n + b^n = c^n$을 만족시키는 양의 정수해 a, b, c는 존재하지 않고, 이 명제에 대한 증명을 했으나 여백의 공간이 너무 좁아서 쓸 수 없다고 했다.

소피 제르맹은 페르마의 마지막 정리에 대한 증명을 시도하는 과정에서 몇 가지 발견을 했다. 그중 하나가, $a^5 + b^5 = c^5$에서 변수 a, b, c 중 적어도 하나는 틀림없이 5로 나누어떨어진다는 것이다. 게다가 그녀는 $a^n + b^n + c^n = 0$에서 n이 홀수 소수인 특수한 경우를 제시했다. k가 양의 정수이고 $a^n + b^n - c^n = 0(mod\ P)$와 같이 3으로 나누어지지 않는, 또 다른 소수 $P = 2kn + 1$이 존재한다고 할 때, abc는 P로 나누어지고, n은 n의 거듭제곱의 나머지$(mod\ P)$가 아니다. 마지막으로 a, b 또는 c로 나누어지지 않는 모든 값 n에 대해 페르마의 마지막 정리가 참이라고 결론을 내렸다. 이것이 바로 소피 제르맹의 정리(Sophie Germain's theorem)이며 페르마의 마지막 정리를 증명하는 데 결정적인 힌트가 된 중요한 단계였다. 더 나아가 그녀는 자신의 아이디어가 $n < 100$ 인 모든 홀수인 소수에 대해 참이라는 것을 증명하려고 했다. 나중에 그녀의 연구를 검증한 결과, 실제로 $n < 197$인 모든 지수에 대해 제르맹의 정리가 성립한다는 사실이 입증되었다. 제르맹은 이 정리에 대한 증명을 계속했지만 자신의 연구를 논문으로 발표하지 않은 채, 르장드르와 라그랑주와 같은 유명한 수학자들에게 더 많은 학문적 자극을 주었다.

수론에서는 그녀의 이름이 들어간 정리와 소수 때문에 제르맹이라는 이름이 유명하다. 소피 제르맹 소수(Sophie Germain prime numbers)는 p가 소수일 때 $2p + 1$도 소수인 경우를 일컫는다. 예를 들어 3은 소피 제르맹 소수이다. $2 \cdot 3 + 1 = 7$이고, 7도 소수이기 때문이다. 한편 7은 소피 제르맹 소수가 아니다. $2 \cdot 7 + 1 = 15$이 므로 소수가 아니기 때문이다. 대수학에서도 그녀의 이름을 찾을 수 있다. 소피 제르맹 항등식(Sophie Germain identity)이 바로 그것이다. 모든 x값과 y값에 대해 다음 식이 항상 성립한다.

$$x^4 + 4y^4 = \left((x+y)^2 + y^2 \right) \left((x-y)^2 + y^2 \right)$$
$$= (x^2 + 2xy + 2y^2)(x^2 - 2xy + 2y^2)$$

제르맹은 당대의 가장 유명한 수학자들과 꾸준히 서신 교환을 했다. 그중 한 사람이 앞에서 언급했던 카를 프리드리히 가우스였다. 가우스는 제르맹보 다 한 살 어렸고, 제르맹이 가명으로 그와 편지를 주고받았기 때문에 그녀가 남자일 것이라고 생각했었다. 나폴레옹 전쟁 당시 제르맹은 프랑스가 가우스 의 고향인 독일의 브라운슈바이크를 점령했다는 소식을 듣고, 가족과 친분이 있던 프랑스의 장군에게 편지를 보내어 가우스의 안전을 지켜주었다.[3] 가우스 는 자신이 소피 제르맹 덕분에 보호를 받았다는 사실을 알게 되었는데, 사실은 제르맹이 자신과 편지를 주고받았던 M. 르블랑과 동일 인물이었다는 사실을 알고 더욱 놀랐다. 그때까지 가우스는 여성과 서신 교환을 해왔던 것이다. 그 후에도 가우스는 제르맹의 천재성을 끊임없이 극찬했다. 흥미롭게도 가우스와 제르맹은 직접 만난 적이 한 번도 없었다.

제르맹은 수학과 수론에 가장 많은 관심을 보였지만 이 분야의 연구에만 집 중하지 않았다. 그녀는 탄성에 관한 에세이를 발표하여 상을 받았다.[4] 1821년 제르맹은 「탄성 표면에 관한 연구(Recherches sur la théorie des surfaces élastiques)」라 는 제목의 논문을 사비로 출판했다([그림 28.2] 참조). 그녀가 이 논문을 발표하려 고 했던 진짜 이유는 프랑스의 수학자 시메옹 드니 푸아송(Siméon Denis Poisson)

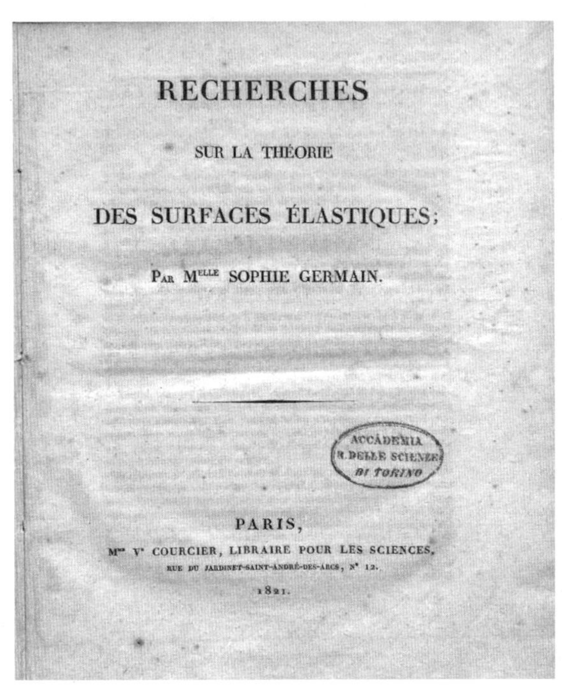

그림 28.2

에게 반박하기 위해서였다. 소피 제르맹은 수학, 수론, 탄성 외에도 철학, 심리학, 사회학도 공부했다. 하지만 평균 곡률(mean curvature)을 이용하여 탄성을 연구한 「표면 곡률에 관한 논문(Mémoire sur la courbure des surfaces)」을 포함하여 대부분의 저작은 사후에 발표되었다.

1829년 제르맹은 유방암을 앓기 시작했다. 통증이 느껴지는데도 그녀는 열정적으로 연구하며 1831년 6월 27일 세상을 떠나던 그날까지 논문을 썼다.[5] 제르맹은 평생을 살았던 집, 사부아 거리 13(13 rue de Savoie)에서 눈을 감았고 오늘날 이 집에는 그녀의 이름이 붙여졌다. 그녀는 사후에 훨씬 더 많은 존경을 받았다. 가우스의 건의로 괴팅겐대학교에서 그녀에게 명예 학위를 수여했지만, 이것은 그녀가 세상을 떠난 지 6년 후의 일이었다. 제르맹의 인생 스토리는

수학을 만든 사람들

가족의 반대와 성별의 장벽에도 불구하고 수학과 과학 연구에 대한 열정을 멈출 수 없었던, 재력 있는 한 여성이 걸어온 길이다.

소피 제르맹은 생전에 뛰어남을 널리 인정받지 못했으나 1831년 세상을 떠난 후에 이름이 훨씬 더 많이 알려

그림 28.3

졌다. 파리에는 그녀의 이름을 딴 거리, 즉 소피 제르맹 거리(Rue Sophie Germain)가 있고([그림 28.3] 참조), 그녀의 이름이 붙여진 파리의 학교, 에콜 소피 제르맹(École Sophie Germain)의 교정에는 그녀의 동상이 세워져 있다. 앞에서도 언급했듯이 사부아 거리 13의 집에는 그녀의 이름이 붙여졌고 역사적 명소로도 지정되었다. 이 외에도 소피 제르맹 거리 12(12 Rue Sophie Germain)에는 소피 제르맹 호텔(Sophie Germain Hotel)이 있다. 이런 물리적인 명소와 위치만 있는 것이 아니다. 파리 과학아카데미에서 매년 '프리 소피 제르맹(Prix Sophie Germain)'이라는 수학상을 수여할 만큼, 다재다능한 이 여성은 지금도 대중의 관심을 듬뿍 받고 있다.

가우스

'수학의 왕자'라 불린 인물
독일, 1777~1855

모든 시대를 통틀어 가장 위대한 수학자로 손꼽히는 사람의 78년 생애를 개괄하기는 결코 쉽지 않다. 다만 이것이 이 위대한 인물에 대해 개략적으로나마 살펴보는 기회가 되길 바랄 뿐이다. 카를 프리드리히 가우스(Carl Friedrich Gauss)는 1777년 4월 30일 독일 브라운슈바이크의 가난한 노동자 계층 가정에서 태어났다([그림 29.1] 참조). 어렸을 때부터 가우스는 영재였다. 이에 대해 많은 일화들이 전해지는데, 그중 하나는 가우스가 세 살 때 이미 아버지의 가계부 계산에서 틀린 것을 찾아냈던 일이다.

아마 가우스가 신동이었다는 것과 관련하여 가장 유명한 이야기는 여덟 살 때 학교에서의 일일 것이다. 초등학교 담임선생님이 수업 시간에 몇 가지 사무 처리를 하기 위해 학생들에게 1부터 100까지 더하라는 과제를 내주었다. 그런데 어린 가우스는 과제를 받자마자 선생님이 내준 문제를 다 풀었다는 표시로 석판을 내려놓았다. 선생님은 가우스의 이런 행동을 보고도 무시하고 학급의 다른 학생들이 과제를 다 마치기를 기다렸다고 한다. 30분 후 학생들이 제출한 계산 결과를 살펴보니, 정답을 쓴 학생은 가우스뿐이었다. 다른 학생들은 곧이곧대로 1부터 100까지 더한 반면, (1+2+3+4+5+⋯+98+99+100), 가우스는 기발한 방법으로 합을 구했다. 가우스는 첫 번째 숫자와 마지막 숫자를 더하고(1+100=101), 두 번째 숫자와 끝에서 두 번째 숫자를 더하고(2+99=101), 세 번째 숫자와 끝에서 세 번째 숫자를 더해서(3+98=101 등등), 이 규칙으로 숫자들의 쌍을 만들었다. 이렇게 해서 만든 쌍이 50개였고, 각 쌍의 합은 전부 101이었다. 따라서 1부터 100까지의 합은 50·101=5,050이었다. 이것은 모든 수학 교사들이 등차수열의 합의 공식을 설명할 때 학생들에게 한 번쯤 들려주는 이야기다.

가우스가 열네 살이었던 1791년 카를 빌헬름 페르디난트(Carl Wilhelm Ferdinand) 브라운슈바이크 공작은 가우스의 총명함을 알아보고 그가 현재의 브라운슈바이크 공과대학교(Braunschweig University of Technology)에서 공부할 수 있도록 재정적으로 후원을 해주었다. 그곳에서 졸업하자마자 가우스는 괴팅겐대학교(University of Göttingen)에 입학했고 브라운슈바이크 공작으로부터 계속 재정적 지원을 받았다. 가우스는 1795년부터 1798년까지 괴팅겐대학교에서 공부했지만 학위를 받지 않고 떠났다. 하지만 이 시기에 가우스는 주로 수론을 다룬 기념비적인 저서 『산술 논고(Disquisitiones Arithmeticae)』를 집필하고 발표했다. 『산술 논고』 집필 작업은 1798년에 완료되었지만 라이프치히에서 출판하는 과정에서 문제가 생겨 1801년까지 발표되지 못했다.

『산술 논고』는 흔히 가우스의

그림 29.1 카를 프리드리히 가우스(크리스티안 알브레히트 옌센 작, 캔버스에 유채, 1840년).

최고 역작으로 간주된다. 산술은 가우스가 좋아하는 학문이었지만 그는 천문학, 측지학, 전자기학 등 다른 분야도 연구했다. 『산술 논고』는 총 7부로 구성된다. 1부부터 3부까지는 '합동(congruences)' 이론을 다루었는데, 오늘날에는 대개 모듈러 연산(modular arithmetic)이라고 부르는 분야다. 4부에서 다룬 제곱 잉여 이론(theory of quadratic residues)의 독창적인 접근 방식은 당대의 많은 사람들에게 감탄을 자아내며 깊은 인상을 남겼다. 마지막 7부까지의 내용은 이차방정식(quadratic equation)에 관한 연구이며, 대부분의 사람들이 이 책의 백미라고 평가한다. 이 부분에서 그는 n이 정수일 때 방정식 $x^n = 1$의 해법을 다루었다.

이 논의에서 그는 산술, 대수, 기하를 결합했다. 이 방정식은 변의 개수가 n개인 정다각형을 작도하는 문제를 대수적으로 접근하기 위한 토대였다. 이것은 가우스가 가장 자랑스러워하는 발견 중 하나로, 소위 변의 개수가 17개인 정다각형은 눈금이 없는 직선자와 컴퍼스만을 사용해 작도가 가능하다는 것이다. 이것은 유명한 그리스 수학자들의 시대 이후 기하학의 발전에 큰 진전을 이룬 발견이었다. 가우스는 자신의 묘비에 이 정17각형을 새기고 싶다는 말을 자주 했는데, 석공이 그런 도형은 점이 17개 있는 원처럼 보일 것이라며 가우스의 제안을 수락하는 것을 망설였다고 한다.

현재 우리는 변의 개수 n이 아래와 같을 때 눈금이 없는 직선자와 컴퍼스만으로 정다각형을 작도할 수 있다는 것을 알고 있다.

3, 4, 5, 6, 8, 10, 12, 15, 16, 17, 20, 24, 30, 32, 34, 40, 48, 51, 60, 64, 68, 80, 85, 96, 102, 120, 128, 136, 160, 170, 192, 204, 240, 255, 256, 257, 272, 320, 340, 384, 408, 480, 510, 512, 514, 544, 640, 680, 768, 771, 816, 960, 1020, 1024, 1028, 1088, 1280, 1285, 1360, 1536, 1542, 1632, 1920, 2040, 2048…

우리는 정n각형은 k와 t가 음수가 아닌 정수인 조건에서 $n = 2^k p_1 p_2 \cdots p_t$인

경우에만, p_i(t>0일 때)가 페르마 소수($2^{2^n}+1$ 꼴로 나타낼 수 있는 소수)일 때, 눈금이 없는 직선자와 컴퍼스만으로 작도가 가능하기 때문에 이 사실을 알고 있다. 알려진 다섯 개의 페르마 소수는 $F_0 = 3$, $F_1 = 5$, $F_2 = 17$, $F_3 = 257$, $F_4 = 65537$이다.

가우스는 괴팅겐대학교로 돌아온 후 1799년에 드디어 첫 학위를 받았다. 이어 브라운슈바이크 공작은 가우스에게 헬름슈테트대학교(Helmstedt University)에 박사 학위 논문을 제출하라고 했고, 그곳에서 가우스는 박사 학위를 받았다. 그 후 가우스는 천문학 연구에 빠져 괴팅겐 천문대 설립을 도왔다. 1805년 10월 9일 가우스는 요한나 오스트호프와 결혼했고, 그녀와의 사이에서 아들과 딸을 한 명씩 얻었다. 하지만 그의 아내는 1809년 10월 11일에 세상을 떠났고, 얼마 후 둘째 아이마저 죽었다. 다음 해에 가우스는 민나 발데크와 재혼을 하고 둘 사이에서 세 명의 자녀를 또 얻었다. 두 번째 결혼 생활을 하는 동안 그는 아이들과 아주 가깝게 지냈다. 그러나 슬프게도 두 번째 아내도 1831년 세상을 떠났다.

이제부터는 학자로서 가우스의 생애를 살펴보도록 하겠다. 1807년 가우스는 브라운슈바이크를 떠나 괴팅겐에서 천문대장으로 지냈다. 그러다가 다음 해에 가우스에게 불운이 잇달아 찾아왔다. 그해에 그의 아버지가 세상을 떠났는데, 2년 후에 아내마저 세상을 떠났다. 가우스는 심한 우울증에 빠졌다. 이러한 불행한 일을 당했지만 그는 연구를 놓지 않았다. 1809년 그는 천체의 운동에 관한 두 권 분량의 논문을 발표했다. 1권은 미분방정식, 원뿔 곡선, 타원 궤도에 관한 내용이었고, 2권에서는 행성의 궤도 계산을 집중적으로 다루었다.[1]

1818년 그는 하노버 왕국의 삼각측량 사업을 맡아, 이후 이를 덴마크의 측지망(Danish grid)과 연결할 수 있도록 하였다. 여기에서 가우스는 또 한 번 놀라운 암산 능력을 발휘하여 큰 도움을 주었다. 그의 많은 발견은 보통 사람들의 상상을 초월하는 암산 능력에서 비롯된 것으로 보인다.

『산술 논고』에 소개된 발견들 중 하나를 예로 들겠다. 모든 양의 정수가 삼각수의 합으로 나타낼 수 있다는 것인데, 이것은 현재 '가우스의 유레카 정리(Eureka theorem)'[2]라 불린다(가우스가 일기에 "EYPHKA! num = △ + △ + △"라고 썼다는 데서 유래했다). 삼각수는 0, 1, 3, 6, 10, 15,…로 $\frac{n(n+1)}{2}$의 꼴로 나타낸다. 예를 들어 18 = 15 +3, 28 = 15 +10 +3 이다.

가우스의 또 다른 발견 중 하나는 현재 '대수학의 기본 정리(fundamental theorem of algebra)'라고 불리는 것이다. 쉽게 설명하면, 변수가 한 개인 모든 대수 방정식은 한 개의 근, 즉 한 개의 해를 갖는다는 뜻이다. 이러한 근은 실수 또는 복소수가 될 수 있기 때문에 가우스는 $i = \sqrt{-1}$에 대해 $a+bi$라는 표기법을 사용했다. 뿐만 아니라 처음으로 복소수를 이해하기 쉽게 설명하고 좌표평면에 점으로 나타낸 사람도 가우스였다.

이런 이유로 많은 학자들 중에서도 가우스가 당대에 가장 뛰어난 학자로 손꼽혔던 것이다. 1816년 파리 과학아카데미는 1816년부터 1818년까지 페르마의 마지막 정리를 증명할 수 있는 사람에게 상금을 걸었다. 가우스는 이 대회에 참가하라는 강력한 권유를 받았지만, 한 친구에게 이렇게 말했다고 한다. "나는 페르마의 마지막 정리를 독립 명제로 다루는 것에는 별로 흥미가 없네. 그런 수많은 명제들을 쉽게 규정할 수 있기 때문에 누구도 증명할 수 없고 마음대로 처리할 수가 없는 것이지."[3] 여러분도 기억할 수 있겠지만 n이 2보다 클 때 방정식 $a^n + b^n = c^n$을 만족시킬 수 있는 3개의 양의 정수 a, b, c는 존재하지 않는다는 것이 페르마의 마지막 정리다(영국의 수학자 앤드루 와일스가 1995년 이에 대한 증명을 발표하기까지 358년이 걸렸다).

잘 알려져 있다시피 가우스는 가르치는 일을 즐기지 않았다. 이런 그도 가끔 강의나 개인 수업을 공지했다. [그림 29.2]에 쓰인 1831년의 공지 사항이 바로 그 예다. "10시에 확률 계산을 응용 수학, 특히 천문학, 고급 측지학과 결정

측정에 활용하는 법을 설명합니다. 대부분의 개인 수업 시간에는 실용 천문학을 수업합니다. 10월 28일에 개강합니다." 이 공지에서 확인할 수 있듯이 가우스는 수학을 비롯한 다른 학문적 소통을 할 때 라틴어를 즐겨 사용했다.

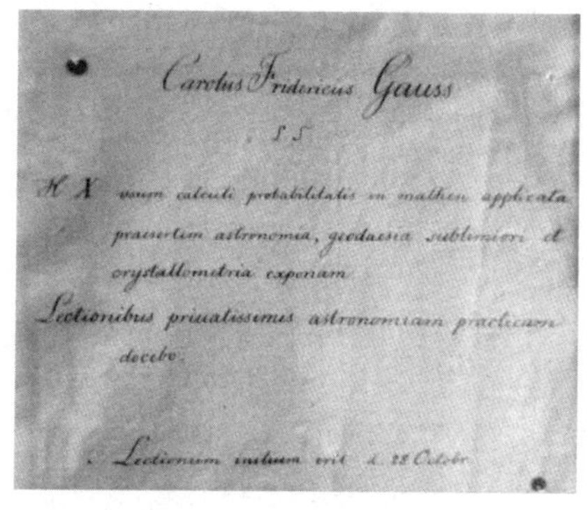

그림 29.2 1831년, 그해 10월의 강의와 개인 수업에 관해 가우스가 친필로 쓴 공지 내용.

1817년부터 1832년까지 가우스는 우울한 시간을 견뎌야 했다. 너무도 소중했던 어머니가 병에 걸렸고 1839년 세상을 떠날 때까지 두 사람은 함께 지냈다.[4]

1832년 가우스는 당대의 뛰어난 물리학자 빌헬름 베버(Wilhelm Weber, 1804~1891)와 협력 연구를 시작했다. 1833년 두 사람은 처음으로 전신을 고안했다. 첫 번째 연결망은 가우스의 자기 관측소와 독일 괴팅겐 물리학 연구소 사이에 설치되었다. 프로이센의 과학자 알렉산더 폰 훔볼트(Alexander von Humboldt)를 재촉하여 가우스와 베버는 세계의 다양한 지역에서 지구의 자기장을 측정하기로 결정했다. 가우스의 자기 관측소에서 두 사람은 훔볼트의 방식을 수정하기 시작했는데, 훔볼트는 이를 달갑게 여기지 않았다. 하지만 가우스가 바꾼 방식이 훨씬 더 효율적이고 정확했다.

가우스는 독일의 유명한 의사이자 인류학자 요한 프리드리히 블루멘바흐(Johann Friedrich Blumenbach, 1752~1840)와 같은 생명 과학 분야의 학자들과도 교류했다. 두 사람의 관계는 [그림 29.3]에서 볼 수 있듯이 가우스가 블루멘바흐에게 보낸 메모를 통해 확인할 수 있다. 1821년 10월 7일 가우스가 직접 쓴 이 메모의 내용은 다음과 같다. "존경하는 동료에게 흥미로운 논문을 동봉합니다.

저는 존중한다는 표시로 왕립학회에 제출하라는 요청과 함께 이 논문을 뮌헨의 저자에게서 받았습니다."

1837년 정치적인 이유로 베버는 괴팅겐을 떠나야 했다. 그 후 가우스의 연구량은 서서히 줄어들었지만 그는 항상 다른 학자들을 돕기를 원했다. 카를 프리드리히 가우스는 1855년 11월 23일 괴팅겐에서 눈을 감았고 알바니 공동묘지에 안장되었다.

그가 남긴 가장 유명하고 지금도 종종 인용되는 문장이 있다. "수학은 과학의 여왕이고, 산술은 수학의 여왕이다."

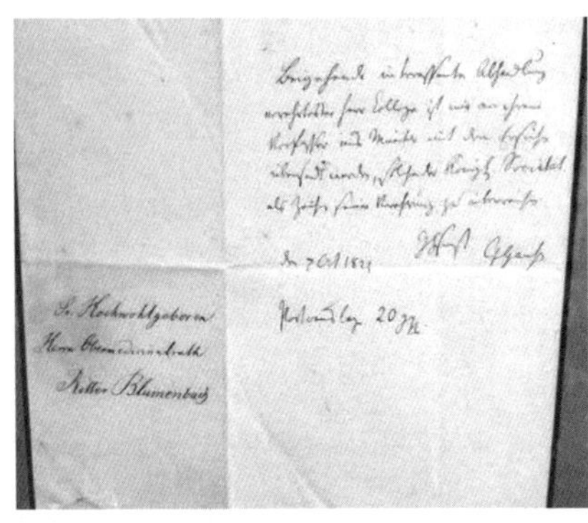

그림 **29.3** 1821년 10월 7일, 가우스가 요한 프리드리히 블루멘바흐에게 보낸 메모.

그림 **29.4** 임종하는 가우스, 1855년.

Chapter 30

배비지

컴퓨터의 창시자
영국, 1791~1871

현대 세계에서 계산기와 컴퓨터는 당연히 존재하는 기계다. 하지만 컴퓨터 또는 계산기에도 당연히 그 시초가 있다. 영광스러운 '최초의 계산 장치 개발자' 칭호는 1791년 12월 26일 런던에서 출생한 영국의 수학자 찰스 배비지(Charles Babbage)에게 돌아가야 마땅하다.

그의 부친은 런던의 은행가인 벤저민 배비지다. 찰스 배비지는 잦은 병치레로 주로 집에서 교육을 받아야 했다. 하지만 어린 시절부터 수학에 대한 애정은 누구보다도 강했던 찰스는 1810년 케임브리지대학교의 트리니티 칼리지에 입학하게 된다. 그곳에서 지낸 짧은 시간 동안 수학과 강사들보다 자신의 실력이 훨씬 뛰어나다는 사실을 알게 되었다. 학교의 강의 수준에 실망한 그는 학생들의 모임에 가입했다. '해석 학회(Analytical Society)'라고 불렸던 이 모임은 훨씬 수준 높은 수학적 이슈를 연구하고 있었다. 이 시기에 배비지와 모임 동료들은 로그표 계산 수치가 부정확한 것에 불만이 많았다. 그러던 중 배비지는 차라리 자신이 직접 계산하는 편이 낫겠다고 생각하게 되었다. 그가 처음 계산기를 개발하게 된 동기는 정확한 계산을 수행할 수 있는 기계를 만들겠다는 것이었다. 1817년에 찰스 배비지는 케임브리지대학교에서 석사 학위를 받자마자, 그곳에서 수학과 강사로 일하게 된다.

1816년 찰스 배비지는 왕립학회 회원으로 선출되었고, 1820년에는 왕립천문학회(Royal Astronomical Society) 설립 작업에 참여하기에 이른다. 바로 이 시기에 계산 장치에 대한 그의 관심은 본격적인 개발로 바뀌었다. 초기의 관심은 한동안 그의 머릿속에 잠재해 있었다. 드디어 1821년 배비지는 제1호 차분기관(Difference Engine)을 개발했다([그림 30.2] 참조). 기계의 성능 향상을 위한 연구 자금은 정부에서 후하게 지원 받았지만 배비지는 자금 제공자들과 사이가 별로 안 좋았다. 그의 잣대에서 이들이 제기하는 많은 질문들이 터무니없어 보였기 때문이다. 활용 가능한 모델에 도달하려면 너무 오랜 시간이 필요했기 때문에 결국 자금 지원 계획은 취소되었다. 재정 지원이 부족했지만 그의 장치 모델은 1832년에 완성되어, 수표(數表)를 수집하는 작업을 지원할 수 있게 되었다. 하지만 그는 이 기계가 지닌 한계가 불만족스러웠고 더 광범위하고 다양한 계산 기능을 수행할 수 있는 장치를 개발하기 시작했다.

1837년 그는 보다 정교한 계산 장치인 해석기관(Analytical Engine)을 개발했는데, 이는 오늘날 컴퓨터의 선구자로 간주될 수 있다([그림 30.3] 참조). 이 장치는 펀치카드에 기록된 메모리를 기반으로 산술 연산을 수행하도록 설계되었는데, 이는 초기 컴퓨터가 작동한 방식과 분명히 일치한다. 그러나 그는 이후의 설계들을 완성하지는 못했다.

1843년, 스웨덴의 발명가 조지 슈츠(George Scheutz, 1785~1873)는 배비지의 설

그림 30.1 찰스 배비지의 부고 초상화(1860년 7월 런던에서 열린 제4회 국제통계학대회에서 촬영된 배비지 사진).

수학을 만든 사람들

계를 바탕으로 차분기관(Difference Machine)을 제작하는 데 성공했다. 1853년에 만들어진 두 번째 버전은 피아노 크기였으며 로그표, 삼각함수표, 보험계리표, 천문표 등을 놀라운 정확도로 인쇄할 수 있었다.

배비지는 케임브리지대학교에서 계속 활동했는데, 1828년부터 1839년까지 루커스 수학 석좌 교수를 지냈지만 단 한 번도 강의를 하지 않았다. 그 시기에

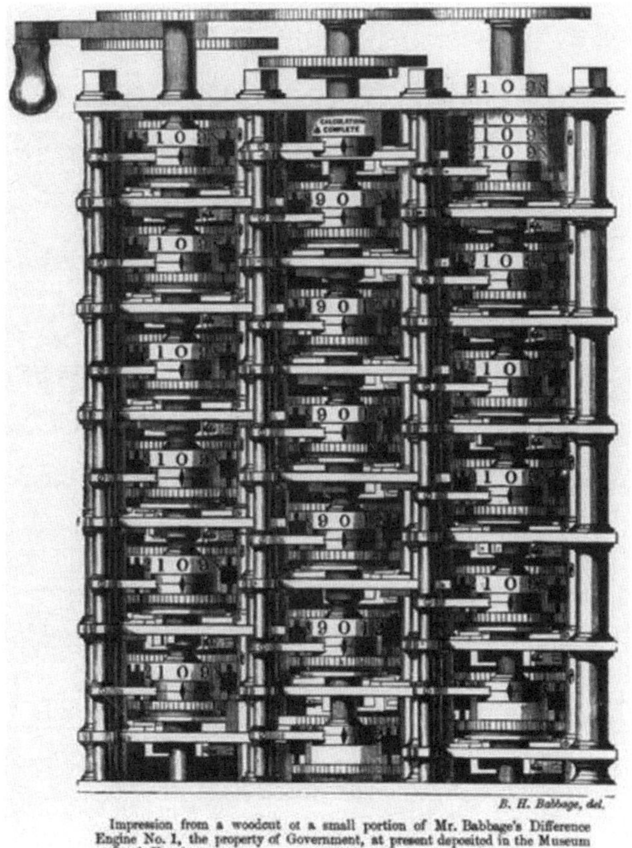

그림 30.2 제1호 차분기관(벤저민 허셜 배비지의 원화를 바탕으로 한 목판화, 1853년).

배비지는 지식인 사회에서 활발하게 활동했고 많은 과학 연구 분야를 지원했다. 그중에서 암호 기법은 영국과 미국 정부에서 활용되었다. 배비지가 이러한 계산 장치 개발을 진전시키려고 노력하던 중, 1843년 조지 슈츠(George Scheutz, 1785~1873)라는 스웨덴의 발명가가 배비지의 설계도를 기반으로 한 차분기관을 고안했다. 1837년 배비지는 후속 모델인 제2호 차분기관에 대해 설명했고, 그 장치를 해석기관([그림 30.3] 참조)이라고 불렀다. 이것은 일종의 범용 계산기(computer)로 메모리를 고려한 설계는 수십 년 후에 등장할 전자식 컴퓨터의 전신이었다. 이 장치에 계획했던 메모리는 각각 40개의 십진수로 구성된 1,000개의 숫자를 저장할 수 있었다. 이 장치는 사칙연산과 제곱근풀이를 수행할 수 있도록 고안되었다.

여기에 사용되는 프로그래밍 언어는 현대의 어셈블리 언어(assembly language, 컴퓨터 프로그래밍 언어 중 하나로 기계어를 일상생활에서 사용하는 언어에 가깝게 문자로 기호화해서 나타낸 것을 말함-옮긴이)와 유사했다. 펀치 카드(punch card, 일정한 규칙에 따라 작은 직사각형 구멍을 뚫어 데이터를 표현하는 데 사용되는 종이 카드-옮긴이)가 사용되었는데, 하나는 산술 연산에, 다른 하나는 숫자 상수(numerical constants)에, 다른 하나는 숫자들을 기억 장치(storage)에서 연산 장치(arithmetic unit)로 이동하는 데 사용되었다. 유감스럽게도 배비지가 원했던 수준의 기계를 성공한 적은 없었으며, 고작 몇 개의 과제만 수행할 수 있고 몇 가지 뚜렷한 오류들이 드러난 수준의 기계에 머물렀다.

안타깝게도 배비지는 자신의 꿈이 절대 실현될 수 없다는 사실에 좌절했고, 적절한 시기에 자금 지원을 하지 않은 정부의 실책을 비난하다가 1871년 10월 18일 세상을 떠났다. 그 뒤로 아들인 헨리 프레보스트 배비지(Henry Prevost Babbage)가 아버지의 연구를 이어나갔다. 그는 이 연구 자금을 직접 나서서 마련해야 했다. 1910년 헨리 배비지는 자신의 고유한 버전의 해석기관을 고안했지만, 프로그래밍을 할 수도 없고 기억 장치도 없는 장치였다([그림 30.4] 참조).

　배비지의 유산은 신뢰할 만한 보험통계표 수집과 현대 영국의 우편 체계 확립에 기여하는 등 다양한 분야의 많은 업적 속에 남아 있다. 또한 그는 속도계, 어두운 주기보다 빛이 머무르는 주기가 긴 등대의 명멸광, 열차가 운행할 때 선로 교통을 방해하는 장애물들을 트랙에서 제거해 주는 금속 장치인 기관차 배장기를 발명했다. 현대 컴퓨터 세계의 창시자인 찰스 배비지는 머릿속으로 상상했던 장치를 실제 발명품으로 탄생시켰지만, 이 장치에서 생성한 정보의 오류를 일찍이 발견하고 수정을 위해 필사적인 노력을 하다가 세상을 떠났다.

그림 30.3 해석기관.

그림 30.4 1910년에 제작된 헨리 배비지의 해석기관 밀(Mill), 런던과학박물관 소장.

수학을 만든 사람들

아벨

비극의 삶과 아벨상
노르웨이, 1802~1829

노르웨이는 세계에서 가장 잘 사는 나라 중 하나다. 중동 지역을 제외하면 천연자원이 풍부하고 1인당 석유 및 천연가스 생산량이 가장 많다. 전 세계 대부분의 국가들과 달리 노르웨이는 해외 부채도 없다. 석유 산업에서 창출되는 정부 수입으로 국부펀드(sovereign wealth fund, 정부가 외환보유액의 일부를 투자용으로 출자해 만든 펀드-옮긴이)를 설립했고, 2017년까지 국민 1인당 18만 5,000천 달러를 적립했다.[1] 노르웨이는 훌륭한 공중 보건 시스템을 갖추고 있고 공공 교육을 사실상 무상으로 제공하는 덕분에 2017년 유엔세계행복보고서에서 1위에 올랐을 것이다.[2] 두말할 것도 없이 노르웨이는 살기 좋은 나라이고 전 세계 이민자들의 마음을 사로잡고 있다.

하지만 19세기 상황은 지금과는 완전히 달랐다. 소빙기의 극단적 기후로 인한 잦은 기근으로 많은 사람들이 목숨을 잃었다. 400년 이상 노르웨이는 덴마크와 불평등 동맹 관계에 묶여 있었고 사실상 덴마크의 지배를 받았다.

이런 어려운 시절이었던 1802년 8월 5일 닐스 헨리크 아벨(Niels Henrik Abel)은 노르웨이 서해안의 작은 마을에서 태어났다. 닐스는 안네 마리 시몬센과 목사였던 쇠렌 게오르크 아벨의 일곱 자녀 중 둘째로 태어났다. 덴마크와 영국의 정치적 갈등은 1801년 제1차 코펜하겐 해전을 불러왔다. 이후 1807년, 덴마크가 나폴레옹과 동맹을 맺자, 영국 함대는 이에 대응해 덴마크와 노르웨이의 보급로를 봉쇄했다. 그 결과 노르웨이 국민들의 상황은 더 악화되었다. 몇 년째 노르웨이와 유럽 대륙의 수출입은 막혔고, 결국 심각한 경제 위기를 초래해 1812년 대기근에 이르렀다.

아벨의 부모님은 아이들을 학교에 보낼 형편이 되지 않았기 때문에 아벨은 대학에서 문헌학과 신학을 전공한 아버지로부터 집에서 교육을 받아야 했다. 기록에 따르면 어린 시절의 가난은 술에 찌들어 사는 부모님 때문에 더욱 악화되었다고 한다.[3] 다행히 나폴레옹 전쟁이 끝나고 덴마크가 노르웨이에 대한 통치권을 상실하면서 전반적인 경제 상황이 조금 더 나아졌다. 노르웨이는 이 기회를 잡았고 1814년 독립을 선언했다. 아벨은 열세 살에 크리스티아나(현재의 오슬로)의 가톨릭 학교에 입학한다. 그는 곧 "자신의 기초가 잘 닦여 있다고 느꼈다."[4]라고 썼지만, 첫해에 그의 학교 성적은 양호한 정도였다.

1800년대에 학교는 체벌이 일종의 품행 관리 수단이었고, 물리적 체벌로 인한 상해는 흔한 일이었다. 1817년 아벨의 수학 선생님이 한 학생에게 심한 체벌을 가하고 8일 후에 그 학생이 숨지는 사건이 발생했다.[5] 운이 좋게도 아벨보다 고작 일곱 살 많은 베른트 홀름뵈(Bernt Holmboem 1795~1850)가 수학 교사로 새로 부임했는데, 그는 아벨의 수학적 재능을 알아보고 감탄하여 그의 멘토가 되어 주었다. 그는 아벨에게 학교 커리큘럼에 포함되지 않은 대학 수준의 책들을 읽어보라고 용기를 북돋워 주었다. 두 사람은 레온하르트 오일러, 아이작 뉴턴, 장 르 롱 달랑베르, 조제프 루이 라그랑주, 피에르 시몽 라플라스의 저서를 함께 읽었다.

1818년 실직한 아벨의 아버지는 술에 빠져 지냈고 2년 후에 세상을 떠났다. 아버지의 죽음 이후 가정 형편도 급격히 어려워졌다. 우울증에 걸린 형도 가족을 부양할 수 없었기 때문에 어머니와 동생들을 책임질 사람은 아벨뿐이었다. 홀름뵈의 도움이 없었더라면 아벨은 공부를 계속할 수 없었을 것이다. 학교를 마칠 수 있도록 학비를 마련해 준 홀름뵈 덕분에 아벨은 1821년 가을 크리스티아니아대학교(University of Christiania)에 입학할 수 있었다. 보고서에 홀름뵈는 재능이 있는 제자에 대해 이렇게 썼다.

> 믿기 어려울 만큼 놀라운 천재성으로 그는 수학에 대한 열정과 관심을 결합했다. 그가 살아 있었더라면 가장 위대한 수학자의 반열에 올랐을 것이다.[6]

1813년에 설립된 크리스티아니아대학교는 처음에는 자연과학 전공 과정이 없었고 신학, 의학, 법학 등 전문직 위주의 학문에 초점이 맞춰져 있었다.[7] 1학년 때 아벨은 이미 노르웨이 최고의 수학자로 손꼽혔다. 졸업하던 해에 그는 자신만의 고유한 수학 아이디어를 추구하기 시작했다. 특히 그는 당대의 수학자의 주요 미결 과제였던 5차방정식 해법에 관심이 많았다. 5차방정식은 $ax^5 + bx^4 + cx^3 + dx^2 + ex + f = 0$의 형태를 취하는 방정식, 쉽게 말해 최고차항의 차수가 5차인 x에 대한 다항방정식을 일컫는다. 여기에서 각 항의 계수 a, b, c, d, e는 실수이고, x는 미지수이다. 여러분은 2차방정식 $ax^2 + bx + c = 0$의 해를 근의 공식 $x_{1,2} = \dfrac{-b \pm \sqrt{b^2 - 4ac}}{2a}$에 대입하여 구할 수 있다는 사실을 기억할 것이다.

3차방정식과 4차방정식에 대해서도 훨씬 복잡하지만 이와 유사한 공식이 있다. 일반적인 2차방정식에 대한 해법을 명쾌한 공식으로 처음 제시한 사람은 인도의 수학자 브라마굽타였다. 3차방정식과 4차방정식의 해를 구하는 공식은 이탈리아의 수학자 스키피오네 델 페로(Scipione del Ferro, 1465~1526)와 로도비코 데 페라리(Lodovico de Ferrari, 1522~1565)가 발전시켰고, 이탈리아 수학자 지롤라모

카르다노의 책에서 처음 발표되었다. 반면 많은 수학자들이 수백 년째 가장 일반적인 형태의 5차방정식의 해를 구하기 위해 노력했지만 단 한 사람도 성공하지 못했다.

1821년 아벨은 아주 기발한 방법으로 5차방정식의 해를 구했고, 당시 북유럽에서 가장 유명한 수학자였던 페르디난트 데겐(Ferdinand Degen, 1766~1825)이 있는 코펜하겐으로 이 논문을 보냈다. 데겐은 아벨에게 이 방법에 대한 실례(實例)를 들어보라고 했는데 그 과정에서 아벨은 오류를 발견했다. 하지만 데겐은 아벨의 수학적 추론에서 범상치 않은 실력을 알아보았고, 이 능력을 다른 수학 영역에 활용해보라고 조언했다.

대학 1학년 시절 아벨의 성적은 원래 탁월했던 수학을 제외하면 특별히 우수하지는 않았다. 이 학교에는 신학, 의학, 법학을 제외하면 고급 수준의 강의 프로그램이 없었다. 아벨은 도서관에 있는 모든 수학책을 빌려와 독학으로 공부하는 수밖에 없었고 수학책만 눈에 띄면 닥치는 대로 읽었다. 당시 그 학교의 수학과에 교수는 고작 두 명이었는데, 그들은 아벨을 해외로 유학 보내야 한다고 판단했다. 1823년 두 사람은 아벨이 수학자들을 만날 수 있도록 코펜하겐으로 갈 여비를 마련해 주었다. 그런데 그 수학자들이 증명한 것들은 아벨이 전부 알고 있는 내용이었다.

코펜하겐의 무도회에서 아벨은 크리스티네 켐프를 만났다. 1년 후에 그녀는 아벨의 약혼녀가 되었고 아벨을 따라 노르웨이에 와서 가정교사로 일자리를 구했다. 아벨은 지도교수 중 한 사람이 창간한 신생 과학 저널에 고급 미적분을 주제로 여러 편의 논문을 발표했다. 아벨은 다양한 접근 방식으로 5차방정식에 관한 연구를 다시 시작했고, 수백 년 동안 풀리지 않았던 난제의 해법을 드디어 찾아냈다. 그는 차수가 5차 이상인 일반 다항방정식에 대한 대수적 해법이 존재하지 않는 사실을 증명했다. 쉽게 말해 그는 방정식의 계수를 이용해 해를 구할 수 없다고 결론을 내렸다. 차수가 5차 이상인 고차방정식의 해는 근사법으로만 구할 수 있고, 일반적인 해법으로 'x값'을 구할 수 없다는 것이다. 이 중요한 연구 결과는 현재 '아벨-루피니 정리(Abel-Ruffini theorem)'로 알려져 있다. 파올로 루피니(Paolo Ruffini, 1765~1824)가 1799년 미완성의 증명을 발표했기 때문이다. 이 증명을 위해 아벨은 (에바리스트 갈루아와는 별개로) '군론(group theory)'이라고 알려진 수학 분야를 발전시켰다. 군(group)의 유형에 아벨의 이름이 붙여진 것도 있는데, 아벨군(abelian group)은 가환성(可換性, 교환법칙이 성립하는 성질을 일컬음—옮긴이)을 지닌다. 쉽게 말해 아벨군에서는 연산의 순서가 상관없다.

아벨은 수학의 중심지였던 프랑스와 독일 유학을 위해 자금 지원을 신청했지만, 언어를 배우기에는 너무 부족한 금액과 2년 후에 지원금을 받을 수 있다는 답변만 받았다. 유럽에서 유명한 학자들을 만날 수 있다는 기대감과 더불어 자신의 이름으로 된 인상적인 글을 남기기 위해 그는 사비를 들여 5차방정식에 관한 논문을 출판했다. 그는 더 많은 독자를 얻기 위해 프랑스어로 논문을 썼고 인쇄 비용을 아끼려고 증명 과정을 최대한 요약했다. 아벨은 이 논문을 카를 프리드리히 가우스를 포함한 유럽의 여러 수학자들에게 보냈다. 하지만 증명 과정을 극도로 압축한 이 논문은 독자들이 이해하기 어려워서 그가 바랐던 주목을 받지는 못했다. 프랑스어와 독일어를 잘했기 때문에 아벨은 유럽으로 유학을 떠날 준비가 잘 되어 있다고 생각했고, 유학 자금을 지원받기 위해 노르웨이의 왕에게 직접 편지를 썼다.

1825년 가을 아벨은 노르웨이 정부에서 받은 장학금으로 유럽으로 떠났다. 원래 그는 독일 괴팅겐으로 가서 가우스를 만나고 (당시 전 세계 수학의 중심지였던) 파리의 과학아카데미를 방문할 계획이었으나, 먼저 베를린으로 갔다. 베를린에서 아벨은 독일의 공학자이자 수학자로 정부와 좋은 관계를 맺고 있는 아우구스트 레오폴트 크렐레(August Leopold Crelle, 1780~1855)를 만났다. 크렐레는 확고한 기반을 잡고 우위를 점하고 있는 프랑스 저널에 도전장을 던질 수 있는 독일의 수학 저널을 창간할 계획이었다. 크렐레는 아벨에게 기존의 5차방정식 연구 결과에 상세 설명을 넣어 독자들이 더 쉽게 접근할 수 있는 논문을 써볼 것을 독려하며, 자신의 저널에 수학의 역작을 게재하길 간절히 원했다.

1826년 2월에 발행된《순수 및 응용 수학 저널(Journal für die reine und angewandte Mathematik)》창간호에는 아벨의 논문이 7편이나 수록되어 있었다. 아벨은 다음 호들을 성공시킨 주역이었다. 아벨이 발표한 논문들의 높은 수준과 중요성은 크렐레의 저널이 명성을 얻고 입지를 굳히는 데 중요한 역할을 했다. 현재 크렐레의 저널은 수학계에서 권위 있는 저널로 손꼽힌다. 하지만 아벨은 가우스가 자신의 논문을 인정하지 않았다는 소식을 듣고 그를 방문할 계획은 포기한다(가우스의 사후에 이 논문이 들어 있는 봉투가 뜯어지지 않은 채 발견된 것으로 보아, 가우스는 아벨의 5차방정식에 관한 논문을 읽은 적도 없었다).

아벨이 파리에 도착했을 때는 이미 방대한 분량의 원고를 끝내놓은 상태였다. 그는 근본적으로 새로운 통찰력을 제시하는 대수적 미분법(algebraic differentials)과 관련해 완전히 새로운 정리가 수록된 이 원고를 지금껏 가장 인상 깊은 논문이라고 여겼다. 그는 프랑스 과학아카데미에 원고를 제출했다. 가장 영향력 있는 저널에 자신의 논문이 게재되면 노르웨이 당국에 강한 인상을 남겨 오슬로대학교 교수로 채용될 수 있으리라 기대했다. 논문 심사위원으로 오귀스탱-루이 코시(Augustin-Loui Cauchy, 1789~1858)와 아드리앵-마리 르장드르가 정해졌고, 아벨은 답변을 기다리며 그해 겨울을 파리에서 보냈다.

하지만 코시는 원고를 옆으로 치워놓고 잊어버리고 있었다. 그리하여 돈도 다 떨어져 가고 하루에 한 끼로 연명하던 아벨의 건강은 나날이 악화되었다. 그는 고열과 기침에 시달리면서도 크렐레의 저널에 논문을 발표하기 위해 무리하게 연구를 이어갔다. 아벨은 파리의 과학 모임에 자주 참석하고 유명한 수학자들과 친분을 쌓았지만, 그의 연구에 관심을 보이는 학자들은 거의 없었다. 사실상 그는 다른 학자들과 자신의 수학 아이디어를 논의할 기회가 거의 없었다. 당시 학생이었던 수학자 조제프 리우빌(Joseph Liouville, 1809~1882)은 아벨을 만났지만 서로 안면을 트지 못한 것이 인생 최대의 실수라고 몇 년 후에 고백했다. 그렇게 크렐레의 저널에 많은 논문을 발표했지만, 아벨은 유럽 여행에 실망했고 향수병에 걸렸다.

1827년 노르웨이로 돌아온 아벨은 우울했고 가난했다. 파리에서 논문 발표도 좌절되고 가우스와 친분도 트지 못했으며 보조금 지원마저 끊겼다. 어쩔 수 없이 그는 사채를 빌려서 가족의 빚을 해결했다. 그는 돈을 벌 방법을 찾으며 신문에 가정교사 광고를 냈다. 그러는 동안에 그는 친구인 크렐레에게 엄청난 속도로 연구 논문을 작성해 보냈고, 대부분은 다양한 수학 분야의 선구적인 논문들이었다. 크렐레는 자신의 영향력을 이용해 베를린대학교에 아벨의 자리를 마련해 주려고 끊임없이 노력했다. 1828년 봄이 되자 형편이 조금 나아졌고, 아벨은 시베리아로 탐사 여행을 떠난 교수를 대신해 오슬로대학교에서 임시 강사직을 맡게 되었다. 크렐레의 저널에 발표한 논문들에 대해 프랑스 과학아카데미는 점점 호의적인 반응을 보였지만 노르웨이에서 정교수로 채용될 가능성은 여전히 희박했다.

파리를 떠난 후에도 아벨의 건강 상태는 호전되지 않았고 1828년 가을에 더 악화되었다. 오슬로에서 250킬로미터 떨어진 프롤란트(Froland)에서 일하는 약혼녀와 크리스마스를 함께 보내기를 원했던 아벨은, 그 추운 노르웨이의 겨울에 썰매를 타고 길을 떠났다. 이것은 체력이 좋고 건강한 사람도 완전히 녹초가 될 정도로 힘든 여행길이었다. 프롤란트에 도착했을 무렵 아벨은 심하게 아팠다. 크리스마스에는 몸이 조금 나아져 축하 파티를 즐겼지만, 다시 병석에 앓아누웠고 병세는 점점 악화되었다. 아벨은 프랑스 과학아카데미에 제출했던 자신의 가장 훌륭한 연구가 영원히 사라질까 두려워, 남아 있는 모든 에너지를 쏟아부어 대수적 미분법에 추가된 것들에 관한 핵심 정리의 증명을 써내려 갔다. 중증 뇌출혈로 쓰러진 후 아벨은 결핵 진단을 받았다. 파리 체류 시절에 결핵이 이미 진행된 듯했다. 1829년 4월 6일 아벨은 26세의 꽃다운 나이에 눈을 감았다. 그로부터 2년 후 아벨이 사망한 사실을 모르고 있던 크렐레는 베를린 대학교에서 아벨을 정교수로 채용한다는 기쁜 소식이 담긴 편지를 보냈다.

> 자네의 미래에 대해 이제 한시름 놓아도 되겠네. 자네는 이제 우리 소속이 되었고 완전히 보장된 자리네…. 곧 자네가 기후가 더 좋고 환경이 더 좋은 나라로 오게 되면, 더 가까이에서 학문을 접하고 자네의 진가를 알아보고 자네를 좋아하는 진실한 친구들과 교제할 수 있을 것이네.[8]

사후 1년 뒤, 아벨은 프랑스 과학아카데미에서 수학 분야에 걸출한 업적을 남긴 공로로 그랑프리를 수상했다. 코시는 여기저기 샅샅이 뒤지다가 아벨의 기념비적인 작품 '파리 회고록(Paris memoir)'을 찾아냈고, 이것은 1841년에 처음 발표되었다. 이 작품은 여전히 수학 발전의 이정표로 여겨진다. 닐스 헨리크 아벨은 짧고 비극적인 삶을 살다 갔지만 깊이 있고 영향력 있는 수학적 발견을 남겼다. 여러 가지 수학 정리, 방정식, 연구 대상에는 그의 이름이 붙여져 있다. 노르웨이의 수학자 숍후스 리(Sophus Lie, 1842~1899)는 알프레드 노벨이 매년 수여하는 노벨상에 수학 부문이 포함되지 않았다는 사실을 알고, 수학 분야에 탁월한 업적을 남긴 공로를 기념하기 위해 아벨상(Abel Prize)을 제정하고 1902년부터 매년 시상해야 한다고 건의했다. 하지만 1899년 리가 세상을 떠나면서 아벨상 제정을 추진할 동기가 시들해졌고, 재정적 이유로 정부는 아벨상 대신 아벨 기념물을 세우기로 결정했다.

1960년대 후반 북해의 석유 탐사가 시작되면서 노르웨이의 석유 시대가 열렸고, 20세기 말 노르웨이는 세계에서 가장 잘 사는 나라가 되었다. 노르웨이는 석유 산업으로 벌어들인 돈으로 아벨 탄생 200주년을 기념하여 2001년 아벨상을 제정했다. 아벨상의 상금은 무려 600만 노르웨이 크로네(약 75만 달러)이다. 아벨상은 필즈메달과 더불어 수학자에게는 최고의 영예로 여겨지는 상이다.

그림 31.1 아벨의 유일한 동시대 초상화(by Johan Gørbitz, 1826년).

Chapter 32

갈루아

짧은 삶, 영원의 이론
프랑스, 1811~1832

에바리스트 갈루아는 겨우 스무 해를 살다 세상을 떠났다. 그래서 여러분은 그의 인생 스토리가 짧으리라 생각할지 모르겠다. 이 청년의 짧은 인생은 그야말로 파란만장했다. 갈루아의 전기를 살펴보기 전에 그가 수학사에 남긴 주요한 업적이 그의 이름이 들어간 모든 연구 분야라는 점을 알아두길 바란다. 물론 수학 분야에서 이런 일은 흔하다. 갈루아의 이론은 추상 대수학의 일부이고 군론(group theory)과 장이론(field theory)이라는 중요한 두 이론을 연결하는 역할을 한다. 수학자가 아닌 사람들에게 이 설명은 큰 의미가 없을지 모른다. 그래도 우리는 이 이론에서 파생된 새로운 통찰들 중 몇 가지를 살펴보려고 한다. 예를 들어 갈루아의 연구 덕분에 사칙연산과 근풀이(이를테면 제곱근, 세제곱근 등)만을 이용하여 고차방정식의 해를 결정할 수 있게 되었다. 또한 갈루아의 연구는 직선자와 컴퍼스만을 이용하여 어떤 정다각형을 작도할 수 있는지, 직선자와 컴퍼스만 이용하여 일반각을 삼등분할 수 없는지 이유를 설명해 준다. 이런 내용들은 여러분이 중등학교에서 접한 적이 있고 갈루아의 연구 덕분에 해법을 찾은 단순한 주제들에 불과하다.

지금부터 이 대단한 수학 천재가 20년의 삶을 어떻게 살다 갔는지 살펴보기로 하겠다. 갈루아는 1811년 10월 25일 프랑스의 부르라렌(Bourg-la-Reine)에서 태어났다. 1814년에 그의 아버지 니콜라-가브리엘 갈루아는 이 도시의 시장이 되었다. 당시로서는 흔치 않게 그의 어머니 아델라이드마리 드망트는 고등 교육을 받은 변호사였다. 그녀는 아들 에바리스트가 열 살 때 이미 랭스 중학교 (Collège de Reims) 입학 허가를 받았는데도 열두 살까지 집에서 공부를 가르쳤다. 1823년 갈루아는 리세 루이르그랑(lycée Louis-le-Grand, 프랑스의 공립 중고등 교육 기관-옮긴이)에 입학했다. 이 학교에서 그는 라틴어로 일등상을 받았지만, 수학에 훨씬 관심이 많아서 열네 살 때 수학 공부에 집중하기 시작한다. 그는 어떤 의미에서는 미국의 고등학교 기하학 교육 과정의 모델이라고 할 수 있는 아드리앵-마리 르장드르의 『기하학 원론』을 빠른 속도로 독파하여 자신의 수학적 재능을

그림 32.1 에바리스트 갈루아(회색 종이 위 드로잉, 1826년경).

입증해 보였다. 열다섯 살이 되자 그는 방정식 이론을 진지하게 받아들이기 시작했다. 이상하게도 그의 선생님들은 이런 제자에 대해 깊은 인상을 받지 못했다. 아니면 혹자들의 주장처럼 그를 두려워했는지도 모른다.

1828년 갈루아는 프랑스의 명문 에콜폴리테크니크(École Polytechnique, 파리공과대학교)에 지원했으나 구두시험을 잘 치르지 못해서 떨어졌다. 그러다가 얼마 후 조금 더 낮은 학교인 에콜노르말쉬페리외르(École Normale Supérieure, 파리고등사범학교)에 원서를 냈고 합격했다. 아마 시험관들이 그에게 깊은 인상을 받은 듯했다. 이듬해인 1829년 그는 연분수(continued fraction)에 관한 첫 논문을 발표했다. 아래와 같은 형태를 취하는 분수가 연분수다.

$$a + \cfrac{b}{c + \cfrac{d}{e + \cfrac{f}{g + \cdots}}}$$

문자 대신 숫자를 연분수로 표현할 수도 있다.

$$\sqrt{2} = 1 + \cfrac{1}{2 + \cfrac{1}{2 + \cfrac{1}{2 + \cfrac{1}{2 + \cdots}}}}$$

갈루아가 제출한 논문들 중 일부는 바로 받아들여지지 않았다. 여러 이유가 있는데 일부는 정치적인 것이고, 수학적인 것은 아니었다. 1831년 1월 파리는 사납게 요동치고 있었다. 갈루아는 학교를 그만두고 민병대에 들어갔으나 그곳에서도 시간을 쪼개어 정치학과 수학을 연구했다. 간혹 민병대 대원들이 체포되었지만 그는 감옥에 오래 수감되지 않았다. 1831년 4월 갈루아와 민병대의 장교들은 기소된 모든 행위에 대해 무죄 선고를 받았고, 5월에는 연회에 초청되는 영광을 얻었다. 이 연회에서 갈루아는 국왕에게 건배를 제안했는데, 이

   수학을 만든 사람들

것은 사실 국왕의 목숨을 위협하려는 의도였다. 이 일로 갈루아는 다음 날 바로 체포되었다. 같은 해 6월 그는 다시 무죄 선고를 받았다. 해체된 민병대의 제복을 입고 권총, 소총, 단검으로 무장하고 시위를 주동했던 혁명기념일(Bastille Day, 1831년 7월 14일) 직후 갈루아의 극단적인 행동은 계속되었다. 결국 또다시 체포되어 10월에 징역 6개월을 선고받았고, 1832년 4월 29일에 석방되었다.

갈루아는 감옥에서도 수학 개념들을 꾸준히 발전시켰기 때문에 허송세월을 한 것은 아니었다.[1] 수감 중에 쓴 논문들 중 한 편이 거절당하자 갈루아는 난폭한 반응을 보였고 더 이상 학회에 논문을 발표하지 않겠다며 자신의 친구 오귀스트 슈발리에(Auguste Chevalier)에게만 이런 속내를 내비쳤다. 그의 논문이 거절된 이유는 내용이 더 정확하고 이해하기 쉬워야 한다는 것이었다. 그는 이 조언을 받아들였고 수학 원고들을 취합해 더 이해하기 쉽게 수정하기 시작했다.

갈루아는 스무 살이 되었고 권총 결투에 몸을 던졌다. 그가 노련한 명사수와의 결투에 어떻게 휘말리게 되었는지 그 연유에 대해 많은 억측들이 있다. 1832년 5월 30일 그가 결투로 죽음을 맞이했다는 사실도 여전히 논란거리다. 한 여자의 사랑을 얻기 위한 결투였을까? 결투 상대는 여자의 삼촌 혹은 약혼자가 아니었을까? 아니면 정적을 제거하기 위해 경찰이 꾸민 일이었을까? 아무튼 갈루아는 결투 전날 친구에게 편지를 쓰며 더 쉽게 이해할 수 있게 수정한 논문 원고를 첨부하느라 밤을 새웠다. 그는 결투에서 승리를 확신하지 못했던 것으로 보인다. 운명적인 밤에 남겨진 원고는 현재 우리가 갈루아 이론(Galois theory)이라고 일컫는 것의 토대가 되었다.

결투는 1832년 5월 30일 이른 아침에 벌어졌다.[2] 갈루아는 복부에 총을 맞았고, 길을 지나던 농부에 의해 병원으로 옮겨졌지만 다음 날 아침 병원에서 세상을 떠났다. 그의 극단적인 행동은 이 슬픈 순간에도 끝나지 않았다. 그는 사제의 도움을 거절했고 동생 알프레드에게 이렇게 말했다. "알프레드, 울지

마! 나는 스무 살에 세상을 떠나기 위해 내 모든 용기를 쏟아부었어.”

6월 2일 에바리스트 갈루아는 몽파르나스 공동묘지에 묻혔다.

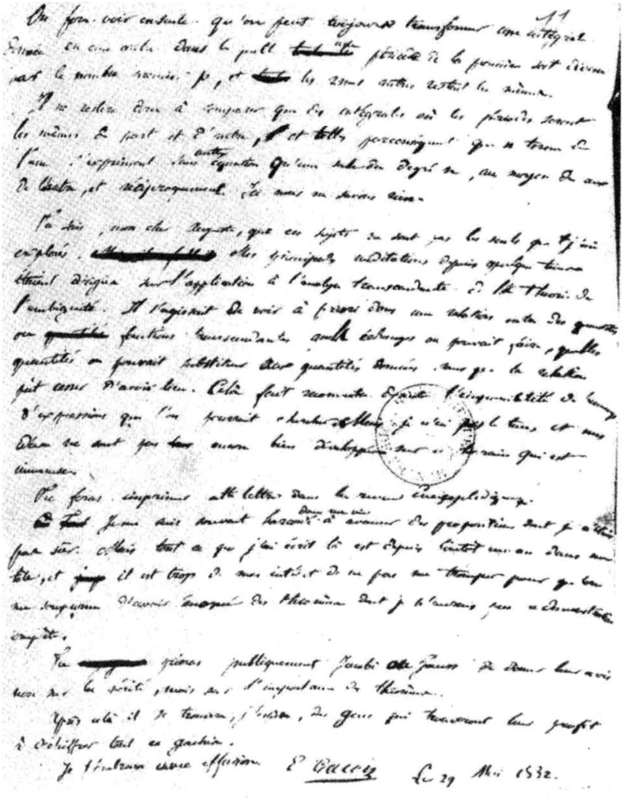

그림 32.2 갈루아가 사망하기 전날에 집필한 수학 논문의 마지막 페이지. 마지막 줄 바로 옆에 “이 모든 혼란을 해독하기 위해(déchiffrer tout ce gâchis)”라고 쓰여 있다(1832년 5월 29일 에바리스트 갈루아가 친구 오귀스트 슈발리에에게 보낸 편지).

실베스터

차별을 넘어 행렬의 길로
영국, 1814~1897

영국의 수학자 제임스 조지프 실베스터(James Joseph Sylvester)는 1814년 9월 3일 런던에서 태어났다. 그는 조합론, 행렬 이론, 기타 다른 수학 분야에서 중요한 업적을 남긴 것으로 알려져 있다. 그리고 그는 미국과 영국 두 곳에서 살았다.[1] 원래 그의 이름은 제임스 조지프 실베스터가 아니었다. 아버지의 이름이 에이브러햄 조지프였기 때문에 출생 시 이름은 제임스 조지프로 지어졌다. 그런데 제임스의 형이 미국에 왔을 때 모든 이민자는 성과 중간 이름이 있어야 했다. 형이 새로운 성을 실베스터로 정했기 때문에 동생인 제임스 조지프도 같은 성을 사용하여 실베스터가 된 것이다.

제임스 조지프 실베스터는 열네 살의 어린 나이에 런던대학교(University of London)에 입학했고 영국의 유명한 수학자 오거스터스 드모르간(Augustus De Morgan, 1806~1871)의 지도를 받았다. 제임스 조지프가 다른 학생과 작은 충돌을 일으키자 그의 부모님은 학교를 그만두게 했다. 그 후에 조지프는 리버풀왕립과학연구소(Liverpool Royal Institution)에 들어갔다. 1831년에는 케임브리지대학교 세인트존스칼리지(St. John's College)에서 더 깊이 있게 수학을 연구했다. 몇 년간의 병치레 끝에 드디어 그는 케임브리지의 유명한 수학 시험인 '매스매티컬 트리포스(Mathematical Tripos)'에서 높은 점수를 받고 전체 2등을 했다. 그는 대학에서 학위를 받을 자격이 되었지만 손에 넣지 못했다. 유대교와 배치되었던 영국 성공회의 39개 신앙 조항(Thirty-Nine Articles of the Church of England)을 거부한 대가였다. 이 일로 그는 스미스상(Smith's Prize, 케임브리지대학교에서 수학과 이론물리학 연구생에게 매년 수여하는 상-옮긴이)도 수상하지 못하고 연구 장학금도 받지 못하게 된다.

이런 난관을 극복하고 제임스 조지프 실베스터는 1838년 유니버시티칼리지 런던(University College London)의 자연철학 교수에 오른다. 다음 해에는 런던왕립학회(Royal Society of London) 회원이 된다. 1841년 마침내 그는 아일랜드 더블린의 트리니티칼리지(Trinity College)에서 문학사(Bachelor of Arts) 및 문학석사(Master of Arts) 학위를 받았다. 그로부터 얼마 후 그는 미국으로 떠났고 버지니아대학교(University of Virginia)의 수학과 교수가 되었다. 4개월 후 그는 또다시 두 학생들과의 폭력 시비에 휘말려 학교를 떠나게 되었다. 그 후에 그는 뉴욕시(New York City)로 왔는데 유대교 신앙으로 인해 컬럼비아대학교(Columbia University) 수학과 교수 임용에 탈락했다. 그리하여 그는 1843년 11월 뉴욕시를 떠나 영국으로 돌아왔다.

영국으로 돌아온 제임스 조지프 실베스터는 에쿼티앤로 생명보험회사(Equity and Law Life Assurance Society)에서 요직을 맡고, 자신의 수학적 재능을 발휘하여 보험 통계 모델을 개발했다. 이 시기에 실베스터는 아서 케일리(Arthur Cayley, 1821~1895)라는 수학자를 만났는데 마침 케일리도 법을 연구하고 있었다. 실베스터는 케일리와 다년

그림 33.1 제임스 조지프 실베스터, 1884년 옥스퍼드.

수학을 만든 사람들

간 공동 연구를 하며 행렬 이론(matrix theory)과 불변량 이론(invariant theory)에 중대한 업적을 남겼다. 1855년이 되어서야 실베스터는 런던 남서부에 있는 울위치 왕립사관학교(Royal Military Academy, Woolwich)의 수학과 교수로 다시 임용되었다. 그는 1869년까지 이 학교에서 교수로 있다가 55세가 되어 정년퇴직했다. 처음에는 연금이 지급되지 않았는데 그는 연금을 전액 수령하기 위해 투쟁한 끝에 성공했다. 1872년 케임브리지대학교는 뒤늦게 제임스 조지프 실베스터에게 유대교 신앙 때문에 좌절되었던 학사 및 석사 학위를 수여했다.

1876년 실베스터는 매릴랜드 볼티모어에 신설된 존스홉킨스대학교(Johns Hopkins University)의 초청으로 미국으로 돌아와 수학과 초대 교수진 중 한 사람이 되었다. 이후 1878년에 그는 당시 미국에서 두 번째 전문 학술지인《미국수학 저널(American Journal of Mathematics)》을 창간했다. 1883년 그는 다시 영국으로 돌아와 옥스퍼드대학교 수학과 새빌 석좌 교수(Savilian Professor)직을 수락했다. 이 곳에서도 그는 학생들에게 그다지 인기가 많지 않았다. 실베스터는 주로 자신의 연구 내용을 강의했고 학생들에게 수학 지식을 전달하는 일에 별로 관심이 없었다. 나이가 들면서 그의 체력은 나날이 약해지고 기억력도 감퇴하고 시력도 떨어졌다. 1892년 그는 옥스퍼드대학교 교수직을 유지한 상태로 런던으로 돌아갔고 아테나움 클럽(Athenaeum Club)에서 만년을 보내다가, 1897년 3월 15일 세상을 떠났다.

제임스 조지프 실베스터는 수학 발전에 많은 공헌을 했을 뿐만 아니라, 조합론 분야의 행렬(matrix), 판별식(discriminant), 그래프(graph) 등의 용어 같은 수학의 언어를 도입한 것으로 기억된다. 실제로 그는 '당대의 모든 수학자가 지어낸 명칭을 전부 합친 것'보다 더 많은 용어를 만들어냄으로써 (일반에 보급하고) 수학적 추론의 피조물들에게 이름을 지어주었으므로, 자신에게 '수학계의 아담'이라는 칭호를 붙여주어야 한다고 주장했다.[2] 또한 그는 π값을 흥미롭게 전개하는 방식을 제시했다.

$$\pi = 2 + \cfrac{2}{1 + \cfrac{1 \cdot 2}{1 + \cfrac{2 \cdot 3}{1 + \cfrac{3 \cdot 4}{1 + \cfrac{4 \cdot 5}{1 + \cfrac{5 \cdot 6}{1 + \cdots}}}}}}$$

실베스터는 고전 문학에도 조예가 깊었기 때문에, 그의 수학 논문은 라틴어와 그리스어 인용구로 가득하다. 만약 실베스터를 특정한 범주에 넣어야 한다면, 대부분의 사람들은 그를 대수학자라고 말할 것이다. 그는 수론에서도 탁월한 업적을 남겼다. 예를 들어 그는 하나의 수를 양의 정수의 합으로 표현할 수 있는 방법의 수를 보여주었다. 또한 그는 정수해를 갖는 대수 방정식인 디오판토스 방정식도 연구했다. 그뿐만 아니라 이와 관련된 문제들도 좋아했다. 이를테면 이런 문제다. "나에게 값이 $5d$와 $17d$인 우표가 여러 장이 있다. 이 두 종류의 우표를 조합하여 만들 수 없는 가장 큰 액면가는 얼마인가?"(정답은 63d이다).

그는 일반 청중뿐만 아니라 수학자들에게도 수수께끼를 내는 것을 좋아했고, 시를 지을 줄 아는 것을 자랑스러워했다. 게다가 그는 음악에도 관심이 매우 많아서 프랑스의 작곡가 샤를 구노(Charles Gounod, 1818~1893)에게 성악 레슨도 받았다. 실베스터는 이렇게 썼다. "음악은 감각의 수학으로, 수학은 추론의 음악으로 표현될 수 있지 않을까? 음악가는 수학을 느끼고, 수학자는 음악을 느낀다. 음악은 꿈을, 수학은 연구하는 삶을 생각한다."[3] 실베스터는 방대한 영역에 많은 유산을 남기고 떠났다.

Chapter 34

러브레이스

최초의 컴퓨터 프로그래머
영국, 1815~1852

컴퓨터가 일상이 된 만큼, 이 기계를 움직이는 컴퓨터 프로그래머는 오늘날 많은 주목을 받는 직업 중 하나다. 최초의 컴퓨터 프로그래머는 누구였을까? 이 영광의 주인공은, 흔히 에이다 러브레이스라는 이름으로 더 많이 알려져 있는 여성이 가장 유력하고, 영국의 수학자 오거스타 에이다 킹 노엘, 러브레이스 백작 부인(Augusta Ada King Noel, Countess of Lovelace)이라는 데 대부분의 사람들의 의견이 일치한다.

이 모든 일은 러브레이스가 열일곱 살 때 과학자 메리 서머빌(Mary Somer-ville)로부터 수학자 찰스 배비지를 소개받으면서 시작되었다. 배비지는 러브레이스에게 자신이 이제 막 개발한 발명품을 보여주었는데, 이것이 바로 세계 최초의 기계식 계산기라고 여겨지는 차분기관이었다(30장 참조). 배비지는 단순한 뺄셈보다 훨씬 더 많은 기능을 장착한 해석기관도 만들 계획이었으나, 유감스럽게도 이 기관은 실제로 제작되지 못했다.

배비지는 러브레이스보다 스물네 살이나 많았지만 수학과 과학에 대한 그녀의 관심에 완전히 매료되었다. 이렇게 두 사람의 서신 교환은 20년 동안 지속되었다. 러브레이스는 평생 수학에 대한 열정을 간직했다. 일례로 그녀는 스물다섯 살 때 영국의 유명한 수학자이자 런던대학교 수학과 최고의 교수인 오거스터스 드모르간에게 연락하여 수학 가정교사가 되어달라고 부탁했다고 한다. 이때 드모르간은 에이다 러브레이스가 남자였다면 꽤 이름을 날렸을 만큼 뛰어난 수학적 재능을 갖고 있다는 내용의 편지를 그녀의 어머니에게 보냈다.

1843년 러브레이스는 현재 우리가 컴퓨터 프로그래밍의 최초 시도라고 간주되는 일을 했다. 이야기는 1841년 배비지가 해석기관에 대해 설명하기 위해 토리노대학교 강연에 초청을 받으면서 시작된다. 원래 수학자였다가 나중에 이탈리아의 수상에 오른 루이지 메나브레아(Luigi Menabrea)는 배비지의 강의에 주목했고 프랑스어로 기록을 남겼다. 1843년 배비지의 친구 찰스 휘트스톤(Charles Wheatstone)이 프랑스어를 유창하게 구사했던 러브레이스에게 프랑스어 강의 기록을 영어로 번역해달라고 부탁했다. 그녀는 이 강의 기록을 단순히 번역만 한 것이 아니라 자신의 강의 메모를 추가했다. 이 메모에는 베르누이 수(수론에서 자주 등장하는 유리수들의 수열-22장 참조)를 계산할 수 있는 해석기관의 알고리듬에 대한 그녀의 설명이 덧붙여져 있었다. 이렇게 하여 그녀는 단순 계산보다 더 많은 결과를 산출할 수 있는 기계에 대한 알고리듬을 작성한 최초의 인물이 되었다. 러브레이스는 그녀가 남긴 업적으로 수학사 최초의 컴퓨터 프로그래머라는 영광을 차지했다. [그림 34.2]는 러브레이스의 메모에 포함된 도표다. 아무튼 이 메모는 원래 그녀가 번역을 요청받

그림 34.1 에이다 러브레이스의 초상화, 1840년경.

았던 원본보다 분량이 훨씬 많다.

오거스타 에이다 킹 노엘, 러브레이스 백작 부인이 수학에 남긴 업적을 알아보았으니 이제부터 그녀의 생애를 살펴보도록 하겠다. 그녀는 1815년 12월 10일 영국 런던에서 태어났다. 그녀는 바이런 부인(별명은 애너벨라)과 유명한 영국의 시인 바이런 경(Lord Byron, 조지 고든 바이런. 제6대 바이런 남작)의 딸로 태어났다. 불행하게도 에이다가 태어난 지 한 달 만에 바이런 경은 아내인 바이런 부인과 이혼했다. 몇 달 후에 바이런은 영국을 영원히 떠난다. 바이런 경은『차일드 해럴드의 순례(Childe Harold's Pilgrimage)』제3편 방랑자 해럴드에서 자신의 딸에 대해 언급했다. "네 얼굴은 네 어머니와 닮았구나. 어여쁜 내 아이! 에이다! 내 집과 마음속에 오직 하나뿐인 내 딸!"[1] 그리고 바이런은 1824년 그리스의 미솔롱기(Missolonghi)에서 사망했다.

러브레이스는 평범하지 않은 어린 시절을 보냈다. 어머니는 자신을 떠난 남편에 대한 분노가 너무 심해서 에이다가 아버지의 사진조차 볼 수 없게 했다. 하지만 그녀가 스무 살이 될 때까지 별다른 일은 일어나지 않았다. 러브레이스는 외할머니인 주디스 밀뱅크의 손에 자라다시피 했고, 어렸을 때 병치레를 자주 했다. 1829년에 그녀는 홍역을 심하게 앓다가 마비로 발전하여 1년 가까이 병상에 누워 있었다.

러브레이스는 수학뿐만 아니라 역학과 과학에 관련된 모든 것에 관심이 있었다. 일례로 그녀는 비행(flying)이라는 개념에 매료되자마자 『비행학(flyology)』이라는 제목의 책을 썼다. 그것도 아직 청소년이었을 때에 말이다. 『비행학』이라는 책에서 인간이 새처럼

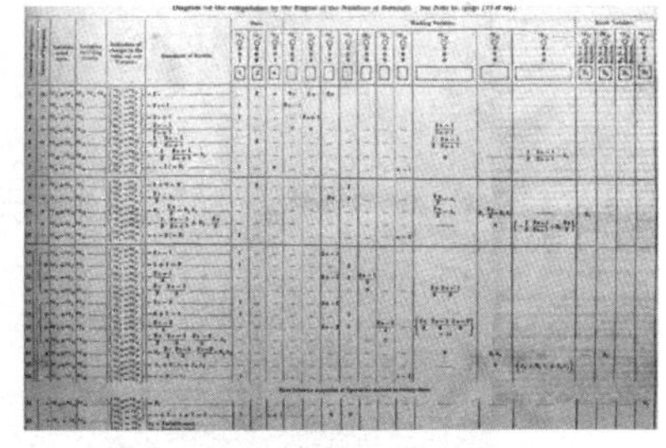

그림 34.2 베르누이 수 계산을 위한 해석기관의 알고리듬 도표(찰스 배비지가 작성한 '해석기관의 개요'에서 발췌. 1843년).

하늘을 날려면, 어느 정도 크기의 날개가 있어야 할지 등 무엇이 필요할지 자신이 이해하고 있는 바에 대해 썼다. 과학에 대한 관심이 동기가 되어 그녀는 영국 최고의 과학자들을 찾기 시작했다. 그중에는 전자기학 발전의 주인공인 마이클 패러데이(Michael Faraday)도 있었다.

그림 34.3 에이다 러브레이스의 초상화(by Margaret Sarah Carpenter, 캔버스에 유채, 1836년).

수학을 만든 사람들

1834년 러브레이스는 정기 궁정 행사에 참석하기 시작했고, 그곳에서 지성미와 춤에 대한 재능을 발휘하며 사람들의 마음을 사로잡았다. 1835년 7월 8일 그녀는 윌리엄 킹, 제8대 킹 남작(William, 8th Baron King)과 결혼하여 킹 남작 부인이 되었고 상당히 부유한 환경으로 진입했다. 이후 4년에 걸쳐 그녀는 세 명의 자녀, 바이런, 앤 이사벨라, 랄프 고든을 낳았다. 그녀가 러브레이스 남작의 후손이었기 때문에 1838년 그녀의 남편은 러브레이스 백작(Earl of Lovelace)이 되었고, 그녀는 러브레이스 백작 부인(Countess of Lovelace)이 되었다.

어쩌면 수학에 대한 에이다 러브레이스의 관심이 도박을 즐기는 성향을 부추겼는지도 모른다. 1840년대 후반에 그녀는 경마에 베팅을 해서 3,000파운드를 잃었다. 1851년에는 성공적인 베팅을 위한 수학 모델을 개발하려고 시도했다가 완전히 망했다. 이런 우여곡절을 겪었지만 지금도 그녀는 배비지의 해석기관이 단순한 계산 기능을 뛰어넘는다는 것을 알아봄으로써, 수학을 한 차원 더 발전시킨 통찰력으로 극찬을 받고 있다. 배비지의 강의 번역본에 있는 그녀의 메모에는 이렇게 쓰여 있다.

거듭 말하지만 이것은[해석기관은] 숫자 외에도 다른 것들에 의해 작동할 수 있다. 이것들의 상호 관계가 연산이라는 추상적인 학문에 의해 표현되는 대상, 그리고 연산 기호 작동과 엔진 메커니즘에 적용할 수 있다. … 예를 들어 화성학과 음악의 작곡에서 음조의 고저 사이의 기본적인 관계에 그런 표현과 응용이 가능하다. 이 기관은 어떤 복잡성과 크기를 지닌 악곡이라도 정교하고 과학적으로 구성할 수 있다.

해석기관의 특징, 바로 이것이 광범위한 기능을 지닌 메커니즘을 제공하고 이 기관을 추상 대수학의 실행력 있는 중요한 장치로 만들 수 있다. 이것은 직조기가 패턴을 제작할 때 펀치 카드를 이용하여 가장 복잡한 패턴들을 조절하도록 고안된 원리를 도입한 것이다. 이 기관은 두 기관이 지닌 차이의 중간쯤에 있다. 이러한 유형의 차분기관은 없다. 마치 자카르직기가 꽃과 잎을 짜듯이 해석기관은 추상적인 패턴을 가장 능숙하게 짤 수 있을 것이다.[2]

에이다 러브레이스의 메모에서 발췌한 이 구절들은 그녀가 얼마나 먼 미래까지 내다보고 있는지 보여준다.

1852년 11월 27일, 에이다 러브레이스 부인은 서른여섯의 젊은 나이에 자궁암으로 세상을 떠났다. 투병 중에 그녀는 어머니 애나벨리의 보살핌과 위로를 받았다. 러브레이스가 생전에 만났던 명사들 중 한 사람이 찰스 디킨스(Charles Dickens)였다. 1852년 8월 디킨스는 병석에 누운 친구를 방문했고, 그녀의 부탁으로 자신이 1848년에 발표한 소설『돔베이와 아들(Dombey and Son)』에서 여섯 살 소년이 죽는 유명한 장면을 읽어주었다. 에이다 러브레이스 부인은 자신이 바랐던 대로 영국 허크널(Hucknall)의 세인트 메리 막달레나 교회(Church of St. Mary Magdalene) 안에 있는 아버지 바이런 경의 무덤 옆에 묻혔다.

20세기 내내 에이다 러브레이스는 책『차분기관(The Difference Engine)』(by William Gibson & Bruce Sterling)과, 희곡『귀공자 바이런(Childe Byron)』(by Romulus Linney)과, 영화 '에이다 러블레이스(Conceiving Ada)'(by Lynn Hershman Leeson) 등을 통해 기억돼 왔다. 하지만 러브레이스가 명성을 얻게 된 것은 *B. V.* 보우덴(B. V. Bowden)이 그녀의 메모를『생각보다 빠른: 디지털 컴퓨팅 머신 심포지움(Faster Than Thought: A Symposium on Digital Computing Machines)』이라는 책으로 재출간한 1953년이었다는 점을 알아두길 바란다. 현재 영국에서 10월 둘째 주 화요일은 에이다 러브레이스 부인의 날(Lady Ada Lovelace Day)로 지정되어 기념되고 있다. 1980년 미 국방성은 새로 개발한 컴퓨터 언어를 그녀의 이름 '에이다(Ada)'라고 붙임으로써 러브레이스 부인을 기념한다. 그녀의 유산은 최초의 컴퓨터 프로그래머라는 수식어에 여전히 살아 숨 쉬고 있다. 그녀를 굳이 최초의 여성 컴퓨터 프로그래머라고 소개할 이유도 없다. 사실상 그녀는 최초의 컴퓨터 프로그램이 되었다. 그녀는 프로그래밍이 가능한 계산기(computer)를 다양한 목적으로 응용할 수 있다는 것을 예측했고, 배비지의 해석기관의 중요성을 깨달았던 진정한 예언자였다.

Chapter 35

불

디지털의 토대가 된 불 대수

영국, 1815~1864

영국의 수학자이자 논리학자 조지 불(George Boole)은 논리 이론(logical theory)을 발전시켰다. 그의 이론은 오늘날 전자 장치는 물론이고 현대의 디지털 컴퓨터의 토대를 이루고 있다. 불 대수(Boolean algebra)는 그가 수학계에 이름을 알리게 된 계기였으며 그의 명성은 지금까지 이어지고 있다. 자세한 내용은 뒤에서 소개하도록 하겠다.

조지 불은 1815년 11월 2일 영국 링컨셔주(Lincolnshire)의 링컨(Lincoln) 타운에서 태어났다. 그의 아버지는 구두장이였지만 아들에게 정규 교육을 시켰는데, 여기엔 광학 기기 제작도 포함되었다. 불은 초등학교에서 몇 년 동안 배운 것을 제외하면 대부분 독학으로 수학을 공부했다. 가족의 살림에 보탬이 되기 위해 불은 열여섯 살 때부터 지역 초등학교에서 학생들을 가르쳤고, 스무 살에 자신의 학교를 열었다. 여가 시간에 그는 아이작 뉴턴, 피에르-시몽 라플라스, 조제프-루이 라그랑주 등 수학의 고전을 읽었다. 라틴어는 몇몇 지역 주민들에게 배웠지만 현대 언어들은 독학으로 익혔다. 그는 교육과 사회 활동으로 지역 사회에서 꾸준한 명성을 얻었다. 하지만 이 시기에도 그는 꾸준히 수학을 연구했고 기호법(symbolic method)을 이용하여 특히 대수학 분야의 논문들을 발표하기

수학을 만든 사람들

시작했다.

1849년 조지 불은 아일랜드 코크주(Cork)에 있는 퀸스칼리지(Queens College)의 수학과 교수로 임용되었고 그곳에서 아내 메리 에버리스트(Mary Everest)를 만났다. 메리는 혼자 힘으로 유명한 수학자가 된 여성이었다. 둘은 결혼하여 슬하에 다섯 명의 딸을 두었다. 1854년 불은 「논리와 확률의 수학 이론을 기반으로 한 사고 법칙에 관한 연구(An Investigation of the Laws of Thought on Which are Founded the Mathematical Theories of Logic and Probabilities)」라는 제목의 논문에서 아리스토텔레스의 논리 체계를 다루었다. 바로 이 논문이 나중에 불 대수의 기초가 된 것으로 알려져 있다. 불 대수는 참 또는 거짓, 즉 1 또는 0이라는 단 두 가지 값을 기본으로 한다.

그림 35.1 조지 불.

불 대수의 기초에 대해 잠시 살펴보도록 하자. 첫째, 두 개의 기호, 즉 1과 0을 이용한 덧셈만 존재한다.

$$0 + 0 = 0$$

$$0 + 1 = 1$$

$$1 + 0 = 1$$

$$1 + 1 = 1$$

이것은 논리 함수의 '논리합(or)'과 비슷하고, 여기에서 1은 '참'으로 0은 '거짓'으로 대체할 수 있다. 즉, 두 원소의 합에서 둘 중 하나가 1이면 합은 1이다.

따라서 더 많은 원소들을 더해도 똑같이 참이다. 이를테면 $1 + 0 + 1 + 1 + 1 + 0 = 1$이다. [그림 35.2]처럼 스위칭 회로에서도 이것을 볼 수 있다.

불 대수에는 곱셈도 있다. 여기에서 논리적 추론은 '논리곱(and)'을 따른다. 즉 두 원소가 모두 참일 때만 값이 참이다. 기호로 나타내면 다음과 같다.

$$0 \times 0 = 0$$

$$0 \times 1 = 0$$

$$1 \times 0 = 0$$

$$1 \times 1 = 1$$

1, 즉 참인 명제를 얻으려면 두 원소가 모두 참이어야 한다. 즉 '참'과 '참'을 곱할 때만 값이 '참'이다. 다시 한번 스위칭 회로를 통해 확인해보자. 불빛이 켜지려면

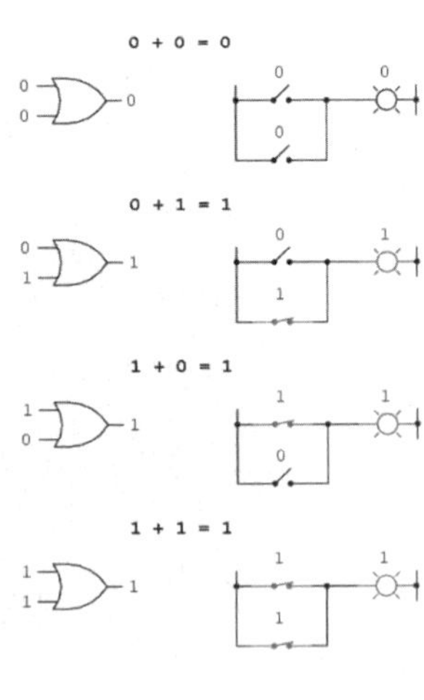

그림 35.2

수학을 만든 사람들

스위치가 둘 다 잠겨야 한다([그림 35.3] 참조).

불 대수에서 어떤 명제, 즉 변수가 1이 아니면 값은 0이다. 따라서 0은 1의 보수(補數, complement)라고 말할 수 있다. 이렇게 계속하다 보면 이것을 불 대수 전체로 발전시킬 수 있다. 하지만 이 책의 분량이 한정되어 있어 이 주제를 다룰 수는 없다. 더 상세한 내용은 의욕 넘치는 독자들의 몫으로 남기겠다. 이 체계를 통해 논리적 논증이 가능하므로 더 많은 구조를 구할 수 있다.

조지 불은 사회 문제뿐만 아니라 대학 교육에 점점 더 많은 관심을 가졌다. 1864년 11월 말 어느 날 집에서 학교로 오던 중이었다. 거리가 불과 3마일밖에 되지 않았지만 심한 폭풍우를 만나는 바람에 감기에 걸린 그는 젖은 옷을 입은 채로 강의를 했다. 얼마 후 그는 폐렴에 걸렸고 상태가 점점 악화되어, 1864년 12월 8일에 아일랜드 코크주의 밸린템플에서 눈을 감았다. 오늘날 조지 불은 불 대수를 발전시킨 업적과 그의 이름이 붙여진 달의 분화구를 통해 기억되고 있다.

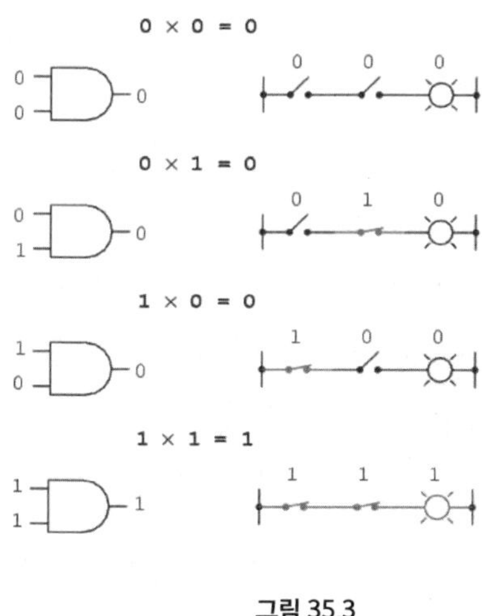

그림 35.3

Chapter 36

리만

휘어진 공간을 수학으로 읽다
독일, 1826~1866

여러 유럽 국가에서는 박사 학위 논문만으로 대학교수가 되기 어렵다. 추가로 대학교수 자격 취득 논문을 쓰고 학술위원회의 심사를 통과해야 한다. 대학교수 자격 취득 과정(Habilitation)은 흔히 2차 박사 논문으로 간주된다. 교수 자격 취득은 박사후과정의 자격조건이며 유럽에서 대학 수준의 과목을 강의하는 것과는 별개로 요구된다. 이 과정은 교수의 지도 없이 해내야 하고, 박사 논문보다 더 높은 수준의 학식을 갖출 것을 규정하고 있다.

자연과학뿐만 아니라 수학 분야에서도 대학교수 자격을 취득하는 데 걸리는 기간은 보통 4년에서 10년 사이다. 이 기간에 수준 높은 학술 저널에 다수의 논문이 게재되어야 한다. 이 논문(기본적으로 엄선된 논문들의 모음집)은 발표 횟수에 누적되거나, 모노그라피(Monographie, 한 가지 주제, 한 작품, 혹은 한 가지 특별한 문제에 대한 논문-옮긴이)가 될 수도 있다. 논문이 승인되면 대상자는 대학교수 자격 취득 학위를 받은 후 공개 강의를 해야 한다. 미국에는 대학교수 자격 취득이라는 개념이 없지만, 독일과 다른 국가에서는 이 제도의 폐지 여부를 두고 논의가 진행 중이다. 이 제도가 학문적 경력을 쌓는 동안 시간을 낭비하게 만드는 장애물이며, 타당한 연령에 교수직을 얻을 기회가 영국과 미국으로 촉망받는 젊은 연구자들의 두뇌 유출 현상을 더욱 부추긴다는 것이다.

1853년 베른하르트 리만(Bernhard Riemann)은 괴팅겐대학교의 대학교수 자격 취득 과정의 최종 단계에 있었다. 그는 삼각급수의 함수 표현(서로 다른 파장과 진폭을 갖는 사인함수와 코사인함수의 무한합)에 관한 몇 가지 새롭고 중요한 결과를 얻으며 거의 3년 동안 이 연구에만 매달렸다. 그는 수학적으로 엄격한 개념을 불연속함수의 적분에 도입했는데, 이것은 나중에 리만 적분(Riemann integral)이라고 불리게 되었다.

리만은 이미 수학자로서 명성을 얻은 터라 대학교수 자격 취득의 마지막 관문인 심사위원회에서 공개 강의를 할 수 있었다. 학칙에 의해 리만은 서로 다른 수학 영역에서 선택한 세 개의 강의 제목을 제출해야 했고, 철학부에서 한 가지 주제를 골라야 했다. 리만은 세 가지 주제 중 둘은 세부 사항까지 끝내놓았지만, 「기하학의 기초를 이루는 가설에 대하여(Über die Hypothesen, die der Geometrie zu Grunde liegen)」라는 제목의 세 번째 주제는 아직 덜 끝낸 상태였다. 이것이 리만의 이전 연구 및 관심사와 연관된 주제여서인지는 모르겠지만 어쨌든 교수단은 이 주제를 채택했다. 좀 더 정확하게는 괴팅겐대학교 교수이자 리만의 박사 논문 지도교수였던 카를 프리드리히 가우스가 이 주제를 채택했다.

리만의 대학교수 자격 취득 강의 주제는 그가 고작 몇 달 동안 연구한 내용이었다. 그랬던 것이 기

그림 36.1 베른하르트 리만.

하학이라는 학문 전체에 변화를 일으키며 수학의 고전으로 유명해졌다. 리만은 기하학적 아이디어에 완전히 새롭고 뛰어난 관점을 도입해, 기하학적 개념은 물론 공간 자체의 개념까지 일반화했다. 그 결과 전혀 새로운 수학의 한 갈래를 열어젖히게 되었다. 리만의 획기적인 아이디어와 그 의의를 알아보기 전에 잠시 그의 생애를 간략하게 살펴보자.

게오르크 베른하르트 리만은 1826년 9월 17일 하노버 왕국(현 독일)의 한 마을, 브레젤렌츠(Breselenz)에서 태어났다. 그의 아버지는 가난한 루터교 목사였고, 어머니는 자녀들이 장성하기 전에 세상을 떠났다. 열네 살 때까지 베른하르트는 지역 학교 교사의 도움을 받으면서 집에서 아버지로부터 교육을 받았다. 그는 수줍음과 조바심이 많은 아이였다. 1840년 베른하르트는 할머니와 함께 지내면서 리제움(중학교)에 들어가기 위해 하노버(Hanover)로 이사했고, 바로 3학년 과정에 입학했다. 2년 후 할머니가 세상을 떠나자 베른하르트는 뤼네부르크(Lüneburg)로 옮겨 요하네움 김나지움(고등학교)에서 학업을 계속 이어나갔다.

그는 언어, 역사, 지리학에서는 두각을 나타내지 못했지만, 수학에서만큼은 탁월한 재능과 흥미를 보였다. 리만의 선생님들은 그의 놀라운 재능을 바로 알아보았고, 교장은 자신의 서재에 있는 수학책들로 공부해도 좋다고 허락해 주었다. 그중에는 무려 900페이지에 달하는 르장드르의 수론에 관한 책도 있었는데, 리만은 이 책을 겨우 6일 만에 다 읽었다.

리만은 아버지처럼 목사가 되기 위해 1846년 괴팅겐대학교 신학과에 들어갔다. 하지만 수학에 대한 관심이 워낙 많았기 때문에 수학 강의도 들었다. 그러면서 리만은 자신이 정말로 하고 싶은 공부는 수학이라는 사실을 확실히 깨달았다. 그는 아버지에게 허락을 구하고 정식으로 수학과에서 공부를 시작했다. 그에게 기초 과정을 가르쳤던 스승 중에는 유명한 수학자 모리츠 슈테른(Moritz Stern, 1807~1894)과 요한 베네딕트 리스팅(Johann Benedict Listing, 1808~1882)이 있었다. 괴팅겐대학교에서 가장 유명했던 수학자 가우스는 당시에 천문학을 가르치고 있었다.

괴팅겐에서 1년을 공부한 후 리만은 페터 구스타프 디리클레(Peter Gustav Dirichlet, 1805~1859), 고트홀트 아이젠슈타인(Gotthold Eisenstein, 1823~1852), 카를 야코비(Carl Jacobi, 1804~1851), 야콥 슈타이너(Jakob Steiner, 1796~1863)로부터 상급 단계에서 다루는 주제를 배우기 위해 베를린으로 갔다. 베를린에서 리만에게 가장 큰 영향을 끼친 스승은 아마 디리클레였을 것이다.

디리클레는 항상 수학 이론의 본질을, 직관적으로 이해할 수 있는 아이디어로 압축했다. 그리고 이 아이디어를 지침으로 삼아 새로운 수학 연구 결과를 찾았다. 리만은 디리클레의 수학 연구 스타일을 받아들였고, 1849년 괴팅겐에 돌아왔을 때 리만의 머릿속은 아이디어로 가득 차 있었다. 그는 가우스의 지도를 받아 박사 논문을 쓰기 시작했고 물리학자 빌헬름 베버(Wilhelm Weber, 1804~1891)의 임시직 조수로 일하게 되었다. 그때 베버로부터 이론물리학에 대해 많은 것을 배웠다. 1851년 리만은 박사 논문을 끝냈고, 가우스는 리만에게 "대단히 풍부한 독창성"을 가지고 있다고 표현했다. 리만은 가우스를 멘토로 삼고 대학교수 자격 취득 논문을 쓰기 시작했다.

드디어 리만은 대학교수 자격 취득 논문 「기하학의 기초를 이루는 가설에 대하여」를 주제로 공개 강의를 하게 되었는데, 당대에 선구자적인 기하학자로 손꼽혔던 가우스만 유일하게, 리만의 연구가 지닌 의미를 알아채고 깊은 인상을 받았다. 이 강의에는 공식이 거의 없었다. 이 논문은 수학 프레젠테이션이라기보다는 기하학적 개념의 의미에 관한 철학 논문에 가까웠으며, 우리가 알고 있는 기하학에서 공간의 특성에 내재된 특정한 가설을 확인하는 것이었다. 리만의 사고가 독창성을 지닌 이유는 이러한 가설을 생략하고 보다 일반적인 개념들을 바탕으로 하는 기하학적 개념으로 대체했기 때문이다. 그렇다면 리만이 생략했던 가설은 어떤 것들이었을까?

여러분은 고등학교에서 가르치는 기하학을 유클리드 기하학이라고 한다는 사실을 기억할 것이다. 이것은 그리스 알렉산드리아 출신의 수학자 유클리드가 정리한 다섯 가지 공리를 바탕으로 한다. 제5공리는 서로 평행한 두 직선은 무한히 연장해도 절대 만나지 않는다는 것이다. 하지만 이 가정은 실험을 통해 입증되거나 검증될 수 없다. 평행선 공리가 결코 사소하지 않다는 사실을 설명하기 위해 지구의 표면이 완벽한 구라고 가정하자. 구에서 평행하거나 '같은 방향에서' 출발하는 두 개의 직선을 그리면 이 두 직선은 어떤 점에서 필연적으로 만난다. 경도상에 원이 두 개 있는데 적도 근방에서는 서로 완전히 평행한 자취를 그리지만 극지방에서는 서로 만난다. 이제 여러분은 한 개의 구 위에 있는 선들이 실제로 직선이 아니라는 것에 이의를 제기할지도 모른다. 그러므로 이 경우에 평행선 공리를 적용할 수 없다. 우리는 지구가 평행하지 않다는 사실을 알고 있고, 어느 정도 거리를 두고 지구를 관찰하면 고정되어 있는 경도가 공간에서 직선이 아닌 것은 분명하다.

하지만 인간은 지구의 '표면 위'가 아니라 '표면 안'에 살고 있다. 영국의 사립학교 교사 에드윈 *A.* 애벗(Edwin A. Abbott)이 쓰고 1884년에 초판이 발표된 유명한 풍자 소설 『플랫랜드: 다차원의 로맨스(Flatland: A Romance of Many Dimensions)』의 배경처럼, 우리가 2차원 세계에서 사는 2차원의 존재라고 잠시 생각해 보자. 구체의 2차원에 갇혀 3차원으로 이동할 수 없는 '플랫랜드 사람'은 직선을 어떻게 정의할까? 직선이란 두 점 사이의 가장 짧은 연결선이다. 하지만 실제로 구에서 점들 사이의 최단 거리는 대원(great circle, 구의 표면 위에 있는 원을 말하며, 구의 중심과 원의 중심이 일치한다)이고, 구에서 두 점을 연결하는 가장 짧은 선이다. 이것은 항공기가 미국의 서해안에서 유럽으로 비행할 때 그린란드를 경유하는 이유이기도 하다. 쉽게 말해 항공기는 대원 경로를 따른다. [그림 36.2]

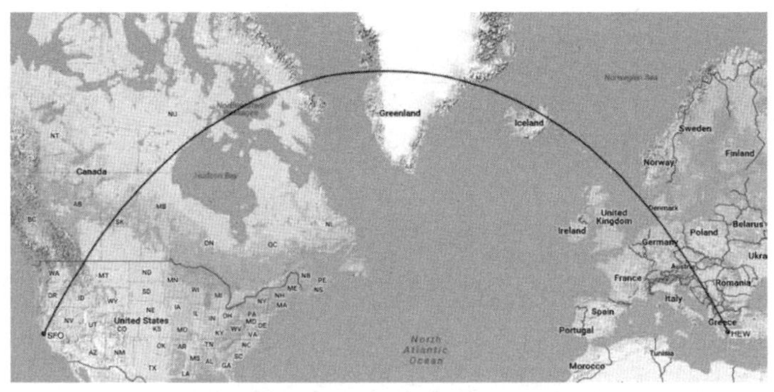

그림 36.2

는 샌프란시스코에서 그리스 아테네를 연결하는 대원의 호를 나타낸 것이다. 두 도시는 거의 같은 위도에 위치하지만, 북쪽 방향의 그린란드에서 남쪽 방향의 아테네로 비행하는 것보다 거리가 훨씬 멀다. 여러분이 지구본을 가지고 있다면 이것을 쉽게 이해할 수 있다. 비율이 왜곡된 평면 지도에서만 위도권을 따라 움직이는 '직선' 경로가 더 짧게 나타난다.

구의 표면 위에 사는 플랫랜드 사람들에게 대원의 호는 '직선처럼 곧게' 보일 것이다. 이들의 세계는 2차원으로만 이루어져 있고, 자신들이 있는 2차원 공간이 실제로 휘어 있는 것을 볼 수 없기 때문이다. 3차원 공간인 주변 환경에서 관찰자가 대원이라고 부르는 것은 이들에게 직선처럼 나타난다. 게다가 이들의 거주 환경이 구에서 아주 작은 한 점에 불과하다면(지구 표면에서 인간이라는 생명체의 크기를 상상해 보자), 이렇게 완전히 곧게 뻗은 직선들이 충분히 길게 연장되었을 때 결국 만나게 된다는 것을 절대로 알 수 없다. 우리가 지구 표면에서 공이 자유롭게 굴러가도록 내버려두면 대원의 자취가 남지만 가까이에서 보면 그 경로는 직선처럼 보일 것이다. 함께 출발하여 같은 속도로 자유롭게 굴러가는 두 개의 공은 대원의 경로를 따라 움직이기 때문에 결국 충돌할 것이다. 하지만 인간은 지구보다 훨씬 작기 때문에 표면 위를 굴러가는 공을 관찰해도 지구의 곡률을 감지할 수 없다.

지구가 구형이라는 데서 추론할 수 있는 다른 효과들도 있다. 그런데 플랫랜드 사람들은 자신들이 평면 혹은 구처럼 휜 표면에 살고 있는지 어떻게 알아낼 수 있었을까? 이들은 직선을 연장했을 때 두 직선 사이의 거리가 일정하게 유지되는지 측정하는 것 외에도 삼각형의 내각의 합을 측정했다. 여러분도 알다시피 평면에서 삼각형의 내각의 합은 항상 180도다. 하지만 입체인 구에서 이 명제는 참이 아니다! 구에서 삼각형의 내각의 합은 항상 180도보다 크다. 실제로 구에서 삼각형의 내각의 합은 180도와 540도 사이다. 예를 들어 [그림 36.3]의 삼각형 ABC에서 꼭짓점 A와 꼭짓점 B가 이루는 각은 각각 90도이다. 두 각의 합만 이미 180도이고, 여기에 꼭짓점 C가 이루는 각을 더해야 한다.

내각의 합이 임의로 540도에 근접할 수 있는지 확인하기 위해, 구의 표면에서 이것이 점 A에 거의 접할 때까지 점 A와 점 C를 고정된 상태로 유지하고, 점 B를 적도를 따라 동쪽 방향으로 이동시킨다. 그러면 점 A와 점 B가 이루는 각은 여전히 직각이다. 하지만 꼭짓점 C에서 각은 임의로 360도에 가까워진다. 그러므로 세 내각의 합은 임의로 540도에 근접해질 것이다. 따라서 우리는 구의 표면 위에서 삼각형의 세 내각의 합이 180도라는 명제가 참이 아니고, 서로 평

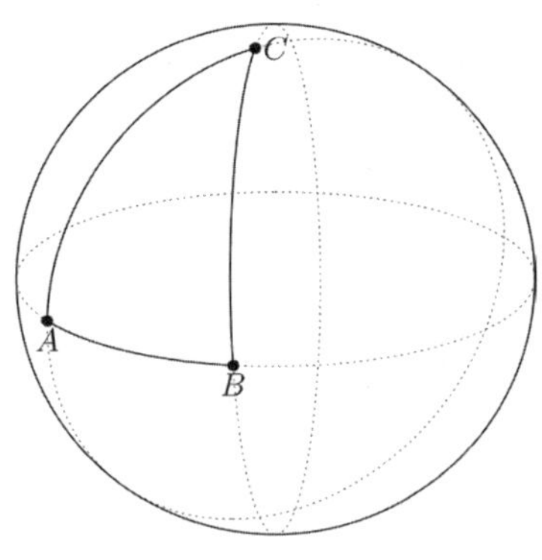

그림 36.3

행한 직선들이 절대 만나지 않는다는 명제도 참이 아니라는 사실을 알 수 있다.

우리가 3차원 공간에서 2차원 표면을 살펴보면 두 명제는 상당히 명확하다. 이 두 명제는 다음과 같이 바꿔 표현할 수 있다. 삼각형의 세 내각의 합이 180도가 아니라는 사실을 발견하면 이 삼각형이 그려진 표면도 휘어 있어야 한다. 이것은 2차원 공간에 사는 생명체는 적어도 원칙적으로는 자신들의 공간이 휘어 있다는 것을 알 수 있다는 뜻이다. 리만의 독창성은 2차원 공간의 곡률을, 주변의 3차원 공간을 알지 못하고 결정할 수 있을 뿐만 아니라(이를테면 삼각형의 각의 크기를 측정함으로써), 휜 공간을 위해 주변에 더 높은 차원의 공간이 존재할 필요가 없다는 데 있다.

그는 유클리드의 평행선 공리가 반드시 참이 아니라는 것을 설명하기 위해 n차원 다양체라는 개념을 발전시켰다. n차원 다양체에서 삼각형의 내각의 합은 180도보다 크거나 작다. 게다가 그는 일반 다양체, 이를테면 곡률의 성질을 연구할 수 있는 툴과 대상을 도입했다. 예를 들어 구 표면의 기하학적 성질은 주변의 3차원 공간을 언급하지 않아도 2차원 리만 다양체의 측면에서 전부 설명할 수 있다.

하지만 우리가 살고 있는 3차원 공간이 휘어 있지 않다는 것을 무엇으로 확신할 수 있는가? 수천 광년의 거리를 지났을 때도 서로 평행한 두 직선이 결국 만나게 될까? 리만은 대학교수 자격 취득 강의에서 우리의 3차원 세계를, 휘어질 수 있는 3차원 다양체로 간주하며 그럴 가능성을 이미 예상했다. 리만의 연구는 현재 리만 기하학이라고 불리는 것의 토대가 되었으나, 동시대인들은 그 탁월성과 중요성을 깨닫지 못했다. 그의 아이디어는 시대를 너무 앞서 있었기 때문이었다.

대학교수 자격 취득 후 리만은 대학에서 강의를 시작했다. 당시 강사의 주수입원은 학생들에게서 받는 강사료였다. 리만은 소수의 학생들만이 듣는 고급 과정을 가르쳤기 때문에 수입이 특히 적었다. 하지만 그는 자신의 일에 행복함을 느꼈고 가르치는 일이 서서히 수줍음을 극복하는 데 도움이 되어 아버지에게 보내는 감동적인 편지를 대놓고 보여줄 정도였다. 비록 적은 수입이었지만 그는 형이 죽은 후 자신에게 맡겨진 두 여동생을 부양했다. 1855년 리만의 멘토인 가우스가 세상을 떠났다. 하지만 리만은 아직 20대 후반이었기 때문에 괴팅겐대학교에서 가우스의 후임이 되지 못했다. 리만보다 스무 살이 더 많은 디리클레가 가우스의 후임 교수가 되었고 리만을 위해 종신 교수직을 마련해주려고 했으나 실패했다. 하지만 1857년 대학 측에서 리만에게 정규직 봉급을 허가했다.

리만은 매우 다재다능한 수학자였고, 다양한 수학 분야는 물론이고 물리학에도 관심이 많았다. 리만은 자신의 논문에서 전달하고 사용했던 직관적인 아이디어를 따랐기 때문에 그의 연구는 지루한 계산을 종종 피해갈 수 있었다. 이것은 수학자들이 여전히 그의 논문에 대해, 읽고 싶도록 의욕을 자극하는 글이라고 평가하는 이유다. 리만의 논문들은 전혀 시대에 뒤떨어지지 않고 구식도 아니다!

1859년 디리클레가 세상을 떠나면서 리만은 괴팅겐대학교 수학과 학과장이 되었고 베를린 과학아카데미 회원으로 선출되었다. 경제적으로 안정된 그는 1862년 엘리제 코흐와 결혼했다. 그해 가을 리만은 심한 감기에 걸렸는데 이것이 결핵으로 발전했다. 그는 평생 몸이 약해 고생했는데 어머니와 육 남매 중 넷이나 젊은 나이에 세상을 떠났다. 리만은 기후가 따뜻한 지역에서 건강 상태가 호전되기를 바라며 시칠리아로 떠났고 겨울을 그곳에서 지냈다. 그는 괴팅겐대학교로 돌아왔지만 몸 상태가 다시 악화되어 이탈리아로 돌아갔고 이번에는 1년을 머물렀다. 리만은 괴팅겐대학교에서 한 학기를 더 보내고 이탈리아로 세 번째 요양 여행을 가던 중 1866년 7월 20일 마조레 호수의 셀레스카에서 눈을 감았다.

1905년 알베르트 아인슈타인은 공간과 시간은 더 이상 독립적이지 않지만 4차원 시공간으로 통합된다는 특수 상대성 이론을 발표했다. 이에 대해 헤르만 민코프스키(Hermann Minkowski, 1864~1909)는 다음과 같이 썼다.

> 공간 자체와 시간 자체는 단지 그림자처럼 사라질 테지만, 오직 공간과 시간의 합체만은 독립적인 실체를 보존할 것이다.

이처럼 물리학에 혁명적 사건을 일으킨 후 아인슈타인은 중력을 자신의 이론에 통합할 방법을 찾기 시작했다. 그러던 중 아인슈타인은 우연히 리만의 다양체 이론을 접했고, 이것이 상대론적 중력 이론의 열쇠가 되었다. 하지만 아인슈타인은 수학자가 아니었기 때문에 도움이 필요했다. 친구이자 동료였던 수학자 마르셀 그로스만(Marcel Grossmann, 1878~1936)이 아인슈타인에게 리만 기하학을 가르치고 함께 연구했다.

아인슈타인은 10년간 '피와 땀과 눈물'을 쏟아부은 끝에 일반 상대성 이론을 발표했고, 많은 사람들이 지금까지 발명된 이론 중 가장 아름다운 이론이라고 여긴다. 일반 상대성 이론에서 중력은 4차원 시공간의 곡률로 설명되는데, 이것은 리만의 준다양체(semi-Riemannian manifold)로 나타낼 수 있다. 아인슈타인의 장방정식(Einstein's field equation)은 물질과 복사가 4차원 다양체의 기하학에 어떠한 영향을 주는지 설명한다. 리만의 휜 공간 이론은 아인슈타인의 일반 상대성 이론의 핵심 요소다. 리만이 대학교수 자격 취득 강의에서 우리가 살고 있는 물리적 공간이 실제로 휜 공간일지 모른다고 생각했을 때 이미 '바른 방향'으로 가고 있었던 것이다.

Chapter 37

칸토어

무한의 크기를 발견하다
독일, 1845~1918

윌리엄 셰익스피어는 의심할 여지 없이 역사상 가장 위대한 작가이자 극작가이다. 적어도 영어권에서는 많은 사람들이 그를 가장 위대한 인물이라고 여긴다. 그가 쓴 희곡은 약 400년 전에 쓰였지만 여전히 전 세계적인 인기를 누리고 있다. 그 작품들은 세월이 흘러도 변함없는 걸작이며 절대로 시대에 뒤떨어지지 않는다. 다양한 문화와 정치적 맥락에서 현대적 창작물로 재해석될 수 있기 때문이다.

셰익스피어의 작품들에 관한 연구 문헌은 어마어마하게 많지만 그의 생애에 대해 알려진 것은 거의 없다. 실제로 그의 일생에 관한 기록은 아주 적은데 19세기 중반에 셰익스피어 작품의 원작자에 대한 의혹이 제기되기 시작했다. 대필 작가 후보로는 철학자이자 정치인 프랜시스 베이컨(Francis Bacon, 1561~1626), 시인이자 극작가 크리스토퍼 말로(Christopher Marlowe, 1564~1593), 에드워드 드 베어, 17대 옥스퍼드 백작(Edward de Vere, 17th Earl of Oxford, 1550~1604)이 거론되었다. 현재 학계에서는 극소수만이 대필 작가설을 인정하고 있는데, 일반적으로 비주류들의 주장으로 간주되며 윌리엄 셰익스피어가 실제로 자신의 이름으로 작품을 발표했다는 것이 학계의 정설이다. 그런데 19세기에 셰익스피어의 작품을 집필한 실제 저자가 따로 있다는 설에 대한 찬반 논쟁은 그 분야의 전문가들뿐만 아니라 다양한 학계에서 벌어졌다.

1896년과 이듬해에 유명한 독일의 수학자 게오르크 칸토어(Georg Cantor)는 프랜시스 베이컨이 셰익스피어였다는 설의 정당성을 입증하는 두 개의 소논문을 발표했다. 이것은 20세기 초반까지 대필 작가설 중에서 일반 대중에게 가장 많이 알려져 있다.

칸토어는 심각한 개인적 위기를 겪은 후 수학에서 딴 데로 관심을 돌리기 위해 엘리자베스 시대 문학(Elizabethan literature)을 집중적으로 연구하기 시작했다. 당대 최고의 수학자들이 칸토어의 수학 연구에 대해 강력한 비판과 거부감을 드러낸 것이 도화선이 되어 칸토어는 (심리적) 위기를 겪게 되었다. 프랑스의 수학자 앙리 푸앵카레(Henri Poincaré, 1854~1912)는 칸토어의 아이디어를 수학이라는 학문을 감염시키는 "중병"이라고 했고, 독일의 수학자 레오폴트 크로네커(Leopold Kronecker, 1823~1891)는 심지어 칸토어를 "돌팔이 학자"이자 "젊은이들을 타락시키는 자"라며 인신공격을 했다. 칸토어의 연구에 대한 논란이 그렇게 많았던 이유는 무엇일까?

게오르크 칸토어는 1845년 3월 3일 러시아의 상트페테르부르크에서 태어나, 열한 살이 되던 해에 가족과 함께 독일로 왔다. 학창 시절 내내 그는 수학에 특출한 재능을 보였고 1860년에 고등학교를 우수한 성적으로 졸업했다. 그다음에 그는 스위스연방공과대

그림 37.1 게오르크 칸토어.

학교(Swiss Federal Polytechnic)와 베를린대학교(University of Berlin)에 진학했고 1867
년에 박사 학위를 받았다.

칸토어는 흔히 집합론의 창시자라고 일컬어진다. 그는 무한히 많은 원소들
을 갖는 집합들을 비교하는 기발한 아이디어를 바탕으로 수학의 무한에 관한
새로운 개념을 발전시켰다. 원소의 개수가 무한개인 집합의 대표적인 예로 자
연수의 집합 $N = \{1, 2, 3, ...\}$이 있지만, 이 외에도 무한개의 수를 원소로 하는
무한 집합이 많다. 그러면 두 개의 무한 집합을 비교했을 때 어떤 일이 일어나
는지 살펴보도록 하자. 모든 정수의 집합 $Z = \{..., -3, -2, -1, 0, 1, 2, 3, ...\}$
와 자연수의 집합 N의 크기를 비교해보자. 대부분의 사람들은 정수의 집합이
자연수의 집합보다 더 크다고 결론을 내릴 것이다. 좀 더 구체적으로 말하면 정
수의 집합이 자연수의 집합보다 기본적으로 두 배는 더 크다고 생각할 것이다.
이것은 아무도 이의를 제기하지 않을 지극히 합리적이고 적절한 결론처럼 보인
다. 그런데 우리가 정수의 집합 Z가 자연수의 집합 N보다 클 것이라고 추측하
는 것은 자연수의 집합 N의 원소가 무한개라는 것을 알고 있기 때문이고, 정수
의 집합 Z의 원소의 개수가 '더 큰 무한'개라고 생각하기 때문이다. 대체 이건
무슨 의미일까? 게다가 우리는 두 개의 정수 사이에서 무수히 많은 분수를 찾
을 수 있다. 따라서 모든 분수(즉, 유리수)의 집합 Q는 정수의 집합 Z보다 '훨씬 더
큰 무한'개의 원소를 가져야 한다고 생각한다. 정수의 집합보다 유리수 집합의
원소는 대체 얼마나 더 많은 것일까? 모든 실수의 개수는 얼마나 많은 것일까?
무한을 '측정할 수 있는' 방법이 있을까? 칸토어는 실제로 그런 질문들을 수학
적으로 엄격한 방식으로 다루고 답할 수 있다고 생각했다. 그는 아주 단순하지
만 기발한 방법으로 원소의 개수가 무한개인 서로 다른 두 집합의 크기를 비교
했다. 또한 칸토어는 집합에 대한 수학적 기본 개념을 정립하여 집합론 분야를
발전시켰고, 이것은 이제 현대 수학의 바탕을 이루는 분야 중 하나가 되었다.

집합을 비교하려고 칸토어가 생각해낸 기발한 아이디어를 설명하기 위해, 원소의 개수가 유한개인 두 집합 A와 B가 있다고 가정하자([그림 37.2] 참조).

그리고 다음 세 명제 중 한 개(그리고 단 한 개)는 참이어야 한다.

1. 집합 A는 집합 B보다 원소의 개수가 많다.

2. 집합 A는 집합 B보다 원소의 개수가 적다.

3. 집합 A와 집합 B 모두 동일한 개수의 원소를 가지고 있다.

이 명제들 중에서 실제로 집합 A와 집합 B의 원소의 개수를 세지 않아도 참인 명제를 찾을 방법이 있는가? 물론 있다! 집합 A의 원소와 집합 B의 원소를 하나씩 짝을 지어주는 것이다. 이를테면 선을 그어서 한 쌍을 만드는 것이다([그림 37.3] 참조).

우리가 집합 A와 집합 B의 모든 원소에 대해 이 방법으로 짝을 지어주고 각 집합에서 누락되는 원소가 없다면, 집합 A의 각 원소에 대해 집합 B에 '짝'이 생긴다. 이때 두 집합의 원소의 개수는 같을 수밖에 없다. 수학에서는 이것을 두 집합의 원소들 사이에 '일대일대응(one-to-one correspondence)'이 성립한다고 한다. 이렇게 집합의 개수를 비교하는 것은 사실상 '손가락으로 셈을 하는 것'

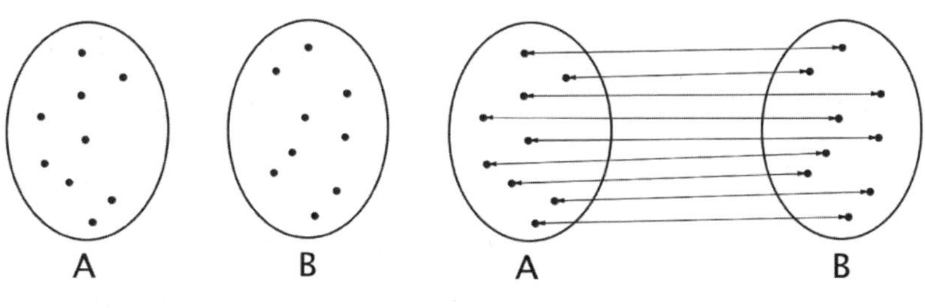

그림 37.2　　　　　　　　　　　　그림 37.3

이나 다름없기 때문에 매우 오래된 방법이지만, 이 방법을 무한 집합의 개수를 세는 데 적용할 수 있다는 사실을 처음 발견한 사람은 칸토어였다.

칸토어의 일대일대응이라는 개념 덕분에 우리는 실제로 두 무한 집합의 원소를 각각 따로 세어 비교할 필요가 없게 되었다. 우리는 두 집합의 원소들 간에 일대일대응이 성립하는지 확인만 하면 된다.

앞에서 우리는 정수보다 유리수(즉 분수)의 개수가 더 많고, 자연수보다 정수의 개수가 더 많다는 것을 확인하려고 했다. 놀랍게도 이것은 틀렸다. 예를 들어 정수의 집합 Z의 개수에 번호를 붙여서 자연수 N과 정수 Z 사이에 일대일대응 관계를 만들 수 있다. 이 배열에서 첫 번째 정수를 0, 두 번째 정수를 1, 세 번째 정수를 -1, 네 번째 정수를 2, 다섯 번째 정수를 -2, 여섯 번째 정수를 3 등등으로 놓자. 이러한 번호 매기기 도식은 두 집합이 실제로 '동일한 크기'임을 입증하며 자연수 N과 정수 Z를 일대일대응 관계로 만든다. 칸토어가 이런 아이디어를 발표했을 때 당시의 수학자들도 반직관적이고 당혹스럽다는 반응을 보였다.

심지어 칸토어는 유리수와 정수에 대해 일대일대응 관계를 만들 수 있다는 것을 증명했다. 다른 말로 표현하면 우리는 무한대로 가는 줄에 서 있는 모든 유리수에 대해 대기 번호를 부여할 수 있다. 여기에서 상세한 증명은 생략하겠지만 우리는 칸토어의 증명에 담긴 핵심 아이디어를 어렵지 않게 이해할 수 있다.

먼저 양수인 분수에 대해서만 p행과 q열이 만나는 칸에 $\dfrac{p}{q}$꼴의 분수를 만들어 배열하자([그림 37.4] 참조). 예를 들어 분수 $\dfrac{73}{111}$은 73번째 행과 111번째 열이 만나는 곳에 있다. 이제 우리는 모든 양수인 분수를 대기줄에 배치하려고 한다. 당연히 이 대기줄은 절대로 끝이 나지 않기 때문에 이 표에도 끝이 없다. 하지만 이것은 중요하지 않다. 우리는 모든 분수가 포함되어 있는지 확인만 하면 된다. 이를 위해 칸토어는 '대각선' 방향으로 개수를 세는 기발한 도식을 제안했다. $\frac{1}{1} = 1$에서 시작해 오른쪽 방향으로 화살표를 그린 다음 $\frac{1}{2}$에 도달한다. 여기에서 대각선 방향에서 아래로 이동하면 $\frac{2}{1} = 2$이고, 직선 방향에서 아래로 이동하면 $\frac{3}{1} = 3$이고, 대각선 방향에서 위로 이동하면 $\frac{1}{3}$에 도달한다(여기에서 우리는 $\frac{2}{2} = 1$을 건너뛰었다. 1은 이미 셈에 들어갔기 때문이다). 이제 전 과정이 되풀이되었

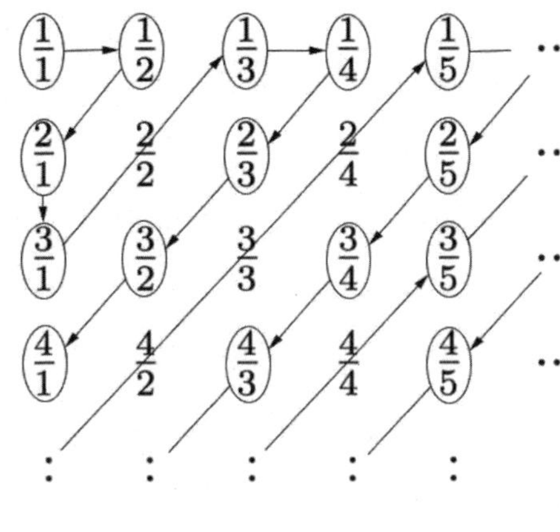

그림 37.4

다. 즉, "첫 번째 열에 도달할 때까지 1에서 오른쪽으로 간 다음 대각선 방향에서 아래로 내려간다. 그리고 직선 방향에서 아래로 내려간 다음 대각선 방향에서 위로 올라간다." 우리는 1이라는 번호가 이미 매겨져 있는 분수를 마주칠 때마다 이것을 건너뛴다([그림 37.4]에서 볼 수 있듯이 이것은 건너뛰어야 하는 분수다).

대각선 방향으로 개수를 세는 도식이 반드시 필요한 이유를 확인하는 데 다음의 예가 도움이 될 것이다. 로봇 잔디 깎기가 있고 [그림 37.4]의 무한대로 가는 분수표가 잔디를 깎아야 하는 영역을 정한다고 하자. 이 무한의 잔디에 있는 모든 조각에 도달하려면 잔디 깎기는 어떻게 이동해야 하는가? 무한의 잔디에는 오직 한 개의 모퉁이만 있기 때문에 여기서 시작해 모퉁이에서 떨어진 대각선 방향에서 나선형으로 움직여야 한다. [그림 37.4]에 그려진 무한대로 가는 대기줄을 따라서 말이다. 우리는 칸토어의 기발한 대각선 도식을 이용하여 모든 분수를 하나도 빠짐없이 대기줄에 배치할 수 있다. 따라서 우리는 양수인 모든 분수와 자연수 사이의 일대일대응 관계를 입증했다. 첫 번째 분수는 $\frac{1}{1}$이고, 두 번째 분수는 $\frac{1}{2}$, 세 번째 분수는 $\frac{2}{1} = 2$, 네 번째 분수는 $\frac{3}{1} = 3$ 등

등이 계속 이어진다([그림 37.4] 참조). 대기줄의 위치에 따라 모든 분수에 번호가 할당되어 있다.

지금까지 우리는 음수인 분수를 생략했지만, 대기줄에 있는 양수인 분수를 슬쩍 밀어내고 그 자리에 음수인 분수를 배치하고, 첫 번째 자리에 0을 놓으면 된다. 우리는 각각의 유리수에 대해 자연수를 짝지어줄 수 있기 때문에 각 집합에서 누락되는 수는 없다. 따라서 자연수와 유리수의 개수는 같을 수밖에 없다. 대기줄에서 단 한 개의 원소도 누락되지 않고 대기줄에 모든 원소가 배열된 집합을 가산 집합(countable set)이라고 한다. 칸토어는 이렇게 정수의 집합 Q 가 가산 집합임을 증명했다. 이 얼마나 놀라운 결과인가!

이 결과에 힘입어 실수(즉, 유리수와 무리수)와 자연수를 일대일대응 관계로 만들 수 있는지 궁금할지 모르겠다. 칸토어는 이것이 불가능하다는 사실을 입증했다. 아무리 머리를 굴려서 실수를 대기줄에 배치해봐도 항상 남는 수들이 있었다. 정확하게 말해, 우리가 모든 실수에 대해 어떤 리스트나 개수를 세는 방법을 적용해도 이 리스트에 포함될 수 없는 수가 항상 발생한다. 실수에는 일정한 규칙적인 배열 없이 소수점 이하 자릿수가 무한히 계속되는 수가 포함되어 있기 때문이다. 이것 때문에 실수는 '비가산'이라는 특성이 있다. 비가산 집합 (uncountable set)은 원소가 너무 많아서 셀 수 없기 때문에 자연수의 집합 N보다 '더 크다'.

누군가 1보다 작은 양수인 모든 실수(이것은 모든 실수의 집합에 대한 부분집합일 뿐이다)를 열거하는 방법을 발견했다고 주장한다고 가정해 보자. 그런 모든 수는 0 과 소수점으로 시작하며, 유한개의 분수 부분을 가진 수를 만날 때마다 무한한 0의 연속을 덧붙이면 무한한 숫자 연속이 뒤따른다. 이때 여러분은 그의 숫자 목록에서 첫 번째 수는 무엇인지, 두 번째 수는 무엇인지 등을 묻고 싶을 것이다. 이렇게 가정해 보자. 여러분이 각 숫자를 하나씩 차례로 적어 내려가면 무한한 분수 부분을 지닌 무한한 수 목록이 생성될 것이다. 이제 우리는 그의 수 목록에 나타나지 않은 0과 1 사이의 숫자를 항상 적을 수 있음을 보여줌으로써 그의 도식에는 실재하는 모든 실수가 포함되지 않음을 나타내게 된다. 우리의 '마법의 수(magic number)'는 0과 소수점으로 시작한다. 우리는 리스트에 있는 첫 번째 수의 소수점 다음 첫 자리를 살펴보면서, 소수점 아래 첫 자리를 구하고, 그다음으로 큰 자릿수를 적는다(예를 들어 우리가 0과 마주치면 1이라고 적고, 1을 마주치면 2라고 적는다). 자릿수가 9이면 0이라고 적는다. 이것이 우리의 '마법의 수'에서 소수점 아래 첫 번째 수다. 다음 수로 우리는 리스트에서 소수점 아래 두 번째 수를 구하려고 한다. 우리의 '교체' 도식에 따라 바꾼다. 이 구성에서 우리의 '마법의 수'는 리스트에 있는 모든 수와 다르다. 이것은 n번째 위치의 수가 리스트의 n번째에 해당하는 숫자와 일치하지 않기 때문이다. 이것은 리스트의 첫 번째 숫자와 다를 수밖에 없다. 소수점 이하 첫 번째 자릿수가 다르기 때문이다. 이것은 또한 리스트의 두 번째 수와 다르다. 마찬가지로 소수점 이하 두 번째 자릿수가 다르기 때문이다. 이것은 리스트의 세 번째 수와 다르다. 소수점 이하 세 번째 자릿수가 다르기 때문이다. 따라서 이 수는 열거된 목록에 나타날 수 없다! 이 증명은 현재 칸토어의 대각선 논법(Cantor's diagonal argument)이라고 알려져 있다. 또한 이러한 배열들로 이뤄진 무한 집합으로부터 '대각선 수열(diagonal sequence)'을 구성하는 것은 수학 증명에서 자주 사용되는 중요한 테크닉이 되었다.

칸토어는 실수를 목록에 열거하는 것이 불가능하다는 사실을 보여주었다. 즉, 실수와 자연수에 대해서는 일대일대응의 관계가 성립할 수 없다. 따라서 실수는 자연수보다 개수가 훨씬 '많고, 더 큰' 무한대이다. 칸토어는 이러한 집합을 비가산 집합이라고 했다. 또한 칸토어는 비가산 집합들 사이에 다른 '크기'의 무한대가 존재한다는 사실을 증명했고 무한대 계산을 발전시켰다. 무한 집합의 크기를 측정하기 위해 그는 자연수를 '기수(cardinal)'로 확장시키고, 히브리어 알파벳 $\aleph$(알레프)에 자연수를 아래 첨자로 표기했다. 예를 들어 $\aleph_0$(알레프 0)은 자연수의 집합에 대한 '기수'이다. 즉 수학에서 '가장 작은' 무한대이다. 칸토어가 이 연구 결과를 발표했을 당시 수학계는 충격에 휩싸였다. 그의 연구 결과는 기존의 통념과 충돌했고 혁명적인 것으로 여겨졌다. 물론 칸토어는 자신의 아이디어가 반발에 부딪히리라는 것을 잘 알고 있었다. 1883년 논문에서 그는 이렇게 썼다.

> 나는 이러한 시도에서 수학의 무한대와 관련해 널리 퍼져 있는 견해와 흔히 자연수를 옹호하는 견해가 서로 모순되는 입장이라는 것을 알고 있었다.

많은 저명한 학자들이 칸토어가 틀렸다는 것을 증명하기 위해 애썼고 그의 연구 결과를 인정하지 않았다. 자신의 연구 결과에 대한 학계의 비판이 심해지자 칸토어는 심각한 우울증에 걸렸고 한동안 수학을 포기하고 살았다. 그는 이렇게 썼다.

> 내가 언제 학문 연구에 복귀하게 될지 모르겠다. 지금 나는 아무것도 할 수 없고 내 강의에 가장 필요한 업무만 할 수 있는 정도다. 내가 정신적으로 회복하여 학문 연구 활동을 계속할 수 있다면 얼마나 행복할까.

이때 칸토어는 셰익스피어 희곡의 실제 저자가 누구인지 결론을 내리기 위해 엘리자베스 시대 문학 연구에 착수했다. 이 주제에 관한 그의 소논문들은 오래 가지 못했지만, 수학과 전혀 관련이 없는 문제에 관한 연구는 칸토어가 우울증에서 회복하는 데 도움이 되었던 듯하다. 하지만 그는 수학에 대한 열정을 완전히 되찾지 못했다. 대신 그는 셰익스피어 작품의 숨은 저자가 누구인지 조사를 계속 이어나갔고, 생을 마칠 때까지 '베이컨-셰익스피어 설(Bacon-Shakespeare Theory)'에 관한 논문을 발표했다.

칸토어가 발표한 수학 아이디어의 중요성과 독창성은 수십 년 후에야 완전히 인정을 받았다. 칸토어는 시대를 앞선 인물이었다. 그는 유리수의 집합 Q 가 자연수의 집합 N보다 크지 않다는 것을 증명했는데, 이것은 완전히 반직관적인 사실이었다. 이 명제는 상식에 모순되는 것처럼 보이지만, 증명은 상당히 단순하고 따라가기 어렵지 않다. 서로 다른 크기의 수학적 무한대가 존재한다는 사실을 보여줌으로써, 실수의 집합 R이 자연수의 집합 N보다 근본적으로 크다는 것에 대한 증명을 한 것도 마찬가지다. 이렇게 놀랍고 예상치 못했던 결과는 자연수, 유리수, 실수와 같은 가장 순수한 구조들 사이에서 수학의 아름다움을 보여주는 일면에 불과하다.

칸토어는 가장 유명한 외국인 학자 중 한 사람으로 1911년 스코틀랜드의 세인트앤드루스대학교 설립 500주년 기념행사에 초대받았다. 칸토어는 그곳에 가면 버트런드 러셀(Bertrand Russell, 1872~1970)을 만날 수 있다는 생각에 들떠 있었다. 러셀이 얼마 전에 발표한 『수학 원리(Principia Mathematica)』에서 칸토어의 연구를 자주 인용했기 때문이었다. 불행히도 이 만남은 성사되지 못했다. 1912년 칸토어는 세인트앤드루스대학교에서 명예 박사 학위를 받았지만 병으로 인해 학위를 직접 받지 못했다. 칸토어는 1913년에 은퇴하여 가난하고 병든 채 살았다. 1917년 그는 자신의 의지와 상관없이 독일 할레(Halle)의 요양원에서 살면서 수차례 퇴원을 요청했다. 칸토어는 말년을 병에 시달리며 보내다가 1918년 1월 6일 심장마비로 요양원에서 눈을 감았다.

Chapter 38

코발렙스카야

최초의 여성 수학 교수

러시아, 1850~1891

1982년 이후 미국에서는 매년 학사 학위를 받는 남성보다 여성의 수가 더 많다. 2009년 이후 매년 박사 학위 소지자의 다수는 여성이다. 하지만 고등 교육을 받은 여성들에게 항상 남성들과 동등한 기회가 주어지는 것은 아니다. 고대 사회부터 교육계에는 여성보다 남성을 선호하는 경향이 뚜렷했다.

19세기 말에 이르러 미국에서도 여성이 대학에 입학할 수 있게 되었는데, 이것은 여성 인권 운동의 압박에 떠밀려 맺은 결실이었다. 모든 층위의 대학에서 학위를 가진 소수의 남성들이 특권을 누리고 있다. 반면 여성들은 더 낮은 수준의 교수직을 얻게 되는 경향이 있다. 2015년 미국 대학에서 여성의 약 50퍼센트가 조교수와 부교수였고, 정교수 중에서 여성은 불과 3분의 1이었다. 2015년 수학과에서 종신직 교수 중 여성의 비율은 고작 15퍼센트였다.

소피아 코발렙스카야(Sofja Kowalewskaja)는 수학 분야에서 선구자적인 여성이었다. 당시 수학은 전 세계적으로 남성들이 독점하다시피 한 분야였고, 여성들은 수학에 재능이 없게 타고났다고 여겨졌다. 심지어 여성이 수학처럼 철저한 '머리 쓰는 일(brain work)'을 하면 에너지가 생식계에서 다른 곳으로 쏠려 가임 능력과 건강에 이상이 생긴다고 간주되었다. 코발렙스카야는 여성 중에서 최초로 (현대적 의미에서) 수학 박사 학위를 취득하고, 근대 유럽에서 최초로 정교수가 된 사람이다. 그녀의 이름은 미분방정식 이론에서 중대한 업적인 코시-코발렙스카야 정리(Cauchy–Kovalevskaya theorem)로 여전히 유명하다.

소피아 바실리예브나 코발렙스카야는 1850년 1월 15일 모스크바에서 삼 남매 중 둘째 딸로 태어났다. 그녀의 부모는 고학력자로, 소수 러시아 귀족 계층에 속했다. 아버지 바실리예비치 코르빈크루콥스키 육군 중장은 러시아 제국 육군의 모스크바 포병대장으로 복무했고, 어머니 옐리자베타 표도로브나 슈베르트는 탄탄한 학문적 배경을 갖고 있는 독일 이민자 가문의 후손이었다.

그림 38.1 소피아 코발렙스카야.

당시 소피아의 가문이 속한 계층에서는 유모의 손에 자라고 저녁 식사 시간에만 부모의 얼굴을 보는 것이 흔한 일이었다. 어린 시절에 소피아는 나이 차 때문에 형제들과도 많이 어울리지 못했다. 언니 안나는 여섯 살이 많았고, 남동생 표도르는 다섯 살 어렸다. 소피아는 영어, 프랑스어, 독일어 원어민을 포함하여 가정교사와 개인 지도 교사에게 교육을 받았다.

여덟 살이 되던 해에는 아버지가 군에서 은퇴했고 그녀의 가족은 비텝스크(Vitebsk) 지역에 있는 가족 사유지인 팔리비노(Palibino)로 이사를 했다. 사유지 반환으로 인해 소피아의 놀이방에 사용할 벽지가 충분하지 않았는데 다락방에 있던 종이로 벽지를 대신해야 했다. 알고 보니 이 종이들은 소피아의 아버지가 학창 시절에 남긴 것으로, 우크라이나의 수학자 미하일 오스트로그라드스키(Michail Wassiljewitsch Ostrogradski, 1801~1862)의 미적분학 분석에 관한 강의 노트였다. 소피아는 이 방의 벽지에 적힌 수학 개념과 공식에 호기심을 가졌다. 훗날 독학으로 수학에 관한 책을 많이 읽었던 삼촌이 자신이 벽지에서 보았던 몇 가지 개념들을 말하자 소피아의 머릿속에서 이것들이 되살아났다. 나중에 소피아는 자서전에 이렇게 썼다.

당연히 나는 이 개념들의 의미를 아직 이해하지 못했다. 하지만 이 개념들은 내 안에 고귀하고 신비로운 학문인 수학에 대한 경외심을 스며들게 하고 일반인이 접근할 수 없는 경이로운 신세계를 입문자에게 열어주어, 내 상상력에 영향을 끼쳤다.

삼촌은 소피아에게 수학에 대한 흥미를 키워주었고, 자신이 읽고 있는 수학 주제에 대해 그녀와 토론하는 시간도 가졌다. 소피아는 미적분학에 사용되는 개념과 아이디어에 금세 빠져들었다. 처음에는 개인 지도 교사의 기초 기하학과 대수학 수업에 조금 지루함을 느끼기는 했다. 하지만 수학에 대한 강한 이

끌림은 전반적으로 훨씬 더 높은 수준의 자료들로 옮겨가면서 강렬해졌다. 소피아의 아버지는 딸의 수학 교습을 그만두게 하겠다고 단단히 마음먹었지만, 소피아는 혼자서 계속 수학 공부를 이어나갔다.

열다섯 살에 그녀는 이웃인 튀르토프(Tyrtov) 교수가 쓴 물리학책을 읽었다. 튀르토프는 소피아의 집에 방문했을 때, 소피아가 삼각함수를 배우지 않고도 광학편 1장에 나온 몇몇 삼각함수 공식을 정확하게 해석했다는 것을 알았다. 소피아가 삼각함수에서 사인함수와 같은 개념을 완전히 자신만의 방식으로 설명했던 것이다. 소피아의 수학적 재능을 알아본 튀르토프는 그녀의 아버지에게 더 높은 수준의 수학 공부를 시켜야 한다고 설득하느라 애를 먹었다. 결국 설득에 성공했고 소피아는 상트페테르부르크에서 미적분학 개인 교습을 받게 된다. 그리하여 그녀의 가족은 1866년부터 1867년 겨울의 대부분을 그곳에서 보내게 되었다.

상트페테르부르크에서 그녀는 자신이 존경해 왔던 러시아의 소설가 표도르 도스토예프스키(Fyodor Dostoevsky, 1821~1881)를 만났다. 당시 러시아뿐만 아니라 다른 나라에서도 여성은 방문자 신분이라도 대학에서 강의를 들을 수 없었다. 그녀는 학업을 이어나가기 위해 해외로 나가길 원했지만 여자 혼자 외국에 나가는 것은 쉬운 일이 아니었다. 당시 여성에게는 여권이 발급되지 않았고 아버지나 남편으로부터 국경을 넘는 것을 허락한다는 서면 동의서를 받아야 했기 때문이었다. 그래서 소피아는 블라디미르 코발레브스키(Vladimir Kovalevsky)와 계약 결혼을 했다. 코발레브스키는 젊은 고생물학도이자 출판업자로 정치적으로 급진적인 성향을 지녔고 찰스 다윈의 작품을 러시아어로 최초로 번역하여 출간한 인물이었다. 이 커플은 상트페테르부르크에서 몇 달간 지내다가 오스트리아의 빈에 잠시 체류하고 독일의 하이델베르크로 갔다. 여성은 하이델베르크대학교(University of Heidelberg)에 입학할 수 없었지만 소피아는 행정 당국을 설득하여 그곳에서 공부할 수 있게 되었다.

1869년 소피아 코발렙스카야는 공식적인 신분은 아니지만 하이델베르크대학교 최초의 여학생으로 인정받았다. 하지만 자신이 듣고 싶은 강의마다 일일이 담당 교수의 허가를 받는다는 조건이었다. 소피아는 독일의 수학자 레오 쾨니히스베르거(Leo Königsberger, 1837~1921)의 지도를 받았고, 그의 추천으로 베를린에서 당대의 가장 유명한 수학자 중 한 사람인 카를 바이어슈트라스(Karl Weierstrass, 1815~1897)의 지도를 받으며 학업을 계속했다.

하이델베르크대학교 교수들로부터 추천서를 받았지만 바이어슈트라스는 소피아의 수학적 재능을 직접 평가하길 원했다. 바이어슈트라스는 소피아에게 어려운 문제를 주고 풀어오라고 했다. 일주일 후에 소피아가 답을 제출하자 그는 깊은 인상을 받았고 그녀를 자신의 조수로 받아들였을 뿐만 아니라 그녀의 연구를 지원해 주려고 애썼다. 하지만 바이어슈트라스의 지지만으로는 대학 교무처를 설득해 강의 참석 허가를 받기가 어려웠다. 그래서 3년이 넘게 바이어슈트라스는 자신이 강의한 내용을 그녀에게 개인 교습해 주었다. 대학 당국의 입학 거절이 그녀에게는 사실상 득이 된 셈이다. 코발렙스카야는 나중에 이렇게 썼다. "이때 공부한 것이 수학자로서 내 경력 전반에 가장 많은 영향을 끼쳤다. 이것은 나중에 내가 추구해야 할 학문의 연구 방향을 최종적으로 결정했다. 나는 모든 연구를 바이어슈트라스의 정신으로 수행했다."

1874년 코발렙스카야는 편미분방정식, 토성 궤도의 역학, 타원 적분을 주제로 세 편의 논문을 완성했다. 각각의 논문들은 바이어슈트라스에게 박사 학위를 받을 만한 가치가 있는 것으로 고려되었다. 바이어슈트라스의 도움으로 그녀는 괴팅겐대학교에서 최우등 성적으로 박사 학위를 받았다. 세 편 중 첫 번째 논문은 1875년 (유명한 수학 저널 중 하나인) 《크렐레지(Crelle's Journal)》에 게재되었다. 이 논문에 지금은 흔히 코시-코발렙스카야 정리라고 알려진 내용이 있다.

　　　　　　　　　　　　　　　　　　수학을 만든 사람들

이 정리는 적합하게 정의된 초기 조건에서 해석적인(analytic) 편미분방정식에 국소해가 존재한다는 것을 증명한 것이다. 그에 앞서 1842년에 프랑스의 수학자 오귀스탱-루이 코시(Augustin-Louis Cauchy, 1789~1857)가 특수한 경우를 증명했지만, 완성된 연구 결과를 얻을 수 있었던 것은 코발렙스카야 덕분이었다.

코시-코발렙스카야 정리의 의미는 고급 미적분학에 익숙하다는 전제하에 정확한 설명이 가능하다. 대신 여기서 우리는 예시를 통해 코시-코발렙스카야 정리가 무엇인지 모호한 아이디어나마 전달하도록 해보겠다. 이 정리의 중요성을 이해하려면 편미분방정식이 소리, 열, 전자기파, 유체의 운동, 탄성, 양자역학을 비롯하여 중력파를 포함한 시공간의 곡률 등 광범위하고 다양한 물리 현상을 설명하는 데 활용될 수 있다는 사실을 알아야 한다. 이러한 각각의 현상들은 물리학의 기본 법칙의 지배를 받고, 편미분방정식에 의해 이것을 수학적으로 나타낼 수 있다.

예를 들어 여러분이 기타의 현을 당기면 현이 진동하고 소리를 낼 것이다. 이러한 현의 운동은 편미분방정식으로 설명된다. 여기서 미지수는 현이 평형 상태에서 얼마나 변위(elongation)했는지이고, 이는 위치와 시간에 따라 달라진다. 여러분이 줄을 어디에서 당기고 얼마나 많은 힘을 가하는지에 따라 음고와 음량은 달라질 것이다. 여러분이 현을 놓기 전에 모양이 변형된 현의 스냅숏을 상상해 보자. 현은 [그림 38.2]의 좌측 그림처럼 V자형을 취할 것이다. 정확한 모양은 평형 상태의 현과 거리에 따른 꼭짓점의 위치에 의해 결정된다. 이것이 바로 진동하는 현에 대한 편미분방정식의 초기 조건이다. 이제 여러분이 현을 놓으면 현은 진동하기 시작할 것이고, [그림 38.2]의 우측 그림처럼 사인파(波) 모양으로 변할 것이다.

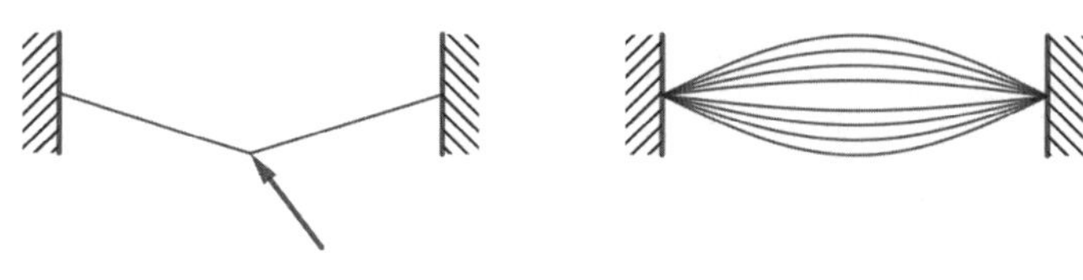

그림 38.2

이런 진동 운동은 편미분방정식의 해로 설명된다. 코시-코발렙스카야 정리는 적합한 초기 조건에서 편미분방정식이 해를 가지며 그 해가 유일하다(unique)는 것을 말한다. 우리의 예시에서 시간 $t = 0$이라는 초기 조건이 주어졌을 때 진동하는 현에 대한 방정식을 풀 수 있다면, 이 현이 어떻게 움직일지 정확하게 예측할 수 있다는 의미다. 쉽게 말해 $t > 0$일 경우 언제라도 현의 스냅숏을 정확히 예측할 수 있다. 코시-코발렙스카야 정리는 진동하는 현의 방정식에만 적용할 수 있는 것이 아니다. 이것은 넓은 범위의 편미분방정식에 적용할 수 있다. 특히 물리학에 사용되는 많은 편미분방정식에 적용할 수 있기 때문에 이것은 매우 중요한 연구 결과다.

이 정리는 우리에게 해를 구하는 방법을 알려주지 않지만, 어떤 조건에서 유일해가 존재하는지 말해 준다. 유일해가 존재한다는 사실을 알고 있으면 추상적인 의미에서 그 특성을 연구하는 데 사용할 수 있다는 점에서 이 정리는 중요하다. 실제로 정확한 해를 구하는 것이 불가능한 편미분방정식이 많다. 하지만 해가 존재한다고 가정하고 이를 만족시키는 방정식을 통해 결론을 내림으로써 많은 특성들을 발견할 수 있다(이를테면 현의 진동은 시간이 지날수록 감소한다). 우리가 계산할 수 없는 어떤 대상에 대해 결론을 이끌어내는 절차는 코시-코발렙스카야 정리에 의해 타당성이 입증되었다.

코발렙스카야는 고국에서 수학을 가르치길 원했기 때문에 박사 학위를 받

수학을 만든 사람들

은 후 러시아로 돌아갔다. 하지만 여성에게는 이에 필요한 교사 자격시험이 허용되지 않았다. 그녀가 제안받은 가장 좋은 일자리는 여자 초등학교에서 연산을 가르치는 일이었다. 이런 현실에 좌절한 코발렙스카야는 수학에서 완전히 손을 놓았고, 남편과 함께 평범한 부부처럼 살아보려고 노력하기 시작했다. 1878년 그녀의 딸 소피아('푸파(Fufa)'라고 불렀다)가 태어났다. 코발렙스카야는 2년 가까이 딸을 키우는 데 전념하다가, 다시 수학 연구를 하기로 마음먹었다. 그녀의 남편 블라디미르는 급진적인 사상 때문에 대학에서 자리를 얻을 수 없었고, 가족을 부양하기 위해 부동산 개발에 손을 댔다가 실패하여 가정 형편이 심각하게 어려워졌다. 소피아 코발렙스카야도 적절한 교사 자리를 여전히 찾지 못했던 터라 온 에너지를 연구에만 쏟아부었다. 그녀는 (독일어로 쓰인) 6년 된 자신의 박사 논문을 러시아어로 번역하기 시작했고, 1880년에 그 결과물을 러시아 과학학회에서 발표했다. 같은 해에 그녀는 남편, 딸과 함께 모스크바로 이사했고, 모스크바 수학회(Moscow Mathematical Society) 세미나를 방문했다. 수학에 대한 끌림은 점점 더 강해졌고 결국 그녀는 1881년 남편을 떠나 딸을 데리고 베를린으로 가서 연구를 계속했다. 그녀는 연구에 몰두했고 입주 가정교사와 함께 딸을 러시아에 있는 친구 율리아 레르몬토바(Julija Lermontowa)에게 보냈다. 그사이에 블라디미르는 석유회사와 관련된 일을 하게 되었으나 완전히 파산하고 말았다. 그는 심각한 감정 변화에 시달리다가 1883년에 자살했다.

당시 여자가 대학에서 연구직 일자리를 얻는 것은 거의 불가능했다. 그런데 바이어슈트라스의 연구원 시절이었을 때 알게 된 스웨덴의 수학자 예스타 미타그레플레르(Gösta Mittag-Leffler, 1846~1927)의 도움으로 코발렙스카야는 스톡홀름대학교(Stockholm University)에서 개인 강사 자리를 얻을 수 있었다. 1884년 그녀는 5년 계약직 조교수로 임명되었고, 1882년 예스타 미타그레플레르가 창간한 수학 저널 《악타 마테마티카(Acta Mathematica)》의 편집자가 되었다. 《악타 마테마티카》는 오늘날 가장 명성 있는 수학 저널 중 하나가 되었다. 1888년 코발렙스카야는 현재 '코발렙스카야 팽이(Kovalevskaya Top)'라고 알려진 것을 발견한 공로로 프랑스 과학아카데미의 보르뎅상(Prix Bordin)을 수상했다. 회전하는 팽이의 운동을 설명하는 미분방정식은 일반 팽이에 대한 방정식으로 명확하게 해를 구할 수 없다. 하지만 확실한 해를 구할 수 있는 세 가지 특수한 예가 있다. 이러한 세 가지 예외 중 첫 번째는 레온하르트 오일러가 발견했고, 두 번째는 조제프-루이 라그랑주가 발견했고, 마지막 세 번째는 코발렙스카야가 발견했다.

이듬해와 1889년에 그녀는 학문적 성과로 더 많은 상을 받으며 스톡홀름대학교의 정교수가 되었다. 코발렙스카야는 유럽 최초로 정교수직까지 오른 여성이었다. 같은 해에 그녀는 사별한 남편과 먼 친척 관계인 막심 코발렙스키(Maxim Kovalevsky)와 사랑에 빠졌다. 하지만 자신이 한 사람에게 정착하여 살 수 없다는 것을 알았기 때문에 그와의 결혼을 거부했다. 사실 수학이 그녀의 첫사랑이자 마지막 사랑이 될 것이기 때문이었다. 두 사람이 니스에서 휴가를 보내고 돌아온 후 코발렙스카야는 폐렴에 걸렸고, 수학적 능력과 평판이 절정에 달했던 1891년 41세의 젊은 나이에 독감에 걸려 세상을 떠났다. 코발렙스카야는 수학에 중대한 업적을 남긴 인물로 기억되지만 재능이 넘치는 작가이기도 했다. 수학과 관련이 없는 저서로 회고록인 『러시아의 어린 시절(A Russian Childhood)』(1890), 어느 정도는 자전적 소설인 『니힐리스트 걸(Nihilist Girl)』(1890)이 있다.

Chapter 39

페아노

공리로 자연수를 세우다
이탈리아, 1858~1932

여러분 중에는 합집합(∪)과 교집합(∩) 등 집합론에 사용되는 기호들이 어디에서 유래했는지 궁금한 사람이 있을 것이다. 그렇다면 멀리서 찾을 것도 없이 이탈리아의 유명한 수학자 주세페 페아노(Giuseppe Peano)라는 인물을 살펴보면 된다. 페아노는 여러 권의 책을 썼는데, 많은 사람들이 그를 수리논리학과 집합론의 창시자 중 한 사람으로 여긴다. 자연수(1, 2, 3, 4,…)의 특징을 해석한 그의 연구는 페아노 공리(Peano axioms)로서 지금도 우리 곁에 남아 있다. 먼저 그의 생애를 간략하게 살펴본 뒤 페아노 공리를 알아보도록 하자.

주세페 페아노는 1858년 8월 27일 이탈리아의 피드몬트 스피네타(Spinetta, Piedmont)의 농장에서 태어났다. 그의 부모 바르톨로메오 페아노와 로사 카발로는 농장에서 일했기 때문에 주세페는 3마일(약 5킬로미터)이나 걸어서 학교에 다녔다. 조카가 범상치 않은 재능을 가진 아이라는 것을 알아본 삼촌은 1870년 주세페를 토리노에 데려가서 중등학교에 입학시킨다.

1876년 주세페 페아노는 토리노대학교에 입학했고, 1880년 동기 중에서 수석으로 졸업했다. 졸업 후 그는 학교에 남아 당시로서는 틀림없이 큰 명예인 교수진이 되어 미적분학을 가르치게 되었다. 그의 첫 저서는 1884년에 발표한 미적분학 교재다. 지금까지도 그를 유명한 인물로 남게 해준 수리논리학에 관한 책은 이후에 발표되었다. 이 책에 우리가 집합을 배울 때 사용하는 현대적 기호, 이를테면 앞에서 언급했던 교집합과 합집합 기호가 소개되었다.

1887년 주세페 페아노는 카롤라 크로시오(Carola Crosio)와 결혼했고, 한동안 왕립육군사관학교(Royal Military Academy)에서 학생들을 가르쳤다. 나중에 그는 이 학교에서 최고위 교수로 진급했다. 1889년은 그 유명한 페아노 공리가 발표되었던 해로, 우리가 자연수에 관한 많은 관계를 증명할 수 있게 된 것은 페아노 공리 덕분이다. 앞에서 언급했듯이 페아노는 다작을 발표한 저자였다. 1891년 그가 창간한 수학 저널 《리비스타 디 마테마티카(Rivista di Mathematica)》('수학 저널'이라는 뜻) 제1호가 나왔다. 같은 해에 그는 수학에서 사용되는 모든 유명한 정리와 공식 모음집을 편찬하기 위해 '포뮬라리오 프로젝트(Formulario Project)'('공식집 프로젝트'란 뜻)에 착수했다. 그런데 이 프로젝트에서 그는 자신만의 고유한 표기법을 도입한 데다 책에서 모든 공식이 한 줄로 인쇄되기를 원했기 때문에 인쇄 과정이 복잡해졌다. 이러한 요구 사항을 철저히 지키기를 고집하다가 결국 인쇄기까지 사들였다.

1900년 파리에서 개최된 제2회 세계수학자대회(ICM: International Congress of Mathematicians)에서 페아노는 영국의 수학자이자 논리학자 버트런드 러셀을 만났다. 러셀은 페아노의 '포뮬라리오 프로젝트'와 이 프로젝트의 결과물인 책에서 사용한 혁신적이고 논리적인 기호에 깊은 인상을 받았다. 이 책을 한시라도 빨리 읽기 위해 예정보다 일찍 학회장을 떠났을 정도였다. 이후에 쓴 글에서 러셀은 페아노의 논리적인 표기법을 사용했다.

1901년 페아노는 학회에서 논문을 발표하고 미적분학, 미분방정식, 벡터해석을 가르치며 수학자로서 경력에 정점을 찍었다. 하지만 '포뮬라리오 프로젝트'에 지나치게 몰두한 나머지 강의 실력이 점점 떨어졌고, 결국 왕립육군사관

                                        수학을 만든 사람들

그림 39.1 주세페 페아노.

그림 39.2 1887년 주세페 페아노와 그의 아내 카롤라 크로시오.

학교에서 해고를 당했다. 그러나 토리노대학교에서는 교수 자리를 유지할 수 있었다.

뛰어난 사람들은 가끔 별나거나 희한한 일을 벌이는데 이것은 흔히 있는 일이다. 1903년 페아노는 자신이 '라티노 시네 플렉시오네(Latino sine flexione, 어형 변화 없는 라틴어라는 의미-옮긴이)'라고 했던 라틴어 형태의 글을 쓰기 시작했다. 이것은 나중에 '인터링구아(Interlingua)'라고 불렸으며 라틴어, 독일어, 영어, 프랑스어 어휘를 종합하여 만든 언어였다. 하지만 모든 불규칙 형태를 배제해 문법 형태를 지나치게 단순화했다. 그는 이러한 독특한 형태의 라틴어로 강연을 했고, 이것이 세계적으로 보급될 새로운 언어라고 여겼다.

포뮬라리오 프로젝트를 꾸준히 추진하여 맺은 결실이 1908년에 발표된 총 5권의 『수학공식안(Formulario Mathematico)』이다. 이때까지 이 모음집에는 4,200개의 정리와 공식이 타당성과 증명과 함께 수록되어 있었다.

1910년 페아노는 중등학교용 수학 교재를 비롯하여 수학 사전을 편찬하는 데 혼신의 힘을 다했다. 게다가 그는 국제 언어에 관한 쟁점들에도 살짝 손을 댔다. 그는 계속해서 출판과 강의 활동을 하면서, 관심 분야를 무한소 미적분에서 자신의 사고방식에 더 잘 맞는 것 같은 또 다른 수학 분야로 관심을 돌렸다. 이후에도 그는 토리노대학교에서 강의를 하다가 1932년 4월 20일 심장마비로 세상을 떠났다.

페아노가 우리에게 남긴 유산 중 대중에게 가장 많이 알려진 것은 페아노 공리다. 내용은 다음과 같다.

1. 자연수 1이 존재한다.

2. 모든 자연수는 유일한 후속수가 있으며, 이 후속수도 자연수이다.

3. 숫자 1은 어떤 자연수의 후속수도 아니다.

4. 두 후속수가 같다면, 그 후속수가 되는 두 수 또한 같다.

5. 자연수의 집합 S가 1을 포함하고, S에 속하는 모든 수의 후속수도 S에 속한다면, S는 모든 자연수의 집합이다.

제5공리에서 사용된 증명법은 수학적 귀납법(mathematical induction)이다. 이것은 다음과 같이 다르게 표현할 수 있다. $n=1$일 때 이 정리가 참이라면, 그리고 $n=k$일 때 이 정리가 참이라면 $n=k+1$일 때도 참이라는 의미다. 따라서 이 정리는 모든 양의 정수 n에 대해 참이다.

지금부터 수학적 귀납법을 이용해 모든 홀수의 합이 제곱수라는 명제를 증명해보도록 하자. 이것을 기호로 나타내면 아래와 같다.

$$S_n = \sum_{a=1}^{n} 2a - 1 = n^2$$

조금 더 이해하기 쉽게 풀어 나타낸 식은

$S_n = 1 + 3 + 5 + \cdots + (2n-1) = n^2$이다.

페아노의 제5공리를 이용하려면 이 관계 $S_n = \sum_{a=1}^{n} 2a - 1 = n^2$에 대해 $n=1$

　　　　　　　　　　　　　　　　　　　　　수학을 만든 사람들

일 때 참이라는 사실을 증명해야 한다. 주어진 식에 1을 대입하면 $S_1 = 1^2 = 1$ 이다.

이번에는 이 정리가 k와 같은 몇몇 n값에 대해, 즉 $S_k = 1 + 3 + 5 + \cdots + (2_k - 1) = k^2$일 때 참인지 증명해야 한다. 이제 우리는 이 정리가 $n = k$일 때 참이라면 n의 다음 값, 즉 $n = k + 1$ 일 때 참이라는 것을 증명해야 한다. 위의 식 S_k의 양변에 각각 $n = k + 1$일 때 값인 홀수$(2k + 1)$을 더한다.

$$S_k + (2k + 1) = 1 + 3 + 5 + 7 + \cdots + (2k - 1) + (2k + 1) = k^2 + (2k + 1)$$

위의 식을 정리하면

$$S_{k+1} = k^2 + 2k + 1 = (k + 1)^2 \text{이다.}$$

이와 같이 우리는 이 정리가 $n = 1$일 때 참이므로, $n = k$일 때 참이라고 가정하면 후속수, 즉 $n = k + 1$일 때 참이라는 것을 증명했다. 따라서 우리는 모든 자연수에 대해 $S_n = 1 + 3 + 5 + \cdots + (2n - 1) = n^2$ 이 참이라고 결론을 내릴 수 있다. 이것이야말로 주세페 페아노가 우리에게 남긴 소중한 유산이다.

Chapter 40

힐베르트

유클리드의 빈틈을 메우다

독일, 1862~1943

수학의 발전 과정을 훑어보면, 유클리드의 책이 기하학적 이해에 결정적인 역할을 해온 것으로 보인다. 그런데 1899년 놀라운 일이 벌어졌다. 독일의 수학자 다비트 힐베르트(David Hilbert)가 『기하학 기초론(Foundation of Geometry)』이라는 제목의 책을 발표한 것이다. 이 책에서 힐베르트는 전통적인 유클리드 기하학의 공리를 대체할 수 있는 일련의 공리들을 제시했다. 이러한 공리 중에는 유클리드가 전혀 생각하지 못했던 '사이(betweeness)'라는 개념이 있다. 독자들은 이 개념이 오늘날 기하학 연구에 어떤 영향을 끼쳤는지 궁금할 것이다. 실제로 기하학에 얼마나 기여했는지 이해를 돕기 위해, 먼저 고등학교 기하학에서 쉽게 증명할 수 있는 예부터 살펴보자. 그런 다음, 유클리드가 고려하지 않았던 '사이'라는 개념을 다루면 무슨 일이 벌어지는지 다소 극적인 방식으로 보이려 한다.

기하학에서 발생하는 오류는 대체로 명확한 정의의 부재 또는 잘못된 도식 때문에 발생한다. 고대의 일부 기하학자들은 도식이 없는 상태에서 기하학적 발견이나 관계를 논했다. 예를 들어 유클리드의 연구에는 '사이'라는 개념이 고려되지 않았다. 이 개념이 빠져 있다 보니, 오늘날 기준으로는 말이 안 되는 '증명'이 가능했다. '어떤' 삼각형이 세 변의 길이가 다른데도 이등변삼각형이라는 사실을 증명했다는 말이다. 이 말이 좀 이상하게 들릴 수 있다. 그런데 실제로 우리는 이러한 '증명'을 보여줄 수 있고, 이것이 바로 '사이'라는 개념이 필요한 이유다.

우리는 이 짧은 여정을 통해 터무니없는 연구 결과를 폭로하려고 한다. 먼저 부등변삼각형(이를테면 두 변의 길이가 같지 않은 삼각형)을 그린 다음, 이것이 실제로 이등변삼각형(이를테면 두 변의 길이가 같은 삼각형)이라는 사실을 증명하는 것부터 시작하겠다. 부등변삼각형 ABC가 있다고 하고, 각 C와 AB의 수직이등분선을 그리자. 그리고 교점 G에서 시작하여 점 D와 점 F에서 각각 만나도록 AC와 CB에 수선을 그리자. 부등변삼각형의 모양이 어떻게 그려졌는지에 따라 위의 설명을 만족시키는 부등변삼각형을 묘사하는 방법은 네 가지로 나뉜다. [그림 40.1]에서 볼 수 있듯이 첫 번째 모양의 삼각형에서는 CG와 GE가 삼각형 내부의 점 G에서 만난다.

두 번째 모양의 삼각형에서는 [그림 40.2]처럼 CG와 GE가 변 AB 위에서 만난다(점 E와 점 G가 일치한다.).

세 번째 모양의 삼각형은 [그림 40.3]에서 볼 수 있듯이 CG와 GE가 삼각형의 외부에서(점 G에서) 만나지만, 수선 GD와 GF가 선분 AC와 CB의 연장선과 만난다(점 D와 점 F에서 각각).

[그림 40.4]에서 볼 수 있듯이 네 번째 모양의 삼각형에서는 CG와 GE가 삼각형의 외부에서(점 G에서) 만나지만, 수선 GD와 GF가 삼각형 외부에 있는 AC와 CB의 연장선과 만난다(점 D와 점 F에서 각각).

실수, 즉 오류에 대한 '증명'은 위의 도형들 중 어떤 도형을 선택해도 가능하다. 다음과 같이 따라 해보면 이 책을 더 읽지 않고도 오류를 확인할 수 있다.

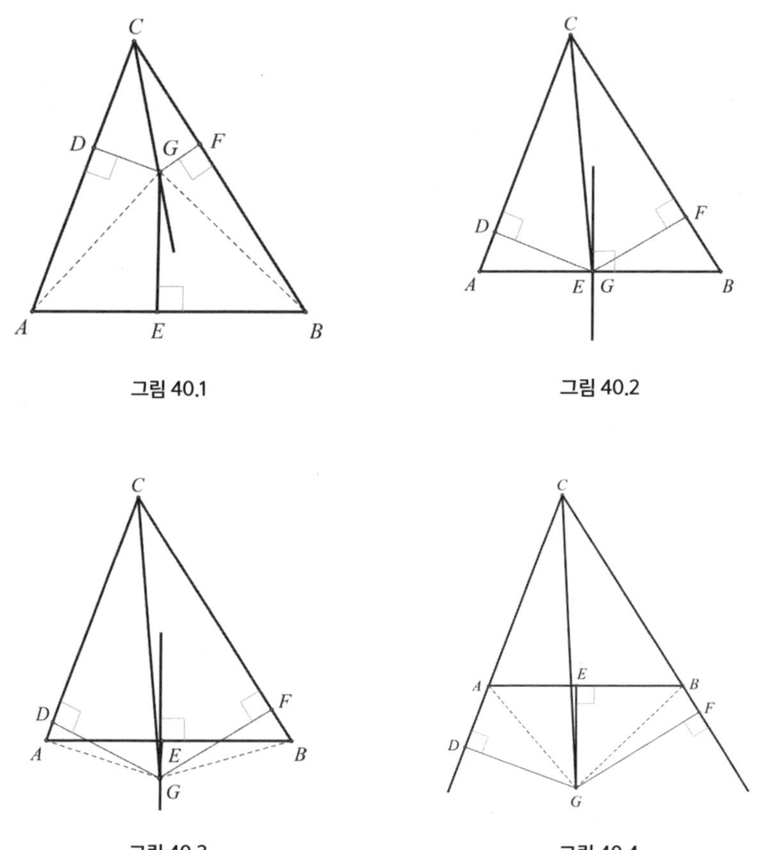

그림 40.1

그림 40.2

그림 40.3

그림 40.4

먼저 부등변삼각형 *ABC*부터 시작하겠다. 이제 우리는 $AC = BC$ (즉 삼각형 ABC가 이등변삼각형)임을 '증명'하려고 한다. 각의 이등분선이 있기 때문에 $\angle ACG$ $\cong \angle BCG$이다. 또한 직각이 두 개이므로 $\angle CDG \cong \angle CFG$이다. 이를 통해 $\triangle CDG \cong \triangle CFG(SAA)$라고 결론을 내릴 수 있다. 그러므로 선분에 대한 수직이등분선 (*EG*) 위의 점이 선분 $AG = BG$인 끝점으로부터 같은 거리에 있으므로 $DG = FG$이고 $CD = CF$이다. 마찬가지로 $\angle ADG$와 $\angle BFG$는 직각이다. 그리고 $\angle DAG \cong \angle FBG$이다(각각 한 개의 빗변과 높이/밑변이 합동이므로). 따라서 *DA*

수학을 만든 사람들

= FB이다([그림 40.1], [그림 40.2], [그림 40.3]에서는 더하고, [그림 40.4]에서는 빼고). 그러므로 $AC = BC$이다.

이 시점에서 여러분은 상당히 혼란스러울 수 있다. 이 도형들의 정확성에 이의를 제기하고 싶을 것이다. 여러분이 직접 정확한 작도를 해보면 이 도형들에서 미묘한 오류를 찾아낼 수 있을 것이다. 이제부터 우리는 오류를 밝히고, 힐베르트의 공리에서 시도했던 것과 같은 방법처럼 더 확실하고 정확하게 기하학적 개념을 참고하는 방법을 소개하려고 한다.

먼저 우리는 점 G가 삼각형의 외부에 있어야만 한다는 것을 증명할 수 있다. 수선들이 삼각형의 변들과 만난다면 하나는 꼭짓점들 사이에 있는 한 변과 만나는 반면, 다른 하나는 그렇지 않을 것이다. 이러한 오류는 유클리드가 '사이'라는 개념을 무시했기 때문에 발생한 것이다.

삼각형 ABC의 외접원을 살펴보는 것부터 시작하자([그림 40.5]). (각 ACM과 각 BCM은 합동인 원주각이기 때문에) 각 ACB의 이등분선은 호 AB의 중점 M을 포함한다.

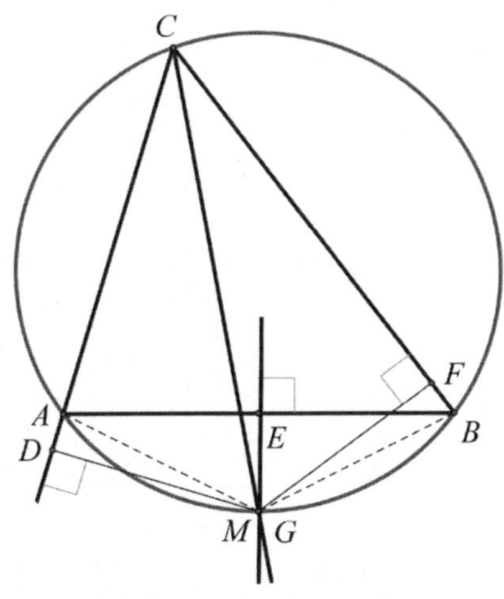

그림 40.5

선분 AB의 수직이등분선은 호 AB를 이등분해야 하므로 점 M을 통과해야 한다. 따라서 각 ACB의 이등분선과 선분 AB의 수직이등분선은 외접원에서 만나고, 이것은 점 M(또는 G)의 외부에서 만난다. 그러므로 우리는 [그림 40.1]과 [그림 40.2]를 이용할 가능성은 배제해야 한다.

이제부터 내접 사각형(cyclic quadrilateral) $ACBG$를 살펴보도록 하자. 내접 사각형의 대각은 서로 보각이므로 $\angle CAG + \angle CBG = 180°$ 이다. 각 CAG와 각 CBG가 직각이라면 CG는 지름이고 삼각형 ABC는 이등변삼각형일 것이다. 그러므로 삼각형 ABC는 부등변삼각형이고, 각 CAG와 각 CBG는 직각이 아니다. 이 경우에는 하나는 예각이고, 다른 하나는 둔각이어야 한다. 각 CBG가 예각이고 각 CAG가 둔각이라고 가정하자. 그러면 삼각형 CBG에서 선분 CB 위에 있는 높이는 삼각형 내부에 있어야 하는 반면, 둔각삼각형 CAG에서 AC 위에 있는 높이는 삼각형의 외부에 있어야 한다. 수선들 중 유일하게 한 개의 수선만이 꼭짓점들 사이에서 삼각형의 한 변과 만난다는 사실로 인해 잘못된 이 '증명'은 무효다. 여기서 증명은 유클리드에게는 없었지만 힐베르트의 공리를 통해서 명확해진 '사이'라는 개념에 좌우된다.

다비트 힐베르트는 1862년 1월 23일, 프로이센에서 독일이 된 쾨니히스베르크, 오늘날 러시아의 칼리닌그라드에서 태어났다. 그의 아버지 오토 힐베르

그림 40.6 다비트 힐베르트(왼쪽부터 1910년, 1940년).

수학을 만든 사람들

트(Otto Hilbert)는 시 소속 판사였고 어머니 마리아(Maria) 힐베르트는 철학과 천문학을 연구했다. 이런 환경에서 자란 다비트 힐베르트는 어릴 때부터 특별한 수학적 재능과 언어에 대한 관심을 보였다. 1872년에 힐베르트는 프리드리히스 콜렉 김나지움(Friedrichs Kolleg Gymnasium)에 입학했고, 7년 후 빌헬름 김나지움(Wilhelm Gymnasium)을 졸업했다.

다음 해인 1880년에 그는 쾨니히스베르크대학교(University of Königsberg) 수학과에 입학했다. 이곳에서 자신보다 먼저 입학했고 베를린에 있다가 1882년 쾨니히스베르크로 돌아온 수학자 헤르만 민코프스키(Hermann Minkowski, 1864~1909)와 친구가 되었다. 민코프스키는 힐베르트에게 평생 가장 소중한 친구였다. 1884년 힐베르트와 민코프스키는 괴팅겐에서 새로 부임한 교수 아돌프 후르비츠(Adolf Hurwitz, 1859~1919)와 공동 연구를 한다. 이 세 사람의 우정과 공동 연구는 교수로서 이들의 경력에 꾸준한 영향을 끼쳤다. 1885년 박사 학위를 받은 힐베르트는 시립 김나지움 교사 자격시험을 준비하기 시작했고, 물론 이 시험에 합격했다. 이 시기에 그는 평면기하학과 구면기하학 강의를 수강했다. 후르비츠는 힐베르트에게 라이프치히대학교(University of Leipizig)에서 겨울 학기를 다니며 유명한 독일의 수학자 펠릭스 클라인(Felix Klein, 1849~1925)의 강의를 수강할 것을 추천했다. 그다음에 클라인이 힐베르트에게 파리를 방문하여 몇몇 유명한 수학자들과 교제할 것을 제안했다. 힐베르트는 프랑스어를 할 줄 몰라서 프랑스의 동료들이 독일어로 말하느라 고생을 좀 했지만 좋은 교제를 나누고 돌아왔다. 얼마 후 힐베르트는 쾨니히스베르크대학교로 돌아와 1886년부터 1895년까지 교수진으로 재직했다. 힐베르트가 정교수가 된 것은 1893년이다.

1892년 10월 12일 힐베르트는 자신의 육촌인 케테 예로시(Käthe Jerosch)와 결혼했고 1893년 8월 11일에 아들 프란츠가 태어났다. 두 사람 사이에 자식은 아들 하나뿐이었다. 힐베르트의 교수로서 경력은 펠릭스 클라인의 강력한 지원에 따라 움직였다. 클라인은 힐베르트가 괴팅겐대학교 수학과 학과장으로 임명될 수 있도록 애써주었다. 당시 괴팅겐대학교는 유명한 수학자들의 집결지였고, 대표적인 인물로 카를 프리드리히 가우스(29장 참조), 베른하르트 리만(36장 참조), 에미 뇌터(42장 참조) 등이 있다. 힐베르트는 여생을 괴팅겐대학교에서 보내며 69명의 박사 과정생을 지도했고, 제자들은 대부분 자신의 실력으로 유명한 수학자가 되었다. 한편 힐베르트는 수리물리학에도 열렬한 관심을 보였다. 이것이 괴팅겐대학교 물리학과의 저력이 되어 세 명의 노벨물리학상 수상자를 배출하는 토대가 되었다. 막스 폰 라우에(Max von Laue, 1914), 제임스 프랑크(James Frank, 1925), 베르너 하이젠베르크(Werner Heisenberg, 1932)가 그 주인공이다.

1899년 힐베르트는 『기하학 기초론』이라는 책을 발표했다. 이 책에서 힐베르트는 유클리드의 『기하학 원론』에 수록되어 유클리드를 유명하게 만든 공리들을 대체할 일련의 공리들을 제시했다. 이후 수십 년 동안 이 책은 여러 언어로 번역되었다. 이것이 현대의 공리적 방법(axiomatic method)이라는 새로운 트렌드를 설정했다. 새로 도입된 개념은 우리가 앞에서 언급했던 '사이'였다.

하지만 선분, 각, 삼각형은 '사이(betweeness)'와 '~위에 있음(containment)'의 관계를 이용하여 점과 직선의 관점에서 각각 정의될 수 있다는 점에 유의하길 바란다. 다음의 공리들에서 다르게 설명되지 않는 한 모든 점, 직선, 평면은 뚜렷하게 구분된다. 힐베르트의 공리는 근본적으로 평면기하학과 입체기하학을 단일 체계로 통합했다.

1900년 파리에서 열린 제2차 세계수학자대회[1]에서 힐베르트는 지금까지 수학자들이 가장 어렵다고 여겨 왔던 23개의 유명한 난제를 발표했다. 힐베르트는 20세기로 접어드는 길목에서 수학자들에게 의미 있는 도전이 될 것이라고 생각했기 때문에, 23개의 연구 과제 목록을 작성하기 위해 다양한 수학 분야를 조사했다. 그런데 그가 제시한 문제 중 하나가 골드바흐의 추측이었다(21장 참조). 유감스럽게도 23개 난제들은 이 책의 범위를 넘는다.[2] 하지만 이 중 많은 문제들이 20세기에 풀렸다는 점만 말해두겠다.

힐베르트는 논리적 추론에도 아주 관심이 많았고, 이것은 20세기 이후 수학의 형식주의적 기초를 확실히 세웠다. 1910년 무렵 적분 방정식에 관한 그의 연구는 결국 함수 해석학(functional analysis)으로 이어졌고, 이것이 물리학에 응용된 것은 의미심장한 일이다. 이 무렵에 힐베르트는 수론의 한 추측(conjecture)을 증명했다. 모든 정수는 어떤 수의 n제곱의 합으로 나타낼 수 있다. 예를 들어 $n = 2$ 일 때 $11 = 3^2 + 1^2 + 1^2$이나 $n = 3$일 때 $65 = 4^3 + 1^3$과 같은 것이다.

20세기 초반 내내 힐베르트는 수학 분야에 중대한 업적을 남긴 인물이었다. 1902년부터 1939년까지 그는 세계적으로 권위 있는 수학 저널로 손꼽히는 《수학 연보(Mathematische Annalen)》의 편집자로 일했다. 1925년 63세가 되었을 때 힐베르트는 비타민결핍증인 악성빈혈로 체력이 완전히 고갈되어, 그 후로는 예전만큼 연구 활동을 하지 못했다.

1933년 나치가 괴팅겐대학교의 유대인 교수진들을 대거 해임하면서 이 뛰어난 수학자의 경력에 제동이 걸렸다. 다음 해에 힐베르트가 독일의 교육부 장관 베른하르트 루스트(Bernhard Rust)를 만날 기회가 있었다. 루스트가 힐베르트에게 수학 연구소가 유대인 파면 사태로 많은 고통을 겪었는지 묻자 힐베르트는 이렇게 대답했다. "고통을 겪다니요? 수학 연구소는 더 이상 존재하지 않습니다!"[3] 처음에 힐베르트는 유대인 수학자 친구들에 대한 나치의 탄압에 격한 반응을 보였다. 하지만 나치에 대한 자신의 혐오감이 아무 소용 없다는 사실을 깨달으면서 침묵하고 뒤로 물러났다. 그는 칼뱅주의자로 자랐지만 나중에 교회를 떠났고 불가지론자가 되었다. 힐베르트는 1943년 2월 14일 사람들에게 거의 잊혀갈 때 세상을 떠났다. 괴팅겐대학교에서 함께했던 동료들은 대부분 이미 세상을 떠나고 없었다.

오늘날까지도 힐베르트의 이름으로 기억되는 수학 분야가 많다. 그중 하나가 힐베르트 공간(Hilbert space)으로, 유클리드 공간(Euclidean space)을 일반화한 것이다. 이것은 벡터 대수와 미적분학의 방법들을 유한개 혹은 무한개 차원의 공간으로 확장했다. 힐베르트 공간은 이후 수십 년 이상 물리학의 중대한 업적들의 기초가 되었고, 지금도 양자역학에서 수학적 공식화에 성공한 가장 우수한 사례들 가운데 하나다. 이 책에서 우리는 [그림 40.7]의 공간을 채우는 곡선에 대한 힐베르트의 알고리듬 중 한 가지 예를 보여주려고 한다.[4]

힐베르트는 공간을 채우는 곡선에 대한 알고리듬을 만들었다. 이것은 정사각형이나 정육면체와 같은 더 높은 차원의 공간을 완벽하게 채운다.

1930년대 중반은 힐베르트와 스위스의 수학자 파울 베르나이스(Paul Bernays, 1888~1977)가 총 두 권으로 된 『수학 기초론(Foundations of Mathematics)』을 공동 집필

그림 40.7 재귀적 알고리듬은 연속적이고 교차하지 않는 곡선을 생성하는 데 반복적으로 사용될 수 있다. 예를 들어 격자무늬(grid)에서 모든 픽셀(화소)은 단 한 번만 지나간다. 이 그림은 이 과정의 처음 여섯 단계를 연속적으로 보여준다.

수학을 만든 사람들

한 시기였다. 이 책은 근본적인 수학 사상을 소개하고 공리계(axiomatic system, 수학적인 이론 체계의 기초로서 설정된 명제들을 하나로 묶은 것-옮긴이)를 모아 놓았으며, 이를 통해 자연수와 자연수의 부분집합을 공식화하며 공리적 집합론에 대안을 제시했다.

힐베르트의 유산은 그가 수학 분야에 남긴 다양한 혁신을 통해 지금도 살아 있다. 힐베르트 수, 힐베르트 행렬, 아인슈타인-힐베르트 방정식, 힐베르트 공리, 힐베르트 체계, 힐베르트 다항식, 힐베르트 함수, 힐베르트 곡선 등 그의 이름이 붙여진 많은 수학 개념이 그 증거다.

Chapter 41

하디

수학의 아름다움
영국, 1877~1947

첨단 기술 시대에 수학은 그 발전의 열쇠로 간주된다. 이는 수학이 과학과 컴퓨터공학뿐 아니라 금융 및 기타 논리 기반의 모든 분야에 활용되며 유용성을 인정받고 있다는 의미다. 그 결과, 수학의 힘과 아름다움을 모두 보여줘야 할 학교 교육과정은 아름다움보다는 힘에 주로 초점을 맞추고 있다.

20세기 영국에서 가장 유명한 수학자 $G.H.$ 하디(Godfrey Harold Hardy)는 수학은 유용성이 아닌 아름다움으로 그 가치를 인정받아야 한다는 개념을 전하기 위해 평생을 싸웠다. 물론 그의 연구 일부가 유전학과 같은 분야의 문제를 해결하기 위한 수학에 응용되기는 했지만 말이다. 사실 하디는 1940년에 수학의 미학을 다룬 에세이를 썼는데, 이것이 『어느 수학자의 변명(A mathematician's Apology)』이라는 제목의 책으로 출간되어 지금도 구해볼 수 있다. 이 책에서 그는 비전문가의 통찰력을 수학자의 마인드에 심어주려고 노력했다. 가장 중요한 주제는 수학이 다른 분야의 문제를 해결하기 위한 유용성보다 고유한 아름다움으로 그 가치를 인정받아야 한다는 것이다. 그래서 그는 응용 수학이 아닌 순수 수학을 열정적으로 연구했고, 특히 수학이 군사 전략과 묘책에 응용되었을 때 응용 수학은 그에게 혐오스러운 존재가 되었다.

고드프리 해럴드 하디는 1877년 2월 7일 영국 써리의 크랜레이(Cranleigh, Surrey)에서 태어났다. 그의 부모님은 교육자였고 수학에 특별한 재능을 가지고 있었지만 안타깝게도 두 사람은 가난해서 대학 교육을 받을 형편이 되지 못했다. 이런 부모님의 영향을 받아 하디는 일찍이 수학적 재능을 보였다. 그는 두 살 때 이미 1부터 1,000,000까지 쓸 줄 알았다. 열두 살 때까지는 고향에서 학교를 다녔고, 1889년 장학금을 받고 영국 윈체스터의 윈체스터칼리지(Winchester College)에 입학했다. 이 학교는 당시 영국에서 최고의 수학교육 기관이라는 평가를 받았다. 하지만 하디는 학교 교육 외에 그곳에서 재미 붙일 일을 찾지 못했다. 하디는 또래 동창들에 비해 약하고 숫기가 없는 편이었기 때문에 자신이 수학 실력으로 그들을 이겨서 존재감을 인정받는 수밖에 없다고 생각했다.

그리하여 1896년 하디는 장학금을 받고 케임브리지대학교의 트리니티칼리지에 입학했다. 처음에 하디의 수학 코치로 로버트 럼지 웹(Robert Rumsey Webb)이 배정되었는데, 웹은 수학 과목에 관심과 흥미를 갖도록 유도하기보다는 시험을 잘 치는 법을 보여주는 데 관심이 많았다. 하디가 역사학으로 관심사를 바꿔볼까 고민까지 하던 차에 행운이 찾아왔다. *A.E.H.* 러브(A.E.H. Love)라는 새로운 코치가 나타나 하디에게 읽을거리를 알려주었고, 수학에 대한 관심에 다시 불을 붙였다. 만년에 하디는 프랑스의 수학자 카미유 조르당(Camille Jordan, 1838~1922)의 『해석학 과정(Cours d'Analyse)』이

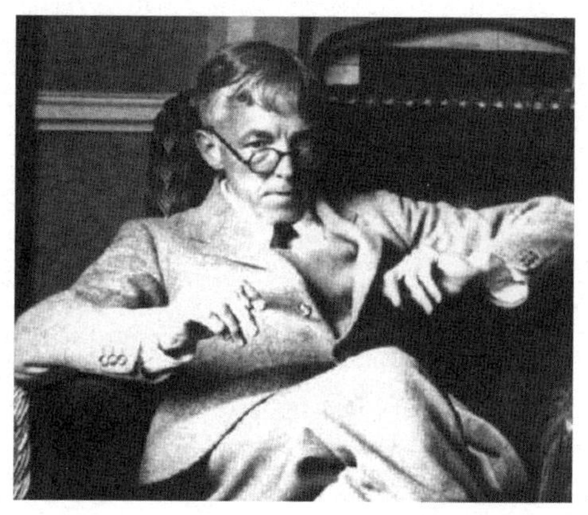

그림 41.1 G. H. 하디.

자신에게 지속적인 영향을 끼쳤고 수학이 실제로 무엇을 의미하는지 정의하고 있다고 밝혔다.

1898년 하디는 케임브리지대학교 졸업반 학생 중에서 수학 성적이 네 번째로 높았다. 자신이 졸업반에서 수석이라고 생각했던 그는 크게 실망했다. 하지만 1900년에 그는 트리니티칼리지 연구원으로 선출되었고 다음 해에 수학 분야의 탁월함을 인정받아 스미스상(Smith's Prize)을 수상했다. 이후 10년이 넘게 그는 급수와 적분의 수렴 및 기타 관련 주제들에 관한 전문 논문을 썼다. 이 시기에 가장 눈에 띄는 저서는 『순수 수학 강의(A Course of Pure Mathematics)』였는데 수, 함수, 극한 등의 주제를 영어로 정확하게 설명한 최초의 책이었다. 이 책은 학부생들을 대상으로 했고 여기에 맞춰 커리큘럼에 변화가 나타났다. 하디는 자신의 연구에 대해 매우 겸손했고, 만년에 자신은 그 시기의 수학 저작에 그다지 황홀함을 느끼지 않는다고 고백했다.

1911년 하디는 존 E. 리틀우드(John E. Littlewood, 1885~1977)와 공동 연구를 시작하여 35년 동안 이 관계가 지속되었다. 하디와 리틀우드는 수학적 해석(mathematical analysis)과 해석적 수론(analytical number theory)을 연구했다. 또한 이들은 '웨어링의 문제(Waring's problem)'를 해결하는 데 몰두했다. 웨어링의 문제란, "모든 자연수는 최대 n개의 k제곱의 합이다."와 같이 자연수 n과 양의 정수 k의 관계를 나타낸 것이다. 예를 들어 모든 자연수는 최대 4개의 제곱수, 9개의 세제곱수, 19개의 네제곱수로 나타낼 수 있다. 이 문제는 1770년 영국의 수학자 에드워드 웨어링(Edward Waring, 1736~1798)이 처음 제기했고, 1909년 다비트 힐베르트가 참이라는 것을 증명했다. 이것이 더 깊이 있는 연구를 할 수 있는 토대가 되어 하디와 리틀우드는 더 많은 추측들을 발표할 수 있었다.

이러한 추측들 중 하나는 쌍둥이 소수에 관한 것이었다. 쌍둥이 소수는 홀수이면서 연속하는 두 개의 소수를 일컫는다. 예를 들어 5와 7, 41과 43은 쌍둥이

그림 41.2 1924년 하디와 리틀우드.

소수다. 여기에서 더 나아가 하디와 리틀우드는 이것을 공통적인 차이를 갖는 소수들의 수열을 연구하는 발판으로 삼았다. 이러한 추측들 중 또 다른 예는 어떤 구간에서 소수들의 개수에 관한 것이다. 이 추측에 의하면, $\pi(x)$가 실수 x보다 작거나 같은 소수의 개수라고 할 때 $\pi(x+y) \leq \pi(x) + \pi(y)$이다. 예를 들어 2보다 작거나 같은 소수는 1개, 즉 자기 자신밖에 없으므로 $\pi(2) = 1$ 이다. 따라서 이 추측은 y보다 크고 $y + 2$보다 작은 소수의 개수는 최대 1이므로 $\pi(y + 2) \leq 1 + \pi(y)$, 즉 $\pi(y + 2) - \pi(y) \leq 1$ 라는 뜻을 내포하고 있다. 연속하는 두 수 중 최대 1개가 소수일 수 있기 때문에 이것은 참이다. 그런데 이 추측은 심지어 $\pi(x+y) - \pi(x) \leq \pi(y)$, 즉 $\pi(x)$보다 크고 $\pi(x+y)$보다 작거나 같은 소수의 개수는 1과 y사이의 소수의 개수보다 크지 않다는 것을 의미한다. 쉽게 말해, n개의 연속하는 수들 사이에 있는 소수의 개수는 시작하는 수가 점점 커질수록 점점 작아진다. 이후 수십 년 동안 하디와 리틀우드의 공동 연구는 수학 분야의 주요 업적 중 하나로 여겨진다. 현재 옥스퍼드대학교 출판부(Oxford University Press)에서 출판한 하디의 논문집(Hardy's collected papers)은 총 7권으로 구성되어 있다[1]. 그중 대부분이 리틀우드, 라마누잔과의 공동 연구이고 다른 학자들과의 공동 연구도 있다.

1913년 하디의 인생에 변화가 찾아왔다. 인도 출신의 수학광 스리니바사 라마누잔으로부터 공부를 할 수 있게 도와달라는 편지를 받은 것이다. 라마누잔은 전에도 다른 두 명의 유명한 수학자에게 도움을 요청하는 편지를 보냈지만 무시당했다. 웬일인지 하디는 자신이 받은 편지에서 라마누잔의 천재성을 알아보았고 영국 케임브리지로 그를 초청했다. 이를 계기로 두 사람은 공동 연구를 시작했고 5편의 매우 중요한 수학 논문을 발표했다(공동 연구와 관련된 자세한 내용은 43장 참조). 하디와 라마누잔의 공동 연구 사례 중 하나는 하디-라마누잔 점근 공식(Hardy-Ramanujan asymptotic formula)으로, 현재 물리학에도 널리 응용되고 있다. 이 연구는 양의 정수를 다른 정수들의 합으로 나타내는 방법인 정수 분할(integer partition)을 바탕으로 한다. 예를 들어 숫자 4는 4, 3+1, 2+2, 2+1+1, 1+1+1+1 등 다섯 가지 방법으로 정수 분할을 할 수 있다.

이 시기는 하디의 연구 파트너였던 리틀우드가 제1차 세계 대전에 참전하기 위해 케임브리지를 떠나 왕립포병대(Royal artillery)에 입대했을 무렵이었다. 하디도 그를 따라 입대하려고 했으나 건강상의 이유로 군 복무를 거절당했다. 하지만 케임브리지대학교에서 뭔가 잘 풀리지 않았던 1919년, 하디는 옥스퍼드대

그림 41.3 라마누잔(가운데)과 하디(오른쪽).

학교 새빌 기하학 석좌 교수(Savilian Professor of Geometry)직을 수락했다. 이것이 전환점이 되어 결실 있는 시간들이 다시 찾아왔다. 하디는 케임브리지대학교에 남았던 리틀우드와 공동 연구를 재개했다.

하디는 순수 수학에 집중하는 것에 자부심을 느꼈지만 수학 영역 이외의 문제를 해결하는 데도 몰두했다. 그중 하나가 1908년 독일의 산과 전문의 빌헬름 바인베르크(Wilhelm Weinberg)가 제기한 문제였다. 하디는 이것을 '하디-바인베르크의 법칙(Hardy-Weinberg principle)'으로 완성했다. 하디-바인베르크의 법칙은 한 개체에서 대립형질과 유전자형이 나타나는 빈도는 진화의 영향이 없으면 대대로 일정하게 유지된다는 것이다.

하디는 결혼을 하지 않았지만 몇 번의 교제 경험은 있었다. 심지어 그는 상을 받을 때도 관심의 대상이 되길 원치 않았던 숫기가 없는 사람이었다. 이렇게 조용한 성격이었지만 그는 버트런트 러셀, 존 메이너드 케인스(John Manard Keynes), G.E. 무어(G.E. Moore), 조지 폴리아(Georgy Polya) 등 당대의 저명한 철학자들이나 수학자들과의 우정을 키워나갔다. 만년에 그는 케임브리지사도회

(Cambridge Apostles, 케임브리지에서 지적 탐구를 위해 결성된 단체, 회원이 12명이기 때문에 사도회라는 이름이 붙여짐-옮긴이)와 블룸즈버리그룹(Bloomsbury Group, 영국의 작가, 지식인, 철학자, 예술가들의 집단-옮긴이)과 같은 사교 모임의 회원으로 활동했다.

그는 자신이 가장 결실을 많이 내던 시절을 젊었을 때라고 생각했다. 자신의 유명 에세이 「어느 수학자의 변명」에서 유명한 수학자들의 전성기가 주로 40대 이전이었다는 것을 인용하며 갈루아는 20세, 아벨은 27세, 라마누잔은 33세, 리만은 40세에 세상을 떠났다는 점을 언급했다. 하지만 그는 가우스와 같은 예외적 인물도 언급했다. 가우스는 50세에 미분기하학에 관한 논문을 발표했지만, 연구는 이미 40세에 끝내 놓은 상태였다고 한다(어쩌면 이 규칙을 적용해서 수학 분야에서 가장 권위 있는 상인 필즈메달의 수상 자격을 40세 미만으로 정했는지도 모르겠다). 하지만 페르마의 마지막 정리를 증명한 영국의 수학자 앤드루 와일스는 42세에 위업을 달성했다는 점을 기억하길 바란다.

1945년 제2차 세계 대전이 끝났을 때 하디의 건강도 창의성처럼 약해지기 시작했고 그는 심한 우울증에 빠졌다. 심지어 그는 걷는 것도 싫어하여 택시와 같은 다른 교통수단을 이용해야 했다. 1947년 중반에 그는 바르비투르산계(barbiturates) 약물을 과다복용하며 자살을 시도했다. 이 일로 목숨을 잃지는 않았지만 그는 건강이 더 악화되어 자리를 보전하게 되었다. 그는 친구들에게 죽고만 싶다고 말했지만, 이미 한 번 실패했기 때문에 더 이상 자살 시도는 하지 않았다. 만년에는 여동생이 그를 돌봐주었고 1947년 12월 1일 영국 케임브리지에서 사망했다.

하디는 세상을 떠나기 며칠 전에 영국왕립학회로부터 "지난 30년간 영국에서 수학적 해석을 발전시키는 데 기여한 공로를 인정받아" 코플리메달(Copley Medal, 과학 분야에서 업적을 남긴 사람에게 수여되는 상이며 가장 오래되었다-옮긴이)을 수상했다. 그만큼 그가 영국 수학계에서 유명한 인물이었다는 점을 알아두길 바란다. 이

그림 41.4 크리켓팀을 통솔하여 필드에 입장하는 하디.

에 대한 증거로는 하디가 1926년부터 1928년까지와 1939년부터 1941년까지 런던수학협회(London Mathematical Society) 회장을 역임했다는 것이다. 1929년에 그는 수학자에게 명예로운 상인 드모르간메달(De Morgan Medal)도 받았다.

그는 평생 무신론자였고 크리켓 경기를 즐겼다. 사실 그가 인생에서 가장 사랑했던 것을 꼽으라면 수학과 크리켓이었다. 앞에서 그가 숫기 없는 사람이었다는 것을 언급했는데, 실제로 그는 자신의 사진을 찍는 것도 허락하지 않았기 때문에 현재 그의 사진은 5장밖에 남아 있지 않다. 또한 거울에 비치는 자신의 모습도 싫어해서 거울이 있는 호텔에 들어가면 수건으로 거울을 덮어 놓았다. 하지만 그는 자신의 제자들에게 매우 헌신적이었고 그들에게 완벽함을 기대했다. 무엇보다도 그는 자신의 가장 위대한 수학적 업적은 라마누잔을 발견한 것이라고 생각했다.

하디 편을 마무리하며, 그의 에세이 「어느 수학자의 변명」의 한 구절을 읽는 것도 좋으리라.

나는 수학적 성취의 영속성을 강조했다 — 우리가 하는 일은 사소할지라도 일정한 영속성을 지닌다. 시 한 편이든 기하학적 정리든, 조금이라도 영속적인 가치를 지닌 것을 만들어낸다는 것은 대다수 인간의 능력을 완전히 초월한 무언가를 해내는 것이다. 그리고 고전과 현대 학문 사이의 갈등이 지속되는 이 시대에, 피타고라스에서 시작하지도 않았고 아인슈타인에서 끝나지도 않으며, 가장 오래되었으면서도 가장 젊은 학문(수학)에 대해 이야기할 가치 있는 무언가가 분명 존재한다.

수학을 만든 사람들

뇌터

대칭과 보존의 정리
독일, 1882~1935

여러분은 아이스 스케이팅 선수가 스케이트 날을 세우고 회전하는 동작을 본 적이 있을 것이다. 선수가 두 팔과 두 다리를 몸으로 바짝 당기면 갑자기 회전 속도가 극적으로 빨라지기 시작한다. 이렇게 회전 속도가 빨라지는 것은 질량 재분배의 결과다. 여러분도 회전하는 사무용 의자에 앉아서 회전 속도를 갑자기 더 빨라지게 만들 수 있다. 의자에 앉아서 팔과 다리를 곧게 편 다음 친구에게 부드럽게 의자를 돌려달라고 해보자. 여러분이 천천히 돌고 있는 동안 팔과 다리를 몸쪽으로 빠르게 끌어당기면 회전 속도가 급격히 빨라지는 것을 느낄 수 있다. 이때 팔과 다리를 다시 쭉 뻗으면 회전 속도가 다시 느려진다.

회전하는 사무용 의자는 물리학의 기본적인 보존 법칙 중 하나인 '각운동량 보존(conservation of angular momentum)'을 설명하기 좋은 예다. 각운동량 보존은 대부분의 사람들에게 훨씬 더 익숙한 '선운동량 보존(conservation of linear momentum)'과 비슷하다. 뉴턴의 제1 운동법칙에 의하면 힘이 작용하지 않으면 모든 물체는 정지 상태 혹은 직선으로 등속 운동을 한다. 오늘날 우리는 이러한 관찰 결과를 운동량 보존 법칙(law of conservation of momentum)이라고 한다. 질량이 m이고 속도가 v인 물체의 선운동량 p의 값은 mv이다. 이것은 힘이 가해지지 않는

한 값과 방향이 일정하게 유지되는 보존량이다. 이와 유사하게 회전하는 물체는 외부의 비트는 힘이 작용하지 않으면 일정한 각운동량을 유지하며 회전하는 경향이 있다. 질량이 m인 어떤 물체가 각속도 w로 회전할 때 각운동량 L은 mwr^2이다. 이때 r은 물체의 자취인 원의 반지름이다. 닫힌 물리계에서 총 각운동량은 보존된다. 이것은 값과 회전축이 일정하게 유지된다는 의미이다. 여러분이 팔과 다리를 쭉 뻗고 회전하는 사무용 의자에 앉아 있으면 여러분 몸의 이 부분들은 의자가 회전할 때의 반지름 크기와 같은 원을 그릴 것이다. 하지만 여러분이 팔과 다리를 몸쪽으로 바짝 당기면 이 원의 반지름은 점점 작아진다. 회전하는 의자의 총 각운동량이 보존되기 때문에, 즉 mwr^2 값이 일정하게 유지되기 때문에, 반지름이 더 작아진다는 것은 각속도가 증가한다는 의미다. 따라서 여러분이 팔과 다리를 몸쪽으로 당길 때 각속도가 증가하는 것은 각운동량이 보존된 결과다.

하지만 이때 우리가 마찰을 고려하지 않았다는 점에 주의해야 한다. 마찰은 회전에 반작용하는 힘처럼 작용한다. 즉, 마찰은 서서히 의자의 속도를 느리게 만들어 결국 회전이 멈춘다. 선운동량과 각운동량은 보존 법칙을 만족시키는 물리학에서의 양만을 의미하지 않는다. 여기에 에너지와 질량도 포함된다. 물리학에서 보존 법칙은 항상 매우 중요했다. 하지만 이 법칙들은 어느 정도는 기적

그림 42.1 에미 뇌터.

수학을 만든 사람들

적으로, 물리 이론을 지배하는 방정식에 대해 전혀 명확하지 않은 결과로 나타났다.

그런데 20세기 초반 독일의 수학자 에미 뇌터(Emmy Noether)가 보존 법칙에 대한 깊이 있는 통찰력과 주어진 물리 이론 내에서 모든 보존 법칙을 발견할 수 있는 실용적인 계산 툴을 발견했다. 뇌터는 물리계가 대칭성을 지니고 있다면 항상 이와 연관된 보존 법칙이 존재한다는 것을 증명했다. 예를 들어 어떤 계(系)가 같은 행동을 한다면, 이것이 공간에서 어떻게 유래했는지와 상관없이 회전을 할 때 대칭이다. 뇌터의 정리(Noether's theorem)는 우리에게 계의 각운동량이 보존된다는 것을 말해 준다. 뇌터의 정리는 이론물리학의 이정표였다. 그녀의 연구는 이론물리학과 수학 발전에 여전히 중요한 의미를 지닌다. 그래서 알베르트 아인슈타인(Albert Einstein, 1879~1955)이 그녀를 수학의 역사에서 가장 중요한 인물이라고 했던 것이다. 이제부터 이 대단한 여인에 대해 알아보도록 하자.

아말리 에미 뇌터는 1882년 3월 23일 독일의 에를랑겐(Erlangen)에서 태어났다. 그녀의 이름(first name)은 어머니인 이다 아말리아 카우프만의 이름을 따서 '아말리'였지만, 아주 어릴 적부터 중간 이름인 '에미'를 사용하기 시작했다. 그녀의 부모님은 둘 다 부유한 유대인 가정 출신이었고, 에미 뇌터는 4남매 중 첫째이자 유일한 딸이었다. 그녀의 아버지 막스 뇌터(Max Noether)는 유명한 수학자이자 에를랑겐대학교(University of Erlangen) 교수였다. 하지만 초등학교 때 에미는 수학에 특별한 관심을 보이지 않았다. 게다가 그녀는 근시였고 혀 짧은 소리를 내서 별로 눈에 띄지 않는 아이였다. 고등학교에서는 독일어, 영어, 프랑스어, 산술을 공부했다. 여느 여학생들과 마찬가지로 요리와 청소도 배웠고 피아노 레슨도 받았다. 당시의 고등학교는 남녀공학이 아니었고, 여자 학교의 커리큘럼은 가정주부로서 미래의 역할에 맞춰 짜여 있었다. 에미는 춤을 좋아했지만 전형적인 여자아이들을 위한 활동에는 그다지 열의를 보이지 않았다. 또한 그녀가 다녔던 학교에서는 수학을 열심히 가르치지 않았다. 1897년 고등학교를 마치고 영어와 프랑스어 공부를 더 하기 위해 그녀는 바이에른주의 교사 자격 시험에 응시했다. 그리고 1900년에 그녀는 바이에른 여학교의 교사가 되었다. 그녀는 여학교에서 언어를 가르칠 수 있는 자격증을 갖고 있었지만 이 길을 가지 않고 상급 학교에 진학하기로 결심했다. 수많은 난관을 물리치고 뇌터는 여학생이 단 두 명뿐인 에를랑겐대학교에서 끝까지 버티며 공부했다. 공식적으로 여자는 대학에서 공부할 수 없었기 때문에 뇌터는 원하는 강의를 듣고 싶을 때마다 교수를 직접 찾아가 허락을 구해야 했다. 그사이 그녀의 관심사는 수학으로 바뀌었다. 물론 그녀는 언어 공부에도 여전히 흥미를 갖고 있었다.

1903년 그녀는 남학생만 들어갈 수 있는 대학교의 입학시험에 합격했다. 그녀는 당시 독일에서 수학 연구의 중심지였던 괴팅겐대학교에 들어갔다. 괴팅겐에서 에미 뇌터는 카를 슈바르츠실트(Karl Schwarzschild, 독일의 천문학자-옮긴이), 오토 블루멘탈(Otto Blumenthal, 독일의 수학자-옮긴이), 다비트 힐베르트, 펠릭스 클라인, 헤르만 민코프스키의 강의를 들었다. 이번에도 정식 수강생이 아니라 청강생 신분만 허락되었다. 괴팅겐에서 1학기를 보낸 후 1904년 드디어 여자에게도 대학 입학이 허용되자 그녀는 에를랑겐으로 돌아왔다. 그녀는 수학을 전공하겠다는 의사를 밝혔고 독일 최초 공식적으로 대학에 입학한 여성이 되었다.

1907년 그녀는 파울 고르단(Paul Gordan)의 지도로 박사 논문을 마쳤다. 당연히 다음 순서는 박사후과정으로 대학교수가 되기 위한 필수 요건인 '대학교수 자격 취득(Habilitation)'이었다. 물론 에미 뇌터는 이 과정을 밟을 수 없었다. 여전히 대학에서는 이러한 고급 학위 과정에 대해 여성의 입학을 제한했기 때문이었다. 이후 7년 동안 그녀는 에를랑겐대학교 연구소에서 무보수로 아버지를 보조하며 그가 계획된 강의를 할 시간이 없으면 대신 강의를 했다. 물론 그러면서도 그녀는 꾸준히 연구했고 자신의 학위 논문 연구를 확장한 논문들을 발표

수학을 만든 사람들

했다. 그녀의 수준 높은 논문은 다른 수학자들에게 이름을 알리는 계기가 되었고, 1909년 뇌터는 독일수학회(German Mathematical Society) 회원이 되었으며 연례 회의에 초청되어 강의를 했다. 당연히 그녀는 지극히 남성 중심적인 행사에서 눈에 띌 수밖에 없었다. 1913년 빈에서 열린 수학학회에서 그녀는 오스트리아의 수학자 프란츠 메르텐스(Franz Mertens, 1840~1927)를 찾아갔다. 그의 손자는 나중에 그녀의 방문을 회상하며 다음과 같이 묘사했다.

> 내 눈에 그녀는 시골 교구에서 온 사제처럼 보였다. 발목까지 오는 밋밋한 검은 드레스와 외투, 짧은 머리에 남성용 모자 …… 제국 시대의 기차 안내원처럼 어깨끈이 달린 가방을 비스듬하게 메고 있었다. 그녀의 겉모습은 상당히 특이했다.

1915년 뇌터는 다비트 힐베르트와 펠릭스 클라인으로부터 괴팅겐에 초청을 받았다. 알베르트 아인슈타인이 발전시킨 기하학적 중력 이론인 일반상대성 이론의 특정한 부분들을 이해하는 데 그녀의 도움이 필요했기 때문이다. 힐베르트와 클라인은 뇌터에게 괴팅겐대학교의 대학교수 자격 취득을 권했다. 하지만 그녀는 많은 교수진들의 강력한 반발을 샀다. 전해지는 이야기에 따르면 어떤 교수는 이렇게 말했다고 한다. "우리 군인들이 전쟁터에 나갔다가 대학으로 돌아왔을 때 여자의 발밑에서 배워야 한다면 어떤 심정이겠습니까?"

이때 힐베르트가 했던 말은 지금까지도 유명하다. "이곳은 대학이지 목욕탕이 아닙니다!" 하지만 에미 뇌터가 부교수가 될 수 있도록 대학교수 자격 취득 과정을 허락해달라는 교수진의 탄원서에 대학 당국에서 거절 의사를 표하며 힐베르트의 노력도 수포로 돌아갔다. 그녀는 대학에서 한 푼도 받을 수 없고 그녀의 강의는 힐베르트의 이름 아래에 "힐베르트의 조교 뇌터와 함께"라고 공고되었다. 가족의 경제적 지원이 없었더라면 그녀는 괴팅겐대학교에서 연구

생활을 계속할 수 없었을 것이다. 그녀가 증명한 정리는 현재 '뇌터의 정리'라는 이름으로 알려져 있는데, 1918년까지 발표되지 않았다. 아인슈타인은 그녀의 연구 논문을 받고 힐베르트에게 이렇게 썼다.

> 저는 어제 뇌터 양으로부터 불변량(보존량)에 관한 아주 흥미로운 논문을 받았습니다. 그러한 것들이 이렇게 일반적인 방식으로 이해될 수 있다는 사실이 인상 깊었습니다. 괴팅겐대학교의 보수파들은 뇌터 양의 강의를 들어봐야 합니다! 그녀는 가장 중요한 것을 알고 있는 듯합니다.

1918년 제1차 세계 대전이 끝나고 독일 제국이 무너진 후 독일은 공화국이 되었다. 이와 더불어 여성의 대학교수 자격 취득 과정 허용을 포함하여 여성의 인권이 현저히 개선되었다. 1919년 에미 뇌터에게 여성 최초로 대학교수 자격 취득 과정이 허가되었다. 드디어 부교수 지위에 오를 수 있게 되었지만 여전히 무보수였다. 1922년에 그녀는 '종신 재직권이 없는 부교수'로 신분이 전환되었고 많지는 않지만 월급을 받게 되었다. 그때까지 그녀는 조금 물려받은 유산으로 여생을 버틸 요량으로 검소한 삶을 살고 있었다. 1924년 네덜란드 출신의 젊은 수학자 바르털 레인더르트 판데르바르던(Bartel Leendert van der Waerden, 1903~1996)이 뇌터와 함께 연구를 시작했는데, 추상적 개념화에 관한 기본 아이디어를 제공한 사람은 뇌터였다. 1931년 판데르바르던은 추상 대수학에 관한 영향력 있는 두 권짜리 논문인 「근대 대수학(Moderne Algebra)」을 발표했다. 이 논문은 거의 대부분 뇌터의 연구를 바탕으로 한 것이었다. 뇌터가 인정을 원하지는 않았지만 판데르바르던은 7쇄에 다음과 같은 각주를 넣었다. "부분적으로 A. 아르틴과 E. 뇌터의 강의를 바탕으로 하였음."

뇌터는 1933년까지 괴팅겐대학교 수학과의 핵심 멤버로 남아 있었다. 이 기간에 그녀는 모스크바와 독일 프랑크푸르트 암 마인에서 교환 교수로 지냈다. 뇌터는 수학 분야에 큰 업적을 남겼지만 괴팅겐대학교에서 정교수로 진급하지 못했다. 1933년 히틀러가 독일의 수상에 오르자 나치 정권은 유대인과 대학 교수를 포함하여 정치적으로 수상쩍은 공직자들을 정리하는 작업에 들어갔다. 게다가 학생들과 동료들의 반유대주의적 태도로 인해 대학은 유대인 교수들에게 적대적인 환경이 되었다. 프로이센 과학부(Prussian Ministry for Sciences)의 지시로 뇌터는 괴팅겐대학교의 몇몇 동료들과 함께 해직되었다. 해직된 교수들 중 리하르트 쿠란트(Richard Courant)는 나중에 뉴욕시에 응용수학 대학원(Institute for graduate studies in applied mathematics)을 설립했고, 이것이 현재 뉴욕대학교의 쿠란트수학연구소(CIMS: Courant Institute of Mathematical Sciences)다.

나치당이 정권을 장악했을 때 독일의 많은 교수들이 실직을 당했는데 그중에 장래의 노벨상 수상자들도 있었다. 실직한 교수들을 위해 미국과 다른 나라에 있는 동료들이 일자리를 마련해 주었고, 주로 미국과 영국으로 유럽 대륙 인재들의 역사적인 이민 행렬이 이어졌다. 사실상 1930년대 유럽에서 파시즘의 부상으로 유럽의 문화적·지적 우위는 종지부를 찍었다. 독일, 나중에는 오스트리아, 이탈리아, 프랑스에서 온 망명자들은 미국이 과학과 수학의 많은 분야에서 우위를 차지하는 원동력이 되었다. 뇌터는 두 학교의 대리인으로부터 연락을 받았다. 미국 펜실베이니아의 브린마칼리지(Bryn Mawr College)와 영국 옥스퍼드의 서머빌칼리지(Somerville College)였다. 그녀는 브린마칼리지의 1년 교환 교수직을 수락했고, 수학과 학과장이자 1905년 괴팅겐대학교에서 공부했던 안나 존슨 펠 휠러(Anna Johnson Pell Wheeler)의 환대를 받았다. 1934년 뇌터는 프린스턴고등연구소의 주간 강의 초빙 강사직을 제의받았다. 하지만 그녀는 프린스턴과 같은 '남자들의 대학교'에서 자신이 환영받지 못하리라는 것을 알았다. 1935년 4월, 뇌터의 골반에서 종양이 발견되었고 이틀 후에 수술을 받았다. 처음에 수술은 성공적인 듯했지만 며칠 후에 쓰러져 1935년 4월 14일 펜실베이니아의 브린마에서 눈을 감았다. 뇌터는 평생 미혼으로 지냈으며 자녀도 없었다.

에미 뇌터는 20세기의 위대한 수학자의 자리를 꾸준히 지키고 있다. 1964년 뉴욕세계박람회(1964 World's Fair in New York City)에서 근대 수학자들을 기념하는 전시회 때 뇌터는 근대의 저명한 수학자들 중에서 유일한 여성이었다. 그녀가 세상을 떠나고 몇 주 후에 《뉴욕타임스》의 편집자에게 보내는 편지에서 알베르트 아인슈타인은 이렇게 썼다.

> 살아 있는 가장 유능한 수학자들이 판단할 때, 뇌터 양은 여성의 고등 교육이 시작된 이래 가장 창의적인 수학 천재였습니다. 가장 재능 있는 수학자들이 수 세기 동안 매달려왔던 대수학의 영역에서 그녀는 현재 젊은 세대 수학자들의 발전에 매우 중요한 것으로 입증된 방법들을 발견했습니다.

뇌터의 정리는 이론물리학의 발전에 막대한 영향을 끼쳤다. 또한 수학자들 사이에서 그녀는 추상 대수학에 남긴 업적으로 가장 많이 기억되고 있다. 뇌터의 논문 모음집 서문에서 네이선 제이콥슨(Nathan Jacobson, 폴란드 출신의 미국인 수학자)은 이렇게 썼다. "20세기 수학의 가장 눈부신 혁신 가운데 하나인 추상 대수학의 발전은 주로 그녀 덕분이다. 그녀가 발표한 논문, 강의, 동시대인들에게 미친 개인적인 영향 등으로 말이다."

Chapter 43

라마누잔

무한대를 본 남자
인도, 1887~1920

유명한 수학자들에 관한 책은 많지만 이들의 생애를 장편 영화로 제작하여 극찬을 받은 경우는 많지 않다. 영화 '무한대를 본 남자(The Man Who Knew Infinity)'[1]는 로버트 카니겔(Robert Kanigel)[2]이 쓴 동명의 책을 바탕으로 만들어졌다. 이 영화는 천재 수학자 스리니바사 라마누잔(Srinivasa Ramanujan)의 짧은 생애를 집중적으로 조명했다. 정규 고등 교육도 받지 못한 라마누잔이 당대 영국의 유명한 수학자들로부터 탁월한 수학적 재능을 인정받게 되는 이야기다. 그런 수학자들 중 한 사람이 *G.H.* 하디였다.

라마누잔이 세상을 떠나기 바로 전 런던의 한 병원에 누워 있을 때의 일이다. 이 일화는 라마누잔이 얼마나 총명했는지 단적으로 보여준다. 이제 가까운 친구가 된 하디가 라마누잔의 문병을 가서 라마누잔과 이야기를 나누다가, 다시 한번 라마누잔의 총명함을 확인하게 된 일이 있었다.[3] "한번은 라마누잔이 몸이 아파 퍼트니(Putney)에 있다고 하여 그를 만나러 갔다. 나는 번호가 1729인 택시를 탔고 라마누잔에게 그 숫자가 왠지 따분해 보인다고 했다. 그리고 이것이 불길한 징조가 아니길 바랐다. 이때 라마누잔이 대답했다. '아닙니다. 이건 정말 흥미로운 숫자입니다. 서로 다른 두 세제곱수의 합으로 나타낼 수 있는 가장 작은 수입니다.' 라마누잔은 남다른 총명함으로 $1729 = 1^3 + 12^3 = 9^3 + 10^3$로 나타낼 수 있다는 사실을 바로 떠올린 것이다. 이 얼마나 놀라운 일인가!"

스리니바사 라마누잔은 1887년 12월 22일, 현재 인도 타밀 나두(Tamil Nadu)의 외갓집에서 태어났다. 그 후 라마누잔은 인도의 쿰바코남(Kumbakonam)시에서 자랐고, 그가 살던 집은 현재 그의 업적을 기념하기 위한 박물관이 되었다. 세 형제가 첫돌이 되기 전에 세상을 떠났고 라마누잔은 외아들이 되었다. 당시에는 많은 아이들이 천연두로 목숨을 잃었는데 라마누잔은 두 살 때 천연두를 앓고도 살아남았다. 어린 시절 내내 조부모님의 손에 자란 라마누잔은 학교에 가지 않으려고 했지만 조부모님은 억지로 그를 학교에 보냈다. 그러다가 학교 이사회에서 그를 퇴학시키는 바람에 라마누잔은 부모님에게 돌아와 함께 살게 되었고 어머니와 가까워졌다. 이곳에서 라마누잔은 다시 초등학교에 입학했다. 그는 영어와 다른 과목들을 잘했지만, 산술이 월등하게 뛰어났다. 그리고 쿰바코남의 중등학교에 입학했다. 이곳에서 그에게 처음으로 산술보다 높은 수준의 수학을 접할 기회가 생겼다. 열한 살 때 벌써 그는 대학 수준의 수학을 공부했고, 열세 살 때 고급 삼각법을 마스터했으며, 이 시기에 이미 까다로운 수학 정리들을 발전시키고 있었다. 다음 해에 그는 수학적

그림 43.1 스리니바사 라마누잔.

업적을 인정받아 상을 받았고 기하학과 무한급수에 특별한 관심을 보였다. 라마누잔은 열다섯 살이 되었을 때 삼차방정식의 해를 구하는 방법을 보여주었고, 자신만의 방법을 고안하여 사차방정식의 해를 구했다. 1903년 열여섯 살이 되던 해에 라마누잔은 도서관에서 *G.S.* 카(G.S. Carr)가 편찬한 5,000개의 수학 정리 모음집『순수 및 응용 수학의 초급 연구 결과 개요(A Synopsis of Elementary Results in Pure and Applied Mathematics)』 사본을 구했다. 이 책을 통해 수학에 대한 그의 천재성이 발현되기 시작했던 것으로 보인다.[4]

라마누잔의 총명함은 베르누이 수를 깊이 파헤치면서 본격적으로 드러났다. 그가 베르누이 수를 또래들에게 설명하려고 했을 때, 자신의 말을 이해하는 것이 이들의 능력 밖의 일이라는 사실을 깨달았다. 베르누이 수는 수론에서 자주 사용되는 유리수의 수열이다. 베르누이 수의 1항부터 20항까지는 다음과 같다.

$$1, \pm\frac{1}{2}, \frac{1}{6}, 0, -\frac{1}{30}, 0, \frac{1}{42}, 0, -\frac{1}{30}, 0, \frac{5}{66}, 0, -\frac{691}{2730}, 0, \frac{7}{6}, 0, -\frac{3617}{510}, 0, \frac{43867}{798}, 0, -\frac{174611}{330}$$

(22장 참조)

1904년 라마누잔은 쿰바코남의 정부예술대학(Government Arts College in Kumbakonam)에 입학했다. 여기에서도 그는 수학에서 두각을 나타냈지만 다른 과목에는 전혀 관심이 없었다. 그리하여 1905년에 그는 학교를 중퇴하고 고향을 떠나 인도 마드라스(Madras)에 있는 파차이야파대학(Pachaiyappa's College)에 등록했다. 전과 다름없이 수학 성적은 탁월했지만 다른 과목에서는 낙제를 했다. 결국 그는 학위도 받지 않고 본격적인 수학 연구를 위해 대학을 그만두었다. 이후 그는 굶어 죽을 위협에 시달리며 찢어지게 가난하게 살았다. 1910년 인도 수학회(Indian Mathematical Society)의 설립자인 라마스와미(Ramaswami) 교수가 그의 재능을 알아보고 그를 마드라스대학교(Madras University) 연구원으로 데려왔다.

인생에는 전환점이 있기 마련이다. 1909년 7월 14일 라마누잔은 한 소녀(야나키 아말)와 결혼했다. 아내는 그의 어머니가 고른 여자였고 당시에 겨우 열 살이었다. 조혼은 인도의 관습인지라 그들에게는 이상한 일이 아니었다. 새 신부는 사춘기가 되기 전에는 친정에서 살다가 사춘기가 지난 후에 남편과 함께 살수 있었다. 가족을 부양해야 할 책임이 생겼기 때문에 라마누잔은 일자리, 특히 사무직 일자리를 찾고 있었다. 그사이에 그는 프레지덴시칼리지(Presidency College)에서 학생들을 가르치며 생계를 유지하게 되었다. 이 시기에 라마누잔은 몇 번이나 심각한 병에 걸렸지만 의사들이 무료로 치료해 주었다. 마지막으로 아팠을 때 그는 자신이 더 이상 살 수 없으리라고 생각하여 동료들에게 공책들을 보관해달라고 부탁했다. 다행히 건강이 회복되었고 그는 맡겨두었던 공책을 찾아와서 연구를 계속했다.

1912년 어머니와 아내가 마드라스의 조지타운(George Town)으로 이사를 왔다. 1913년 5월, 드디어 그는 마드라스대학교 연구원이 되었고, 가족과 함께 트리플리케인(Triplicane)으로 이사했다. 그의 연구에 대해 진위 여부 우려가 제기되었으나, 다양한 추천 경로를 통해 라마누잔은 인도수학회 회장인 라마찬드라 라오(Ramachandra Rao)의 재정적 지원을 받아 연구를 할 수 있었다. 또한 그는 라마누잔이 《인도수학회 저널(Journal of the Indian Mathematical Society)》에 논문을 발표할 수 있도록 도움을 주기도 했다. 라마누잔의 천재성을 입증할 수 있는 쉬운 예로, 그가 개발한 π값을 구하는 공식이 있다.

$$\frac{1}{\pi} = \frac{\sqrt{8}}{9801} \sum_{n=0}^{\infty} \frac{(4n)!}{(n!)^4} \times \frac{26390n+1103}{396^{4n}}$$

또 다른 예는 다음 공식이다.

수학을 만든 사람들

$$\frac{3\pi}{4} = \sum_{k=1}^{\infty} \arctan\left(\frac{2}{k^2}\right)$$

또한 그는 아주 독특한 마방진(magic square)을 만들어서 재미를 주기도 했다.

22	12	18	87
88	17	9	25
10	24	89	16
19	86	23	11

먼저 모든 마방진에서 가로, 세로, 사각형에 있는 수의 합은 같다. 보기의 마방진에서 합은 139이다. 하지만 이 독특한 마방진은 아래와 같이 더해도 합이 139이다.

- 가운데 네 정사각형의 합(17+9+24+89)
- 맨 윗줄 가운데 두 정사각형(12+18)과 맨 아랫줄의 가운데 두 정사각형(86+23)의 합
- 맨 왼쪽 열 가운데 두 사각형(88+10)과 맨 오른쪽 열의 가운데 두 정사각형(25+16)의 합
- 네 모서리의 2×2 정사각형 수의 합(22+12+88+17, 18+87+9+25, 10+24+19+86, 89+16+23+11)
- 네 모서리에 있는 셀의 합(22+87+19+11)

이쯤이면 여러분도 이 멋진 마방진을 만든 라마누잔의 천재성을 깨달을 때

가 되었다. 그런데 여러분이 알아둘 것은 라마누잔이 이런 스타일로 다른 마방진들도 만들었다는 것이다. 마방진은 그가 매력을 느낀 주제였던 듯하다.

한편 우리는 다중근호 등 라마누잔의 다른 쉽고 단순한 발견들도 살펴볼 필요가 있다.

$$3 = \sqrt{9}$$
$$= \sqrt{1+8}$$
$$= \sqrt{1+2\cdot4}$$
$$= \sqrt{1+2\sqrt{16}}$$
$$= \sqrt{1+2\sqrt{1+15}}$$
$$= \sqrt{1+2\sqrt{1+3\cdot5}}$$
$$= \sqrt{1+2\sqrt{1+3\sqrt{25}}}$$

$$= \sqrt{1+2\sqrt{1+3\sqrt{1+24}}}$$
$$= \sqrt{1+2\sqrt{1+3\sqrt{1+4\cdot6}}}$$
$$= \sqrt{1+2\sqrt{1+3\sqrt{1+4\sqrt{36}}}}$$
$$= \sqrt{1+2\sqrt{1+3\sqrt{1+3\sqrt{1+\cdots}}}}$$

위의 식을 정리하면 아래와 같다.

$$3 = \sqrt{1+2\sqrt{1+3\sqrt{1+4\sqrt{1+5\sqrt{1+6\sqrt{1+7\sqrt{1+8\sqrt{1+9\sqrt{1+\cdots}}}}}}}}}$$

라마누잔이 발견한 것들의 대부분은 이 책의 범위를 넘기 때문에, 라마누잔의 총명함을 보여줄 수 있는 몇 가지 발견만 소개하려고 한다.

인도의 수학자들은 라마누잔의 수학적 재능에 완전히 빠져들었고 영국에 있는 그와 연락을 하기 시작했다. 영국의 몇몇 수학자들은 라마누잔이 정식 교육을 받지 않았다는 이유로 그의 편지에 답장조차 하지 않았다. 하지만 1913년 라마누잔은 『무한의 순서(Orders of Infinity)』를 읽고 매료되어 자신의 시야를 넓힐 기회를 찾다가, 이 책의 저자이자 옥스퍼드대학교 교수인 영국의 유명한 수학자 $G.H.$하디(G.H.Hardy, 1877~1947)에게 편지를 보냈다. 이번에도 라마누잔은 자신이 정식 교육을 받지 않았다는 사실을 밝혔고, 하디의 생각이 궁금하여 자신이 발견한 수학적 관계들을 그에게 보냈다. 하디는 라마누잔이 보낸 수학적 관계 수식들의 독창성에 감탄했다. 아래의 등식처럼 자신이 한 번도 본 적이 없는 것들이었다.

$$\cfrac{e^{-\frac{2\pi}{5}}}{1+\cfrac{e^{-2\pi}}{1+\cfrac{e^{-4\pi}}{1+\cdots}}} = \sqrt{\frac{5+\sqrt{5}}{2}} - \phi$$

여기에서 ϕ는 황금비를 뜻한다.

결국 하디는 1914년 라마누잔의 첫 런던 방문을 주선하게 되었다. 라마누잔과 하디 연구팀의 공동 연구가 시작되자, 하디 연구팀은 정규 교육을 받은 적도 없는 라마누잔이 이런 놀라운 발견을 했다는 사실에 감탄하며 그의 수학적 발견에 완전히 매료되었다.

제1차 세계 대전이 발발했을 무렵이었다. 건강이 점점 악화되고 있던 라마누잔에게 식량 배급은 문제가 되었다. 라마누잔은 건강에 문제가 있었지만 케임브리지대학교에 입학했고, 1916년에 당시에는 학사 학위라고 불렸지만 지금은 박사 학위로 인정 받는 학위를 받았다. 안타깝게도 1917년 그의 병세는 나날이 악화되었고 라마누잔은 대부분의 시간을 요양원에서 보내야 했다. 이듬해에 그는 케임브리지철학학회(Cambridge Philosophical Society) 회원으로 선출되었다. 그리고 얼마 후 그의 인생에서 최고의 영예인 런던왕립학회 회원으로 선출되었다. 공식적으로 확정된 시기는 1918년 5월이었다. 이 외에도 케임브리지대학교 트리니티칼리지의 연구원으로 선출되는 등 라마누잔은 갈수록 그 천재성을 인정받고 있었다.

다음 해에 라마누잔은 고국인 인도로 금의환향했다. 그때까지 인도에는 이렇게 실력을 인정받은 대단한 수학자가 없었다. 하지만 그의 건강은 좋아질 기미가 보이지 않았고 나날이 쇠약해졌다. 결국 라마누잔은 1920년 4월 26일 서른두 살의 젊은 나이로 세상을 떠났다.

다행히 그의 저작의 대부분은 잘 보존되어 출판되었다. 라마누잔이 세상을 떠난 직후에 동생 티룬스라야난(Tirunsrayanan)이 라마누잔의 자필 메모를 모아서 출간하기 시작했다. 여기에서 알아둘 것이 있다. 라마누잔의 연구에는 대부분 증명이 없었지만, 항상 참인 것으로 증명되었다. 종이가 너무 비싸서 슬레이트에 증명을 쓰다가 결론만 종이에 적었던 것으로 추측된다.

사후에 라마누잔은 숱하게 많은 포상금을 받았다. 그의 생일인 12월 22일은 인도에서 '전 국민 수학의 날(National Mathematics Day)'로 기념되고 있다.

1962년 인도 정부는 라마누잔의 사진을 넣은 우표를 발행했다([그림 43.2]). 그리고 2011년에는 다시 한번 라마누잔의 천재성을 기념하기 위해, 다른 디자인의 사진을 넣은 두 번째 우표([그림 43.3])를 발행했다. 라마누잔의 중요한 업적을 기리기 위해 인도 정부가 선포한 스리니바사 라마누잔의 생일, 12월 22일은 영원히 전 국민 수학의 날로 기억될 것이다.

그림 43.2

그림 43.3

폰 노이만

계산의 천재
헝가리-미국, 1903~1957

현대식 전자계산기와 컴퓨터가 등장하기 전에 모든 수학 계산은 종이와 연필을 이용해 인간이 해야 했다. 계산자와 이보다 좀 더 복잡한 기계 장치가 유일한 기술적 보조 수단이었다. 이런 시대에는 오늘날과 같은 세계가 오리라는 것을 상상조차 할 수 없었다. '컴퓨터(computer)'라는 단어는 원래 '계산을 하는 사람'이라는 뜻이었다. 사실 이 단어는 20세기 중반까지 그런 의미로 사용되었다. 이 단어의 의미가 기술 진보와 더불어 점점 효율적인 기계라는 뜻으로 바뀌어 가면서, '인간 계산기(human computer)'의 멸종을 초래했다. 시대가 변했고 이제 암산 영재들은 연구 센터보다 TV쇼에서 쉽게 만날 수 있다.

하지만 19세기와 20세기 초반 미항공자문위원회(NACA: National Advisory Committee for Aeronautics, 1915년에 설립된 NACA는 1958년 NASA가 되었다) 같은 연구 기관들은 아직 인간 계산기들에게 의존하고 있었다. 당연히 이런 기관들에서는 이 직종에서 최고의 실력자들을 스카우트했다. 특히 암산가들에 대한 수요가 많았다.

오늘날 이와 비슷한 직무는 없을지라도 여전히 집중적인 암산 훈련을 받는 사람들이 있다. 2004년 처음 독일에서 열린 암산 월드컵(Mental Calculation World

Cup)에서는 2년에 한 번 세계 최고의 암산가들이 초청되어 암산 실력을 겨룬
다. 사람들은 흔히 수학자들이 특별히 암산을 잘할 것이라고 생각하지만 착각
이다. 사실 많은 수학자들이 자신의 암산 실력에 문제가 있다고 강조한다. 다
소 과장은 있으나 어느 정도는 맞는 말이다. 수학자는 암산을 잘하는 사람이
아니라는 것이다. 수학교육을 많이 받지 않았거나 수학에 대한 관심이 적은 사
람들은 흔히 수학은 '수를 계산하는 것이 전부'라고 생각하지만 사실 그렇지 않
다. 뛰어난 수학자가 암산에 서투른 것은 사실 모순이 아니다. 물론 몇몇 뛰어
난 수학자들은 놀라운 암산 실력까지 갖추고 있다.

20세기의 가장 위대한 수학자로 손꼽히는 미국의 수학자 존 폰 노이만(John
von Neumann)은 어릴 때부터 언어, 암기, 수학 영재였으며 여섯 살 때 이미 8자
릿수 두 개의 나눗셈을 암산으로 했다. 암산은 그에게 자연스러운 놀이였다.
그는 어머니가 멍하니 쳐다보고 있으면 이렇게 물었다. "엄마, 무엇을 계산하
고 있는 거예요?" 물론 그는 기
억력도 대단했다. 전화번호부
한 페이지를 쓱 보기만 해도 적
혀 있는 이름과 전화번호를 전
부 외웠다. 그는 많은 분야에 굵
직한 업적을 남겼고 평생 150편
이 넘는 논문을 발표했다.

제2차 세계 대전 중에 폰 노이
만은 맨해튼 프로젝트(Manhattan
Project)에 참여하여, 폭발렌즈
(explosive lens) 설계의 기초이자
수소 폭탄과 관련된 핵물리학의

그림 44.1 존 폰 노이만.

수학을 만든 사람들

핵심 단계인 수학 모델을 개발했다. 맨해튼 프로젝트는 현대에 '인간 계산기들'을 대규모로 고용한 유명한 사례였고, 이들의 대부분이 여성이었다는 점도 언급할 필요가 있다.

존 폰 노이만은 1903년 12월 28일, 오스트리아-헝가리 제국에 속해 있던 부다페스트에서 태어났다. 출생 당시 그의 이름은 야노시 노이만(János Neumann)이었다. 폰 노이만은 삼 형제 중 장남이었다. 그의 아버지 믹셔(막스) 노이만은 성공한 은행가였고 대학에서 법학 박사 학위를 받은 사람이었으며, 그의 어머니는 부유한 유대인 가정 출신이었다. 하지만 폰 노이만의 가정은 종교 관례를 엄격하게 지키지 않았다. 1913년 프란츠 요제프 황제(Franz Joseph I)는 경제를 성공적으로 이끈 공로로 막스 노이만을 귀족으로 승격했다. 나중에 그의 아들은 독일에서 귀족을 지칭하는 호칭인 '폰(von)'을 붙여서 '폰 노이만(von Neumann)'이라는 성을 사용했다.

열 살 때까지 존과 남동생들은 다양한 가정교사에게서 교육을 받았다. 당시 헝가리에서 정규 교육은 그 후에 시작되었기 때문이었다. 존은 영재 소년 중에서도 보기 드문 사례였다. 여섯 살 때 그는 아버지와 고대 그리스에 관한 대화가 가능했고 놀라운 기억력을 보여주었다. 노이만의 가족은 존의 기억력을 증명해 보이기 위해 가끔 손님들을 초대하여, 손님이 전화번호부에서 임의로 한 페이지를 고르도록 했다. 어린 존은 그 페이지를 몇 번 읽은 후 이름, 주소, 번호를 줄줄 외웠다. 손님이 존에게 질문을 하면 답을 하기도 했다. 나중에 그는 괴테의 『파우스트(Faust)』 전권을 다 외웠으며, 여덟 살 때 이미 미적분학을 꿰고 있었다. 그는 특히 역사에 관심이 많아서, 학교에 입학하기 전에 이미 엄청난 분량의 책을 읽었다.

1911년 폰 노이만은 부다페스트에서 최고 명문으로 손꼽히는 루테란 김나지움(Lutheran Gymnasium)에 입학했다. 당시 헝가리는 훌륭한 교육 시스템을 갖추고 있어서, 많은 걸출한 수학자와 물리학자를 배출했다. 어린 시절부터 10대까지 부다페스트에서 교육받은 뛰어나고 창의적인 인물을 몇 명만 꼽자면, 리오 실라르드(Leo Szilard, 1898~1964), 유진 위그너(Eugene Wigner, 1902~1995), 에드워드 텔러(Edward Teller, 1908~2003), 폴 에르되시(Paul Erdős, 1913~1996), 피터 랙스(Peter David Lax, 1926년~) 등이 있다. 한번은 피터 랙스가 위대한 수학자들이 20세기 초반 부다페스트 출신들에게 특히 쏠려 있었던 이유를 이렇게 설명했다. "당신이 수학자가 되기 위해 헝가리 사람이 될 필요는 없지만 도움이 된다."

훌륭한 학교 교육 시스템은 차치하더라도 몇 가지 다른 요인들이 이러한 쏠림 현상에 기여했다. 가장 주목할 것은 1894년부터 헝가리 고등학교의 고학년 학생들을 대상으로 열리고 있는 (현재 퀴르샤크 경시 대회(Kürschák Competition)로 명칭이 바뀐) 외트뵈시 수학 경시 대회(Eötvös Mathematics Competition)다. 세계에서 가장 오래된 이 대회에 출제된 문제들은 단순 암기 지식이 아닌 창의력을 테스트하는 데 집중되어 있다.

폰 노이만의 탁월한 영재성 역시 수학 교사가 바로 알아볼 수밖에 없었다. 교사는 제자의 수학적 재능을 더 키울 수 있도록 개인 교습을 준비해 주었다. 열다섯 살 때 폰 노이만은 저명한 수학자 가보르 스제괴(Gábor Szegő, 1895~1985)로부터 고급 미적분학을 배우러 갔다. 스제괴는 폰 노이만의 천재성에 깊은 인상을 받았고, 일주일에 두 번씩 폰 노이만의 집에 방문해 개인 교습을 해주었다. 폰 노이만은 학교 교육 과정을 마쳤을 때 이미 전문 수학자들과 협력 연구를 할 수 있는 수준이었다. 폰 노이만은 학계에서 촉망받는 수학자였지만 그의 아버지는 아들이 수학자가 되기를 원치 않았다. 헝가리 학계에서 수학자는 돈을 많이 벌지 못하는 자리였기 때문에 아버지 막스 노이만은 아들이 비즈니스나 산업 등 금전적으로 보상을 받을 수 있는 진로를 택하길 원했다. 두 사람의 합의하에 존은 화학을 전공하고 화학공학자가 되기로 했다. 폰 노이만은 화학에 대해 잘 몰랐기 때문에 먼저 베를린대학교의 2년 비학위 과정에 등록했다. 그 후 그는 명문 학교인 취리히연방공과대학교(ETH: Eidgenössische Technische Hochschule Zürich)의 입학시험을 치렀고 합격했다. 이와 동시에 그는 부다페스트의 파즈마니페테르가톨릭대학교(Pázmány Péter Catholic University) 수학과 박사과정생으로 입학했다. 그는 이 박사과정 때 강의는 전혀 안 들었지만 시험에서 우수한 성적을 받았다. 1926년에 그는 취리히연방공과대학교 화학공학과를 졸업한 동시에, 특별히 많은 공을 들이지 않은 듯했지만 수학 박사 논문을 완성했다. 그다음에 그는 록펠러재단(Rockfeller Foundation)의 장학금을 받고 괴팅겐대학교 수학과에 들어가 다비트 힐베르트의 지도를 받았다. 1927년 그는 대학교수 자격 취득 논문을 끝냈고, 1928년에 베를린대학교 역사상 최연소 부교수가 되었다. 폰 노이만은 아주 독창적인 수학 논문들을 엄청난 속도로 발표했고, 얼마 후 수학학회에서도 유명해지면서 학계의 스타로 떠올랐다. 1929년 말까지 그는 무려 서른두 편의 전공 논문을 발표했다.

같은 해에 그는 잠시 함부르크에서 지내다가 뉴저지의 프린스턴대학교의 제안을 수락했다. 미국으로 떠나기 전 그는 부다페스트에서 마리에타 쾨베시와 결혼했다. 프린스턴대학교에서 몇 년 동안 강의를 하며 지낸 후에 그는 새로 설립된 프린스턴고등연구소의 수학과 교수가 되었다. 그는 이름만 영어식인 존으로 개명하고 독일 귀족의 성인 폰 노이만은 그대로 유지했다. 미국으로 온 후 처음 몇 년 동안 그는 여름이면 유럽으로 돌아왔고, 심지어 독일의 교수직도 그대로 유지하고 있다가 나치가 정권을 장악하자 교수직을 내려놓았다. 1935년 마리에타는 딸 마리나를 낳았다. 2년 후에 두 사람은 이혼했고, 1938년에 노이만은 여름에 유럽을 방문하던 중에 만났던 클라라 단과 재혼했다. 프린스턴에서 폰 노이만의 라이프스타일은 전형적인 톱 수학자들과 다르지 않았다. 그는 함께 어울려 먹고 마시는 것을 즐겼다. 거의 일주일에 한 번 집에서 파티를 하며 일종의 살롱을 열었다. 폰 노이만은 특히 이디시어와 이상한 유머로 농담하는 것을 좋아했다. 대화가 막힐 무렵이면 그의 기억력이 도움이 되어 준비해 놓았던 농담을 꺼냈다.

대부분의 수학자들은 연구와 공부를 위해 조용한 환경을 원하는 반면, 폰 노이만은 시끄럽고 무질서한 환경을 선호했다. 프린스턴에서 그는 축음기로 정기적으로 독일 행진곡을 크게 틀어서, 알베르트 아인슈타인을 포함하여 이웃 사무실 동료들로부터 항의를 받았다. 그는 종종 거실에서 텔레비전을 크게 틀어놓고 연구를 했고 운전하면서 책을 읽기도 했다. 그는 상당히 난폭한 운전자였기 때문에 교통 위반 딱지도 자주 뗐고 교통사고도 자주 냈다. 소문에 의하면 프린스턴의 교차로에서 교통사고를 많이 내서 '폰 노이만 코너(Von Neumann Corner)'라는 별칭이 생겼다고 한다.[1]

자유분방한 성격에도 불구하고 그는 일반적으로 당대를 주도했던 수학자로 여겨진다. 그의 천재성과 새로운 수학 이론에 대한 탁월한 직관력 덕분에 완전히 다른 수학 분야뿐만 아니라 이론물리학과 컴퓨터공학에서 중대하고 획기적인 연구로 업적을 남길 수 있었던 것이다. 폰 노이만은 새로운 수학적 방법(론)을 양자 이론에 적용하여, 최초로 양자역학에 대한 엄격한 수학적 체계를 정립할 수 있었다. 이것은 디랙-폰 노이만 공리(Dirac-von Neumann axioms)라고 알려져 있다.

한편 그는 게임이론을 수학의 한 분야로 정립했다. 게임이론은 합리적인 의사결정자들 사이의 전략적 상호작용에 관한 수학적 모델을 연구하는 분야로, 지금은 경제학, 정치과학, 철학, 컴퓨터공학에도 활용되고 있다. 폰 노이만은 가끔 즐겼던 포커에서 게임이론에 대한 영감을 얻었다. 그는 확률론만 이용한 포커에 대한 수학적 모델은 참여자들의 전략이 완전히 무시되기 때문에 철저한 게임 분석을 하기에 충분하지 않다는 사실을 깨달았다. 특히 그는 '블러핑

(bluffing)'이라는 아이디어를 공식화하기를 원했다. 여기에서 블러핑이란 다른 참여자들을 속여서 정보를 숨기는 전략을 말한다.

폰 노이만은 1928년에 「실내 게임이론(Theory of Parlor Games)」이라는 논문을 발표하면서 게임이론을 수학적으로 연구하기 시작했으며, 이것은 현대 게임이론의 시초로 여겨진다. 이 논문에서 그는 소위 '미니맥스 정리(minimax theorem)'를 증명했다. 미니맥스 정리란, 제로섬 게임에서 각 경기자들이 지금까지 일어났던 모든 움직임을 알고 있을 때 두 경기자에게 최대 손실을 최소화할 수 있는 각각의 전략이 존재하는 것을 말한다. 그래서 '미니맥스'라고 부른다(제로섬 게임에서는 한 경기자의 이득 혹은 손실이 정확하게 다른 경기자의 손실 혹은 이득이 되어 균형을 이룬다).

폰 노이만은 자신이 발전시키고 있는 수학적 체계가 경제학에서 중요한 툴이 될 수 있다는 것을 바로 깨달았다. 그리하여 그는 오스트리아의 경제학자이자 프린스턴대학교 교수였던 오스카 모르겐슈테른(Oskar Morgenstern, 1902~1977)과 협력 연구에 들어간다. 1944년에는 「게임이론과 경제 행동(Theory of Games and Economic Behavior)」이라는 논문을 발표했다. 이 획기적인 논문은 무려 100페이지에 달했고 게임이론의 학제 간 연구를 정착시켰다. 이 논문은 책으로 발표되면서 대중의 관심을 끌었다. 여전히 이 책은 기초 연구의 고전으로, 수리경제학의 권위 있는 문헌이다. 또한 프로 포커 선수로 활동할 계획이 있는 사람이라면 반드시 읽어봐야 한다.[2] 1930년대 후반에 폰 노이만은 폭발에 관한 수학적 모델링을 연구하기 시작했고 이내 이 분야의 권위자가 되었다. 그 후로 그는 군사 자문을 자주 다녔고, 1943년에 맨해튼 프로젝트에 투입되었다. 그는 원자폭탄의 내파 설계에 주요한 기여를 하여 더 효율적인 무기 개발을 가능케 했다.

폰 노이만은 현대 컴퓨팅 개발의 선구자이기도 했다. 전쟁 중에 미군의 에니악(ENIAC)을 점검한 후 폰 노이만은 자신의 수학적 재능을 이용해 컴퓨터의 로직 설계를 개선했다. 그는 '내장형 프로그램(stored program)'이라는 개념을 구현한 새로운 설계를 제시했는데, 이것은 현재 '폰 노이만 구조(Von Neumann architecture)'라고 불린다. 그는 최초의 이진식 내장형 컴퓨터 중 하나인 미군의 에드박(EDVAC)의 설계 자문을 맡았다. 에드박의 최초 프로그램 중 하나인 정렬 알고리듬은 무려 23페이지에 달했는데, 폰 노이만은 이것을 잉크로 직접 썼다. 그의 아내 클라라도 최초의 컴퓨터 프로그래머 중 한 사람이 되었다.

마침내 폰 노이만은 생전에 가장 영향력 있는 수학자로 손꼽히는 인물이 되었다. 에드워드 텔러는 이렇게 썼다. "모든 학문을 아는 사람은 없고, 폰 노이만도 마찬가지다. 하지만 수학에서만큼은 그가 수론과 위상수학을 제외한 모든 분야에 기여했다. 내가 생각해도 뭔가 독특하다." 다른 수학자들도 폰 노이만의 암산 실력과 엄청난 속도에 놀랐다. 헝가리계 미국인 수학자 폴 핼모스(Paul Halmos, 1916~2006)는 물리학자 니콜라스 메트로폴리스(Nicholas Metropolis, 1915~1999)가 전한 이야기를 소개한다. 누군가 폰 노이만에게 유명한 '파리 퀴즈'를 풀어달라고 요청했을 때, 폰 노이만의 계산 속도에 관한 이야기로 다음과 같다.

두 사람이 20마일 떨어진 거리에서 시속 10마일의 속도로 자전거를 타고 오고 있다. 이와 동시에 파리 한 마리가 시속 15마일의 속도로 남쪽 방향의 자전거 앞바퀴에서 출발하여 북쪽 방향의 자전거 앞바퀴로 날아갔다. 그리고 한 바퀴 돌고 나서 남쪽 방향의 자전거 앞바퀴로 다시 날아갔다. 파리는 이렇게 계속 날아다니다가 두 바퀴 사이에 깔렸다.

문제: 파리가 날아간 총거리는 얼마인가? 가장 늦게 답을 구하는 방법은 첫 번째에 파리가 남쪽 방향에서 이동한 거리, 두 번째에 다음에 북쪽 방향에서 이동한 거리, 세 번째에 파리가 이동한 거리 등을 차례로 계산한 후, 이렇게 해서 얻어진 무한 급수를 합산하는 것이다.

가장 빨리 구하는 방법은 서로 다른 방향에서 자전거를 타고 출발한 두 사람이 정확히 한 시간 후에 만나므로, 파리가 이동할 수 있는 시간은 단 한 시간뿐임을 통찰하는 것이다. 따라서 답은 15마일이다.

폰 노이만은 이 문제를 듣자마자 바로 답을 말했다. 실망한 질문자가 이렇게 말했다. "오, 당신은 트릭을 이미 알고 계셨군요!" 폰 노이만이 되물었다. "무슨 트릭이요?" "저는 등비급수의 합을 구했을 뿐입니다." 이것이 바로 그가 이 긴 식의 답을 바로 구할 수 있었던 비결이다.

전쟁 후에 폰 노이만은 미원자력위원회(US Atomic Energy Commission)의 일반 자문위원회에서 근무했고, 나중에 위원이 되었다. 그는 미공군(US Air Force), 미육군탄도연구소(US Ballistic Research Laboratory), 군특수무기프로젝트(Armed Forces Special Weapons Project), 로렌스모어국립연구소(Lawrence Livermore National Laboratory) 등 많은 기관의 자문을 맡았다. 그러던 중 1955년 폰 노이만은 암 진단을 받았다. 그는 워싱턴 DC의 월터리드 미군의료센터(Walter Reed Army Medical Center)에서 항암 치료를 받는 동안에도, 실수로 군사 기밀을 누설하지 못하도록 철저한 감시를 받아야 했다. 그로부터 2년 뒤 1957년 2월 8일 53세의 나이로 세상을 떠났다. 그가 남긴 수학적 유산은 폰 노이만의 『편지 선집(Selected Letters)』(edited by Miklós Rédei)에 수록된 피터 랙스의 서문에 가장 잘 설명되어 있다.

"폰 노이만의 업적을 평가하려면 그가 정상적인 수명대로 살았더라면 틀림없이 노벨 경제학상을 수상했으리라는 것을 고려해야 한다. 컴퓨터공학과 수학 부문에도 노벨상이 있었다면 아마 그는 둘 다 수상했을 것이다. 따라서 이 편지의 저자는 노벨상 3관왕이 되고도 남을 인물이다. 물리학, 특히 양자역학에 대한 그의 업적을 포함하면 족히 3.5관왕은 될 것이다."

Chapter 45

괴델

수학의 한계를 증명하다
오스트리아-미국, 1906~1978

19세기 후반 게오르크 칸토어가 발전시킨 집합론은 수학의 기본 이론이 되었다. 이것은 모든 수학 분야에 공통적인 토대를 제공했고, 수학자들은 모든 수학적 명제가 이 이론 내에서 도출될 수 있다는 최소한의 공리를 발견하여 칸토어의 집합론을 형식화하려는 시도를 했다. 초기에는 이런 노력들이 좋은 결과로 이어질 것 같았지만, 집합론의 공리화는 논리적 역설과 모순이 발견되면서 심각한 문제에 봉착했다. 이것은 수학의 토대를 흔드는 심각한 위기로 이어졌다.

이런 위기에 대한 대응으로 수학자 다비트 힐베르트는 산술, 기하, 고급 미적분학, 그 밖에 다른 분야에 이르기까지 기존의 모든 수학적 체계에 안정적인 기반을 마련할 수 있도록 완전하고 유한한 공리들의 집합을 찾을 수 있는 프로그램을 만들었다. 더 복잡한 체계를 더 단순한 체계에서 증명하고, 이런 증명 결과를 더 단순한 체계에서 증명하면, 궁극적으로 모든 수학의 무모순성(consistency)은 기초 산술로 환원된다는 것이다. 더 정확하게 말하자면, 모든 수학에 대해 안정적인 토대를 세우려는 힐베르트의 프로그램은 다음 목표를 가지고 있었다.[1]

- **모든 수학의 형식화**(formulation): 모든 수학적 명제는 정확한 형식 언어(formal language)로 표현하고 명확한 법칙(rules)에 따라 다루어야 한다.
- **완전성**(completeness): 참인 모든 수학적 명제는 형식(formalism)에 맞춰 증명해야 한다.
- **무모순성**(consistency): 수학적 형식에 맞춰 모순이 없음을 증명할 수 있어야 한다.
- **보존성**(conservation): '관념적 대상'(실수 집합 같은 셀 수 없는 집합)에 대한 추론을 통해 얻은 '실제 대상'에 관한 어떤 결과도 관념적 대상을 사용하지 않고 증명될 수 있음을 보여주어야 한다.
- **결정가능성**(decidability): 어떤 수학적 명제에 대해 참 또는 거짓을 결정할 수 있는 알고리듬이 있어야 한다.

1910년, 1912년, 1913년에 걸쳐 총 3권으로 구성된 역작 『수학 원리』를 발표한 알프레드 노스 화이트헤드(Alfred North Whitehead, 1861~1947)와 버트런드 러셀을 포함하여 많은 유명한 논리학자들과 수학자들은 이런 프로그램을 연구하는 데 수년을 보냈다.

그런데 1931년 오스트리아의 젊은 수학자 쿠르트 괴델(Kurt Gödel)이, 형식화를 추구했던 힐베르트의 목표가 실현 불가능하다는 것을 증명하고 나섰다. 괴델은 두 개의 유명한 정리를 발표했는데, 이것이 바로 '괴델의 불완전성 정리(Gödel's incompleteness theorems)'다. 그 결과 모든 수학 및 형식 체계를 아우르는 공리들의 집합을 찾으려는 시도는 중단되었다.

쉽게 말해 괴델은 모든 수학 분야를 담아내기에 충분한 공리들의 집합을 찾는 것이 불가능하다는 사실을 증명했다. 수학을 압축적으로 표현하기 위해 제시된 어떤 공리들의 집합에 대해 체계에 모순이 없거나, 수학에 몇 가지 진리가 존재해야 한다는 것은 공리들을 통해 추론할 수 없기 때문이다. 실제로 자연수에 대한 모든 진리를 담은 수학적 공리론(axiomatic theory)을 제시하는 것은 불가능하다. 괴델의 연구 결과는 수학뿐만 아니라 논리학과 철학의 기초에 강력한 영향을 끼쳤다. 그 중요성은 존 폰 노이만의 표현에 가장 잘 드러나 있다. "현대 논리학에서 쿠르트 괴델의 업적은 유일무이하고 기념비적이다. 이것은 단순한 기념물 그 이상의 것이다. 시간과 공간을 초월하여 길이 남을 상징물이다. …… 논리의 주제는 괴델의 업적을 통해 그 본질과 가능성을 완전히 바꾸어 놓았다."

쿠르트 괴델은 1906년 4월 28일 브르노(Brno)에서 태어났다. 지금은 체코공화국에서 두 번째로 큰 도시이지만 당시에는 오스트리아-헝가리 제국에 속해 있었다. 제1차 세계 대전이 일어나기 전에 브르노 시민들의 대다수는 독일어를 사용했다. 괴델의 가정은 꽤 부유했다. 그의 아버지 루돌프 괴델은 브르노에 있는 직물 공장의 상무 이사였다. 루돌프는 구교도였지만 아내 마리안느는 신교도였다. 쿠르트와 형 루돌프는 구교도가 대다수인 나라에서 신교도로 자랐다. 쿠르트는 어릴 때부터 병약해서 여러 차례 병을 앓았으며, 여섯 살 때는 류마티스열로 고생했다. 건강은 회복되었지만 그는 이 병으로 심장이 영원히 손상되었다고 확신했다. 그는 여덟 살의 어린 나이에 의학 서적

그림 45.1 1925년 쿠르트 괴델.

수학을 만든 사람들

을 읽기 시작하면서 그런 결론을 내리게 되었고, 이때부터 평생 건강염려증에 시달렸다.

제1차 세계 대전이 끝날 무렵 오스트리아-헝가리 제국이 해체되자 체코슬로바키아는 독립을 선언했고, 괴델의 가족은 자동으로 체코슬로바키아 시민이 되었다. 하루아침에 체코슬로바키아 공화국에서 독일어를 사용하는 소수 집단이 된 것이다. 하지만 괴델은 체코어를 거의 할 줄 몰랐고 새로 건국된 국가에서 자신이 이방인이라고 느꼈다. 독일어를 사용하는 주민들의 대다수는 공통적으로 자신이 오스트리아 사람이라는 생각을 하고 있었다.

이 시기에 괴델은 브르노에서 고등학교 교육을 마쳤는데, 대학 수학 과정을 이미 마스터했다. 수학 외에 언어도 그가 좋아하는 과목이었다. 나중에 그의 형은 고등학교 내내 쿠르트가 라틴어 문법에서 단 한 번도 실수한 적이 없었다고 회상했다. 물론 학업 성적에서도 쿠르트는 한 번도 1등을 놓치지 않았다. 1923년 괴델은 오스트리아 시민권을 취득했고 빈으로 이주했다. 그는 빈대학교(University of Vienna) 이론물리학과에 입학했다. 물리학자이자 철학자 모리츠 슐리크(Moritz Schlick, 1882~1936), 수학자 한스 한(Hans Hahn, 1879~1934), 카를 멩거(Karl Menger, 1902~1985), 필립 푸르트벵글러(Philipp Furtwängler, 1869~1940) 같은 학자들이 그의 스승이었다. 푸르트벵글러는 목 이하의 신체가 마비되어서 휠체어에 앉아 강의했고 조교가 칠판에 강의 내용을 적었다. 탁월한 수학자였던 푸르트벵글러의 이 강의는 괴델에게 많은 영향을 주었고, 결국 괴델은 전공을 수학으로 바꿨다.

모리츠 슐리크가 맡았던 버트런드 러셀의 저서 『수리철학입문(Introduction to Mathematical Philosophy)』 강독 수업은 수리논리학에 관한 괴델의 흥미를 일깨웠다. 괴델은 학생 때 이미 빈학파(Wiener Kreis)에서 활동했다. 빈학파는 자연과학, 사회과학, 논리학, 수학 분야에 이르는 철학자와 수학자의 집단으로, 1924년부터

1936년까지 빈대학교에서 모임을 가졌고 모리츠 슐리츠가 회장이었다. 빈학파를 통해 괴델은 다비트 힐베르트의 프로그램과 수학의 근본적인 위기를 알게 되었다. 그는 볼로냐에서 수학 체계의 완전성과 무모순성에 관한 힐베르트의 강의를 듣고, 이것을 자신의 박사 논문 주제로 정했다. 1929년 스물세 살의 괴델은 한스 한의 지도를 받아 박사 학위 논문을 마쳤다. 그리고 1930년에 박사 학위를 받았고 빈 과학아카데미(Vienna Academy of Science)에 논문을 발표했다.

1931년 괴델은 불완전성 정리를 포함하여 그의 유명한 논문 「'수학 원리'와 관련된 체계의 형식적으로 결정 불가능한 명제들에 관해(Über formal unentscheidbare Sätze der "Principia Mathematika" und verwandter Systeme)」를 발표했다. 현재 거의 모든 주요 수학 저널은 영어로 된 논문만 허용한다. 하지만 제2차 세계 대전 이전에는 다른 언어들, 특히 독일어로 된 권위 있는 수학 저널들이 꽤 있었다. 처음에 괴델의 논문은 1890년 오스트리아에서 창간된 수학 저널《월간 수학 저널(Monatshefte für Mathematik)》에 게재되었다. 이 저널은 지금까지 명맥을 유지하고 있고 오스트리아수학회(Austrian Mathematical Society)와 협력하여 스프링어(Springer) 출판사에서 발행하고 있다. 1931년 논문에서 괴델은 자연수의 산술을 충분히 설명할 수 있을 만큼 강력하고 계산 가능한 공리 체계에 대해 다음 명제가 참임을 증명했다.

> 하나의 (논리적 또는 공리적 형식) 체계가 일관성을 갖는다면, 완전성을 가질 수 없다.
> 공리의 무모순성은 그것의 고유한 체계 내에서 입증될 수 없다.

괴델은 공리적 방법을 이용하여 모든 수학적 진리를 포함한 수학 이론을 구성하는 것이 불가능하다는 사실을 증명했다. 불완전성 정리는 부정적이지만 극도로 중요한 결과였고 수리논리학 분야에 파급 효과를 일으켰다. 이 정리를 증명하기 위해 괴델은 '괴델 기수법(Gödel numbering)'이라고 알려진 새로운 방법을 고안했다. 그는 이 이론을 위해 각각의 기호와 잘 구성된 공식에 독특한 자연수를 할당했다(현재 이것은 괴델의 수(Gödel number)라고 불린다). 또한 그는 '이 명제는 거짓이다'와 같은 '자기언급(self-reference)'의 전형적인 역설이 산술에 대한 자기언급적 형식 문장으로 재구성할 수 있다는 것을 증명했다.

괴델의 불완전성 이론은 모든 수학에 충분히 적용할 수 있는 공리들의 집합을 찾겠다는 반세기의 노력에 종지부를 찍었다. 모든 수학적 진리를 입증하는 데 사용되는 공리 체계를 구성하는 것이 불가능하다는 사실을 증명함으로써 그는 전 연구 분야를 파괴했다. 이 연구 결과로 괴델은 순식간에 유명인이 되었고 국제수학대회에 초청을 받았다. 1933년 처음 미국 땅을 밟은 괴델은 그곳에서 알베르트 아인슈타인을 만나고 미국수학회(American Mathematical Society) 연례 회의에서 연설했다.

같은 해에 히틀러가 독일에서 정권을 장악했고 다음 해에 나치는 오스트리아까지 위세를 떨쳤다. 오스트리아에서 나치가 득세하자 많은 빈학파 학자들이 미국과 영국으로 떠났다. 이 시기에 괴델은 여행을 많이 다니면서 새로 설립된 프린스턴고등연구소에서 강의를 했다. 하지만 여전히 그는 오스트리아에 적을 두고 있었다. 1933년 모리츠가 과거의 한 제자에게 살해당했을 때 괴델은 심각한 신경쇠약에 걸려 몇 달을 요양원에서 보냈다. 그는 건강염려증 외에도 독살당할지 모른다는 공포에 시달렸고 다른 피해망상 증상들도 보이기 시작했다.

1938년 오스트리아는 나치 독일에 편입되었다. 빈대학교 부교수였던 그는 새 규정에 의해 지원서를 갱신해야 했는데, 빈대학에서 갱신을 거부했다. 괴델이 과거에 빈학파의 유대인 학자들과 교제했던 것이 결정적인 원인이었다. 그해 가을에 괴델은 아델레 포커르트(Adele Porkert)와 결혼했다. 두 사람은 몇 년 전부터 사귀고 있었지만 괴델의 부모님이 결혼을 반대했다. 포커르트가 괴델보다 여섯 살 연상이었고 한 번 결혼한 적이 있었기 때문이었다. 게다가 괴델은 신교도였던 반면 그녀는 많이 배우지도 않은 데다 구교도였다. 1939년 9월 제2차 세계 대전이 터지자 괴델은 군대에 징집될지 모른다는 두려움에 사로잡혔다. 괴델 부부는 빈을 떠나 프린스턴으로 갔고, 괴델은 프린스턴고등연구소에 자리를 잡았다. 두 사람은 시베리아 횡단 열차로 일본까지 간 다음, 다시 배를 타고 샌프란시스코에 도착했다. 프린스턴에서 괴델은 알베르트 아인슈타인과 절친하게 지냈고, 두 사람은 종종 연구소 주변을 오랫동안 산책했다([그림 45.2] 참조). 1947년 아인슈타인과 프린스턴에 있던 오스트리아의 경제학자 오스카 모르겐슈테른(Oskar Morgenstern)은 괴델의 미국 시민권 취득 시험장에 동행했다. 시험을 준비하는 과정에서 괴델은 미국의 헌법에서 모순을 발견했다. 아인슈타인은 친구인 괴델이 심사관에게 이 사실을 지적해서 시민권을 취득하지 못할까 봐 걱정했다. 운이 좋게도 심사관은 아인슈타인을 알고 있었고 모든 일이 순조롭게 끝났다.

1949년 괴델은 아인슈타인의 장방정식(Einstein Field Equation)에 대한 정확한 해법을 찾았는데, 현재 이것은 '괴델 우주(Gödel Universe)'라고 알려져 있다. 이 해법은 회전하는 우주와 과거로의 시간 여행을 가능하게 할 수 있는 다른 특별한 성질들을 설명하고 있다. 하지만 이 해법은 다소 인위적인데, 현재 암흑 에너지와 관련된 이론의 매개변수인 소위 우주상수(cosmological constant)가 매우 특정한 값으로 정밀하게 조정되어야 하기 때문이다. 당시 천문 관측은 우리가 회전하는 우주에 살고 있다는 사실을 배제할 수도, 확인할 수도 없는 수준이었다. 관측 데이터가 꾸준히 개선됨에 따라, 괴델은 죽을 때까지 천문학자들에게 "우주가 아직 회전하고 있나요?"라고 묻고 "아직 아닙니다."라는 답변을 들었을 것이다.

상대성에 관한 연구로 괴델은 미국의 이론물리학자 율리안 슈빙어(Julian

Schwinger)와 함께 1951년 알베르트아인슈타인상(Albert Einstein Award)의 첫 수상자가 되었다. 괴델은 여생을 프린스턴에서 보냈다. 그는 1946년부터 프린스턴 고등연구소의 종신 연구원이었고, 1953년에 정교수가 되었다. 처음 미국에 왔을 때 몇 년 동안 그는 기본적인 수학 논문들을 꾸준히 발표했지만, 만년에 철학을 연구하는 데 더 많은 시간을 보냈다. 그는 라이프니츠의 저서에 감탄했고 철학적 이슈에 관해 글을 쓰기 시작했다.

나이가 들면서 괴델의 피해망상은 점점 더 심해졌다. 독살에 대한 공포는 강박증으로 발전했고, 그는 아내 아델레가 요리하는 음식만 먹었다. 1977년 아내가 뇌졸중 때문에 몇 달 동안 병원에 입원해야 했다. 이 시기에 그녀는 남편이 식사를 거부해 체중이 감소하는 것을 지켜보는 수밖에 없었다. 그녀가 퇴원했을 때 괴델의 체중은 겨우 30킬로그램이었다. 아내는 남편을 바로 병원에 데리고 갔다. 하지만 치료하기에 때는 너무 늦고 말았다. 몇 주 후인 1978년 1월 14일에 괴델은 세상을 떠났다. 그는 굶어 죽은 것이었다. 사망 진단서에 사인

그림 45.2 프린스턴에서 괴델과 아인슈타인.

(死因)은 '인격 장애로 인한 영양실조 및 기아성 쇠약'이라고 쓰여 있었다. 1981년 그의 아내 아델레도 사망했다.

괴델의 불완전성 정리와 이 외에 그가 남긴 수학 연구는 20세기 수학사에서 가장 위대한 업적으로 손꼽힌다. 그는 역사상 가장 중요한 논리학자 중 한 사람이었다. 그의 이름은 1979년에 더글러스 호프슈타터(Douglas Hoftstadter)가 출간한 대중서 『괴델, 에셔, 바흐(Gödel, Escher, Bach)』로 유명해졌다. 이 책은 퓰리처상 일반 논픽션 부문과 내셔널 북 어워드(National Book Award) 과학 부문에서 수상했다. 이 책은 화가 *M.C.*에셔(M.C.Escher)와 작곡가 요한 세바스티안 바흐(Johan Sebastian Bach)와 더불어, 괴델의 연구들 간의 관계를 깊이 있게 다루었다.

Chapter 46

튜링

전쟁을 단축한 수학자
영국, 1912~1954

어느 뛰어난 수학자가 제2차 세계 대전을 2년 단축하고 1,400만 명의 목숨을 구했다고 알려져 있다. 어떻게 한 사람의 수학자가 군대에서 이런 큰일을 해냈는지 궁금증이 생길 것이다. 독특한 천재이자 영국의 수학자 앨런 튜링(Alan Mathison Turing)이 제2차 세계 대전 당시 나치의 에니그마 암호를 해독할 수 있는 기계를 발명해 나치의 전술을 미리 알아냈기에 가능한 일이었다.

1938년 9월 튜링은 전쟁 암호 해독을 전문적으로 처리하는 정부암호연구소(GC&CS: Government Code and Cypher School)에서 근무를 시작했다. 제2차 세계 대전 당시 영국 밀턴 케인스(Milton Keynes)의 블레츨리 파크(Bletchley Park)에 있었던 GC&CS는 현재는 주로 튜링의 업적을 기념하기 위한 박물관이 되었다. 당시 튜링의 주요 임무는 에니그마(Enigma, 독일어로 수수께끼라는 뜻이며, 1920년대 이후 메시지를 암호화하는 데 사용되었던 회전자 암호화 기계를 칭한다–옮긴이) 암호 분석이었다. 이것은 제2차 세계 대전 당시 추축국(Axis Powers, 1936년 무솔리니가 '유럽의 국제 관계는 로마와 베를린을 연결하는 선을 추축으로 하여 변화할 것'이라고 연설한 데서 유래했다–옮긴이)이 에니그마 기계를 통해 암호화한 모스 부호 무선 통신을 해독하기 위해, 서방 연합국이 개발한 암호화 체계였다([그림 46.1] 참조). 이것은 앨런 튜링의 혁신적인 연구 덕분에 가능

그림 **46.1** 에니그마 기계.

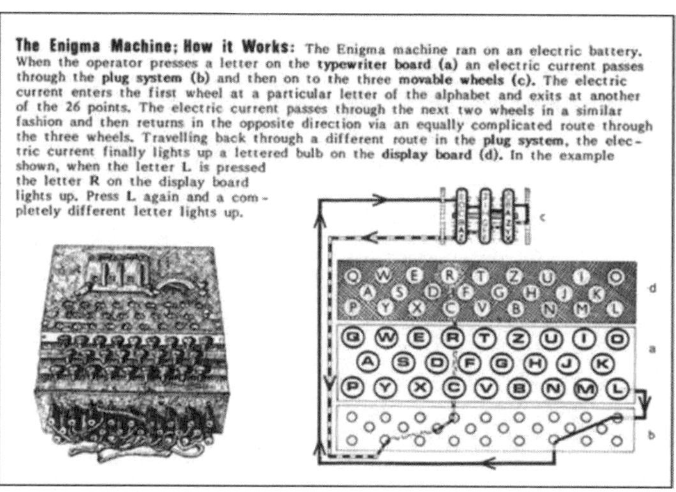

그림 **46.2** 에니그마 기계 작동 설명서.

했다. 앨런 튜링은 소위 컴퓨터공학의 창시자였던 것이다.

[그림 46.2]는 기계 작동 설명서이다. 처음에 연합국은 폴란드의 체계를 이용해 추축국의 전쟁 암호를 해독했는데 나중에 알고 보니 아무 효과가 없었다. 독일은 이미 암호가 뚫렸을 때 다른 것으로 대체할 수 있는 기술을 갖추고 있

수학을 만든 사람들

었기 때문이었다. 튜링은 에니그마 기계에 맞춰 기존의 시스템을 개선했다. 튜링의 암호 해독 기술이 있었기에 대서양 전투 같은 주요 전투에서 연합국이 독일을 패배시킬 수 있었던 것이다. 그럼에도 암호 해독 기술은 튜링의 총명함을 입증하는 일면에 불과했다.

앨런 튜링은 1912년 6월 23일, 영국 런던 패딩턴(Paddington)의 유복한 가정에서 태어났다. 그의 부모님은 인도 주재 공무원이었기 때문에 튜링은 어린 시절의 대부분을 영국의 위탁 가정에서 보냈다. 하지만 그곳은 학구열을 자극하는 환경과는 거리가 멀었다. 여섯 살 때 그는 세인트 미셸 통학학교(St. Michael's day school)에 들어갔고, 열 살 때 헤이즐 허스트 사립초등학교(Hazel Hurst Preparatory School)에 입학했다. 튜링의 어머니는 교육열이 높아서 아들을 사립학교에 보내기를 원했기 때문에, 튜링은 1550년에 설립된 명문 남학교 셔번 스쿨(Sherborne School)에 입학했다. 그곳에서 튜링이 수학과 과학에만 유독 많은 관심을 보이자 주요 과목에서 낙제할 것을 우려한 교장은 그의 부모님을 불러 주

그림 46.3 앨런 매시선 튜링.

의를 주었다. 이후 튜링은 전 과목을 열심히 공부하려고 애썼다. 열여섯 살이 되기 전에 그는 특히 수학 문제 해결력에서 남다른 재능을 보였는데 그때까지 기초 미적분학을 접해 본 적은 없었다.

1931년 튜링은 케임브리지대학교의 킹스칼리지 학부 과정을 시작했다. 그곳에서 처음으로 그는 진정한 고향에 온 듯한 기분을 느꼈다. 이 시기는 동성애가 그의 존재의 일부로 자리 잡은 때였다. 그는 문학 서클보다는 조정이나 육상 같은 육체 활동을 하는 데 더 많은 시간을 보냈다. 나중에 수학자가 되어서도 그는 종종 하루에 10마일을 걸어 출근했는데, 같은 시간에 대중교통으로 출근하는 동료들보다 더 빨리 연구소에 도착했다. 튜링의 육상 실력과 관련해 주목해야 할 사실이 있다. 1948년에 그는 2시간 46분 3초 만에 마라톤을 완주했는데, 이것은 그해의 올림픽 우승자보다 겨우 11분 늦은 기록이었다!

1934년 그는 킹스칼리지를 우수한 성적으로 졸업하고 킹스칼리지 연구원으로 선출되었다. 이때부터 그는 상당히 인상적인 수학 논문들을 발표했다. 그중 하나가 오스트리아의 수학자 쿠르트 괴델의 '단순한 가상 장치를 갖춘 보편적인 산술 기반 언어(universal arithmetic-based language with simple hypothetical devices)'를 재연구한 것으로, 나중에 튜링 기계(Turing machine)라는 이름으로 알려졌다. 튜링 기계는 작동 규칙표에 따라 길고 가느다란 테이프의 기호들을 처리하는 추상적인 기계다. 특정 컴퓨터 알고리듬이 주어졌다면 튜링 기계는 알고리듬 로직을 시뮬레이션할 수 있도록 설계되어야 한다. 1948년 튜링은 「지능형 기계(Intelligent Machinery)」라는 에세이에서 자신의 기계는 다음과 같이 구성되어 있다고 설명하고 있다.

무한한 테이프 형태로 구현된 무제한 메모리 용량으로, 이 테이프는 사각형으로 구획되어 있으며 각 사각형에는 기호를 인쇄할 수 있다. 어떤 순간에도 기계에는 한 가지 기호가 있으며, 이를 스캔이 된 기호라고 한다. 이 기계는 스캔이 된 기호를 바꿀 수 있고, 기계 동작은 부분적으로 해당 기호에 의해 결정된다. 그러나 테이프상의 다른 위치에 있는 기호들은 기계 동작에 영향을 미치지 않는다. 다만 테이프는 기계 내에서 전후로 움직일 수 있다. 이것은 기계의 기본 연산 중 하나다. 따라서 테이프상의 모든 기호는 기본적으로 이닝(즉, 수명)이 있다.[1]

앞에서 언급했듯이 튜링 기계는 현대 컴퓨터의 시작이었다. 유명한 헝가리계 미국인 수학자 존 폰 노이만(44장 참조)은 현대 컴퓨터의 핵심 개념이 튜링의 연구에서 유래한다고 말하며 이 아이디어를 추가적으로 뒷받침했다.[2]

1936년 튜링은 케임브리지에서 박사 연구 과정에 들어갔고, 1938년 프린스턴대학교에서 박사 학위를 받았다. 존 폰 노이만이 박사후과정 조교로 남으라고 권유했지만 튜링은 영국으로 돌아가기로 결심했다. 1938년 9월 그는 영국으로 돌아오자마자 케임브리지대학교 강의에 참석했고, 그때부터 GC&CS에서 시간제 근무를 시작했다. 하지만 1939년 9월 3일, 영국이 독일에 선전 포고를 하면서 튜링은 GC&CS에서 전일제 근무를 하게 되었고, 이때부터 튜링은 연구로 이름을 날리게 되었다. 이곳에서 튜링은 과거에 사용되었던 폴란드의 암호 해독 장치 '봄바 크립톨로기츠나(Bomba kryptologiczna, 암호 해독 폭탄이라는 뜻-옮긴이)'보다 에니그마 암호 해독 성능이 뛰어난 전자 계산 장치를 개발하는 작업에 참여했다. 신형은 봄베(Bombe)로 불렸다. 여기서 가장 중요한 부분은 튜링이 기발한 방법으로 논리적 추론을 기계화했다는 것이다. 기존의 장치들은 일상적인 해군의 기호를 읽을 수 있었지만, 독일 해군의 통신은 읽지 못했다. 1941년 말까지 해독되지 못했던 암호를 깨는 데 튜링이 또 한 번 공을 세운 것이다.

1942년에 튜링은 블레츨리 파크의 천재로 통했다. 그는 어딘가 어수룩한 외모에, 머뭇거리는 말투와 다소 독특한 행동을 보이던 사람이었다. 그러던 어느 날 튜링은 동료 중 한 명이었던 조앤 클라크(Joan Clarke)에게 반해서 청혼했고, 그녀는 흔쾌히 그의 청혼을 받아들였다. 하지만 얼마 안 되어 튜링은 자신의 청혼을 취소했고 그녀에게 자신이 동성애자라고 밝혔다. 이 고백이 끝까지 결혼하겠다는 그녀를 말리지 못했지만, 이런 상황에서 그는 결혼을 계속 밀어붙일 수 없었다.

1942년 11월 튜링은 연합국을 혼란에 빠뜨린 '독일 잠수함 U-보트 위기' 연구를 위해 미국으로 건너갔다. 연합국은 더 이상 신호를 해독할 수 없는 상태였다. 1943년 U-보트 에니그마 암호 해독 문제가 잘 해결되었고 연합국은 남은 전쟁을 준비하고 있었다. 이번에도 그의 총명함이 빛을 발휘하여 전쟁에서 연합군을 지원하는 데 핵심적인 역할을 했다.

전쟁이 후반에 접어들었을 무렵 튜링은 텔레폰 시스템에서의 전자 암호화

그림 46.4 블레츨리 파크 국립암호연구소에 전시된 '봄베' 복제품. 완벽하게 작동 가능하다.

수학을 만든 사람들

언어(electronic enciphering speech)를 연구했다. 이 연구는 성공적인 결과를 얻었지만 전쟁에 활용하기에는 이미 늦었다. 종전 후 튜링은 런던에 거주하면서 자동 계산장치(Automatic Computing Engine)를 연구했는데, 이것이 현대 컴퓨터의 전신이었다. 이 분야는 여전히 보안이 철저했고, 컴퓨터 개발과 관련된 그의 업적도 공개되지 않았다. 1948년 초에 튜링은 영국 맨체스터에 있는 빅토리아대학교(Victoria University) 수학과 부교수가 되었다. 여기서도 그는 계산 기계(computing machine)를 연구했고 '맨체스터 마크 1(Manchester Mark 1)'이라고 불리는, 초창기의 프로그램 내장식 컴퓨터(stored-program computer) 소프트웨어 개발에 참여했다. 이곳에서 그는 인공지능이라는 개념에도 잠시 손을 댔는데, 이는 인간에게 맞먹는 컴퓨터 개발 가능성을 엿본 최초의 시도였다. 인터넷에서 사용자가 인간인지 컴퓨터인지 다소 간접적인 방식으로 확인하는 테스트가 있는데, 여기에 튜링의 초기 연구 결과가 적용되었다. 이러한 테스트를 캡차(CAPTCHA, Completely Automated Public Turing test to tell Computers and Humans Apart, 완전 자동화된 사람과 컴퓨터 판별-옮긴이)라고 한다.

1948년 튜링은 동료들과 함께, 인간과 체스 게임을 하는 컴퓨터 프로그램 개발에 눈길을 돌렸다. 이 프로그램은 개발에 성공했지만 컴퓨터가 동작하는 데 무려 30분이나 걸렸다. 실제로 컴퓨터는 몇몇 경쟁자를 물리쳤으나 그것이 전부는 아니었다.

1951년에 튜링은 생물학에 관심을 갖기 시작했다. 물론 수학적 관점에서였다. 그는 생물학적 유기체(biological organism)가 모양을 발달시키는 방법에 매료되었다. 예를 들어 그는 잎차례에 피보나치 수의 특징이 나타나는 원리를 규명하길 원했다.[3] 이 분야에서 그의 연구는 여전히 수리 생물학을 정의하는 기준의 일부로서 중요하다. 생물학에서 튜링의 연구는 깃털과 모낭의 배치를 비롯하여 인체를 구성하는 다양한 부위들의 위치를 결정하는 생물의 성장을 이해

그림 46.5 영국 50파운드 속 앨런 튜링.

하는 데 도움이 되었다.

1952년 1월 튜링은 자신보다 스무 살 어린 영국 남자와 은밀한 관계를 맺었다. 얼마 되지 않아 튜링이 이 남자와 성관계를 했다는 사실이 밝혀졌는데, 당시 영국에서 이는 범죄 행위였다. 재판에서 튜링의 변호사는 범죄 사실에 이의를 제기하지 않았고 유죄를 인정했다. 튜링은 구속을 면하기 위해 성욕 감소 호르몬 요법을 대안으로 받아들였다. 이 치료로 인해 성기능 장애가 생겼고 몸에 불편한 변화가 일어났다. 유죄 판결로 기밀 정보 취급 허가도 박탈당했다.

1954년 6월 8일 튜링은 집에서 시신으로 발견되었다. 부검 결과는 청산 중독이었고 자살로 추정되었다. 그로부터 55년 후인 2009년 대규모 탄원 결과 고든 브라운(Gordon Brown) 영국 총리는 튜링의 동성애에 대한 유죄 판결이 부적합했음을 인정하고 사과했다. 하지만 튜링의 화학적 거세 치료가 부당했고 과학의 진보에 역효과를 낳았다고 느끼는 이들은 이 정도로는 만족하지 못했다. 몇 년에 걸쳐 의회에 탄원서를 제출하고 노력한 끝에 2013년 12월 24일 엘리자베스 2세 영국 여왕은 생전에 받았던 튜링의 성추행 유죄 판결에 대한 사면을 선언했다.

현재 앨런 튜링은 컴퓨터의 아버지이자 다양한 과학과 수학 분야 연구의 선구자로 알려져 있다. 그는 1946년 대영제국훈장(Order of the British Empire)을 수훈했고, 1951년에는 영국왕립학회 회원으로 선출되었다. 지금은 숱하게 많은 수학 및 과학 개념, 전 세계의 대학 건물과 강당에서 그의 이름을 볼 수 있다.

튜링은 찰스 배비지와 에이다 러브레이스와 함께 227,299명의 명사로 당당히 선정되었다. [그림 46.5]에서 볼 수 있듯이 튜링의 사진은 영국의 최고액권 50파운드 지폐에 올랐다. 또한 별난 천재인 앨런 튜링에 관심이 있는 이들을 위해 2014년 그의 일대기를 다룬 영화 '이미테이션 게임(Imitation Game)'이 개봉되었다.

에르되시

수학에 바친 삶

헝가리, 1913~1996

진짜로 탁월한 천재는 종종 남다른 사회적 특성을 보인다. 헝가리의 수학자 폴 에르되시만큼 여기에 딱 들어맞는 예가 없을 것이다. 그는 일정한 거처 없이 소지품이 담긴 여행 가방 하나만 들고 수학자들의 집을 찾아다녔다. 그가 수학에만 관심을 쏟아부었다는 것은 분명하다. 그에게는 수학적 추측을 하고 정리로 증명하는 것이 전부였다. 그런 가운데 그는 평생을 세계적으로 유명한 수학자들 대부분과 연락하며 지냈다. 그가 다른 수학자들과 그렇게 자주 다수의 공동 논문을 발표했다는 것도 신기하다.

이런 그가 남긴 많은 유산들 중 하나가 소위 '에르되시 수(Erdős number)'다. 에르되시 수는 그와 공동 논문을 집필한 수학자에게 부여된다. 어떤 수학자가 에르되시와 공동으로 논문을 집필하면 그에게는 에르되시 수 1이 부여된다. 어떤 수학자가 이미 에르되시 수 1을 가지고 있는 다른 수학자와 공동 논문을 집필하면, 그에게는 에르되시 수 2가 할당된다. 어떤 수학자가 에르되시 수 2가 부여된 수학자와 공동 논문을 집필하면 그에게는 에르되시 수 3이 부여된다. 물론 폴 에르되시 자신은 에르되시 수 1을 갖고 있다. 쉽게 말해, 에르되시 수를 보유하고 있다는 것은 수학계에서 대단한 명성을 누리고 있다는 뜻이다. 실제로 알베르트 아인슈타인은 에르되시 수 2를 갖고 있다. 여담이지만, 미국수학회(American Mathematical Society)는 논문 저자의 에르되시 수를 계산하는 무료 온라인 툴을 제공하고 있다.[1] 이러한 성취감은 오직 수학의 세계에서만 경험할 수 있는 것이다.

폴 에르되시는 깨어 있는 시간의 거의 대부분을 혼자 수학을 연구하거나 다른 사람들과 수학에 관한 대화를 하는 데 보냈다. 그는 보통 하루에 18시간을 수학 연구에만 쏟아부었다. 에르되시는 평생 500명이 넘는 수학자와 공동 연구를 했고 1,500편 이상의 수학 논문을 쓴 것으로 보인다. 아마 이것은 수학 역사상 몇 손가락 안에 드는 기록일 것이다.[2]

폴 에르되시는 1913년 3월 26일 헝가리 부다페스트에서 태어났다. 그의 부모님은 둘 다 고등학교 수학 교사였다. 에르되시가 태어나던 날 아직 어린 나이였던 두 누나가 성홍열로 세상을 떠난지라 그는 특히 귀한 자식이었다. 에르되시의 어린 시절은 이상하게 시작되었다. 1920년까지 아버지가 시베리아에 죄수로 수감되어 있었기 때문에 어머니는 가족을 부양하기 위해 어린 아들만 홀로 집에 남겨 두어야 했다. 그 시간에 에르되시는 집에 있는 수학책들을 보며 즐겁게 지냈다. 에르되시는 아주 어릴 적부터 암산을 하며 놀라운 수학적 재능을 보였다. 세 살 때 이미 그는 3자릿수 두 개의 곱셈을 암산으로 해낼 정도였다. 시베리아에서 돌아온 그의 아버지

그림 47.1 폴 에르되시.

는 아들의 재능을 알아보고 수론, 무한급수, 조합론, 집합론 등 다양한 주제를 넘나들며 배우게 했다.

그리하여 에르되시는 열일곱 살에 부다페스트의 파즈마니페테르 가톨릭대학교(Pázmány Péter Catholic University)에 입학했고, 그때부터 이미 체비쇼프의 정리(Chebyshev's theorem)의 증명 같은 논문을 발표하기 시작했다. 체비쇼프의 정리란, $n > 3$인 어떤 정수에 대해 적어도 한 개의 소수 p가 항상 존재하고, $n < p < 2n - 2$일 때 즉, $n > 1$이면 n과 $2n$사이에 소수 p가 항상 적어도 한 개가 존재한다는 것이다.

스물한 살에 에르되시는 학부 과정을 끝냈고 수학 박사 학위를 받았다. 1934년 헝가리에서 반유대주의가 기승을 부리자 에르되시는 헝가리를 떠나 영국 맨체스터대학교(University of Manchester)에서 4년간의 박사후연구원으로 들어갔다. 1938년에 그는 프린스턴고등연구소의 1년 임시직을 수락했다. 그곳에서 에르되시는 자신의 가장 위대한 업적 가운데 하나인, 확률론적 정수론 분야를 발전시키기 시작했다. 프린스턴 체류 이후 그는 퍼듀대학교(Perdue University), 스탠퍼드대학교(Stanford University), 노트르담대학교(Notre Dame University), 존스홉킨스대학교(Johns Hopkins University) 등 미국 전역을 돌아다니는 한편, 자신이 선택한 많은 수학자들과 자신이 원할 때 연구하기 위해 정교수직 제의가 들어와도 거절했다. 이것을 시작으로 그는 전 세계 25개국 이상을 돌아다니며 유랑 생활을 했다. 돌보아야 할 가족이 없었던 그는 자신의 흥미를 돋우는 난제들이 생기기만 하면 수학자들을 찾아가 함께 지내며 연구에 착수했다. 그는 종종 예고도 없이 여행 가방 하나만 들고 나타났고, 집주인이 원하면 어디든 머무를 준비가 되어 있었다. 그는 하루에 열여덟 시간 이상 연구를 하는 날이 많았는데, 각성 상태를 유지하기 위해 각종 약물을 복용했던 것으로 보인다.

1949년 폴 에르되시에게 노르웨이계 미국인 수학자 아틀레 셀베르그(Atle

Selberg, 1917~2007)와 함께 환호성을 터뜨릴 일이 생겼다. 소수 정리(prime number theory), 즉 주어진 양의 실수 x보다 작거나 같은 소수의 근삿값을 구하는 공식을 증명하는 데 성공한 것이다. 셀베르그는 프린스턴고등연구소에서 이제 막 교수 생활을 시작한 참이었다. 이 공식은 일반적으로 $\pi(x)$로 표기된다.[3] 다시 말해, 2보다 작거나 같은 소수는 2밖에 없으므로 $\pi(2) = 1$이다. 또 다른 예로, 10보다 작거나 같은 소수는 2, 3, 5, 7이므로 $\pi(10) = 4$이다. 이것을 일반화하여 정리하면 x보다 더 큰 값을 나타내는 소수 $\pi(x) \approx \dfrac{x}{\ln x}$이다.[4]

[그림 47.2]는 주어진 값에 대해 n보다 작거나 같은 소수의 개수를 나타낸 것이다.

에르되시는 소수 이론에서 이 연구를 비롯한 여러 발견에 대한 공로를 인정받아 콜상(Cole Prize)을 수상했다. 당시 시상자는 1951년 헝가리계 미국인 수학자 존 폰 노이만(44장 참조)이었다. 이후 수십 년 동안 에르되시는 조합론, 수론, 집합론, 기하학 연구에 전념했다. 몇 가지만 거론해도 그가 평생 관심을 가졌던 분야가 얼마나 넓은 스펙트럼에 걸쳐 있는지 알 수 있다. 이러한 그의 관심은 그래프 이론까지 뻗쳤고 1959년에 그는 그래프 이론 분야 최초의 국제회의

n	$\pi(n)$ n보다 작거나 같은 소수의 개수	$\dfrac{\pi(n)}{n}$ 처음 n개 수 중에서 소수의 비율
10^2	25	0.2500
10^4	1,229	0.1229
10^6	78,498	0.0785
10^8	5,761,455	0.0570
10^{10}	455,052,511	0.0455
10^{12}	37,607,912,018	0.0377

그림 47.2

를 조직하는 일을 도왔다.

그의 독특한 가치관은 본인의 생활비는 최소한만 사용했던 점에서도 확인된다. 생활비를 제한 돈은 자신이 방문했던 많은 수학자들과의 관계를 유지하는 데 사용했다. 예를 들어 1984년에 그는 (상금이 많고) 권위 있는 울프상(Wolf Prize)을 수상해 5만 달러를 상금으로 받았는데, 그중 720달러만 자신이 쓰고 나머지는 부모님을 추모하기 위해 이스라엘에 장학 프로그램을 만드는 데 기증했다.

에르되시는 이처럼 남다른 라이프스타일을 고집하면서도 전 세계로부터 존경을 받았다. 그는 15개 이상의 명예 학위를 받았고, 미국국립과학원(US National Academy of Sciences)과 영국왕립학회를 포함하여 무려 8개국의 과학아카데미 회원으로 선출되었다. 그는 자기만의 방식으로 재산을 사회에 환원했다. 이를테면 미결 문제를 푼 수학자들에게 문제의 난이도에 따라 포상금을 주었다. 포상금은 25달러에서 시작해 정말 어려운 문제는 수천 달러에 달했다.

에르되시가 도전 정신을 자극받고 답을 기다리던 문제는 '콜라츠 추측(Collatz conjecture)'이었다. 콜라츠 추측은 1932년 독일의 수학자 로타르 콜라츠(Lothar Collatz, 1910~1990)가 최초로 발견하여, 1937년 관련 논문을 발표했다. 에르되시는 이 증명에 500달러를 걸었다.

이 추측을 이해하려면 임의로 선택한 수를 이용하여 다음의 두 가지 규칙을 찾는 것부터 시작해야 한다.

주어진 수가 홀수이면 3을 곱하고 1을 더한다.
주어진 수가 짝수이면 2로 나눈다.

어떤 수를 선택했는지와 상관없이, 이 과정을 계속 반복하면 마지막에는 꼭

 수학을 만든 사람들

1이 나오는 것으로 '추측된다'.

임의로 선택한 수 7부터 시작해 보자.

7은 홀수이므로 3을 곱하고 1을 더하면 $7 \cdot 3 + 1 = 22$

22는 짝수이므로 2를 나누면 **11**

11은 홀수이므로 3을 곱하고 1을 더하면 **34**

34는 짝수이므로 2로 나누면 **17**

17은 홀수이므로 3을 곱하고 1을 더하면 **52**

52는 짝수이므로 2로 나누면 **26**

26은 짝수이므로 2로 나누면 **13**

13은 홀수이므로 3을 곱하고 1을 더하면 **40**

40은 짝수이므로 2로 나누면 **20**

20은 짝수이므로 2로 나누면 **10**

10은 짝수이므로 2로 나누면 **5**

5는 홀수이므로 3을 곱하고 1을 더하면 **16**

16은 짝수이므로 2로 나누면 **8**

8은 짝수이므로 2로 나누면 **4**

4는 짝수이므로 2로 나누면 **2**

2는 짝수이므로 2로 나누면 1이다.

이 과정을 계속하면 일정한 규칙으로 수가 순환된다는 것을 알 수 있다(1이 홀수이므로 3을 곱하고 1을 더하면 4, …). 이렇게 16단계를 거치면 1이 나온다. 즉, 우리가 이 과정을 계속하면 4로 돌아갔다가 1로 끝난다. 일종의 순환이 이루어지는 것이다! 이것을 수열로 나타내면 다음과 같다.

$$7, 22, 11, 34, 17, 52, 26, 13, 40, 20, 10, 5, 16, 8, 4, 2, 1, 4, 2, 1, \ldots$$

[그림 47.3]은 좀 전에 우리가 거쳤던 경로를 나타낸 것이다.

이 과정의 각 단계를 그래프로 나타낸 [그림 47.4]도 흥미롭다.

우리가 어떤 숫자로(여기서 우리는 7로 시작했다) 시작했는지와 상관없이 마지막에는 항상 1로 끝난다. 이것은 정말 놀라운 일이다! 이 규칙이 완성되는지 다른 숫자들로 한번 시도해보길 바란다! 임의의 수로 9를 선택하면 19단계를 거쳐 1에 도달한다. 41로 시작하면 109단계를 거쳐 1에 도달한다.

폴 에르되시는 수학에 모든 것을 쏟아부으며 알차고 만족스러운 삶을 살다가, 1996년 9월 20일 83세에 심장마비로 세상을 떠났다. 마지막 순간도 폴란드 바르샤바 학회 참석 중이었다. 그는 부다페스트의 부모님 곁에 묻혔다. 그의 원대로 묘비명에는 "마침내 나는 점점 바보가 되어가는 것을 끝냈다."라고 쓰였다.

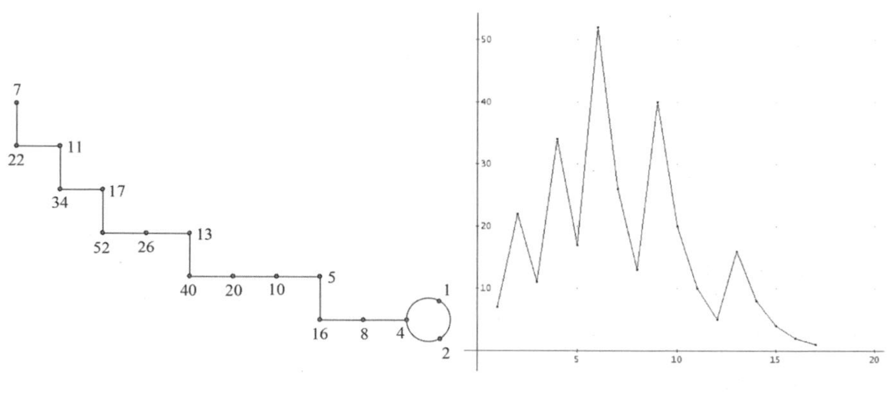

그림 47.3 임의의 수 n=7일 때.   **그림 47.4**

Chapter 48

하우프트먼

노벨상 수상자 중 최초의 수학자
미국, 1917~2011

허버트 애런 하우프트먼(Herbert Aaron Hauptman)은 노벨상을 수상한 최초의 수학자라는 영예를 차지한 인물이다. 노벨상에는 수학 부문이 없기 때문에, 노벨 화학상을 받았지만 말이다. 알프레드 노벨(Alfred Nobel)이 노벨상 시상 부문에 수학을 포함시키지 않은 이유에 관해 많은 후문이 있다. 가장 많이 알려진 이야기는 노벨과 연적 관계에 있던 사람이 수학자였기 때문에 질투심으로 수학 부문만 노벨상에서 제외시켰다는 것이다. 아무튼 수학 부문만 빠진 이유에 관해서는 다양한 버전의 후문들과 루머들이 있다. 1985년 하우프트먼이 노벨상을 수상한 이후, 존 포브스 내시 주니어(John Forbes Nash Jr.)(1994년)와 로버트 존 아우만(Robert John Aumann)(2005) 등 다른 수학자들도 노벨상을 받기 시작했다.

하우프트먼 박사는 엑스선 구조결정학(X-ray crystallography)의 위상 문제를 해결한 공로로 그로부터 30년 후 노벨상을 받았다. 실제로 그는 수학적 방법을 이용해, 화학자들이 40년 동안 풀지 못한 난제를 해결했다. 1955년 처음 하우프트먼이 연구 결과를 제시했을 때 이 문제는 풀리지 않은 것 같다며 혹독한 비판이 쏟아졌다. 하지만 그의 연구를 바탕으로 발달한 기술은 제약업계에 엄청난 영향을 끼쳤다. 하우프트먼은 자신의 연구를 통해 발전시킨 프로세스를

'쉐이크 앤 베이크(shake and bake)'라고 불렀다. 이 프로세스 덕분에 제약업계 연구원들은 유해 세균의 결정 구조를 규명할 수 있게 되었고, 유해 세균들을 퇴치하는 데 적합한 약물을 구성할 수 있게 되었다.

하우프트먼 박사는 종종 이런 말을 했다. "1950년대에 쓰던 '플릿(Flit)'과 같은 파리와 모기 살충제를 사용하면 요즘 곤충들은 그냥 비웃으면서 기어다닐 것이다." 시간이 지나면 곤충 퇴치 스프레이에 대한 면역력이 생기기 때문이다. 그는 박테리아나 바이러스의 세계에서도 같은 일이 일어나 퇴치제에 면역력을 형성한다고 했다. 그가 개발에 도움을 준 이 체계 덕분에 제약업계는 박테리아나 다른 유해한 세포들의 결정 구조를 분석함으로써 꾸준히 새롭고 효과적인 약을 개발하여 적절한 퇴치제를 개발할 수 있었다.

하우프트먼 박사가 이런 독보적인 위치에 오르기까지 이야기를 따라가 보자. 하우프트먼은 1917년 2월 14일, 뉴욕 브롱크스(Bronx)에서 태어났다. 그는 지역의 공립학교에 다녔는데 수학 성적이 우수하여 지역 최고 명문인 타운센드 해리스 고등학교(Townsend Harris High School)에 입학했다. 이 학교는 까다롭기로 소문난 입학시험에 합격해야 하고 남학생들만 들어갈 수 있었다. 대신 여기서 고등학교 3년 과정을 마치면 뉴욕시립대학교(City College of New York)에 바로 입학할 수 있었다. 뉴욕시립대학

그림 48.1 허버트 애런 하우프트먼.

교는 지금까지 10명의 노벨상 수상자를 배출했는데, 이는 미국의 어떤 공공 기관보다 뛰어난 기록이다.

대학을 졸업하기도 전인 1936년에 하우프트먼은 학계에서 매우 권위 있는 상인 벨든상(Belden Prize)을 수상했고, 1937년에 수학 학사 학위를 받았다. 이 시기 미국은 대공황을 겪고 있었기 때문에 일자리를 구하기 어려웠다. 하지만 뉴욕시에서 수학 전공자에게는 항상 수학 교사 자리가 있었다. 당시 고등학교 교사 자격증을 따려면 몇 차례의 시험을 통과해야 했는데, 그중 하나가 구술시험이었다. 다행인지 불행인지 하우프트먼은 구술시험에 떨어졌다. 그 시절에는 면접에서 방언을 사용하는 것이 용납되지 않았는데 브롱크스 방언으로 말했기 때문이었다. 그러자 그는 바로 컬럼비아대학교에 입학했고, 1939년에 수학 석사 학위를 받았다. 한창 전쟁 중이었기 때문에 하우프트먼은 해군에 입대해, 남태평양 지역 기상 예보관으로 복무했다.

종전 후 그는 고급 학위를 취득하여 기초 과학 연구 분야에서 일하겠다고 결심했다. 가르치는 일은 더 이상 그의 선택지에 없었다. 이후에 하우프트먼은 자신과 같은 해에 뉴욕시립대학교를 졸업한 화학자 제롬 칼(Jerome Karle)과 공동 연구를 하기로 한다. 흥미롭게도 두 사람은 학창 시절에 전혀 모르는 사이였다. 하우프트먼은 워싱턴 DC의 해군연구소(Naval Research Labaratory)에서 근무하는 동시에 메릴랜드대학교(University of Maryland) 박사과정에 등록했다. 이렇게 수학자 하우프트먼과 화학자 칼 박사는 다년간의 협력 연구를 시작했다.

1953년에 두 사람이 발표한 「위상 문제 1단계 해결 방안 – 중심 대칭 구조의 결정(Solution of the Phase Problem I-The Centrosymmetric Crystal)」이라는 제목의 단일 주제 논문은 하우프트먼 박사의 수학적 재능에 많이 의존했다. 이 논문에는 그의 연구 아이디어가 포함되어 있었다. 가장 중요한 점은 여러 구조 인자(structure factor)에 대한 확률 분포를, 위상 확정의 하는 필수 툴로 결합하는 방식을 도입한 것이다. 이 논문에서 두 사람은 구조 불변량과 준불변량, 위상에 대한 특수한 선형 결합이라는 개념을 도입했고, 이것을 모든 중심 대칭 구조 공간군의 근원적 설계 방안을 고안하는 데 사용했다. 이 불변량 개념은 특히 중요한 것으로 입증되었다. 이것은 관찰된 회절 강도(diffraction intensity)와 구조 인자에 필요한 위상을 연결하는 데 사용되기 때문이었다.

호르몬을 비롯하여 다른 생물학적 분자 구조에 대한 명확한 그림이 밝혀진 덕분에 연구자들은 신체와 다양한 질병을 치료하는 데 사용되는 약물의 화학적 성질을 더 많이 이해할 수 있게 되었다. 예를 들어 연구자들이 체내에서 발견되는 통증 조절 물질인 엔케팔린(Enkephalin)의 구조를 파악하자 새로운 통증 억제제 개발에 진전이 있었다.

이러한 연구 결과는 하우프트먼 박사가 화학 분야에 제공한 수학적 재능 덕분에 가능했고, 더불어 분자 구조의 분석 속도도 현저히 증가했다. 1960년대에는 원자의 개수가 15개밖에 되지 않는 단순한 항생물질 분자 구조를 밝히는 데 무려 2년이 걸렸으나 하우프트먼의 발견 덕분에 50개의 분자 구조를 단 이틀 만에 결정할 수 있게 되었다.

칼 박사가 미국국립과학원 화학과 회원이 되었을 때 수학자인 하우프트먼 박사는 화학자가 아니라는 이유로 회원이 되지 못했다. 게다가 미국국립과학원 회원이 아니었던 학자 중에서 노벨상 수상자로 선정된 미국인은 없었다. 사실상 하우프트먼 박사가 노벨상을 받을 확률은 희박했다. 그런데 이 예측은 완전히 빗나갔다! 하우프트먼 박사는 노벨상(화학 부문) 수상자로 발표되자마자 미국국립과학원에 초대를 받고 화학과 회원으로 들어올 것을 권유받았다! 하우프트먼 박사는 미국국립과학원 출신이 아닌 학자들 중 최초로 노벨상을 수상하게 된 것이다.

한편 하우프트먼 박사의 취미 생활 중 하나는 다양한 크기의 구슬들을 다면체에 최적으로 채워 넣는 최적의 방법을 찾는 것이었다. 심지어 그는 자신이 취미 생활을 하다가 발견한 결과를 발표했는데, 이것은 기하학 연구의 한 분야가 되었다([그림 48.2] 참조).

1970년에 그는 버펄로의료재단(Medical Foundation of Buffalo)의 구조결정학 그룹에 들어갔다. 지금은 하우프트먼-우드워드 의학연구소(Hauptman-Woodward Medical Research Institute)라는 이름으로 불린다. 죽기 전까지 그는 이 연구소 회장으로 있다가 2011년 10월 23일 뉴욕 버펄로에서 세상을 떠났다. 버펄로의료재단에서도 그는 구조결정학 분야 발전과 제약업계에서 다양한 방법으로 효과적인 신약 개발 가능성을 향상시키기 위해 혁신적인 연구를 계속했다. 과학의 번창을 위해 자신의 수학적 재능을 유감없이 발휘한 특별한 사례였다.

하우프트먼은 진정으로 훌륭한 인물이었고, 천재들에게서 흔히 발견되는 특이한 성격을 거의 지니지 않았다. 당시 머리를 단정히 빗는 것이 유행이었는데도 그는 머리 빗는 것을 좋아하지 않아서, 아내가 매일 그의 머리를 빗어주었다는 건 유명한 사실이다. 2008년 이 책의 한 저자(포사멘티어)와 함께 찍은 사진에서 이를 확인할 수 있다([그림 48.3]). 그의 시계는 항상 12분이 늦었는데도 개의치 않았고, 아무렇지 않다는 듯 정확한 시간을 계산해서 시계를 사용했다. 포사멘티어 공동 집필한 책에서 그는 r에 대한 유리수, 정수가 아닌 값에 대해 계승함수 $r!$을 개발한 것을 매우 자랑스럽게 여겼다.[1] 나중에 알고 보니 가우스가 이미 예측했다는 사실이 확인되었지만, 그는 그런 좋은 동반자가 있었다는 사실에 기뻐했다. 그는 누구에게나 사랑받는, 정말 멋진 사람이라는 평가를 받기에 충분한 사람이었다.

그림 **48.2**

그림 **48.3** 하우프트먼(오른쪽)과 저자(포사멘티어).

Chapter 49

망델브로

프랙탈을 열다
폴란드-미국, 1924~2010

한 가지 수학적 발견만으로 수학자가 자신의 이름을 알릴 수 있었던 시절이 있었다. 브누아 망델브로(Benoit Mandelbrot)도 그런 경우다. 그는 평생 유목민 같은 삶을 살며 프랑스와 미국 시민권을 모두 갖고 있었지만, 출생지는 폴란드 바르샤바로 1924년 11월 20일생이다. 어릴 때부터 그는 기하학에 푹 빠져 있었다. 소년 시절엔 체스 게임을 논리보다는 기하학적 관점으로 보았다고 한다. 만년에 발표한 혁명적인 책 『자연의 프랙탈 기하학(The Fractal Geometry of Nature)』[1]에서 그는 이런 질문을 던진다. "기하학은 왜 종종 차갑고 건조한 것으로 묘사될까? 구름, 산, 해안선, 혹은 나무의 모양을 묘사할 줄 모르기 때문이다." 브누아 망델브로가 수학 분야에서 명성을 얻게 된 결정적인 이유는 프랙탈을 개발했기 때문이다. 프랙탈은 크기가 점점 작아지는 유사한 패턴들을 가진 대상들로 이루어진 기하학 분야다. 먼저 우리는 호기심을 돋우는 발견으로 이끈 그의 라이프스타일을 살펴본 후 프랙탈에 대해 좀 더 자세히 알아보자.

브누아 망델브로는 열한 살 때까지 폴란드의 상당히 학구적인 가정에서 자랐다. 그의 어머니는 치과의사였고, 두 삼촌은 그에게 수학을 소개하고 관심을 일깨웠다. 1936년 나치즘이 부상하자 그의 가족은 프랑스로 이민을 갔고, 수학과 교수였던 삼촌이 망델브로의 교육을 맡았다. 제2차 세계 대전 초반의 파리는 공부를 하기 어려운 여건이었다. 이런 상황은 그가 독립적으로 수학에 대해 깊이 생각하는 기회가 되었고, 그는 기하학에 점점 더 이끌렸다.

이후 프랑스를 점령했던 나치를 피해 그는 가족과 함께 파리를 떠나게 되었고, 프랑스의 튈(Tulle)에서 공부를 계속했다. 1944년에 그는 파리로 돌아와 리옹의 명문고 리세 뒤 파크(Lycée du Parc)에 입학해 학업을 이어나갔고, 1945년부터 1947년까지 에콜폴리테크니크(École Polytechnique)에 다녔다. 졸업 후 그는 미국으로 건너가 캘리포니아공과대학교(California Institute of Technology)에 진학하여 1949년에 항공학 석사 학위를 받았다. 그리고 다시 프랑스로 돌아와 1952년에 파리대학교(University of Paris)에서 박사 학위를 취득했다. 박사 학위를 받자마자 이번에는 미국의 프린스턴고등연구소에 들어가서 존 폰 노이만의 지도를 받았다. 1955년에 그는 프랑스국립과학연구원(CNRS:Centre National de la Recherche Scientifique)에서 근무하기 위해 프랑스로 돌아갔다.

망델브로는 그곳에서 만난 알리에트 케이건(Aliette Kagan)과 결혼하여 스위스로 이주했다가 다시 프랑스로 돌아왔다. 여전히 유랑 생활 중이던 이 부부는 마침내 미국으로 돌아갔고, 망델브로는 뉴욕 요크타운 하이츠(Yorktown Heights, New York)에 있는 IBM왓슨연구소(Thomas J. Watson Research Center)의 연구원직을 수락했다.

그림 49.1 브누와 망델브로.

프랑스의 수학 연구 스타일은 불편했던 반면, IBM의 환경은 그만의 기하학적 관점으로 수학을 탐구할 수 있는 자유를 더 많이 허용했기 때문이었다. 망델브로는 이후 35년 동안 IBM에서 근무했다.

1980년 망델브로는 컴퓨터의 도움을 받아, 1918년 프랑스의 수학자 가스통 쥘리아(Gaston Julia, 1893~1978)가 만든 수학적 대상들의 그림이, 일부 사람들이 느꼈을 법한 기괴한 게 아니라 매우 아름답다는 것을 보여주었다. 더 중요한 건 그는 그 그림들의 들쑥날쑥한 윤곽과 반복되는 패턴이 병리적인 것이 아니라, 자연에서도 종종 발견되는 것임을 증명한 점이다(이에 대한 몇 가지 예는 [그림 49.2] 참조). 망델브로는 깨진 혹은 부서진 이라는 뜻을 지닌 라틴어 단어 '프락투스(fractus)'를 이용해 새로운 수학적 대상을 의미하는 신조어를 만들었다. 이것이 '프랙탈(fractals)'이다.

[그림 49.2]에서 좌측의 이미지는 실제 장면들의 사진이고, 우측의 그림은 이와 연관된 프랙탈 모델이다. 프랙탈은 자기유사성(self-similarity)이라는 특징을 지닌다. 프랙탈의 작은 구조는 전체 구조에서 반복된다. 기하학적 규칙, 혹은 변환, 원래의 모양이나 점들의 집합을 반복적으로 적용하여 프랙탈을 만드는데 이것을 프랙탈의 '시드(seed)'라고 한다.

생성 절차와 프랙탈의 시드를 무엇으로 구성할지 결정하면, 생성 절차를 반복적으로 적용하여 프랙탈 작도를 시작한다. 처음에 시드를 그리고, 같은 절차를 반복하면 출력값이 나온다. 프랙탈 작

그림 49.2

도에서 또 한 가지 중요한 특징으로, 프랙탈이 '반복(iteration)'이라고 불리는 연속적인 단계(consecutive phase)로 구성된다는 점을 들 수 있다. 1회 반복은 한 개의 알고리듬 혹은 절차를 반복 프로세스에 한 번 적용한다는 뜻이다.

프랙탈을 작도할 때 생성 절차는 회귀적으로 반복된다. 반복을 시행할 때의 입력값은 전 단계의 출력값이다. 이것은 시드가 적용되는 첫 번째 반복에서만 예외다. 몇몇 경우에는 반복을 연속적으로 시행하면 전 단계보다 더 복잡한 이미지가 생성된다. 이때 프로그래밍 기술은 엄청나게 유용하다.

실제로 우리는 유한 번의 반복 절차만 시행할 수 있지만, 이론적으로 한 개의 프랙탈은 무한 번의 반복 절차를 시행할 수 있다. 컴퓨터를 이용하면 우리가 원하는 만큼 반복 절차를 시행할 수 있으므로, 다양한 단계를 지닌 프랙탈 작도를 할 수 있다. 즉 우리는 수학을 이용해 무한한 프로세스를 실행한 결과를 추론할 수 있다. 앞에서 설명한 생성 절차를 살펴보며 전형적인 예인 코흐 눈송이를 통해 적절한 전문용어도 알아보도록 하자([그림 49.3] 참조).[2]

이 프랙탈을 작도하기 위한 시드는 정삼각형이어야 할 것이다. 프랙탈은 연속적인 반복을 통해 생성되기 때문에 우리는 프랙탈 작도에서 각각의 반복을 거친 결과를 '단계'라고 할 것이다. 1단계에서 생성 절차는 각각의 선분(시작 도형)을 3등분하고 중간 부분을 지우는 과정, 60도의 각을 이루고 같은 길이(원래 선분 길이의 3분의 1)의 두 선분으로 이것을 교체하여 뾰족한 끝을 만드는 과정(이 생성 도형은 불완전한 정삼각형처럼 보인다)이 있고, 여기에 전 단계의 선분들이 있다. [그림 49.3]은 이 절차를 그려놓은 것이다.

각 반복은 프랙탈의 한 단계에 있는 모든 선분에 적용되며, 그 결과 다음 단계가 생성된다. [그림 49.4]는 코흐 눈송이를 구성하는 첫 두 단계의 반복 과정을 보여준다.

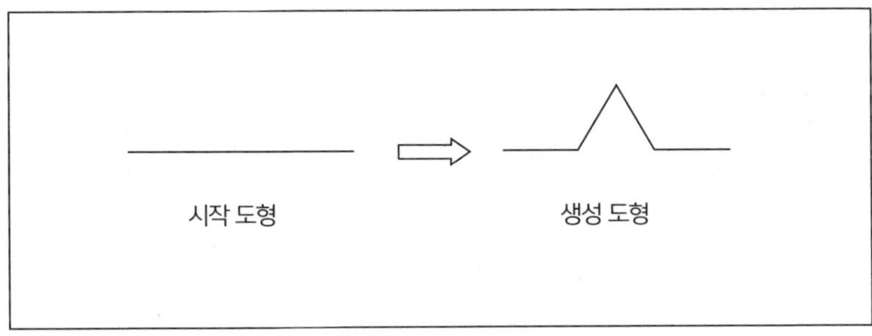

그림 49.3 코흐 눈송이의 생성 절차.

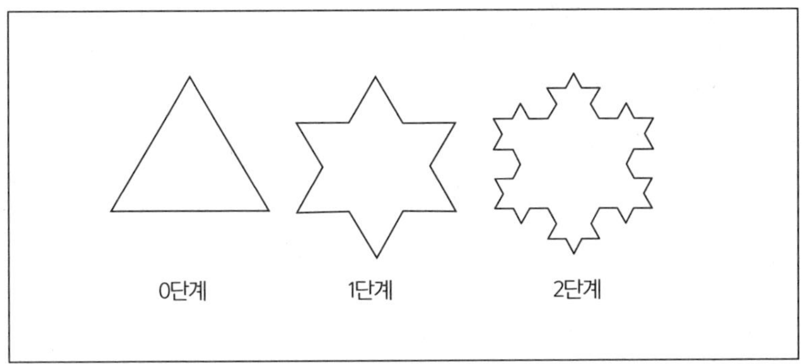

그림 49.4 코흐 눈송이 작도.

우리는 코흐 눈송이의 3단계를 별도의 종이에 스케치하거나 컴퓨터 드로잉 프로그램을 이용할 수 있다. 이 반복 과정에서 2단계의 모든 선분에 생성 절차를 적용해야 한다는 점을 기억하자. 이는 이전 반복보다 훨씬 더 많은 작업을 수반한다. 첫 번째 반복은 3개 선분에 생성 절차를 적용하는 것이었지만, 두 번째 반복에서는 그 수가 12개로 증가한다. 세 번째 반복에서는 48개의 선분에 대해 작업을 해야 한다. 이런 복잡성 증가를 [그림 49.5]에 표시했다. 각 반복마다 한 단계의 각 선분은 다음 단계에서 뾰족한 끝을 만들며, 4개의 선분으로 대체된다. 한 단계에서 선분의 개수가 몇 개인지 알고 싶다면, 전 단계의 선분의 개수에 4를 곱하면 된다. 이 관계를 대수적이고 회귀적으로 나타내면(점화식으로 나타내면), S_n을 n단계에서 선분의 개수라고 할 때 $S_n = 4 \times S_{n-1}$이다(이것은 3×4^n과 동일하다). 이 때 S_{n-1}은 전 단계에서 선분의 개수를 뜻한다.

각각의 선분이 스파이크로 교체되는 것을 시각적으로 확인할 수 있고, 이 프랙탈에서 선분의 개수가 증가하는 속도가 빨라지면, 프랙탈의 중요한 특징이 나타난다. 삐죽삐죽한 모양과 자기유사성이 바로 그것이다. 우리가 아무 스파이크나 확대해서 보아도 복제된 스파이크의 크기가 점점 더 작아지는 것을 확인할 수 있다. 프랙탈을 확대해서 보면 작은 구조에서 전체 구조와 유사한 특징이 나타난다.

또 다른 유명한 프랙탈로 시에르핀스키 삼각형(Sierpiński Gasket, [그림 49.6])이 있다.[3] 이 시드 역시 정삼각형이다. 각각의 반복은 원래 삼각형의 세 변의 중점을 새로운 삼각형의 꼭짓점으로 삼아, 삼각형을 네 개의 작은 삼각형으로 분할한 후, 중앙 삼각형을 삭제하는(면적의 4분의 1이 제거된다) 과정으로 이루어진다. 프랙탈 작도는 이 과정을 계속 반복하는 것이다. 이러한 과정에서 프랙탈의 중요한 두 가지 특징인 울퉁불퉁하고 조각난 면이 만들어지고 자기유사성이 드러난다.

피보나치 수열은 가장 유명한 프랙탈 중 하나인 망델브로 집합(Mandelbrot set)

단계 n	선분의 개수 (S_n)
0	3
1	12
2	48
3	192
n	$4 \times S_{n-1}$

그림 49.5

그림 49.6 시에르핀스키 가스켓의 구조.

수학을 만든 사람들

에 등장한다([그림 49.7] 참조). 이에 앞서 망델브로 집합이 무엇인지 알아보도록 하자. 망델브로 집합의 이미지는 너무 유명해서 '프랙탈 기하학의 상징'으로 불릴 정도다. 불가사의한 아름다움은 일반인뿐 아니라 전문가들까지 매혹시킨다. 이 이미지는 무엇을 나타내고 있는 것일까? 다른 프랙탈들을 통해 살펴보았듯이 시드, 규칙 혹은 변환, 무한한 반복 등 몇몇 요소들이 그 구성에 관여한다. 그러나 주로 기하학적 성격을 띠었던 이전 예와 달리 망델브로 집합은 수의 집합이다. [그림 49.7]의 예는 이 집합이 속한 복소평면[4]에 좌표를 시각화한 그림(plot)에 불과하다.

그렇다면 어떤 수가 망델브로 집합의 원소인지 아닌지 어떻게 알 수 있을까? 일단 우리는 각 숫자를 일일이 확인해서 알아내야 한다. 이렇게 무한히 큰 작업은 컴퓨터의 도움으로만 해결할 수 있으며, 수행 가능한 횟수는 비록 매우 많긴 하지만 유한하다. 실제로 이것은 알맞은 조건이 갖춰졌을 때만 가능한데, 1920년대 쥘리아가 시작한 이 집합에 관한 연구를 복원할 수 있었던 것 역시, 브누아 망델브로의 비전과 지성이 IBM왓슨연구소의 환경을 만난 덕분이었다.

따라서 망델브로 집합 이미지 생성을 위해서는, 앞에서 논의했던 프랙탈이 가지고 있는 시드, 규칙, 반복 외에 한 가지 요소가 더 필요하다. 숫자를 확인하는 것이다. 우리가 확인하려는 수를 c라고 하자.

이 프랙탈의 시드는 숫자 0이다. 삼각형이나 선분이 아니라 숫자다. 이 프랙탈은 본질상 수치적이기 때문이다. 규칙 혹은 변환은

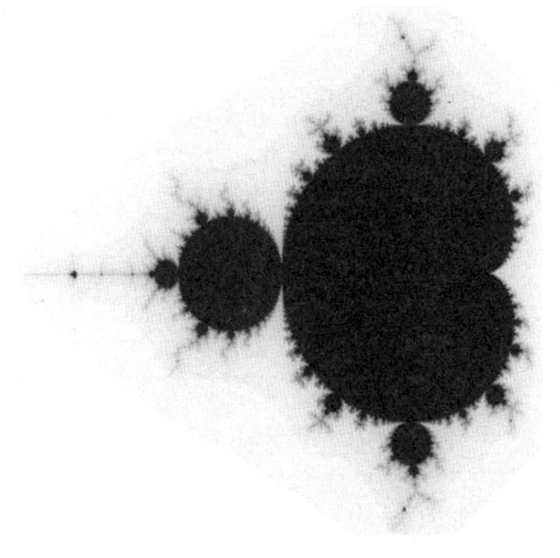

그림 49.7 망델브로 집합.

"입력값의 제곱에 c를 더한다."이다. 이것을 대수적으로 나타내면 x^2+c이다.

우리는 숫자 $c = 1$일 경우를 확인하려고 한다. 변환하면 $x^2 + 1$이다.

입력값 0부터 시작하여 각 결괏값을 다음 단계의 입력으로 반복한다.

$$0^2 + 1 = 1$$

$$1^2 + 1 = 2$$

$$2^2 + 1 = 5$$

$$\vdots$$

$$5^2 + 1 = 26$$

$$\vdots$$

$$26^2 + 1 = 677$$

$$\vdots$$

$$677^2 + 1 = 458{,}330$$

반복 횟수가 늘어날수록 숫자가 더 커지는 것을 확인할 수 있다. 이 숫자들이 이루는 수열의 항들은 무제한으로 커질 것이다. 우리는 이것을 "이 수열이 무한대로 간다."라고 말한다.

이번에는 다른 수 $c = 0$일 경우를 확인해 보자. c에 대한 값이 0이므로, 우리의 규칙은 $x^2 + 0$이다.

1차 반복: $0^2 + 0 = 0$

2차 반복: $0^2 + 0 = 0$

세 번째 예로 $c = -2$라고 두면, 규칙은 $x^2 - 2$가 된다. 시드를 -2라고 하면 첫 번째 반복 후 일정한 수가 계속 나온다.

1차 반복: $(-2)^2 + (-2) = 4 - 2 = 2$

2차 반복: $2^2 + (-2) = 4 - 2 = 2$

각각의 c값에 대해, '확인'(규칙을 반복적으로 적용하는 것)해 보면 결과가 무한대로 가는지 아닌지 알 수 있다. 무한대로 발산한 c값은 이 집합에 포함되지 않는다. 다른 모든 값은 이 집합에 포함된다. 망델브로 집합의 이미지는 사실상 이 확인 과정을 거친 각각의 숫자 c의 운명에 대한 기록이다.[5] 이미지를 이해하는 열쇠는 여기에 사용된 코드를 밝혀내는 것이다. 이러한 확인 결과를 좌표에 표시할 때 가장 많이 사용되는 코드는 검은색으로 평면에 망델브로 집합에 속하는 점들을 나타내는 것이다. 그리고 '발산 속도'에 따라 다른 색을 지정하기도 한다. 원점에서 일정 거리 이상 벗어나는 데 걸린 반복 횟수에 따라 점의 색을 달리하는 것이다. 또 다른 전형적인 방식은 단순히 집합에 속하는 점들을 검은색으로, 속하지 않은 점들을 흰색으로 표시하는 것이다.

이제 망델브로 집합의 이미지를 좀 더 체계적인 눈으로 살펴보려고 한다. [그림 49.8]의 중심에는 심장 모양의 도형, 즉 메인 카디오이드(main cardioid)가 보인다.[6] 또한 여러 개의 둥근 장식들, 즉 전구(bulb)들도 확인할 수 있다. 메인 카디오이드 바로 옆에 달라붙어 있는 전구(bulb)를 1차 전구(primary bulb)라고 부른다. 1차 전구에는 많은 작은 장식이 달려 있다. 그중에는 안테나(antenna)처럼 보이는 것들도 식별할 수 있다([그림 49.9]).

이러한 안테나 중에서 가장 긴 것을 메인 안테나라고 부르자. 마지막으로 메인 안테나에 여러 개의 '바퀴살(spoke)'이 나타난다([그림 49.10]). 메인 안테나의 바퀴살 수는 장식마다 서로 다르다는 점에 주목하라. 우리는 이 수를 해당 전구나 장식의 주기(period)라고 부를 것

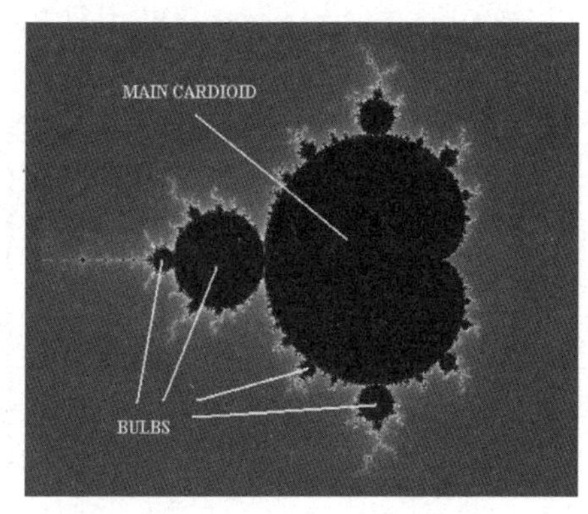

그림 49.8 망델브로 집합의 카디오이드와 전구.

이다. 이 전구의 주기를 결정하려
면, 그저 안테나 위의 바퀴살 개수
를 세면 된다. 특히 1차 전구에서
메인 접속점으로 뻗어나가는 바퀴
살 수도 반드시 세어야 한다. [그림
49.11]은 여러 1차 전구들과 그 주
기를 보여준다.

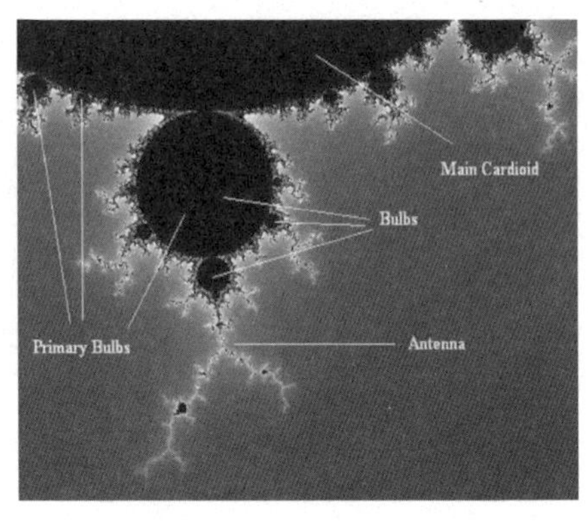

그림 **49.9** 망델브로 집합에서 장식의 디테일.

  망델브로 집합에서 피보나치 수
열은 어떻게 나타날 수 있는가? 우리는 메인 카디오이드의 주기를 1이라고 할
것이다. 가장 큰 1차 전구의 메인 안테나에 있는 바퀴살 수를 세어서 주기를 결
정할 것이다. 개수를 세어본 결과, 즉 메인 카디오이드와 가장 큰 1차 전구 일
부의 주기가 [그림 49.12]에 기록되어 있다.

  [그림 49.12]를 검토하면 주기 1과 주기 2의 전구 사이에 있는 가장 큰 전구
가 주기 3의 전구다. 주기 2의 전구와 주기 3의 전구 사이에 있는 가장 큰 전구
는 주기 5의 전구다. 주기 5와 주기 3 사이에 있는 가장 큰 전구는 주기 8의 전
구라는 사실을 확인할 수 있다. 흥미롭게도 피보나치 수가 나타난 것처럼 보인
다. 왜 이렇게 나타나는지 명확한 설명은 없다. 피보나치 수는 1차 전구 주기가

그림 **49.10** 메인 안테나와 바퀴살.

수학을 만든 사람들

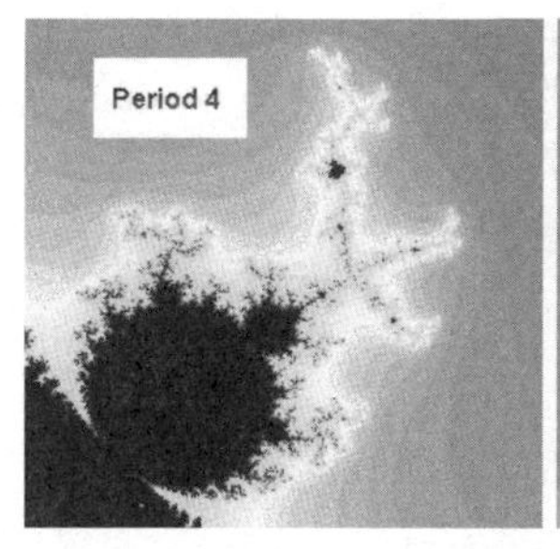

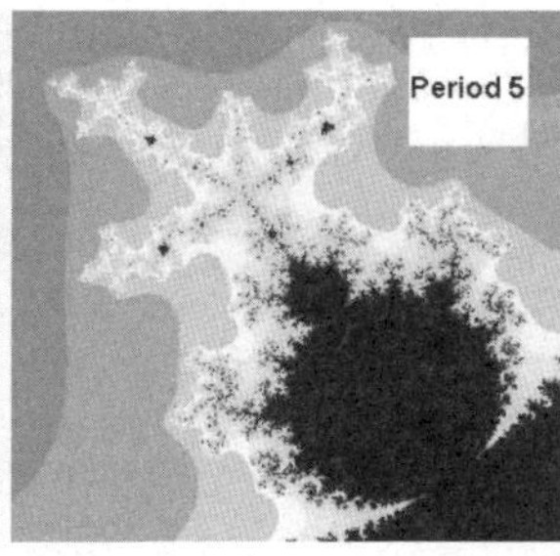

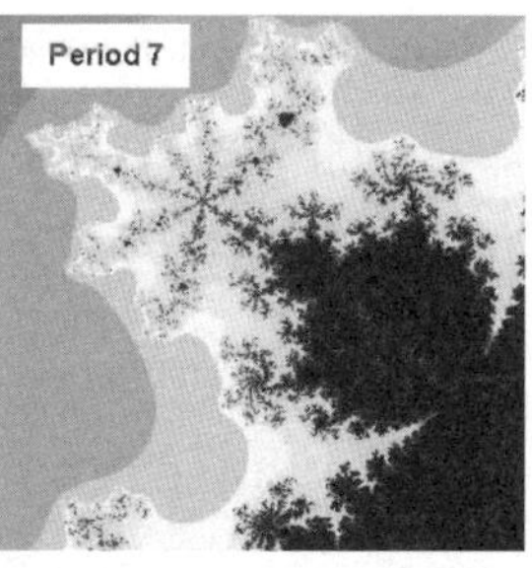

그림 49.11 메인 안테나의 '바퀴살' 수를 세어서 '전구'의 주기를 결정.

계산된 방법과 직접적인 관련이 없다. 설명할 수 없지만 피보나치 수열이 신비롭고 놀라운 모습을 만들어내고 있다. 이것은 프랙탈이 지닌 또 하나의 놀라운 특징이다.

브누아 망델브로는 왓슨연구소에서 IBM 연구원으로 근무했을 뿐만 아니라 하버드대학교에서 응용수학 교수, 예일대학교에서 공학 교수, 에콜폴리테크니크에서 수학 교수, 하버드대학교에서 경제학 교수, 뉴욕 아인슈타인의과대학에서 생리학 교수로 지냈다. 망델브로가 다양한 학문 분야로 진출한 것은 의도적인 일이었다. 사실 프랙탈은 너무나 광범위하게 발견되었기에 많은 경우 다른 분야로 진입하는 통로 역할을 했다는 것이 핵심이다.

망델브로는 수많은 학술적 영예와 상을 받았는데, 수상 시기는 대부분 1985년부터 2003년 사이였다. 1985년에 바나드 과학공로메달(Barnard Medal for Meritorious Service to Science), 1986년에 프랭클린메달(Franklin Medal), 1987년에 알렉

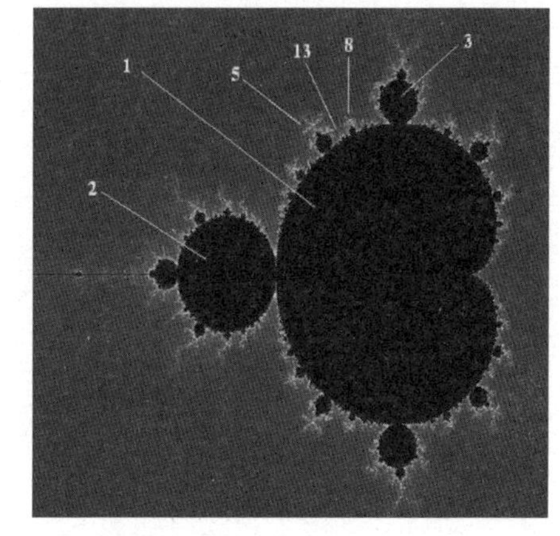

그림 49.12 망델브로 집합의 피보나치 수.

산더폰훔볼트상(Alexander von Humboldt Prize), 1988년에 슈타인메츠메달(Steinmetz Medal), 1989년에 레지옹도뇌르훈장(Légion d'Honneur)과 네바다메달(Nevada Medal), 1993년에 울프물리학상(Wolf Priz for Physics), 2003년에 일본과학기술상(Japan Prize for Science and Technology) 외 다수의 상을 받았다.

2010년 10월 14일 망델브로는 매사추세츠 케임브리지에서 췌장암으로 세상을 떠났다. 그는 일반적으로 프랙탈뿐만 아니라 보편적인 지능(universal intelligence)을 개발했다는 찬사를 받고 있다. 《이코노미스트》의 부고 기사에서 "학계를 뛰어넘은 명사"로서 그가 얼마나 많은 명성을 누렸는지 강조했다.[7]

Chapter 50

미르자하니

무한한 곡면을 건너는 다리
이란, 1977~2017

노벨 수학상이 없는 진짜 이유에 대한 궁금증은 여전히 남아 있다. 알프레드 노벨이 수학을 시상 부문에 포함시키지 않은 이유와 관련해 온갖 억측들이 난무하지만, 결정적인 단서는 찾지 못했다. 수학자들이 노벨상을 받을 수 없다는 말을 하려는 것이 아니다. 허버트 *A*. 하우프트먼이 이런 상황을 설명하기 딱 좋은 사례이기 때문이다. 그는 노벨상을 수상한 최초의 수학자였다. 노벨 화학상이기는 했지만, 그는 자신의 수학적 재능을 이용해 40년 동안 풀리지 않았던 화학의 난제를 해결했다(48장 참조).

그런데 40세 미만의 수학자들에게만 주는 상이 있다. 국제수학연맹(International Mathematical Union)에서 주관하는 필즈메달은 4년에 한 번 탁월한 천재성을 보여준 두세 명 혹은 네 명의 수학자들에게 수여되는 상이다. 2014년 이란의 수학자 마리암 미르자하니(Maryam Mirzakhani)는 여성 최초로 이렇게 대단한 권위 있는 상을 받았다. 리만 곡면과 모듈리 공간에 대한 역학과 기하학에 세운 연구 업적을 공식적으로 인정받은 것이다.

안타깝게도 마리암 미르자하니는 캘리포니아 스탠퍼드대학교 수학과 교수로 재직 중에 말기암으로 40년의 짧은 생을 살다 갔다. 미르자하니는 1977년 5

월 12일 이란의 테헤란에서 태어났다. 그녀가 처음 수학에 관심을 갖게 된 동기는 전기 기사였던 아버지 때문인 것으로 보인다. 그녀는 어릴 때부터 수학적 재능을 인정받아, 청소년 영재들만 다니는 테헤란 파르자네간학교(Tehran Farzanegan School)에 입학했다. 열일곱 살이었던 1994년에 그녀는 국제수학올림피아드(International Mathematical Olympiad)에서 금메달을 수상해, 그런 영예를 안은 이란 최초의 여학생이 되었다. 다음 해에 그녀는 국제수학올림피아드에서 만점을 받아 두 개의 메달을 목에 걸게 되었고, 또 한 번 '이란 최초의 여성'이라는 타이틀을 거머쥐었다.

고등학교를 마친 후 미르자하니는 샤리프공과대학교(Sharif University of Technology)에 진학하여 1999년에 학사 학위를 받았다. 그리고 하버드대학교에 입학하여 2004년 박사 학위를 취득했다. 그녀는 탁월한 수학적 재능 덕분에 클레이수학연구소(CMI: Clay Mathematics Institute) 연구원이 되었을 뿐만 아니라 프린스턴대학교 교수가 되었다. 미르자하니의 가족과 동료들은 그녀의 수학 문제 해결 방식을 두고 종종 이야기하는데, 수식들로 둘러싸인 작은 도형이나 포털들을 활용하는 방식이었다. 요컨대 그녀가 문제에 접근하는 방식은 깊이 있으면서도 유연하다는 점에서 독특했다.

2008년 미르자하니는 체코의 수학자 얀 폰드락(Jan Vondrak)과 결혼했다. 스탠퍼드대학교 교수였던 그는 2009년에 프린스턴대학교 교수진으로 합류했다. 앞에서 언급했듯이 그녀는 2017년 7월 14일, 마흔 살의 이른 나이에 세상을 떠났다. 그러나 당시 하

그림 50.1 마리암 미르자하니.

수학을 만든 사람들

산 루하니 대통령이 이끄는 고국 이란으로부터 숱한 찬사를 받았다. 2017년 사후에 그녀는 미국 예술과학아카데미(AAAS: American Academy of Arts and Sciences) 회원으로 선출되었다.

미르하자니가 남긴 것 중 그녀의 명성을 더욱 굳건히 할 업적은, 리만 곡면의 모듈리 공간(moduli space) 이론에 관한 다양한 기여들이다. 그러나 이 분야에 대한 기초적인 소개조차도 이 책의 범위를 훌쩍 넘어설 것이다. 그렇기 때문에 우리는 엄밀한 정의나 기술적인 세부 사항은 생략하고, 대신 몇 가지 간단한 예를 통해 미르자하니가 다루었던 수학적 질문과 그녀가 사용한 방법들, 그리고 가장 중요한 개념들에 대한 대략적인 감각만을 전달하고자 한다.

리만 곡면(Riemann Surface)은 [그림 50.2]에서 볼 수 있듯이 공간 속의 2차원 곡면으로 상상할 수 있다. 상단 좌측 그림은 평면을 보여주고 있다. 즉, 이것은

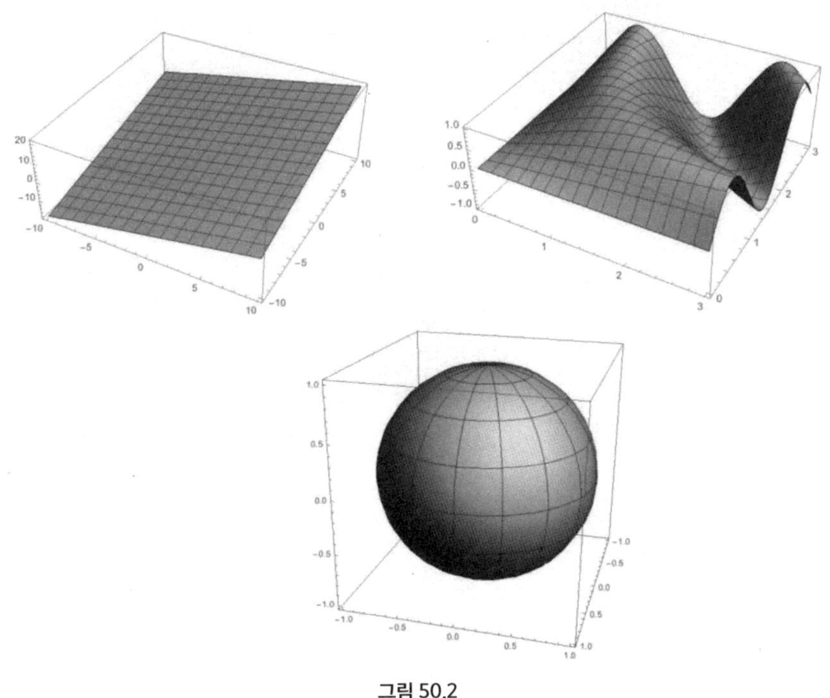

그림 50.2

곡률이 0인 '평평한' 면이다. 우측에 휜 곡면이 있다. 여기에서 곡률은 곡면에 따라 다르다. 하단은 구인데, 구는 일정한 곡률을 지닌(곡면의 각각의 점에서 곡률이 동일한) 닫힌 곡면이다.

하지만 모든 곡면이 리만 곡면은 아니다. 리만 곡면이라 불리려면 몇 가지 추가적인 성질을 가져야 하는데, 그중 하나가 가향성(orientability)이다. 곡면 위의 2차원 도형이 이동하다가 출발점으로 돌아왔을 때, 원래와 뒤집힌 모습(거울상)으로 나타난다면 그 곡면은 비가향적이고, 그렇지 않다면 가향적이라 한다. [그림 50.3]은 비가향적인 곡면의 두 가지 예를 보여주고 있다. 뫼비우스의 띠(상단 좌측)와 클라인의 항아리(상단 우측)이다. 반면 하단, 도넛 모양을 수학적 개념으로 표현한 '토러스(torus)'는 은 가향성의 대표적 예다.

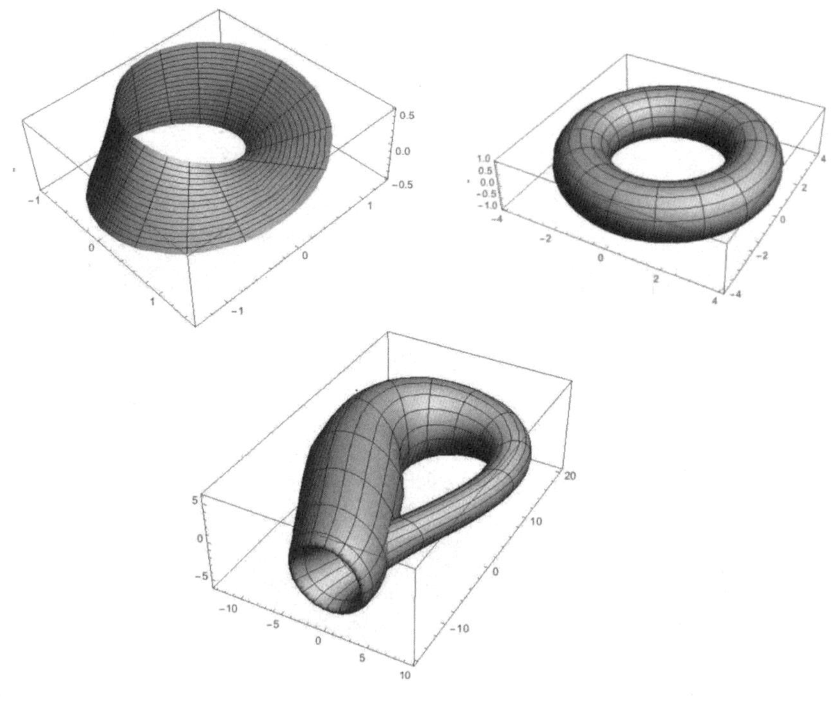

그림 50.3

수학을 만든 사람들

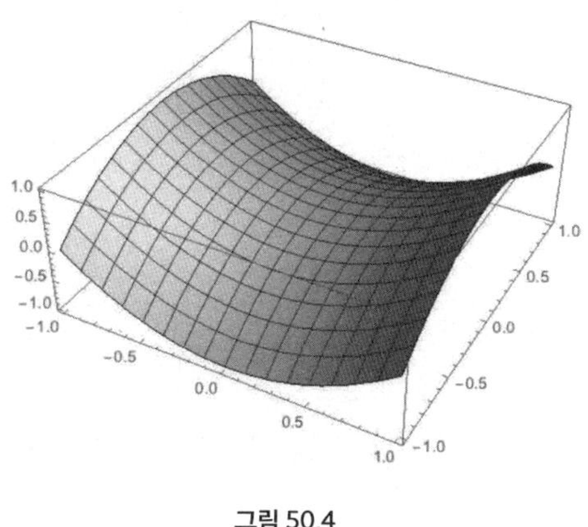

그림 50.4

리만 곡면의 영역은 쌍곡 곡면(hyperbolic), 포물 곡면(parabolic), 타원 곡면(elliptic)의 세 종류로 분류할 수 있다. 이 개념들은 각각 음(negative)의 곡률, 영(zero)의 곡률(평탄), 양(positive)의 곡률에 해당한다. 구는 일정한 양의 곡률을 갖는 곡면의 한 예이고, 평면은 영의 곡률이 일정하게 유지되는 경우이며, 쌍곡 곡면의 예로는 [그림 50.4]에 표시된 '안장(saddle)'이 있다.

쌍곡 곡면은 리만 곡면에서 가장 크고 가장 다양한 군이다. 타원 곡면과 포물 곡면은 하위 범주들로 나뉠 수 있는 반면, 쌍곡 곡면에 대해서는 그런 분류가 가능하지 않다. 미르자하니의 초기 연구는 쌍곡 곡면, 좀 더 정확하게 표현하면 쌍곡 곡면의 닫힌 측지선(closed geodesics)과 관련이 있었다. 측지선은 '직선'이라는 개념을 휜 곡면에 일반화한 것이다. '측지선(geodesic)'이라는 용어는 지구의 크기와 모양을 측정하는 학문이라는 뜻을 지닌 측지학(geodesy)에서 유래한다. 원래 측지선은 지구의 표면에서 두 점 사이의 최단 경로를 의미했지만, 최단 길이의 곡선이라는 측지선에 대한 추상적인 수학적 개념은 리만 곡면, 심지어 고차원 곡면(초곡면이라고도 함)에도 적용된다. 우리가 지구의 표면이 완벽한 구라고 가정하면 측지선은 원의 중심이 구의 중심과 일치하는 대원

(great circles)이 된다. 구면에는 분명 무한히 많은 닫힌 측지선(끝점이 없으면 닫힌 곡선이다)이 존재한다. 지구 모양은 실제로 구면에 매우 가깝다. 지구에서 100만 마일 떨어진 심우주기후관측(Deep Space Climate Observator) 위성에 탑재된 *NASA* 카메라로 촬영한 [그림 50.5]의 이미지를 보면 이를 확인할 수 있다.

아이작 뉴턴은 이미 지구의 자전 효과로 인해 구 모양에 약간의 편차가 생긴다는 사실을 발견했다. 지구는 극지방이 납작하고 적도가 불룩하여 약간 편평한 구형체(회전 타원체)를 닮았다. 타원체를 그 단축을 중심으로 회전시키면 편평한(납작한) 구면이 만들어진다. 그러나 지구가 구형에서 벗어난 편차는 약 0.33%에 불과하다.

지구 표면의 한 점에서 중심까지의 거리는 6,353킬로미터(3,948마일)에서 6,384킬로미터(3,965마일) 사이이며, 평균 반지름은 6,371킬로미터(3,959마일)이다. 해양 항해 같은 실용적인 목적에서는 무시해도 될 정도의 안전한 편차다. 하지만 수학적 관점에서는 이러한 '대칭 파괴(symmetry-breaking)'가 그림을 완전히 바꿔놓는다.

구에서는 임의의 한 점을 통과하는 무한히 많은 닫힌 측지선을 그릴 수 있다. 다시 말해, 모든 대원(great circles)은 그 점을 통과하도록 그려질 수 있다. 그러나 편구면에서는 닫힌 단순 측지선이 자오선(북극과 남극을 통과하여 움직이는 대원들)과 적도뿐이다([그림 50.6a] 참조).

특히 적도나 극지방이 아닌

그림 50.5

회전 타원체 위의 한 점에서는 단 하나의 닫힌 단순 측지선만 그 점을 통과한다. 여기서 '단순(simple)'이란 자기교차(self-intersection) 없이 저절로 닫히는 경우를 뜻한다. 더 나아가 3축 타원체(회전축에 수직인 방향으로 늘이거나 압축하여 생긴 회전 타원체로부터 얻을 수 있는 곡면, [그림 50.6b] 참조)를 고려하면, 대칭(성)이 더 줄어들어 3개의 닫힌 단순 측지선만 남는데, 이는 각각 타원체의 세 대칭축에 의해 정의되는 적도들이다([그림 50.7] 참조).

사실 3은 구를 변형시켜 얻을 수 있는, 리만 곡면에 있어야 할 닫힌 단순 측지선의 최소 개수다. 이 연구 결과는 '세 측지선의 정리(theorem of three geodesics)'라고 알려져 있다. 1905년에 프랑스의 수학자 앙리 푸앵카레(Henri Poincaré)가

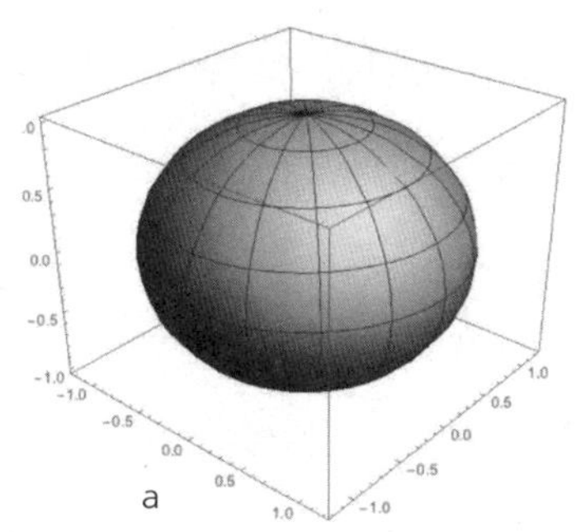
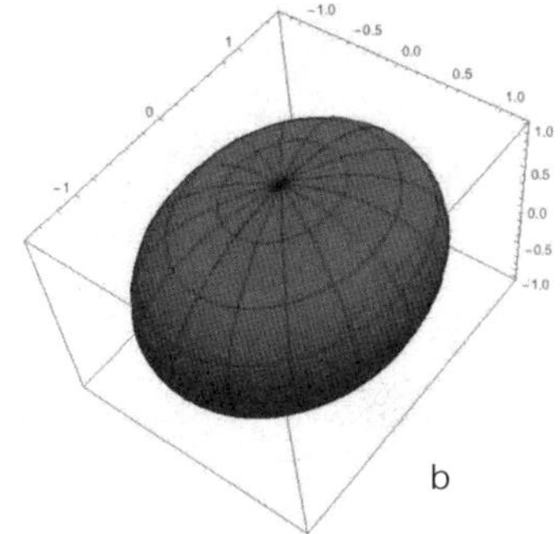

그림 50.6

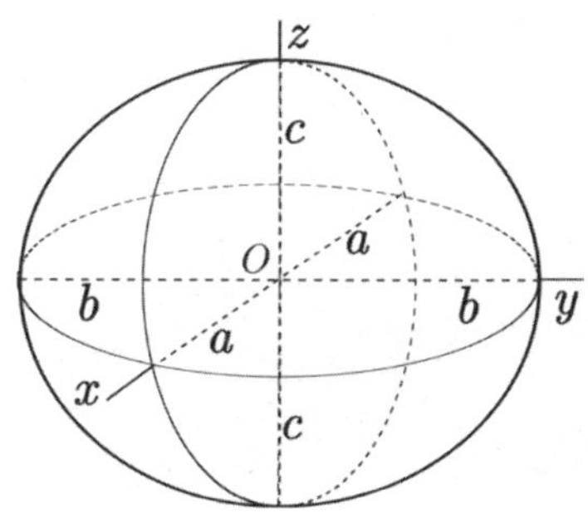

그림 50.7 Image by Peter Mercator(위키미디어).

처음 이러한 추측을 제기했고, 1978년 독일의 수학자 한스 베르너 발만(Hans Werner Ballmann)이 드디어 증명에 성공했다. 앞에서 언급했듯이 마리암 미르자하니는 가장 크고 복잡한 종류의 리만 곡면인 리만의 쌍곡 곡면에 특히 관심이 많았다. 쌍곡 곡면에서는 일부 유한한 구간에 있는 L보다 길이가 짧은, 닫힌 단순 측지선의 개수는 L과 함께 기하급수적으로 증가한다고 50년 이상 알려져 있었다. 더 정확하게 표현하면 L이 크면 측지선의 개수는 $\frac{e^L}{L}$에 가까워진다. 그런데 이 결과는 주어진 크기보다 작은 소수의 개수를 추정하는 '소수 정리'와 놀라울 정도로 유사하다(e^L보다 작은 소수의 개수는 L이 크면 $\frac{e^L}{L}$에 가까워진다). 그래서 '측지선에 대한 소수 정리(prime number theorem for geodesics)'라고도 알려져 있다. 미르자하니는 길이에 대한 닫힌 단순 측지선의 개수가 최대일 때 L과 함께 기하급수적으로 증가하지 않고 $c \cdot L^{(6g)-(6)}$에 가까워진다는 사실을 증명했다. 이때 c는 상수이고 g는 곡면에 대한 종수(genus)다. 좀 더 쉽게 설명하면, 리만 곡면의 종수는 구멍의 개수다. 예를 들어 구의 종수는 0이고 토러스, 즉 도넛의 종수는 1이다. [그림 50.8]은 각각 종수가 2인 곡면과 종수가 3인 곡면이다.

쌍곡 곡면에서 닫힌 단순 측지선의 개수에 관한 연구 결과를 증명하기 위해 미르자하니는 모든 리만 곡면에 대해 종수가 g인 모듈리 공간(moduli space of all Riemann surface)이라는 개념을 이용했다. 두 개의 리만 곡면이 연속적인 변형으로 서로 변형될 수 있다면, 이 두 곡면은 위상수학적으로 동형이다. 예를 들어

그림 50.8

수학을 만든 사람들

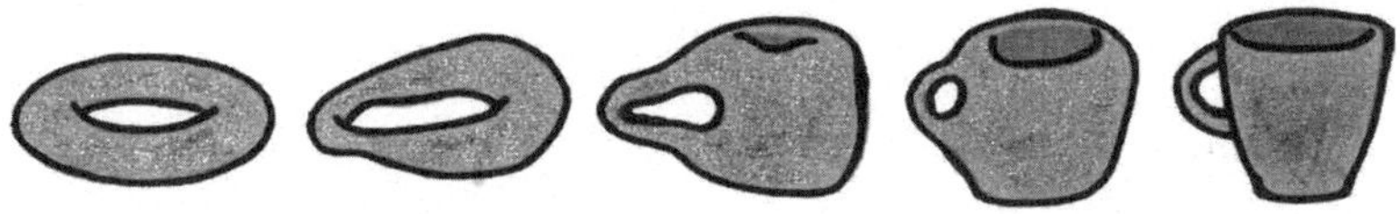

그림 50.9

머그컵과 도넛은 종수가 1이고 연속적인 방법으로, 즉 자르지 않고 변형될 수 있다([그림 50.9] 참조).

이러한 위상 동형(topological equivalence) 때문에 수학자들은 우스갯소리로 위상수학자들을 머그컵과 도넛의 차이를 말하지 못하는 사람들이라고 놀리곤 한다. 주어진 위상 곡면은 연속 변형을 통해 엄청나게 다양한 기하학적 모양을 만들어낼 수 있다. 종수가 g인 위상 곡면에서 이러한 변형은 $(6g) - (6)$개의 매개변수, 즉 '모듈리(moduli)'에 의해 결정된다.

이 '모듈리'들은 $(6g) - (6)$차원의 수학적 공간을 이루며, 특정한 기하학적 성질을 지닌다. 이를 종수가 g인 리만 곡면의 모듈리 공간이라고 한다. 미르자하니는 자신의 연구에서 추상적 모듈리 공간과 단일 곡면 위에서 닫힌 단순 측지선의 개수를 세는 문제 사이의 연관성을 증명했다. 그녀는 모듈리 공간의 언어로 이 문제를 다시 표현함으로써 쌍곡 곡면의 측지선에 관한 질문에 답할 수 있었을 뿐 아니라, 그 과정에서 모듈리 공간 자체에 대한 새로운 통찰도 제시했다. 수학적 결과를 한 세계에서 다른 세계로 이동시킨 것이다.

한마디로 미르자하니는 고도로 독창적인 증명을 통해 여러 수학 원칙들을 통합하여, 한 원칙을 다른 원칙에 적용할 수 있는 강력한 수학적 툴이 되는 다리를 제공한 셈이다. 그녀의 증명은 각 분야를 중대한 발전으로 이끌었으며 향후 발전에도 막대한 영향을 끼칠 것이다.

　지금까지 우리는 수학 발전에 기여한 수학자들의 삶을 통해 수학의 역사를 함께 살펴보았는데, 이 여정이 즐거웠기를 바란다. 서구권에서 탁월한 수학자 50인을 선정하는 것은 어려운 일이고, 수학자들에 대한 평가가 엇갈리기도 한다. 이 책에서 소개된 50인 외에도 뛰어난 수학자들이 많다. 하지만 우리는 현재 우리가 알고 있는 수학을 정의하는 데 도움이 되는 수학자들을 선택하려고 노력했다. 스펙트럼의 양 끝에 있는 수학자들의 독특한 삶을 요약하는 일은 쉽지 않았다. 특히 초기의 자료가 매우 제한적이었다. 어떤 경우에는 해당 인물에 관한 기록이 전혀 남아 있지 않아서 그들의 업적을 알고 있던 다른 수학자들의 논평에 의존하기도 했다. 그 대표적인 예가 밀레투스의 탈레스로, 현재 우리가 구할 수 있는 자료는 대부분 당대와 이후에 활약했던 다른 누군가가 정리한 기록이다. 이 스펙트럼의 한쪽 끝은 일반인 독자들이 이해하기 어려운 고급 수학에 관한 내용이라서 설명하는 데 어려움이 있었지만, 우리는 최대한 명확하게 설명하려고 노력했다.

　범상치 않은 지능을 가진 사람들, 흔히 천재라고 불리는 이들이 평범한 일반인들과 다른 라이프스타일을 가지고 있다는 것을 다루는 것은 가치 있는 일이다. 우리는 뛰어난 수학자들이 평생을 바쳐 획기적인 아이디어와 개념들을 얻느라 고군분투했다는 사실을 알고 있다. 이들은 저항에 부딪히기도 했고 사회적 이슈가 되어 자신의 아이디어를 발표하는 데 어려움을 겪기도 했다. 가난, 성별, 종교적 신념, 독특한 사회성도 여기에 포함된다. 하지만 이런 삶의 측면들은 이들이 자신의 목표를 이루기 위해 어떠한 노력을 했는지 살펴보는 것만큼이나 흥미롭다.

이 책을 통해 독자 여러분이 탁월한 지성들의 삶을 돌아봄으로써 수학에 더 많은 관심을 갖고, 50인의 수학자를 비롯하여 이 책에 소개되지 않은 다른 학자들을 더 많이 알아가고 싶은 마음이 생기길 바란다.

주석

들어가며

1. Galileo's book *Il Saggiatore* (1623), see also https://en.wikipedia.org/wiki/The_Assayer.
2. Kanigel, Robert, *The Man Who Knew Infinity: A Life of the Genius Ramanujan*, New York: Washington Square Press (Simon & Schuster), 1991.
3. *The Man Who Knew Infinity*. Film written by Matthew Brown and Robert Kanigel (2016).

1장

1. This is mentioned in the book *The World of Mathematics*, Vol. 1, by James Roy Newman, (New York: Dover Publications, 2000).

2장

1. Alfred S. Posamentier, *The Pythagorean Theorem: The Story of Its Power and Beauty* (Amherst, NY: Prometheus Books, 2010).
2. https://books.google.at/books/about/Pythagoras.htm−l?id=2gLPbFKwY5EC&redir_esc=y.
3. 다섯 가지 정다면체는 (4개의 정삼각형들로 이루어진) 정사면체, (6개의 정사각형들로 이루어진) 정육면체, (8개의 정삼각형들로 이루어진) 더블 피라미드, (12개의 정오각형들로 이루어진) 정십이면체, (20개의 정삼각형들로 이루어진) 정이십면체.
4. *Stanford Encyclopedia of Philosophy*, https://plato.stanford.edu/entries/pythagoras/.
5. Pythagoras is mentioned in Plato's "The Seventh Letter" according to this book: http://www.sunypress.edu/p−3369−essays−in−ancient−greek−philoso.aspx. The statement can be found on page 67: Preus, Anthony, ed. *Essays in Ancient Greek Philosophy VI Before Plato*. ISBN13: 978−0−7914−4955−4.
6. Aristotle wrote a monograph titled "On the Pythagoreans," see https://www.jstor.org/stable/283647?seq=1#page_scan_tab_contents.
7. Elisha S. Loomis, *The Pythagorean Proposition*, 2nd ed. (Reston, VA: National Council of Teachers of Mathematics, 1968).
8. James A. Garfield, "Pons Asinorum," *New England Journal of Education* 3(1876): 116.

3장

1. *Lives of Eminent Philosophers*, edited by Tiziano Dorandi, Cambridge: Cambridge University Press, 2013 (Cambridge Classical Texts and Commentaries, vol.50, new radically

improved critical edition). Translation by R. D. Hicks. (Eudoxus is in Book 8.)

4장

1. "Classics of Mathematics," Ronald Calinger, ed. Oak Park, IL: Moore Publishing, 1982; *Euclid's Elements*, Dana Densmore, ed. Santa Fe, NM: Green Lion Press, 2003; *A History of Mathematics*, V. J. Katz, 3rd ed. New York: Addison-Wesley/ Pearson, 2009.
2. http://www.abrahamlincolnonline.org/lincoln/speeches/autobiog.htm.
3. https://www.nps.gov/liho/learn/historyculture/debate4.htm.

5장

1. 현재 아르키메데스의 진본 초상화는 남아 있지 않기 때문에 메달을 디자인한 캐나다의 조각가 로버트 테이트 맥켄지(Robert Tait McKenzie)는 르네상스 예술가들이 제작한 아르키메데스의 초기 초상화에서 받은 영감을 바탕으로, 아르키메데스의 외모를 상상해야만 했다.
2. Chisholm, Hugh, ed. *(1911)*. "Vitruvius," *Encyclopædia Britannica* (11th ed.). Cambridge University Press.
3. 마리 루이스 시리에스(Marie Louis Sirieix)의 딸은 팔림프세스트가 어디에 있는지 알고 있었고 팔려고 했다. 케임브리지대학교에서 소장하고 있는 팔림프세스트는 한 페이지뿐이었다(티센도르프가 잘라낸 것). 하지만 시리에스의 지하실에는 한 권의 '책'이 온전히 남아 있었다. 『아르키메데스 코덱스: 현대 과학의 미래를 그린 2300년 전의 설계도*(The Archimedes Codex: How a Medieval Prayer Book Is Revealing the True Genius of Antiquity's Greatest Scientist)*』, 레비엘 네츠, 윌리엄 노엘, 2020년 6월 30일, 승산.
4. 이 책의 새 주인. 익명 구매자의 대리인이었던 사이먼 핀치(Simon Finch)에 의하면 이 책의 새 주인은 '하이테크 산업'에 종사하는 '민간인 미국인'이었다.
   https://en.wikipedia.org/wiki/Archimedes_Palimpsest 참조.
5. 이 인용구의 출처는 『플루타르코스 영웅전(The Parallel Lives by Plutarch)』의 '마르켈루스의 인생'편이다. 1917년 뢥 고전 에디션(Loeb Classical Library edition) 제5권으로 발행된 복제판은 다음 웹 사이트에서 찾을 수 있다. http:// penelope.uchicago.edu/Thayer/E/ Roman/Texts/Plutarch/Lives/Marcellus*.html. 본 인용구는 481쪽에 있다.

6장

1. 키레네는 현재 리비아 인근의 도시 샤하트(Shahhat)로, 고대 그리스에 속했다가 나중에 로마의 도시가 되었다. 이와 관련하여 상대적으로 신뢰할 수 있는 온라인 출처는 아래 링크다. http://www-groups.dcs.st-and.ac.uk/history/Biographies/Eratosthenes.html.

7장

1. 중심각 60도에 대한 현의 길이는 끝점이 원 위에 있고 60도를 기준으로 분리되는 선분과 같다.

8장

1. https://en.wikipedia.org/wiki/Diophantus

10장

1. Maxey Brooke, "Fibonacci Numbers and Their History through 1900," *Fibonacci Quarterly* 2 (April 1964): 149.

11장

1. Gerolamo Cardano, "A Point of View: Are Tyrants Good for Art?" BBC, August 10, 2012, http://www.bbc.com/news/magazine-19202527.
2. Victor J. Katz, and Karen Hunger Parshall, *Taming the Unknown: A History of Algebra from Antiquity to the Early* (Princeton, NJ: Princeton University Press, 2014); MacTutor History of Mathematics archive, School of Mathematics and Statistics, University of St Andrews, Scotland, link: http://www-groups.dcs.st-and.ac.uk/ history/Biographies/ Cardan.html. *Encyclopedia Britannica*: https://www.britannica.com/biography/ Girolamo-Cardano.
3. "The Story of Mathematics," website by Luke Mastin, link: http://www storyofmathematics.com/16th_tartaglia.html; MacTutor History of Mathematics archive, School of Mathematics and Statistics, University of St Andrews, Scotland, link: http:// www-history.mcs.st-andrews.ac.uk/Biographies/Tartaglia.html.
4. MacTutor History of Mathematics archive, School of Mathematics and Statistics University of St Andrews, Scotland, link: http://www-history.mcs.st-and. ac.uk/HistTopics/Tartaglia_v_Cardan.html; Benjamin Wardhaugh, *How to Read Historical Mathematics* (Princeton, NJ: Princeton University Press, 2010).
5. John Stillwell, *Mathematics and Its History* (Science & Business Media.2013), Section 5.5, p. 54.

12장

1. The following paragraphs are derived from Alfred S. Posamentier and Bernd Thaller, *Numbers: Their Tales, Types, and Treasures* (Amherst, NY: Prometheus Books, 2015), pp. 212-220.

13장

1. William J. Broad, "After 400 Years, A Challenge to Kepler: He Fabricated His Data, Scholar Says," *New York Times*, Science Section, January 23, 1990, p. 1.

2. 영국의 수학자 토머스 심슨은 케플러 사후 100년 만에 케플러의 법칙을 재발견했다. 또한 그는 케플러가 발견한 공식을 일반화함으로써 보다 정밀한 근사식(approximaton formulas)을 발전시켰다.

3. 원뿔대는 원뿔의 꼭짓점이 있는 부분을 원뿔의 높이에 수직인 평면으로 잘랐을 때 나머지 부분을 말한다.

14장

1. This is from the official press release of the Nobel Assembly at Karolinska Institutet: https://www.nobelprize.org/prizes/medicine/2017/press-release/.

2. R. E. Langer, "Rene Descartes," *The American Mathematical Monthly* Vol. 44, No. 8 (October, 1937): pp. 495–512. The quote is from page 497. See also: https:// www.jstor.org/stable/2301226?seq=3#metadata_info_tab_contents.

3. R. E. Langer, "Rene Descartes," *The American Mathematical Monthly* Vol. 44, No. 8 (October, 1937), pp. 495–512. The quote is from page 498. See also: https:// www.jstor.org/stable/2301226?seq=3#metadata_info_tab_contents.

4. Descartes, *Discourse on the Method* (Duke Classics, 2012), p. 34.

5. Valentine Rodger Miller, *René Descartes: Principles of Philosophy*, translated, with explanatory notes, Collection des Travaux de l'Académie Internationale D'Histoire des Sciences No 30 (Netherlands: Springer), p. xvii.

6. Rene Descartes, *Discourse on the Method*, translated by John Veitch (Cosimo, Inc., 2008), p. 15.

15장

1. 프랑스의 앙시앙레짐(구체제)에서 고등 법원(parliament)은 지방의 상소 법원이었다. 1789년 프랑스에는 13개의 고등 법원이 있었는데, 그중 파리 고등 법원이 가장 영향력이 컸다. 영어의 'parliament'는 프랑스의 이 용어에서 유래했고, 이 맥락에서 'parliaments'는 입법부가 아니었다. 고등 법원은 12명 혹은 그 이상의 항소심 판사로 구성되었고, 전국에 약 1,100명의 판사가 있었다. 출처: https://en.wikipedia.org/wiki/Parliament

2. André Weil, *Zahlentheorie: Ein Gang durch die Geschichte von Hammurapi bis Legendre* (Basel, Switzerland: Birkhäuser, 1992), p. 40.

3. Michael Sean Mahoney, *The Mathematical Career of Pierre de Fermat, 1601-1665*, Second Edition (Princeton, NJ: Princeton University Press, 2018), p. 192.

4. George F. Simmons, *Calculus Gems: Brief Lives and Memorable Mathematics* (Washington, DC: Mathematical Association of America, 2007), p. 98.

5. Michael Sean Mahoney, *The Mathematical Career of Pierre de Fermat*, 1601–1665, 2nd ed. (Princeton, NJ: Princeton University Press, 2018), p. 61.

6. 무한하강법은 특수하게 변형시킨 귀류법이다. 어떤 문제에서 해가 없음을 증명하기 위해, (어떤 의미에서는 한 개의 자연수 혹은 그보다 많은 자연수들과 관련 있는) 한 개의 해가 존재할 수 있음을 증명하는 방법이다. 이는 반드시 더 작은 자연수들과 관련 있는 다른 해가 존재할 수 있음을 의미한다. 이러한 해의 존재는 자동적으로 더 작은 자연수들과 관련 있는 다른 해가 존재할 수 있음을 암시한다. 따라서 이보다 더 작은 짝수인 자연수들로 이루어진 무한 수열은 존재할 수 없으므로 (조만간 우리가 원하는 특성을 가진 가장 작은 자연수를 접하겠지만) 이 문제에 해가 있다는 전제는 틀렸다. 예를 들어 우리는 $\sqrt{2}$ 가 유리수가 아님을 증명하기 하기 위해 $\sqrt{2}$ 가 유리수라고 가정하고 이 전제가 모순이라는 가정에서 출발해야 한다. 먼저 $\sqrt{2} = \frac{p}{q}$ 이고, p와 q자연수라고 하자. 이 식의 양변을 제곱하면 $2q^2=p^2$ 이다. 이때 p^2은 짝수이기 때문에 p는 틀림없이 짝수다(p가 홀수이면 p^2은 짝수가 될 수 없다). p가 짝수이면 $p=2k$이고, 이때 k는 자연수다. 앞의 식에 $p=2k$를 대입하면 $2q^2=4k^2$이고, 이 식을 정리하면 $q^2=2k^2$이므로 q는 짝수임에 틀림없다. 따라서 p와q는 반드시 2로 나누어 떨어진다. 이는 $\sqrt{2}$ 가 유리수 $\frac{p}{q}$ 라고 했을 때, 이 분수의 분자와 분모 p와q가 2로 약분될 수 있음을 의미한다. 따라서 이는 모순이며 $\sqrt{2}$ 는 유리수가 될 수 없다.

7. Reinhard Laubenbacher and David Pengelley, *Mathematical Expeditions: Chronicles by the Explorers* (Springer Science & Business Media, 2013), p. 165.

8. John Tabak, *Probability and Statistics: The Science of Uncertainty*, The History of Mathematics Series (Infobase Publishing, 2014), p. 27.

9. Simon Singh, *Fermat's Last Theorem* (Fourth Estate, 1997).

18장

1. 진공관은 전극과 진공 컨테이너 사이의 전류를 통제하는 장치다. 1904년에 발명된 진공관은 20세기 전반까지 전자 제품의 기본 부품으로써, 라디오, 텔레비전, 대형 전화망을 비롯한 아날로그 및 디지털 컴퓨터의 보급에 기여했다.

2. *Wikipedia*, s.v. "ENIAC," last edited February 14, 2019, https://en.wikipedia.org/wiki/ENIAC.

3. Caren L. Diefenderfer and Roger B. Nelsen, *The Calculus Collection: A Resource for AP and Beyond* (MAA, 2019).

4. Richard T. W. Arthur, "The Remarkable Fecundity of Leibniz's Work on Infinite Series,"*Annals of Science Vol.* 63, Issue 2 (2006).

5. G. W. Leibniz, *Interrelations between Mathematics and Philosophy*, edited by Norma B. Goethe, Philip Beeley, and David Rabouin (Springer, 2015), p. 146.

6. The translation of Leibniz's text can be found on the website "Leibniz Trans- lations" by Lloyd Strickland; here is the link to article about binary arithmetic: http://www.leibniz-translations.com/binary.htm.

7. The translation of Leibniz's text can be found on the website "Leibniz Trans- lations" by Lloyd Strickland; here is the link to article about binary arithmetic: http://www.leibniz-translations.com/binary.htm.

8. Richard C. Brown, *The Tangled Origins of the Leibnizian Calculus: A Case Study of a*

Mathematical Revolution (World Scientific, 2012), p. 229.

19장

1. The text that follows is derived from the appendix of Alfred S. Posamentier, Robert Geretschläger, Charles Li, and Christian Spreitzer, *The Joy of Mathematics: Marvels, Novelties, and Neglected Gems That Are Rarely Taught in Math Class* (Amherst, NY: Prometheus Books, 2017), pp. 289−291.
2. This section is derived from Alfred S. Posamentier and Ingmar Lehmann, *The Secrets of Triangles: A Mathematical Journey* (Amherst, NY: Prometheus Books, 2012), p. 45.
3. 이는 선분이 동일직선상에 있으면 방정식이 참이라는 '쌍조건문' 명제다. 방정식이 참이면 선분은 동일직선상에 있다.
4. The following section is derived from Posamentier and Lehmann, *Secrets of Triangles*, pp. 135−136 and 342.

20장

1. One such example is Alfred S. Posamentier and Robert L. Bannister, *Geometry: Its Elements and Structure*, 2nd ed. (New York: Dover, 2014).
2. R.A. Rankin, "Robert Simson," School of Mathematics and Statistics, University of St Andrews, Scotland, http://www−history.mcs.st−andrews.ac.uk/Biographies/Simson.html.

21장

1. The following biographical information is derived from J. J. O'Connor and E. F. Robertson, "Christian Goldbach," August 2006, http://www−history.mcs.st −andrews.ac.uk/Biographies/Goldbach.html.
2. Tomas Oliveira e Silva, Siegfried Herzog, and Silvio Pardi, "Emperical Ver− ification of the Even Goldbach Conjecture and computation of Prime Gaps up to 4 1018" *Mathematics of Computation*, Vol. 83, No. 288 (July 2014): pp. 2033−2060, S 0025−5718(2013)02787−1, article electronically published on November 18, 2013.
3. H. A. Helfgott, "Major Arcs for Goldbach's Theorem," *French National Centre for Scientific Research* (May 2013).

22장

1. *Biographical Dictionary of Mathematicians*, Vol. 1 (New York: Charles Scribner's), p. 221.
2. Dirk Jan Struik, *A Source Book in Mathematics, 1200-1800* (in the series Princeton Legacy Library) (Princeton, NJ: Princeton University Press, 2014), p. 320.

3. *Biographical Dictionary of Mathematicians*, Vol. 1 (New York: Scribner's), p. 228.

23장

1. The following paragraphs are derived from Alfred S. Posamentier and Christian Spreitzer, *The Mathematics of Everyday Life* (Amherst, NY: Prometheus Books, 2018), pp. 237–241.

24장

1. Clifford A. Pickover, *The Math Book: From Pythagoras to the 57th Dimension, 250 Milestones in the History of Mathematics*, Milestones Series (Sterling Publishing Company, Inc., 2009), p. 180.

25장

1. Benjamin Libet, *Mind Time: The Temporal Factor in Consciousness* (Cambridge, MA: Harvard University Press, 2009).
2. Lev Vaidman, "Quantum Theory and Determinism," *Quantum Studies Mathematics and Foundations*, Vol. 1, Issue 1–2 (September 2014): pp. 5–38.
3. The following biographical information is derived from J. J. O'Connor and E. F. Robertson, "Pierre–Simon Laplace," January 1999, http://www–history.mcs.stand.ac.uk/Biographies/Laplace.html.
4. This and the following biographical information is derived from *Wikipedia*, s.v. "Pierre–Simon Laplace," last edited March 15, 2019, https://en.wikipedia.org/wiki/Pierre–Simon_Laplace.
5. Napier Shaw, *Manual of Meteorology*, Vol. 1 (Cambridge: Cambridge University Press, 2015), p. 130.
6. 사실, 현재 학계에서는 태양계가 매우 오랜 기간 안정적이지 않았던 것으로 본다. 라플라스의 방식은 안정성을 입증할 수 있을 만큼 정확하지 않지만 천체 운동에 관한 정확한 수학 이론을 발전시키는 데 필수적인 단계였다.
7. 이 유명한 인용구는 종종 라플라스가 무신론자라는 증거로 해석되어 왔지만, 이 결론이 틀릴 수도 있다. 물리학자 스티븐 호킹이 라플라스와 같은 견해를 갖고 있었다는 사실은 1999년 공개 강연에서 입증된 바 있다. "나는 라플라스가 신이 존재하지 않는다고 주장한다고 생각하지 않는다. 그는 과학의 법칙을 거스르는 데 개입하지 않았을 뿐이다." (스티븐 호킹의 1999년 강연, '신은 주사위 놀이를 하는가?')
   https://web.archive.org/web/20000902184353/http://www.hawking.org.uk:80/lectures/dice.html
8. *Napoleon's Memoirs: Napoléon I, Emperor of the French. Memoirs of the history of France during the reign of Napoleon... 1823-1826*, Vol. I (H. Colburn and Company, 1823), p. 116.
9. 라플라스는 이것을 자신의 논문 『확률 분석론(Théorie analytique des probabilités)』의 서문

에 썼다. 이 인용구는 스코틀랜드 세인트앤드스루대학교 수리통계학부의 맥튜터 수학사 아카이브에서 찾을 수 있다.

26장

1. The following discussion of Mascheroni constructions is derived from Alred S. Posamentier and Robert Geretschläger, *The Circle: A Mathematical Exploration beyond the Line* (Amherst, NY: Prometheus Books, 2016), pp. 199–215.
2. For a proof of this theorem, see Alfred S. Posamentier and Charles T. Salkind, *Challenging Problems in Geometry* (New York: Dover, 1996), p. 217.

27장

1. The following biographical information is derived from *Wikipedia*, s.v. "Joseph–Louis Lagrange: Biography," last modified April 12, 2019, https://en.wikipedia.org/wiki/Joseph–Louis_Lagrange.
2. *Wikipedia*, s.v. "Tautochrone Curve," last edited March 15, 2019, https:// en.wikipedia.org/wiki/Tautochrone_curve.
3. 삼체 문제는 서로 상호작용하는 삼체의 궤적을 계산하는 물리학 문제다.
4. T. S. Blyth and E. F. Robertson, *Further Linear Algebra* (London: Springer, 2002), p. 187.
5. J. J. O'Connor and E. F. Robertson, "Joseph–Louis Lagrange," January 1999, http://www.history.mcs.st–andrews.ac.uk/Biographies/Lagrange.html.
6. *Wikipedia*, s.v. "Joseph–Louis Lagrange: Prizes and Distinctions," last modified April 12, 2019, https://en.wikipedia.org/wiki/Joseph–Louis_Lagrange.

28장

1. Gina Kolata, "At Last, Shout of 'Eureka!' in Age–Old Math Mystery," *New York Times*, June 24, 1993.
2. The following biographical information is derived from *Wikipedia*, s.v. "Sophie Germain," last updated April 11, 2019, https://en.wikipedia.org/wiki/ Sophie_Germain.
3. J. J. O'Connor and E. F. Robertson, "Sophie Germain," December 1996, http://www–history.mcs.st–andrews.ac.uk/Biographies/Germain.html.
4. The content of this paragraph is derived from *Wikipedia*, s.v., "Sophie Germain: Later Work in Elasticity," last updated April 11, 2019, https://en.wikipedia.org/wiki/Sophie_Germain.
5. The content of this paragraph is derived from *Wikipedia*, s.v. "Sophie Germain: Final Years," in ibid.

29장

1. This and the following biographical information is derived from J. J. O'Connor and E. F. Robertson, "Johann Carl Friedrich Gauss," December 1996, http:// www-history.mcs. st-and.ac.uk/Biographies/Gauss.html.
2. https://thatsmaths.com/2014/10/09/triangular-numbers-eyphka/.
3. https://www.scientificamerican.com/article/are-mathematicians-finall/.
4. This and the following biographical information is derived from ibid.

31장

1. NBIM, Norges Bank, Statistics Norway; see, for example, "Factbox: Norway's $960 Billion Sovereign Wealth Fund," Reuters, June 2, 2017, https://www.reuters.com/ article/us-norway-swf-ceo-factbox/factbox-norways-960-billion-sovereign-wealth-fund-idUSKBN18T283.
2. https://worldhappiness.report/ed/2017/.
3. "Niels Henrik Abel," Norsk Biografisk Leksikon, last updated February 13, 2009, https://nbl.snl.no/Niels_Henrik_Abel.
4. Olav Arnfinn Laudal and Ragni Piene, *The Legacy of Niels Henrik Abel: The Abel Bicentennial, Oslo, 2002* (Berlin: Springer, 2013).
5. Arild Stubhaug, *Called Too Soon by Flames: Niels Henrik Abel and His Time*s (Heidelberg: Springer, 2000).
6. Arild Stubhaug, *Niels Henrik Abel and his Times: Called Too Soon by Flames Afar*, translated by R. H. Daly (Springer Science & Business Media, 2013), p. 231.
7. Krishnaswami Alladi, *Ramanujan's Place in the World of Mathematics* (New Delhi: Springer, 2013), p. 83.
8. http://www.abelprize.no/c53680/artikkel/vis.html?tid=53897.

32장

1. The content of this paragraph is derived from *Wikipedia*, s.v., "Évariste Galois: Final Days," last updated April 25, 2019, https://en.wikipedia.org/wiki/%C3 %89variste Galois.
2. Ibid.

33장

1. The content of this and the following paragraphs is derived from *Wikipedia*, s.v. "James Joseph Sylvester: Biography," last updated April 11, 2019, https://en.wikipedia.org/ wiki/James_Joseph_Sylvester.
2. J. D. North, "James Joseph Sylvester," *Complete Dictionary of Scientific Biography* (Charles

Scribner's Sons, 2008), available through MacTutor History of Mathematics at http://
www—history.mcs.st—and.ac.uk/DSB/Sylvester.pdf, citing James Joseph Sylvester,
Collected Mathematical Papers 4, no. 53 (1888): 588.

3. http://www—history.mcs.st—andrews.ac.uk/Quotations/Sylvester.html.

34장

1. Lord Byron, *Childe Harold's Pilgrimage* (1812-1818), canto 3, ll. 1—2.
2. Betty Alexandra Toole, *Ada, The Enchantress of Numbers* (Mill Valley, CA: Strawberry), pp.
   240—261.

40장

1. 이러한 학회들에서 4년에 한 번 40세 이하의 뛰어난 수학자들에게 (수학 분야의 노벨상인)
   유명한 필즈 메달이 수여된다.
2. The curious reader is referred to https://en.wikipedia.org/wiki/Hilbert %27s_problems.
3. Hajo G. Meyer, *Tragisches Schicksal. Das deutsche Judentum und die Wirkung historischer
   Kräfte: Eine Übung in angewandter Geschichtsphilosophie* (Berlin: Frank & Timme, 2008), 202.
4. See http://www.storyofmathematics.com/20th_hilbert.html.

41장

1. Godfrey Harold Hardy, *Collected Papers of G. H. Hardy* (Oxford: Oxford University Press,
   1979).

43장

1. Warner Bros., 2016.
2. Robert Kanigel, *The Man Who New Infinity: A Life of the Genius Ramanujan* (New York:
   Macmillan, 1991).
3. "Quotations by Hardy," archived from the original on July 16, 2012, accessed November
   20, 2012, https://www—history.mcs.st—andrews.ac.uk/Quotations/Hardy.html.
4. G. S. Carr, *A Synopsis of Elementary Results in Pure and Applied Mathematics* (Cambridge:
   Cambridge University Press, 2013).

44장

1. William Poundstone, *Prisoner's Dilemma: John von Neumann, Game Theory, and the Puzzle
   of the Bomb* (New York: Anchor, 1993).
2. Claudia Dreifus, "Maria Konnikova Shows Her Cards," *New York Times*, August 10, 2018.

45장

1. https://en.wikipedia.org/wiki/Hilbert%27s_program

46장

1. "폰 노이만은 … 단호하게 나에게 강조했다. 그래서 나는 다른 사람들에게도 기본 구상이 튜링 덕분이라고 했을 거라고 확신한다. 배비지, 러브레이스, 다른 사람들 덕분이라고 추측하기는 어렵다." 잭 코플랜드의 『에센셜 튜링(*The Essential Turing*)』(뉴욕; 옥스퍼드 유니버시티 프레스, 2004), 22쪽에 인용된, 1972년 스탠리 프랭클이 브라이언 란델에게 보낸 편지에서.
3. A. S. Posamentier and I. Lehmann, *The Fabulous Fibonacci Numbers* (Amherst, NY: Prometheus Books, 2007).

47장

1. 논문 저자의 에르되시 수를 계산하려면 다음 사이트 https://mathscinet.ams.org/mathscinet/freeTools.html를 방문한 다음, '협업 거리 계산기(collaboration distance calculator)'로 가라. 이 툴이 '매쓰사이네트(MathSciNet)' 데이터베이스에서 여러분이 원하는 두 사람 사이의 경로를 자동으로 찾아줄 것이다(경로 끝에 폴 에르되시를 선택하기 위한 특별한 버튼이 있다).
2. 수학 리뷰 데이터베이스를 이용한 "에르되시 수와 협업 그래프"에 따르면, 그다음으로 높은 논문 발표 횟수는 823회다. http://oakland.edu/enp/trivia/을 참고하라.
3. Paul Hoffman, *The Man Who Loved Only Numbers* (New York: Hyperion,1998).
4. $\ln(x)$는 숫자에 x대한 자연 로그다. 이것은 밑수가 수학 상수 e인 로그이며, e는 무리수이자 초월수이며 약 $2.718281828459\cdots$다.

48장

1. A. S. Posamentier and H. A. Hauptman, *101+ Great Ideas for Introducing Key Concepts in Mathematics*, 2nd ed. (Thousand Oaks, CA: Corwin Press, 2006).

49장

1. Benoit B. Mandelbrot, *The Fractal Geometry of Nature* (New York: W. H.Freeman, 1983), 1.
2. 코흐 눈송이는 1904년 스웨덴의 수학자 헬게 폰 코흐(1870~1924)의 이름을 따서 명명되었다.
3. 폴란드의 수학자 바츠와프 시에르핀스(Waclaw Sierpiński, 1882~1969)의 이름을 따서 명명되었다.
4. 복소 평면은 실수축과 허수축으로 이루어진 복소수들을 2차원 평면에 표현한 것이다.
5. 사실 [그림 49.7]은 망델브로 집합의 근사치일 뿐이다. 실제로 우리는 망델브로 집합의 수 c가 어디에 있는지 확실하게 알 수 없다. 절대적 확실성을 갖는 값을 결정하려면 우리

는 무한한 횟수의 '테스트'를 반복해야 하기 때문이다. 하지만 컴퓨터를 이용해도 유한한 횟수만 테스트를 반복할 수 있다. 하지만 c라는 특수한 값에 대한 규칙을 반복하여 형성되는 수열은 엄청나게 많은 횟수를 반복한 후에만 다르게 나타난다. 따라서 우리가 근사치를 얻으려면 엄청나게 많은 횟수를 반복해야 한다. 그럼에도 여전히 절대적 정확성을 갖는 건 불가능한 일이다.

6. 카디오이드는 원 위의 고정된 한 점이 동일한 반지름을 갖는 다른 원을 주변을 굴러다닐 때, 형성되는 심장 모형의 곡선이다.

7. *The Economist*, October 21, 2010.

참고문헌

Aaboe, Asger. *Episodes from the Early History of Mathematics*. New York: Random House, 1964.

Anglin, W. S., and J. Lambek. *The Heritage of Thales*. New York: Springer, 1995.

Artmann, Benno. *Euclid—The Creation of Mathematics*. New York: Springer, 1999.

Ball, W. W. Rouse. *A Short Account of the History of Mathematics*. New York: Dover, 1960.

Bell, E. T. *Men of Mathematics*. New York: Simon & Schuster, 1937.

Berlinghoff, William P., and Fernando Q. Gouvea. *Math Through the Ages: A Gentle History for Teachers and Others*. Washington, DC: Mathematical Association of America, 2004.

Boyer, Carl B. *The History of the Calculus and Its Conceptual Development*. New York: Dover, 1949.

———. *A History of Mathematics*. New York: Wiley, 1968.

Bunt, Lucas N., Philip S. Jones, and Jack D. Bedient. *The Historical Roots of Elementary Mathematics*. Englewood Cliffs, NJ: Prentice Hall, 1976.

———. *The Historical Roots of Elementary Mathematics*. New York: Dover, 1988.

Burton, David M. *The History of Mathematics: An Introduction*. Boston: Allyn and Bacon, 1985.

Cajori, Florian. *A History of Mathematical Notations*. Vol. I, II. LaSalle, IL: Open Court, 1952.

———. *A History of Mathematics*. New York: Chelsea, 1985.

Calinger, Ronald. *Classics of Mathematics*. Oak Park, IL: Moore, 1982.

Cardano, Girolamo. *ARS Magna or The Rules of Algebra*. New York: Dover, 1968.

Cohen, Patricia Cline. *A Calculating People: The Spread of Numeracy in Early America*. Chicago: University of Chicago, 1982.

Coolidge, Julian Lowell. *The Mathematics of Great Amateurs*. New York: Dover, 1963.

Dunham, William. *Euler, The Master of Us All*. Washington, DC: Mathematical Association of America, 1999.

———. *Journey Through Genius*. New York: Wiley, 1990.

Dunnington, G. Waldo. *Carl Friedrich Gauss: Titan of Science*. Washington, DC: Mathematical Association of America, 1955.

Ekeland, Ivar. *Mathematics and the Unexpected*. Chicago: University of Chicago Press, 1988.

Eves, Howard. *Great Moments in Mathematics After 1650*. Washington, DC: Mathematical Association of America, 1981.

———. *Great Moments in Mathematics Before 1650*. Washington, DC: Mathematical Association of America, 1980.

———. *An Introduction to the History of Mathematics*. Philadelphia: Saunders College Publishing, 1983.

Fauvel, John, and Jeremy Gray, eds. *The History of Mathematics: A Reader*. Milton Keynes, UK: Open University, 1987.

Friedrichs, K. O. *From Pythagoras to Einstein*. New York: L. W. Singer, 1965.

Grattan-Guinness, Ivor. *The Norton History of the Mathematical Sciences*. New York: Norton, 1998.

Gullberg, Jan. *Mathematics from the Birth of Numbers*. New York: Norton, 1997.

Hall, A. Rupert. *From Galileo to Newton*. New York: Dover, 1981.

Heath, Thomas. *A History of Greek Mathematics, Vols. I, II,* New York: Dover, 1981.

Heath, Thomas L. *A Manual of Greek Mathematics*. New York: Dover, 1963.

———. *Euclid's Elements*. Vol. 1–3. New York: Dover, 1956.

Hofmann, Joseph E. *The History of Mathematics to 1800*. Totowa, NJ: Littlefield, Adams, 1967.

Infeld, Leopold. *Whom the God's Love: The Story of Evariste Galois*. Reston, VA: National Council of Teachers of Mathematics, 1975.

James, Ioan. *Remarkable Mathematicians, from Euler to von Neumann*. Washington, DC: Mathematical Association America, 2002.

Kanigel, Robert. *The Man Who Knew Infinity: A Life of the Genius Ramanujan*. New York: Charles Scribner's, 1991.

Karpinski, Louis Charles. *The History of Arithmetic*. New York: Rand McNally, 1925.

Katz, Victor J. *A History of Mathematics: An Introduction*. 3rd ed. Boston: Addison-Wesley, 2009.

Klein, Jacob. *Greek Mathematical Thought and the Origin of Algebra*. New York: Dover, 1968.

Krantz, Steven G. *Mathematical Apocrypha: Stories and Anecdotes of Mathematicians and the Mathematical*. Washington, DC: Mathematical Association of America, 2002.

Lasserre, Francois. *The Birth of Mathematics in the Age of Plato*. Larchmont, NY: American Research Council, 1964.

Lewinter, Marty, and William Widulski. *The Saga of Mathematics: A Brief History*. Upper Saddle River, NJ: Prentice Hall, 2002.

Mankiewicz, Richard. *The Story of Mathematics*. Princeton, NJ: Princeton University Press, 2000.

Maor, Eli. *To Infinity and Beyond: A Cultural History of the Infinite*. Princeton, NJ: Princeton University Press, 1991.

Meschkowski, Herbert. *Ways of Thought of Great Mathematicians*. San Francisco: Holden-Day, 1964.

Moritz, Robert Edouard. *On Mathematics: A Collection of Witty, Profound, Amusing Passages About Mathematics and Mathematicians*. New York: Dover, 1942.

Morrison, Philip, and Emily Morrison. *Charles Babbage: On the Principles and Development of the Calculator and Other Seminal Writings by Charles Babbage and Others*. New York: Dover, 1961.

Ore, Oystein. *Cargano the Gambling Scholar.* New York: Dover, 1953.

Perl, Teri. *Math Equals: Biographies of Women Mathematicians + Related Activities*. Menlo Park, CA: Addison-Wesley, 1978.

Petronis, Vida, ed. *Biographical Dictionary of Mathematicians*. Vol. 1–4. New York: Charles Scribner's, 1991.

Phillips, Esther R. *Studies in the History of Mathematics*. Washington, DC: Mathematical Association of America, 1987.

Posamentier, Alfred S. and Ingmar Lehmann. *Pi: A Biography of the World's Most Mysterious Number*. Amherst, NY: Prometheus Books, 2007.

Posamentier, Alfred S. and Ingmar Lehmann. *The (Fabulous) Fibonacci Numbers*. Amherst, NY: Prometheus Books, 2004.

Reid, Constance. *Hilbert.* New York: Springer, 1970.

Robins, Gay, and Charles Shute. *The Rhind Mathematical Papyrus: An Ancient Egyptian Text*. New York: Dover, 1987.

Rowe, David E., and John McCleary, eds. *The History of Modern Mathematics*. Vol. I, *Ideas and Their Reception*. Boston: Academic Press, 1989.

———. *The History of Modern Mathematics*. Vol. II, *Institutions and Applications*. Boston: Academic Press, 1989.

Rudman, Peter S. *How Mathematics Happen: The First 50,000 Years*. Amherst, NY: Prometheus, 2007.

Sanford, Vera. *A Short History of Mathematics*. Boston: Houghton Mifflin, 1958.

Smith, David Eugene. *History of Mathematics*. Vol. I and II. New York: Dover, 1951.

———. *A Source Book in Mathematics*. New York: McGraw-Hill, 1929.

Smith, David Eugene, and Marcia L. Latham. *The Geometry of René Descartes*. New York: Dover, 1925.

Stein, Sherman. *Archimedes: What Did He Do Besides Cry Eureka?* Washington, DC: Mathematical Association of America, 1999.

Stillwell, John. *Mathematics and Its History*. New York: Springer, 1989.

Struik, Dirk J. *A Concise History of Mathematics*. New York: Dover, 1948.

———. *A Source Book in Mathematics, 1200–1800*. Princeton, NJ: Princeton University, 1986.

Turnbull, Herbert Westren. *The Great Mathematicians*. New York: New York University, 1961.

Van der Waerden, B. L. *Geometry and Algebra in Ancient Civilizations*. New York: Springer, 1983.

———. *A History of Algebra: From al-Khwarizmi to Emmy Noether*. New York: Springer, 1980.

———. *Science Awakening: Egyptian, Babylonian and Greek Mathematics*. New York: Wiley, 1963.

수학을 만든 사람들

초판 1쇄 발행   2026년 2월 10일

글쓴이   알프레드 S. 포사멘티어·크리스티안 스프라이처
옮긴이   강영옥

편집   정수란
디자인   디자인팔육

펴낸이   이경민
펴낸곳   ㈜동아엠앤비
출판등록   2014년 3월 28일(제25100-2014-000025호)

주소   (03972) 서울특별시 마포구 월드컵북로2길21, 2층
홈페이지   www.dongamnb.com
블로그   https://blog.naver.com/damnb0401
전화   (편집) 02-392-6901   (마케팅) 02-392-6900
팩스   02-392-6902
전자우편   damnb0401@naver.com
SNS

ISBN 979-11-6363-690-8 (03410)

※ 책 가격은 뒤표지에 있습니다.
※ 잘못된 책은 구입한 곳에서 바꿔 드립니다.